环境类系列教材

可持续发展引论

（第二版）

叶文虎　张劲松　编著

高等教育出版社·北京

内容提要

　　本书系教育部高等教育司组织编写的"大学生文化素质教育书系"之一,是《可持续发展引论》的第二版。主要讲述人类可持续发展思想的由来和在可持续发展思想指导下的发展方式,以及解决人类在可持续发展过程中所面临的问题和方法。全书分 11 章,内容包括:人类的生存环境、人类发展与文明演化的历程、可持续发展的提出与由来、可持续发展的哲学基础、可持续发展的基本理论、可持续发展的议程、可持续发展的实践、中国可持续发展的现状与策略、中国可持续发展的实践、可持续发展的衡量与评价及迈向人类文明的新时代。

　　本书可作为大学生素质教育教材,也可供广大社会读者阅读参考。

图书在版编目（CIP）数据

　　可持续发展引论 / 叶文虎，张劲松编著. --2版.
--北京：高等教育出版社, 2022.7
　　ISBN 978-7-04-058694-7

　　Ⅰ.①可…　Ⅱ.①叶…②张…　Ⅲ.①可持续性发展
－ 高等学校 － 教材　Ⅳ.①X22

　　中国版本图书馆CIP数据核字（2022）第094725号

Kechixu Fazhan Yinlun

策划编辑	陈正雄	责任编辑	靳剑辉	封面设计	张雨微	责任绘图	于 博
版式设计	马 云	责任校对	刘娟娟	责任印制	存 怡		

出版发行	高等教育出版社	网　　址	http://www.hep.edu.cn
社　　址	北京市西城区德外大街 4 号		http://www.hep.com.cn
邮政编码	100120	网上订购	http://www.hepmall.com.cn
印　　刷	三河市潮河印业有限公司		http://www.hepmall.com
开　　本	787mm×1092mm　1/16		http://www.hepmall.cn
印　　张	24.25	版　　次	2001 年 7 月第 1 版
字　　数	430千字		2022 年 7 月第 2 版
购书热线	010-58581118	印　　次	2022 年 7 月第 1 次印刷
咨询电话	400-810-0598	定　　价	49.80元

本书如有缺页、倒页、脱页等质量问题,请到所购图书销售部门联系调换
版权所有　侵权必究
物 料 号　58694-00

可持续发展引论

（第二版）

叶文虎

张劲松

编著

1 计算机访问 http://abook.hep.com.cn/1221903，或手机扫描二维码，下载并安装 Abook 应用。

2 注册并登录，进入"我的课程"。

3 输入封底数字课程账号（20位密码，刮开涂层可见），或通过 Abook 应用扫描封底数字课程账号二维码，完成课程绑定。

4 单击"进入课程"按钮，开始本数字课程的学习。

课程绑定后一年为数字课程使用有效期。受硬件限制，部分内容无法在手机端显示，请按提示通过计算机访问学习。

如有使用问题，请发邮件至 abook@hep.com.cn。

扫描二维码
下载 Abook 应用

自　序

序，似乎很重要。

很多书都请"名人"或"大家"作序，以提高书的地位或影响。其实，很多人买书或看书，往往都是先看目录，看看有没有能吸引他的章节，然后才去看是谁作的序，至少我是这样看书的。由此看来，谁作的序似乎没那么重要。本书虽名为引论，但似乎也需要有一个序，否则有点不成"体统"。既然不好意思请"名人"或"大家"写序，那就只能自己写了。序，究竟为什么要写，又该写些什么，好像也没什么规定必须遵从。所以，我就写些框架外的话吧。

几乎在每个历史时期，都会有一批人喜欢思考一些终结问题，比如人是怎么来的，死了以后会到哪儿去，人生存的意义是什么等。又有一些人对现实社会不满意，他们往往会在深入思考的基础上著书立说，阐述自己思考的答案，描绘他们心目中一个更理想的社会。于是，这个描绘得到更多人的认同，他们起而行之，叱咤风云，为这个理想社会的出现而奋斗。

几乎在同时，又会有一批人，他们极力对原来社会的不完善之处进行弥补和修正，极力维护原来的这个社会，不主张去争斗、去革命。结果，冲突与争斗不可避免地发生了，其中一部分人的努力成功了，另外一部分人失败了。失败者，大多怨天尤人，认为"天不助我"或"众生愚钝"。成功者，则自以为是"英雄"，能够胜天。曾几何时，成功者又会悲哀地发现，维护这一成功比取得这一成功更难，而且这一"成功"也难以保证千秋万代，最终还是会被新的"成功"所取代。

历史就是这样在嘲弄人们，历史始终在沿着自己的轨道前行，置人类的努力于不顾。然而，人们仍一代代地在努力，努力质疑、努力思考、努力探索，努力去追求一个理想的社会。这到底是人太愚蠢，还是历史规律不以人的意志为转移？历史的具体轨道，往往一个国家一个样，它到底由谁决定，是人还是神？几乎人人都在思考这个问题。当然，我们也在思考。

究根穷源，历史究竟是什么，是迄今为止人类活动记录的总和吗？显然不是，因为这根本做不到，我们今天所知道的历史都是前人用文字或口头流传下来的记录。实际上，这些记录与真正的历史相距甚远，因为这些记录有赖于记录者的见闻，有赖于记录者的立场和价值观。但不管怎么说，历史总是记录已发生的一部分事件,以及包含在事件中所体现的人与人的关系、人与自然的关系。但不管历史是人与人的关系史,还是人与自然(天)的关系史,抑或是人类在这两种关系的相互激荡中的生存史,"历史"总是取决于记录者从哪个视角去观察、去记录的。

当今,人类社会又处在新一轮的风云激荡之中,新技术、新主张、新冲突比比皆是,令人眼花缭乱,人们又在书写着新的历史。但是,如果把人放在本文所说的环境社会系统中来考察,那么人类社会只是环境社会系统的一个组成部分,它随着环境社会系统的运动而变化。因此,我们似乎应该首先从认真考究环境社会系统的运动入手,才能对人类"历史"有个比较正确的把握。

我认为,一个新的学说或理论,它的框架必须建立在一系列新的概念和逻辑的基础上。所以本书从厘清一些基本概念入手,并以这些概念贯穿全书。在这些新概念中,环境社会系统这一概念居关键地位,后续的研究和论述全都是在这一概念的基础上展开的。

我认为,要从一堆复杂的事物中得到规律性的认识,必须先选好视角。笼统地说,视角可以分为东方的和西方的,东方的视角偏重于整体,但易失之于模糊,西方的视角偏重于分解分析,但易忽略整体。近年来,二者已呈现出相互借鉴、相互融合的趋势,我们一直希望选择出一个能将两者结合起来的视角,在整体观或整体论的前提下,进行系统的分解,我们力图使认识能更加全面、更加深入。这一努力贯穿于全书。

我认为,"三"是个神奇的完全数。"三"本来只是个普通数字,但在中国传统文化中,它被赋予了极其丰富和深刻的内涵。"三"作为一个数,它有三元的含义,诸如三者、三星等。作为一个序数,与"一""二"排列一起时,它有第三方的含义,它与"一""二"并不并列。比如"一分为二"和"合二为一",把"一"分为"二"的分者就是第三方,把"二"合为"一"的合者也是第三方。这个分者和合者都与"一""二"不并列。又如,在《道德经》中,继"道生一,一生二,二生三"之后,特别强调"三生万物",充分说明老子在强调"三"这个数的独特而奇妙的作用。实际上,"三"既包含稳定又包含生发,既包含平衡又包含创新。我们惊奇地发现,在我们的研究中,始终绕不开"三"这个数字。于是,"三"这个数字也就始终贯穿于全书。

我以为,把握住以上几点,就不难了解本书的内涵及其要表达的思想,以及在这些思想背后的我们一时还说不清楚的东西。另外,为了能对我们在现实社会(人与自然的界面)中的生活和工作有所帮助,从人类社会可持续发展的视角,阐明了人类应遵循的"三三准则",即"三方协力、三创新联动、三生共赢",提出了对当前建设人类文明新时代的一些看法和建议。诚然,本书从学术的视角探讨可持续发展,提出的"农牧文明""工商文明""环境文明""零次产业""四次产业"等诸多概念,沿用了三生学说的一贯提法,均属于学术性见解。

这一序言,希望有助于读者阅读本书。

叶文虎

2022 年 01 月 01 日

于北京大学中关园

第二版前言

——对可持续发展实践的再思考

"可持续发展",作为一个专门词语,已在全世界流行了 40 多年,至今仍是一个热门的话语。

我本人思考和研究这一问题也已 40 多年,迄今仍有许多机构和单位要我去讲"可持续发展"的专题,看来社会各界对"可持续发展"一词仍有很多困惑,对"可持续发展"实践仍有许多难以把握的地方。其实,可持续发展在全世界几十年的实践,已充分表明当今主流对可持续发展一词的理解和理论阐述仍存在许多根本性的重要问题。这些问题很多、也很复杂,难以系统地、全面地去阐述,概括这些问题,可以归纳为下述三个方面:

第一个问题:在全世界和各个国家,可持续发展思想实现得如何?

第二个问题:在全世界和各个国家,可持续发展思想难以实现的根本原因究竟在哪里?

第三个问题:怎样才能把可持续发展的思想,落实到具体的社会行为中?

一、可持续发展思想的实现情况

一个思想、一个提法、一个政策的实现情况,如何衡量和评价,现在流行"指标三段论"的做法,首先建立一套指标体系,然后搜集一大堆实现过程的数据资料进行计算,最后依据这些计算结果做出评判结论。目前,这种方法非常普遍,做出的评判结论起到了一些积极作用,也会时常做出与实际情况相悖的结论来。比如,在北京遭遇重度污染、雾霾弥漫的时段里,《中国可持续发展评价报告(2020)》则做出了北京市在 2018—2019 年省级可持续发展综合排名第一的评判结论。

其实,衡量与评价活动的生命力,不在于逻辑,而在于经验。这种方法看似非常"科学",确实很难说这个方法有什么不对。但是,可持续发展涉及和影响到社会行为的方方面面,要建立出一套真能全面体现可持续发展思想的指标体系是极其困难,甚至是不可能的。即或勉强建立出了一套指标体系,要想获得必要、充分且能够支撑计算的数据也是十分困难的,即便依赖目前所流行的大数据技术也是难以做到的,更何况还有许多情况一时还难以数量化,怎么可能去形成一个可以计算的、科学的指标体系?!

在无法运用数据分析方法的情况下,我们应该用另外一种方法"溯源比对法"来进行评价。这种方法就是把可持续发展思想的出发点和实际结果加以对照,如果两者符合得较好,则可以认为这个实践是正确的,且已取得实效,反之则是不成功的。这种方法可以忽略掉繁杂的过程描述和数据处理。

"可持续发展"思想,源自于对传统发展模式后果的反思。在以往发展模式的长期作用下,自然生态环境遭受到严重的污染和破坏,社会上的贫富两极分化日益加剧且阶层日益固化,已到了当前社会结构难以承受的程度,以至于国际上国家间的战乱从未止息。这些都与人类社会的发展目标完全相悖。反思这些情况才使人们认识到,不能再沿着传统模式去发展,必须寻找一种新的发展模式,这一新的发展模式被称之为"可持续发展"。

评价可持续发展的实践效果,有人认为成效很大;有人认为可持续发展思想过于理想化,根本不可能实现;更有很多人无所适从,不知该如何认识,更不知该如何行动。事实上,40多年来世界范围内的可持续发展探索实践表明:自然生态环境污染和破坏不但没有停止,反而日益严重;贫富两极分化的势头不但没有减缓,反而日益加剧;社会动乱和战火不但没有止息,还在继续蔓延。这说明,迄今为止可持续发展的实践极不理想,甚至可以说是毫无成效。因此,我们必须再次认真思考这一新发展模式。

二、可持续发展思想难以实现的根源

思考新发展模式,首先必须追根溯源。

"可持续发展"一词,最早出现于布伦特兰领导世界环境与发展委员会在1987年出版的《我们共同的未来》报告中,并给出了"可持续发展"的定义,即指"当代人的发展不以损害后代人的发展条件和能力为代价"。这一"可持续发展"的定义和阐述,于1992年里约会议得到《里约宣言》的认同,后来一直被全世界沿用至今。但是,这个定义存在重大缺陷,不光是使用了道德性语句进行价值判断,既没有约束任何一个时代的人的发展行为,也没有给当代人的发展行为指出方向和道路。因此,几十年的"可持续发展"过去了,各个国家、各个地区仍旧按照自己的利益追求我行我素,只不过大都给传统发展行为披上一件"可持续发展"的"金缕玉衣"而已。事实上,当代人基本上无法判断自己今天的发展行为,是否会损害后代人的发展条件和发展能力,因为他们追求的只是眼前的或可预见的未来的利益需要,基本上不可能根据可持续发展的思想去选择自己的发展行为,甚至根本就不去判断、选择。

《里约宣言》对可持续发展的阐述,除了目标模糊外,对实现过程也没有给出明确的指导意见。实际上,凡是忽视了过程的目标只能是一个虚幻的愿望,若希望这样的"可持续发展"能够实现,那也只能是痴心妄想。尽管联合国又接着召开了多次会议,签订了若干个"协定",可持续发展思想都无法实行和实现。譬如,要实现可持续发展思想,其必要条件就是各个国家、各个地区乃至各个部门、各个群体之间的行为协同。但"协同"能否实现又是有条件的,那就是在目标共同的前提下,要能够在一定程度上彼此包容。如果各方都坚持自己的局部和眼前利益不让步,那就无法协同。40多年实践的结果就是如此,因为无法"协同",当然就谈不上什么合作了。失去了"协同"和"合作",可持续发展的愿望就必然成为泡影。

对于开发支持可持续发展的技术和制度保障,《里约宣言》没有给予应有的重视和鼓励。传统的发展方式不可持续,一个基本方面就是通过开发利用自然资源的技术去获得财富、创造价值,要想获得更多的财富、更大的价值,就一定要开发出能高效利用越来越多自然资源的技术,就一定要制定出严苛的知识产权保护制度,把这些技术垄断起来,为自己的利益追求服务。而开发能用较少的自然资源去创造更多财富的技术,则因其开发过程十分艰辛,且要花费较大的投入,很少有人愿意去探索。这种情况下,可持续发展思想如何能够得到实现?!

三、可持续发展思想真正落实的路径

怎样才能把真正的可持续发展思想(愿望),落实到具体的社会发展行动中? 我们认为,起码要做好以下几件事:

首先,需要"正本清源"。要将真正的可持续发展思想凝聚在其定义中,并在全世界广为传播。

真正的可持续发展思想,要从"可持续发展"一词的起因来认知。众所周知,人类已按原有的方式方法"发展"了几千年,从来没感觉有什么问题,而工商文明在人类社会才发展了几百年,已暴露出其方式方法存在着极其严重的问题,而且已到了非摒弃不可的程度。反思近几百年世界各国在工商文明理念和理论引领下的"发展",它们有一个共同的根本性前提,即不承认自然环境一直在从事着生产活动,而这恰恰是自然环境的一个基本特性。我们认为,自然环境一直在进行着"生产"活动,产出中的一部分是供人类生存发展需用的,这一部分产出被称为"环境承载力"。人类本应该学会在"环境承载力"范围内努力去生存

和发展,而不是开发各种各样的技术恣意突破环境承载力的界限而去拼命地追求财富。追根溯源,这种"拼命追求"才是导致人类的生存环境不断被污染、不断被恶化的根本原因。

由此可见,可持续发展的原意就应该是"尊重自然",要尊重自然环境的生产活动,要尊重自然的环境承载力,要学会并开发出在环境承载力的许可范围内生存的生活方式和发展方式。我们以为,这个概念才是真正的可持续发展思想,也是人类进入新文明时代的要求。当然,要让这一真正的可持续发展思想在全世界、全人类得到共识,是很困难的,需要相当长的时间。因为人们已经被灌输并且习惯于用"布氏定义"来思维了,所以需要政治家们用自己的政治智慧来解决这一问题。

其次,加强"人类生命共同体"认识。将这一认识,在全世界广为传播,唤醒民众,使其尽快成为人类的共识。

所谓"人类生命共同体",即"人与自然生命共同体",就是指人类都生存在地球环境中,都依托着地球环境的承载力发展。如果地球环境被破坏了,受害的一定是全人类,而不会只是一部分人。因此,保护地球环境是全人类的事,而不是一部分环境保护工作者的事。面对这一问题,有一些人会以分工为借口,说"这不是我的事",更有一部分人秉承"无利不起早"的原则,以"经济上不划算"为借口而不参与,甚至"背其道而行之"。这都源于对"人类生命共同体"缺乏起码的共同认识。

最后,坚持"三生共赢"准则。在运作层面,要高举"三生共赢"的大旗,作为一切社会生活和生产活动的基本准则和衡量标准。

所谓"三生共赢",是指生态保育、生活幸福、生产发展三者在同一时间和同一空间中都得到协同提升。这三个"生"天然地联结成一个整体。其中,生态环境是基础,没有一个良好的生态环境,生活就不可能幸福,生产也不可能得到持续的发展。如果为了一时的生产发展,不顾生态环境保育,也不顾生活幸福,其结果就是我们当前所面临的状况:生产畸形发展,生态严重破坏,生活贫富两极严重分化,社会动荡不安。这个状况显然不是人类社会健康发展所追求的。

当然,"三生共赢"还只是个准则,必须具体化。而在行动层面上,还需要解决一系列的具体问题。第一个具体问题是,如何让"生态化"真正成为推动社会健康发展的动力? 更准确地说,就是要解决如何让保护生态环境能创造物质、经济财富,而且要取得比工业化更多、更好的财富,为此需要研究开发出些什么样的技术,制定出些什么样的制度与机制? 第二个具体问题是,如何能让不同的国家和地区的发展行为协同起来? 在一个国家和地区内又如何能让政府、企业、公众三大社会主体的行为协同起来,这三者各自的定位是什么,互相之间的关系是什么,如何相互支持又相互制约、纠偏?这些问题,都需要研究、实践,并在实践中不断反思、探索和完善。

《可持续发展引论》第一版于 2001 年 7 月出版,迄今已逾 20 个年头。众多院校将其作为大学生文化素质教育用书,作者收到了诸多建设性意见与建议。20 年来,可持续发展实践发生了巨大变化,可持续发展理论也更加完善。本书第一版部分内容、数据略显陈旧,特应读者和出版社之邀,修订出版本书第二版。第二版修订工作尽可能原汁原味地传承原书的体系风格,在原书内容基础上作了一些调整、补充、更新和修正。另外,补充了一些新理念新思想,更新了一些数据指标。本书的出版工作得到了高等教育出版社地学环境分社的大力支持,特别是陈正雄和张月娥两位资深编辑的鼎力相助。在此,向广大读者和所有关心、帮助本书写作和修订的朋友们,表示深深的谢意!

对上述问题,我们做过一些理论与实践的探索,取得了一些成功经验,当然还只是些局部的、零碎的。尽管还不完善与成熟,但都是在这真正可持续发展思想的指引下,努力沿着建设新文明时代的道路上的前行。

希望通过本书能够有更多的志同道合者携手前行。

作者

2022 年 01 月 01 日

第一版前言

可持续发展一词,自 20 世纪 80 年代被提出以来,特别是自 1992 年以来,在全世界范围内被广泛传播,得到普遍认同和接受。其认同速度之快,影响范围之大都是空前的。这个现象意味着什么? 为什么会出现这种现象? 很值得我们去深思。我以为,需要思考的根本问题是:可持续发展一词的含义究竟是什么?它对人类的生存和社会的发展究竟有什么意义? 我们究竟如何行动才算符合可持续发展的要求?

我们带着这些问题去读书、去观察、去思考。这里把我读书、观察、思考的体会整理出来,希望对有兴趣了解可持续发展,有志于研究可持续发展的青年学子们起到一些帮助作用,而不是企图讲解、论述可持续发展。故本书定名为《可持续发展引论》。

我们以为,人类自始至终都在为生存而努力,为更好的生存而努力。生存方式的改变、完善的过程就是发展。人类,自结成群体自外于自然界以来,一直在发展着,从来也没有停止过。为什么到了 20 世纪 80 年代时才强调,而且特别强调要“可持续发展”呢? 这是不是意味着人类一方面在十分努力地“发展”,一方面又在内心的深处存在着巨大的担心,担心这样的“发展”维持不下去,而且这种“担心”随着社会物质生活的富裕而越来越严重。说到底,这表明人类不但对自己当前的生存方式不满意,而且担心我们当前的生存方式将殃及子孙。出于对子孙后代关怀的天性,人类总是希望自己的“发展行为”能为子孙后代提供更加幸福、美满的生存状态,而且可以永久地、持续不断地发展下去。尽管人们对这样的一种“发展”一时还说不清楚是个什么样子,更不明白我们现在究竟应该怎样去做。但在内心深处总是坚信这样的一种“发展”是存在的,是应该去不懈追求的。

显然,可持续发展思想,不是从过去几千年人类的“发展模式”中推演出来的,也不是从现实的各种“成功”的“发展模式”中归纳总结出来的。同样在今天,可持续发展也不会是一个具体的“发展模式”,尽管是“新”的。至于在今后,它会不会成为一种模式,会不会成为一种同一的模式,或具有同一性的模式,那是以后的社会学家该研究的事。

可持续发展思想或概念,既不是源自于演绎、推理,也不是源自于归纳、总结，那么它是怎么孕育在广大人群内心深处的呢？我想，它唯一可能的来源，就是人类先天具备的反思特性。人们从行为的效果中去反思行为，从对行为的反思，进而去反思指挥行为的理论、方法，又进而去反思引导理论形成的观念。经过这样一层层地反思，人们不断修正自己的观念，不断改变自己的理论，不断调整自己的行为。事实上，人类的历史，就是不断反思、不断修正、不断改变、不断调整的过程。只不过修正、改变、调整的量与质不同而已。可持续发展的提出，在人类历史上是一次重大的带有根本性意义的修正、改变和调整。

可持续发展思想，源于对自工业革命以来人类发展历程的反思。与农牧文明时代相比，工业革命以后形成的"发展模式"，使人类的生存方式和生存状况发生了重大的改变，推动着科学技术突飞猛进，使人们的物质生活飞速提高，使人类的物质财富极大丰富。同时，这一发展模式又使人类饱尝战乱灾患的痛苦，面临越来越严重的自然资源枯竭、环境质量恶化的威胁。对此，人类在工商文明思想、理论体系内部曾经作过许多修正、改变和调整，但都无济于事，不能从根本上解决问题。于是，人们进一步去反思整个工商文明的思想体系。通过这一步反思，人们仿佛突然地"大彻大悟"，明确地认识到，我们不能以自然为敌，不能去追求征服自然、主宰自然，更不能以此为价值尺度。

人们从迷惘中豁然开朗，决定选择和追求与自然和谐的，能给人类带来更大自由和幸福的生存方式。我以为，这就是可持续发展的灵魂和真谛，也是可持续发展思想迅速得到广泛认同的根本原因。然而，积重难返、积习难改，思想认识上的明确与行为的正确之间，还有相当大的距离，和相当长的时间滞后。同时，有相当大的行为惯性要去克服，还有相当多的理论难题要去研究解决。

这是时代的转折，人类文明的转折。我们这一代人，特别是当代年轻人，适逢这一人类历史上最重大的转折，为了后代人，我们任重道远，必须脚踏实地地勤奋耕耘，义无反顾、无怨无悔。我以此自勉，也与青年朋友们共勉。

本书的写作得到了我的朋友和学生、助手们的大力支持和参与。其中，张月娥同志、韩凌同志、陈剑澜同志、邓文碧同志、张从教授参与了起草工作，季秀华同志负责全书大部分的录入工作，高教社的王永竑同志承担了全书的编辑工作。没有他们的帮助，我不可能在今天完成这本书的写作。另外，在此向所有关心、帮助过这本书写作的朋友们表示深深的谢意！

叶文虎　谨识

2000 年 01 月 01 日

目　录

图 目 录

表 目 录

人类的生存环境

第一节　人类存活在环境中

人活着,首先要吃、喝、穿、住、用和呼吸空气,然后才能去考虑其他。当然,必要时人可以为理想信念而牺牲自己的生命,但这是另外一层意义上的话了。人活在哪儿呢? 答案可以很简单——活在世界上。但什么是世界呢? 我们以为,人所存活的世界可以分成三大部分——自然环境、社会环境和人文环境,所谓"世界"就是由人所处的这三大环境组成。这三大环境为人类的生存提供了必要的条件,也为人类更加健康、更加有保障、更加幸福地生存提供了努力的空间。下面对世界的这三大部分分别予以简要说明。

一、自然环境——环境生产力、环境承载力与环境消纳力

人首先存活在大自然中。人存活所需的一切都来自于自然环境,这是人不能选择的,所以无须对其进行什么理论分析。问题在于自然环境是怎么形成的,又为什么可以持续不断地养育人类? 经过成千上万年的生存实践,现在人们终于对这两个问题都有所认识。

关于自然环境怎么形成的,结论是显然的。首先人不能创造自然,其次这么大、这么多样化的自然,也不可能从一个单细胞进化而来,显然是由一个"创造者"创造出的。关于为什么可以持续不断地养育人类,答案也是十分明确的。即,自然环境具有一种可以称之为"生产"的特性或能力,自然环境在"自然力"的作用下,能"生产"出各种各样的自然物和状态,这些自然物和状态支撑着人类生存所必需的空间和物质。这样,人类才得以生生不息地生存。我们把自然环境的这一特性称为"环境生产力"。

至于"自然力"是一种什么"力"? 既然它是自然环境内生的,那么是谁让自然环境具有这种能力的? 更是一个许多人不愿触碰,或者说是没有能力触碰的问题,因为它可能会指向神。令人不可思议的是,迄今为止,很多人、很多专家都不愿承认"环境生产力"的现实存在。他们认为,自然环境的源源不断的产出不是他们所定义的"生产",所以就不需要得到人类的尊重、爱护和回报。

譬如,在现今通常的词语中,往往只看见"城"和"乡",或"城市"和"农

村",但实际上还有一个极重要的部分叫"荒野"。事实上,荒野和海洋一样,都是"环境生产力"的最重要的"生产车间"。所以,只要承认"环境生产力"的存在,就要正确认识并妥善处理"城、乡、野"三者之间的关系,而不仅仅是"城、乡"两者之间的关系。然而在现实生活中,往往把"荒野"看成是一片尚未开发利用的土地,当"投入产出比"很合算时就会去开发和利用它,把"荒野"变成农田或其他建设用地。但无论怎么说,我们也无法否认自然界在源源不断地产出物质和状态。

另外,依据环境生产力概念,立即可以派生出另外一个十分重要的概念,即"环境承载力"。

自然环境在"环境生产力"作用下,源源不断地产出许多物质、能量和状态。这些产出,首要是供给自然环境系统自我循环的需用,诸如各种动植物生存、生长所必需的空气、水、食物和栖息地等。其次是供给人类生存和发展的需要。我们将后者称为"环境承载力",即指某一时期,某一区域环境对人类社会活动支持能力的阈值。

这意味着,自然环境的产出并不是全部都给人使用的,人只能使用其中的一部分。也就是说,人类只应努力发挥自己的聪明才智,在"环境承载力"的范围之内,获得可以使人类得到持续的、越来越美好的生存需要,而不是去挤占甚至霸占其他物种和自然系统循环所应得到的份额。

然而,人们长期没认识到"环境承载力"的存在,以至视"环境承载力"于不顾,对自然环境肆意进行掠夺式的、破坏性的开发,从而导致"环境生产力"急剧下降,"环境承载力"不断萎缩。这好像"人力"已经"胜天",但殊不知大自然迟早会给人类更加无情的报复。

再有,与"环境承载力"相应的,自然环境还拥有另一个特性,即"环境消纳力"。

随着生活水平的提高,人们在生产和消费活动中产生的废弃物越来越多,这些废弃物只能放置于自然环境中,由自然环境去分解、降解、转化,回归于自然界。自然环境这种消化、吸收、转化的能力,我们称之为"环境消纳力"。

当然,"环境消纳力"因废弃物种类的不同而不同,因所处自然环境状态的不同而不同。但其能力总是有限的,当废弃物的总量和种类超出环境消纳力以后,不能被消纳的部分就只能长时间积存在自然环境中,危害自然,危害人类。这是形成环境污染的根本原因。

概言之,从地球系统来看,环境生产力、环境承载力和环境消纳力均因地理位置、气候条件等的不同而不同,呈现出极其复杂的、丰富多彩的时空差异性与多样性。但不管怎样,人类都不能无视这一特性的有限性、差异性与多样性的存在与约束,动辄市场化,侈谈全球化,将贪欲金钱这样的魔鬼扩散到全世界。

二、社会环境——社会秩序、反秩序与社会变革

与人必须生存于自然环境中一样,人也必须生存于社会环境中。要理解什么是社会环境,先要理解什么是社会。

社会是人类在自然环境中求取生存过程中形成的具有一套相对稳定分工合作关系的人群。这些关系,有的固化为以制度为代表的各种刚性的行为规范,有的则成为以生活习俗为代表的各种弹性的行为规范。这些行为规范,统称为社会秩序。一个人群,若没有形成秩序,也就不能称其为社会,更谈不上什么社会环境。

人活在社会环境中,当然要遵守社会秩序,否则将为社会所不容。纵观人类历史,社会秩序又在不断地变革,意味着人类社会存在着一股维护秩序的力量的同时,还存在着一个反秩序(或称之为改变秩序)的思想和力量。秩序的第一要务是维护秩序,而反秩序的力量,则是试图改变秩序,从局部到全盘。

实际上,一般来说社会秩序的改变就意味着人类社会的进步,当然在特定情况下也可能是退步!这意味着社会秩序在维护秩序和反对秩序两股力量的相互激荡中变革,维护秩序和改变秩序(反秩序)的力量都是推动社会进步的根本力量或源泉,事先难以判断谁对谁错。因此,妥善处理维护秩序与反秩序力量的关系,应是衡量一个社会对社会发展规律的认知和成熟程度的标志。

在这个意义上,包容性发展或共赢式发展才是人类社会健康、持续发展的标志或试金石。包容和共赢,都意味着承认和尊重差异,意味着允许和鼓励不同。当然,认识到这一点和做到这一点之间还存在着巨大的距离,考验着执政者的智慧和艺术。

三、人文环境——价值观趋同、求异与出新

人除了要活在自然环境和社会环境中外,还要生活在人文环境中。

所谓人文环境,是人类经过千万年生存经验的积累所形成的一系列观念、理念和信念,然后再上升为对人群有重大影响的自然观、生命观和宇宙观。这些可以统称为价值观,属于精神和文化层面的内容。这些内容通过世代传承,影响和决定着人们的思想和思维方式,决定着人类行为的取舍。譬如,当人们普遍认

为自然环境是神圣的,人们就会敬畏它、顺应它,而不会擅自破坏和侵犯它。当人们普遍认为人类是主宰一切的,人权是神圣不可侵犯的,而其他都是从属的,人们就可能会对自然环境肆意妄为等。由此可见,人们所生活的人文环境,对人类在物质层面的活动有着极为重要的作用。

人文环境的形成过程复杂且十分漫长,相应的,它的变化也是十分缓慢和漫长的。在任何一个世代或时代,总有一少部分人属于"思者"一类,他们喜爱追根溯源地思考,从而形成一些不同于当时流行看法的新看法。当这些新看法被更多人的生活经验所证实后,就会被再多的人逐步认同并遵从,从而被接受为社会行为的新的指导准则,甚至被奉为"真理"而接受,这个过程就是人群中的趋同效应。

在与趋同效应存在的同时,在人群中也总会有另外一部分人会对这一行为准则的真理性加以质疑,思考是不是还会有更正确的看法,于是就进行更深入的观察与思考,从而形成更新的看法。经过若干年的无数次的检验,他们的新看法被肯定了、被接受了,再经过"趋同"的过程,这类"更正确"的看法,就取代了原有的看法,成为主流看法了。这一过程可称为"求异效应"。趋同与求异并存,它们是辩证互动关系,在这两者辩证互动的过程中,新的思想和观念不断出现。这个出新的过程实质上就是人类文明演替的过程。

由此可见,趋同、求异、出新是人类文明演替过程中必然会同时或交替出现的形态。

第二节　人类存活在三大环境构成的整体中

一、三大环境构成环境社会系统

前一节说到,人活在环境中,人活在自然、社会和人文三大环境中。然而,这三大"环境"与人是个什么样的关系呢?

首先是人与自然环境的关系。人类很早就从自己的生存经验中知道,是大自然养育了人类。《圣经》记载,上帝创造世界时,前五天创造了阳光、空气、水、动物和植物,在第六天才创造了人。也就是说是先创造了能够养育人类的大自然,然后才创造了人类。谁先谁后,一目了然,为什么分先后也一目了然。今天人们认识到地球是宇宙中银河系中太阳系中的一员,而人是地球居民一分子。

这就是人类生存的奥秘。其次是人与社会环境的关系。前文说到,社会环境主要表现在社会秩序上,因此人与社会环境的关系,在本质上就是人与社会秩序的关系。显然,人必须遵从社会秩序,否则人就难为社会所容,但人若时时、事事、处处都绝对遵从社会秩序,社会秩序就不可能得到改变,社会也就不会进步。反之,若人时时、事事、处处都不遵从社会秩序,则社会就始终一团糟,也就无所谓秩序。因此,人与社会环境的关系是几千年都没有处理好的一个复杂且微妙的关系。

再次是人与人文环境的关系。人文环境是指人所处的人群中占主流地位和非主流地位的信仰、信念和习俗的总和。人对自然环境和社会环境的认知及相处的方式,都会受到其所处的人文环境的影响,特别要受到信仰的影响。譬如,有神与无神的信仰,使人们对自然环境和社会环境的看法和态度会有着根本的不同。

人就活在这样的三大环境中,这三大环境相生相克,构成了一个整体,我们将这个整体称之为"环境社会系统"。我们在下面的研究中,先撇开"形而上"的人文环境不谈,把由人、自然环境和社会环境构成的整体称为"狭义环境社会系统"。在更多的时候,也把它简称为"环境社会系统"。

人类社会与其赖以生存的自然环境在事实上是一个不可分割的整体,这个整体称为"广义环境社会系统"。而把不包括人文环境在内的整体称为"狭义环境社会系统"。实际上,狭义环境社会系统是广义环境社会系统在物质层面上的投影,所以我们在以后的行文中就不再加以区分,读者可以从上下文看出它的所指。人类社会是环境社会系统这个整体的一个组成部分,而且是一个最主动、最活跃的组成部分,它的变化与运动将影响这个整体的变化和运动,它们相互激荡、相辅相成。

我们正是从这个角度来考察人类社会的运动和变化,也是从这个角度来考察人类文明的演变和演替。我们认为如果抛弃这个整体观,选用从这个整体中切割出来的任何一个部分为观察的视角,所得到的结果一定会具有极大的局限性和片面性。值得注意的是,广义环境社会系统将涉及精神与物质相互作用这个更大的专题问题,这已超出本文所讨论的范畴。

二、环境社会系统的结构

首先,我们要认识到,任何一个系统都有一个边界,边界之外称为系统外,边界之内称为系统内。这个边界就是一个界面,其作用之一是把系统内外区别开来,作用之二是把系统内外的要素活动联系起来。系统内外的质量、能量、信息等物理、化学要素皆通过这个界面相互传递。另外,任何一个系统,都是由诸多子系统组成,各个子系统之间也存在许许多多大小、形状、功能不同的界面。质言之,只要是系统,就必然存在界面。换言之,界面是系统的一个必不可少的组成部分。

其次,界面是"三"的一种特殊存在形式。"三"是一个神奇的数字,它的内涵极其丰富。如果系统内部称为"一",系统外部称为"二",那么界面就是当然的"三"。譬如"三原色"中的"三",显然是指三个独立的颜色,但如果用不同的比例把它们调和起来,可以调制出无穷多种的颜色,这说明,这个"三"可以生发出无穷多的色,我们是不是可以从中领悟出"三生万物"的内涵来!

又如,中国在西周时代就有了鼎,后来更有了"三足鼎立"的说法,鼎立意味着稳定,中国古人早就知道"三点可以构成一个最稳定的状态"。这与西方几何学中所说"三点决定一个面"的原理不谋而合,有异曲同工之妙。这从另一个侧面说明了"三"的重要性。

再如,我们在日常生活中经常遇到的"负数、零、正数""上、中、下""左、中、右"等。其中的"零""中"等都是"三"。没有"中",如何分上下、左右?没有"零",如何分负数与正数?可见,要想让一个系统完全,"三"的存在是不可或缺的。还有,我们常说"量变引起质变",如果没有条件,量变能自然而然地发生质变吗?海沙再多也是海沙,不可能成为岩石,也不可能变成泥土。可见,量变引起质变是需要条件的,这个条件就是"三","三"不出现,海沙再多,也只能永远是海沙。

以上事例说明"三"是个重要的客观存在。除此之外,我们还知道一个事实,就是人把自然资源加工成许多物品,但若没有"人类劳动"这个"三"的加入,这是完全不可能实现的,也可以说,若没有"人类劳动"这个"三"的参与,人类社会以及其中的所有物品都不可能产生,这也印证了《道德经》中所说的"三生万物"。

再次,界面是人类活动的界面。"条件"就是"三",或"三"的载体,而人类对"条件"的驾驭和运用,可以对"万物"产生各种各样的影响,这是"三"的实质。以战争为例,在同样的外部条件下,有时可以"以多胜少",有时又可以"以少胜多",这就决定于人在界面上的活动。人如果能认识到"三"这个界面的存在,能够自觉地把握好自己在界面上的活动,就能影响甚至决定事物发展的趋势和走向。

譬如,人、自然环境、人类社会就是一个"三"。其中,人类社会就是人与自然环境的界面,处理好这三者的关系,就要把握人在人类社会中的活动。处理得好,这个整体就会出现欣欣向荣的共赢局面,否则就会使整个系统崩溃。

又如社会,其中就存在统治者、被统治者(群众)和"秩序"("三")。秩序制定得好,运用得好,这个社会就可能会可持续发展,环境社会系统就会健康运行,否则就必定会走向反面,自取灭亡,直至整个系统崩溃。至于什么叫环境社会系统的健康运行,如何能使环境社会系统得以健康运行,则又是一个需要专门加以讨论的命题。

三、环境社会系统的运行

首先,研究环境社会系统的构成。环境社会系统是人、社会与自然环境组成的。从另一个角度,也可以认为,是由人类生命子系统、社会经济子系统和自然环境子系统三大子系统组成,它们之间通过自然资源、劳动力、劳动产品和废弃物这些物质联结在物质运动的层面上,如图0.1所示。

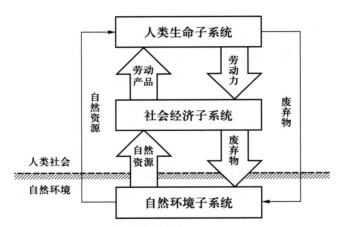

图 0.1 环境社会系统的结构框架

在这三大子系统中,人类生命子系统的存续和持续运行,依赖于自然环境子系统源源不断地产出各类物质性资源和状态性资源的供给,同时也依赖于社会经济子系统不断产出的人造物(产品和商品)来支撑。因为社会经济子系统的运行也需要自然环境子系统的产出来支撑,所以自然环境子系统的持续运行是整个环境社会系统的真正的唯一的基础。

人类为了自己的生存,为了有保障地生存、健康地生存和幸福地生存,希望社会经济子系统能生产出越来越多的产品供自己选择,能生产出越来越好的产品来满足自己的享用,当然也希望自然环境子系统既能产出越来越多的资源,又能产出越来越适合人类生活的状态。于是,人们努力按自己的意愿改造自然环境子系统和提升社会经济子系统的能力和效率,这成为人类的当然选择。其实,这个选择并不当然,因为在这个"选择"的背后有人类的"自私"和"贪欲"在作祟! 人们常常不会认识到,自然环境子系统并不仅仅是为了人类的生存而存在的。

其次,研究人类生命共同体。为了正确认识和把握环境社会系统,我们首先需要解决的是,如何正确认识自然环境子系统,如何正确处理人类与其所处的三大环境之间的关系。图 0.2 为人类生命共同体示意图。

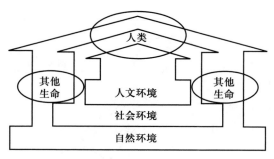

图 0.2　人类生命共同体示意图

由图 0.2 可知,自然环境是地球上所有生命体生存的基础。社会环境是人类在与自然环境相互作用以求生存的过程中形成的,是人类这个生命体生存的秩序基础,但它对其他生命的生存,可能有益也可能有害,这决定于当时的人文环境。人文环境则是社会环境基础上提升到文化层面的思想结晶,它是人类处理与自身以及与其他自然物和生命体关系的引导力量,它具有时间上的延续性,能跨越时代。因此,人文环境是否符合环境社会系统的运动规律至关重要。

在三大环境中,自然环境和社会环境属于物质层面,人文环境则属于精神层面。三大环境与人类和其他生命体一起,构成了地球上以人类为主体(不是以人类为中心)的生命共同体。

从习惯的学术性思维的角度看,研究生命共同体与其生存环境的相互作用是一个新兴的学科。为研究的方便,我们将物质世界的"环境"看作一个整体,称之为"狭义的"环境社会系统,后文一概称之为"环境社会系统"。

图 0.3　狭义环境社会系统示意图

狭义环境社会系统(图 0.3),由人类社会和自然环境两个子系统和人类活动的界面组成。在两个子系统中,自然环境子系统是基础,人类社会子系统则是建立在这个基础之上的。人类在自然环境子系统与人类社会子系统的界面上活动,这个活动既维系着人类自身的生存,也影响着上述两个子系统的结构和运行。人类活动的界面是一个庞大的网络。沿袭几千年乃至上万年的问题,是人类在这一界面上的活动,是以"谁战胜谁"为根本出发点和工作原则,还是以"共赢"为基本原则?我们认为"谁战胜谁"和"共赢"相互激荡的最终结果一定是走向"共赢"。

再次,研究环境社会系统的三大生产活动。进一步剖析环境社会系统,还会发现在物质运动层面上,存在着三个大的生产系统,这三个大生产系统呈环状联结在一起,如图 0.4 所示。

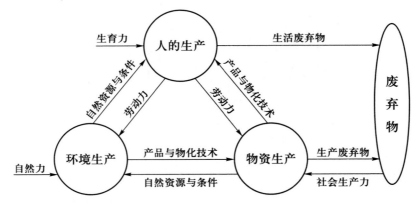

图 0.4　三大生产活动关系示意图

图中所说的"生产"一词,指有物质输入和输出的过程,显然这个过程并不需要强调必须有人类活动的参与。

原本,纯自然界(自然生态环境系统)的物质运动是没有废弃物的,因为它是一个由生产者、消费者和分解者三大环节构成的循环封闭系统。但自从人类活动参与之后,就产生了很多且越来越多的生产废弃物和生活废弃物。这些废弃物,弃置于自然环境之中,一部分为环境消纳力所吸收和转化,剩余部分则成为污染物。这些污染物质,退出了原有的物质循环,且退出得越来越多。这个"退出"过程,就是自然环境被不断破坏的过程,是导致今天人类社会陷入不可(难以)持续生存发展的直接原因之一。由此可见,人类与自然的和谐相处,就要求人类活动产生的废弃物越来越少。换言之,人类社会经济子系统中应有一个组成部分,负责把废弃物重新变成可使用的资源,以减少对自然环境的索取污染和破坏。一言以蔽之,是否充分重视废弃物的再资源化,是人类社会能否可持续发展的根本标志。

三种生产理论指出了人类社会陷入不可持续发展的根本原因,指出了人类走上可持续发展之路的根本途径。当然,这一理论还有更深刻的内涵,但已不属于本书论述的范畴,当另用专文加以论述。

长期以来,人们没有认识到这三大生产活动的存在,甚至拒绝承认其存在,更有甚者,还把人类在环境社会系统中的"主体地位"偷换成"中心地位",冠以"人类中心主义",以为自然界的一切皆应为"我"所用,并据此来构造社会经济子系统。社会经济子系统功能日益强大,效率不断提高,终于使自然环境日渐恶化。

　　然而,自然环境并不是为了满足部分人群的贪欲而创造的,它的产出也不是全部用来满足人类无节制的需要的,健康的环境社会系统中应该由人去主动地增加一个约束,把人类的贪欲控制住。人类必须清醒地认识到这一点,自觉地去发现和构造这一"约束",而不能放纵膨胀贪欲的理论和做法肆无忌惮地"横行"。面对这一问题,目前已有的理论学说都十分苍白无力。

　　作者之所以这么论断,理由非常简单朴素。因为在环境社会系统中,能使人类生命子系统和社会经济子系统维持持续的运动,就必须以自然环境子系统能够源源不断地提供越来越多的自然资源和能源,且能够连续不断地消纳转化前两个子系统所产出的废弃物为前提。然而,自然环境子系统的存量与能力都是有限的,不可能具有这么强大且持久的供给力和消纳力。这一点,很少见到这样的论述,也许是故意回避去论述的。

　　当前,整个环境社会系统运动的结果,是三个子系统自身的结构和相互作用关系在发生变化。至于变化的最终结果是什么,现在还说不好,也许是人类灭亡,也许是人类"重生"。作者当然希望后者出现,也在为后者的出现而努力。

第三节　人类文明是人类在环境中的生存方式

　　由前文所述可知,人活在环境社会系统中,但具体是怎么个活法,还需进一步分析。这里所谓的"活法"是指人类的生存方式,包括人类的生活方式、社会的生产方式和人群的组织方式。下面,我们对人在环境社会系统中的"活法",逐一加以分析。

一、人与自然环境相互作用

　　人要存活,就首先要从自然界中得到物质的支持,因为人要吃、喝、穿、住、用和呼吸。为此,人就要从自然界中索取物质、能量和栖息地,与此同时,自然界也就发生了相应的变化。

一开始,人通过"索取"使自然界发生改变是不自觉的。后来,人就有意识地去改变自然界,从而被称为"改造自然"。于是,人就在这种"改造"中存活,且越来越享受"改造"所得到的好处。

然而,随着时代的变迁,人类"改造"自然的强度和广度越来越大,后果远远超出了人们的预想。概言之,人类越来越多地从自然界中"索取"各种各样的物质,直至超出了环境生产力,越来越多地将各种各样的废弃物弃入自然环境,直至超出了环境消纳力。如果一直如此延续下去,自然环境一定不能承受,最后必然导致自然环境系统退化,乃至崩溃。

二、人与社会环境相互作用

社会,是人类在自然环境中求生存形成的一套人与人之间的分工合作关系。

当人类从自然界中获得的生存资料,仅能维持生存而不能形成财富时,这一套关系会自发地被维护。而当人类依靠这套关系获得的财富,不但能维持生存而且有积余时,积余的支配权与享用权,就成为原有分工合作关系之外的另一种特权。这一特权,连带原先的劳动力分配权和从自然界获得的成果分配权,就变成少数人享有的权力与权利。于是,"社会秩序"的制定权就变得十分重要,而且不再由自发形成了。自此,人与人之间的"秩序"制定权的争夺成为首要的、显性的、第一位的,而人与自然环境的关系变为隐性的,成为"无声的背景"。

"秩序"从制定之初,就要求所有人都遵从,但制定者除外。秩序总会对一部分人有利,对另外一些人不利或少利,于是总有一些人因对这些秩序的不公而不赞成和反对。因而,争夺"秩序制定权"的矛盾和斗争,在人类中成为不可避免,甚至在很长一个历史时期成为人与社会环境关系中的主要矛盾。人类至今仍陷于这一漩涡之中而不能自拔!甚至把人类社会的发展史都看成是人与人的权利关系史、人与人的斗争史。

事实上,千百年来,人类就生活在这种"循环"之中。一部分人为了自己的利益(也包括理想和追求),号召大家跟随自己去争夺秩序制定权。如果争夺失败,就沦为"匪",家破人亡。如果成功,则成为"王",把"秩序制定权"掌握在手。然而,当他们掌握"制定权"以后所制定出来的秩序则只有利于另一批人,不利于其他人,于是久而久之必然遭到另一轮的反对,从而开始又一轮的"夺权循环"。

迄今为止,人与社会环境的相互作用,就是这样造成一轮又一轮的"夺权循环",而人类就生活在这一轮轮的循环中。我们在思考,人类能不能从这一轮轮的循环中跳出来呢?

三、人与人文环境相互作用

从哲学角度来看,人文环境是自然环境与社会环境的上一个层面的环境,是一个"形而上"的环境,它包含思想、观念、认识、理论等方面的内容。

人自出生以来就同时生活在这一环境之中,及至上学受教育,都是在接受人文环境的熏陶。人在成长过程中,通过自己的观察、实践与思考,就会对所受过的人文环境的影响加以反思,从而形成新的认识和看法。这些认识和看法又反过来影响着人文环境的结构和内容。人类就是在这样的人与人文环境的相互作用中生活着。

人文环境说起来很简单,但其实是极其复杂的。因为由于各种原因,不同地域的人群有着不同的文化,也就形成了不同的人文环境。比如,从全球角度看,大体可分为大陆文化和海岛文化,还可以再进一步细分为农耕文化、游牧文化和狩猎文化,它们构成的人文环境是不同的。人在与各自的人文环境的互动中存活,形成了世界的多样性,这是当今世界纷纷扰扰的根本原因。

第一章
人类发展与文明演化的历程

  人类在地球上的出现,已经有几百万年的历史。在这悠久的历史岁月中,"发展"是亘古不变的主题。虽然从长期来看,人类一直在迈着前进的步伐,但在某一具体的历史时段,人类发展的步伐却是犹豫的、徘徊的,有时甚至是倒退的。在新世纪曙光来临之时,人类正面临着发展的困境,也正努力寻找一条走出困境的道路。

  看到"人类发展"这个词,似乎明白,又似乎不明白,要把这个词具体化和具象化,似乎很不容易。首先说"人类"这个词。显然,不应该是指一群人的意思。因为,长期的生存实践使人们认识到,若想谋求生存,人群必须自觉地组织起来,即每个人都要明确自己在这个人群中的位置和该做的事情,以及应该享有的权利。质言之,这个人群必须形成明确的分工协作的秩序,即形成了人类社会。再说"发展"这个词。其实,人自出生以后一直追求的是生存,是健康的生存、有保障的生存和幸福的生存。因此,发展就是追求这样生存的过程和结果。社会,同样也是追求这种生存的一个过程和结果。由此可知,人类发展的根本,就是所有人在追求这样的生存。其他所有的所谓指标或者术语,都是用来描绘这种生存的。

  回顾人类几百万年来的发展历程,有助于掌握人类社会进化发展的基本规律。反思人类当前面临的困境,可以正确把握未来的发展方向和途径。

第一节　人类发展的几大阶段与人类文明的演化

从简单到复杂、从低级到高级、从无序到有序,是一切物质运动过程的共同特征。而逐步远离原始平衡态,是在内部变异和外部非平衡相变的联合作用下,新的不同序度的稳定态,是生命力系统发展的阶段性结果。

生命力系统的开放性,使其在同外部环境交换物质能量过程中发生波动。与此同时,生命力系统内在结构和能量供需也逐渐失衡。当这种波动和失衡叠加形成的涨落超过了系统的自组织调节能力时,便将这个生命力系统推向混沌的边缘,随之分异、重组,结构相变和功能转折,又形成一个新的更为复杂、更强功能、更高序度的稳态系统。就这样,生命力系统从不稳定到稳定,从低序稳定到有序稳定,其进步通常是在曲折中以渐进的螺旋形式演进。自然界中,遗传基因 DNA 分子结构的双股螺旋变异、生物界或非生物矿石等的螺旋线方式生成等现象,都表明这个历程具有螺旋状的结构。

遗传和变异,在本质上离不开自然环境的物质能量供给与信息调节。尽管生存和发展的追求是人类进步的内在动力,但是它离不开环境中无机的和有机的资源供给,也离不开人类自身的生产力资源和能量的调节。于是人类依据对自然和社会发展规律的认识、自身需要、调控能力制定的价值观体系和行动准则,使人类社会的发展在同自然环境的对立统一中呈螺旋形进化。显而易见,自然环境以自有的物质能量促进着人类的进步,耦合着人类与生物的共生、协同。因此,人类社会发展史,首先是以人的生存和发展需要为目的和内在动因,依赖生物和非生物资源及环境场的演变史,其次才是由人类社会内部的生产活动、利益分配、文化交流及精神文明等所繁衍的历史。人类的生存与发展,须臾离不开物质的生产和供给,因而也就有了与自然界的矛盾冲突。因不同时空域中资源的有效供给和环境的可能承载有限,故人类社会内部从未间断过为争取生存和发展的空间引发的对立对抗。由此可见,人与自然的关系始终是人类社会发展的关键问题,处理好人与自然的关系才能使人类社会发展的双螺旋结构有序演化,能动的人类是使这种演化有序的主要力量。人类生存与发展的需求既支配着人类社会的发展历程,也左右着生物群落和环境的变迁。

人类社会,从简单到复杂、从低级到高级、从无序到有序的发展,主要表现为生命体(人口数量)的繁衍、扩张和生命力(以智力为主体的人类素质)的不断提高。人类社会的发展也离不开人类对自然演化规律和社会生产方式变革的认识与利用,离不开物质资料的生产对资源环境承载的调节。物质资料的生产是连接人与自然演化的中枢,是人类通过直接或间接劳动转化自然力的过程。它既受制于一定社会生产方式下生产力和生产关系的矛盾运动,亦受制于外在自然演化过程中的环境生产力(包括资源供给和环境消纳)和对资源环境需求的矛盾运动。当社会生产力水平低下,人的劳动效率不足以创造出较多的剩余产品时,人类必然依靠多生产劳动力人口去战天斗地,以维持自身和再生产人口的基本生存需要。当社会物资生产的增长速度超过人口的自然增长率,可以带来较多的劳动剩余时,通过利用自然、改造和征服自然以提高人口物质、文化生活水平和改善人口素质为目的的发展则成为主旋律。当人口的物质生活需求超越了资源持续利用的保障和环境消纳的良性循环时,资源供给危机、环境保障危机、人口失业和相对贫困危机以及民族冲突和社会秩序紊乱等问题就接踵而来。此时,以人与自然和谐为核心,以当代与未来人口利益公平为追求的可持续发展就成为全人类的必然选择。由此可见,生存、发展和可持续发展组成了人类社会的三个特征各异的演化阶段,这三个演化阶段分别对应着农牧文明、工商文明和环境文明的孕育与实现的时代。

一、生存阶段与农牧文明时代

人类的社会生存,是指维持生命体扩大再生产和生命力简单再生产的人类活动的社会形态。生存是人口生命延续的本能,为此必然需要去从事物质资料生产和与之相关的一切社会活动。

当社会生产以采集、捕猎和简单的农牧业生产活动为主时,人类的劳动仅能维持人口自身生命和繁衍后代的基本需求。此时,社会形态由以原始工具、手工劳动和简单分工合作为特征的初级形态生产力和以部落、家庭或社区交往为表征的简单生产关系构成。人类的社会生存完全依赖自然力的初级转化,人口生命体的生产呈现高出生、高死亡、低增长的原始形态,以及生命力的缓慢进化。

随着人类智力的进化和生产工具的改进,以手工业为基础的第二产业和以产品交换为先导的商贸、第三产业雏形开始发展,人类劳动逐渐有了较多的剩余,伴随而来的则是人口生命体再生产演化为高出生、低死亡、高增长的传统膨胀型。于是,相对有限的劳动剩余除用于满足新增人口的生存需要外,已无多少投入来改善人口生命力再生产和社会生产力的发展。

在从人类社会的诞生到工业革命前夕的漫长历史过程中,人类社会的进步主要以满足人口的基本物质生存为动力,而以物质资料分配和占有形式为主要内容的社会生产关系的变革,使社会制度历经了原始社会、奴隶社会和封建社会几个主要阶段。这一漫长的历史阶段,营造了农牧文明和古代灿烂的文化,推动了科学技术的进步,促进了社会生产力的发展。但从总体上来说,人类基本上是为了生存而斗争,以图摆脱饥饿和贫困的困扰,同时得到物质资料的公平分配与占有。

因此,历史上的农牧文明本质上是生存文明,古代文化则是反映人类依附自然而生存的文化,社会生产关系的变革和生产方式的改进也同样是首先为了人类的生存需要。

所幸,在这个历史发展阶段,由于人类的绝对生存空间广博,自然资源较丰富,生态环境自调节功能亦较强,人类的生产活动虽曾在局部地域造成自然循环失衡,人与自然的和谐关系在总体上并未构成生态环境的危机。

二、发展阶段与工商文明时代

工业革命的勃兴,使人类从利用自然、改造自然的状态异化为对抗自然、征服自然的状态。以人口生命体和生命力双重扩大再生产为本质内容的社会、经济、科技及文化的高速发展,成为人类社会演化的主要推动力。发展的内在动因,已从人口的基本生存需求转变为人类生存条件的不断改善和物质生活水平的持续提高。从工业革命兴起到 20 世纪中后叶,物质财富空前增加,人力资本迅速积累,生产资本功能极大拓展,人类物质生活水平空前提高,人类对自然资源的利用强度和利用能力极大地增强,对自然灾害和社会风险的抵御能力也有了较大的提高,人口的体质和素质得到了较大的改善。然而,在社会生产力快速发展的同时,也造成了人类社会不可持续发展的危机。下面分四个方面来谈谈这一阶段的具体演化。

一是人口生产方面。社会生产力的较快发展,显著地促进了科学技术的进步和医疗卫生、文化教育事业的发展,因而导致了人力资源过剩。生活消费需求的增加,致使可开发利用的自然资源和物资生产可能提供的生活资料相对供应不足。由于社会生产和家庭生计,已主要不再依靠人口的繁衍和劳动力数量的增加,加之社会保障体系的逐步完善,人口死亡率的降低,人口生命体的再生产在人口自然增长率达到高峰后逐步演变为低出生态势。与此相应的人口年龄结构,呈现出劳动年龄人口比重大、幼年和老年被抚养人口比重较小的成年型社会特征。人口在地理空间上的分布,也由分散的农村群居逐步转向城镇化集中的格局。

二是物质资料生产方面。物质资料生产的产业结构由以农业为主导的形态逐步转为以工业为主导的形态。在这一历史阶段，人力资源产业配置的演变趋势大体上是：第二产业的主导地位逐步上升，第一产业投劳比重低于第二产业且继续下降，第三产业投劳比重显著递增，以能源等非生物资源消耗为主体的工业化成为经济增长和社会发展的主导。与此同时，以物质利益竞争为中心的商品经济和市场机制的强化，使劳动失业人口增多，物质消费超度，造成社会的沉重负担和压力，导致了人口与经济发展的不协同。此外，反映人与人之间关系的国家、地区利益冲突，物质财富分配和占有的社会矛盾，以及相随而来的文化、意识形态的对立也愈显突出。

三是环境生产方面。在人口数量增多和追求物质生活水平提高的联合驱动下，在经济活动以追求最大利润为目标的刺激下，人类社会对自然资源进行了无度的开发利用，从而使全球范围内不可再生资源的存量日益减少，部分已枯竭，可再生资源的再生能力在衰减，部分已供不应求，可开垦的耕地资源已十分有限，淡水资源的可利用总量和质量亦不能满足生产和生活日益扩展的需要。这一历史阶段，虽然科学技术在使人类扩大自然资源开发利用规模与强度的同时，增加了资源的供给量或延缓了资源的耗竭，但是在追求经济增长和资源开发利用的高产量、高性能、高附加值发展策略诱导下，科技的创新和应用亦不可避免地强化着"大量生产、大量消耗、大量废弃"的错误模式，这在某种程度上更加速了自然资源的衰减或枯竭。导致了严重的环境污染和生态破坏，增高了自然灾害出现的频率，使环境的净化和自调节功能退化。总而言之，自工业革命以来，环境的整体质量在逐步退化，已危及人类的幸福生存与健康发展。

四是文化建设方面。这一历史阶段，与上述三种生产的变化特征相应的，是人类的文明观、价值观和消费观，也烙印着以物质追求为目标的发展理念。广义而言，文化包括物质、精神和制度三个层面。物质文化是人作用于自然界形成的，是人类智慧在生产要素、过程和产品中的体现，是一切文化的基础。制度文化是在人与人相互作用的过程中形成的，是生产关系及其规范和准则的映像，是一切文化的关键。只有通过合理的制度文化，才能保证物质文化和精神文化的协调发展。精神文化是人的意识、观念、心理、智慧生成与表现的集合。它是一切文化的主导，保障和决定着物质文化与制度文化发展的方向。由此可见，文化作为人类的创造和对人类社会发展的推动作用，不仅镌刻着人类的智慧，也映射着不同阶段人类的生存与发展方式的印记。在工业革命之前，人类文化虽然分别凸现于图腾、宗教和伦理之中，但总体上是自然文化，即依赖、听命于自然而生存的理念和价值观的表现。工业革命之后，人类为了满足自身发展的需要，一方面借助科学技术和社会分工去改造、征服自然。另一方面又以国家、民族、阶层、社团及家庭为网结，通过多元文化形态的矛盾和冲突改造社会，进化人类自身。因而，这一阶段的文化更多地表现在科学技术文化和社会文化之中。在这种文化氛围的熏陶下，人们的消费观凸现为对物质生活的无限强烈追求，价值观则着重于人对自然的征服和对物质利益的占有。

三、可持续发展阶段与环境文明时代

可持续发展概念的形成，源于对当代不可持续发展状态的反思，而它作为目标，其宗旨则是通过人与自然、人与人的和谐，谋福利于当代和未来的人口。显然，可持续发展既是一个衡量人类社会是否有序演化的标准，又是一个全球性人与自然协同进化的过程。

标准是一组动态变化的向量，随时空演化状态的过程而不同。其外部约束受控于环境生产力，即取决于全球生物圈保护和健康演化下的不同地域自然资源的生产能力和存量的多寡，以及环境质量的高低和消纳废弃物功能的强弱。而其内在动力则是当代和未来人口对物质、精神消费与环境优美享受的需求。因此，就外部约束和内在动力而言，当代人类所面临的环境生产危机，迫使人类必须作出明智的抉择：通过修正自身的自然观、价值观和文化观，规范自身的生产和生活行为准则，以逐步实现与自然的和谐共存。

从人类社会发展的现实来看，不同国家、地域的环境条件和发展水平不尽相同。发达国家借助先发优势占有了更多自然资源和人类财富，同时也造成了对环境更多的危害和对他人较多的盘剥，无疑应承担更多的责任和义务，需要肩负调控自身的发展和支援发展中国家可持续发展的双重职责。而发展中国家既承受着全球发展危机的威胁，又面临着自身发展需要的压力和动力，但决不能再沿袭发达国家的发展模式，而应实行符合可持续发展要求下的发展，即以实现人口、经济、资源、环境的物质、能量供需均衡和社会发展协同为目标要求的发展。

人类社会的可持续发展是全人类的共同事业。具有空间上的全球性和时间上的无限性。这意味着，它既不是某个国家、地区或每一行业、部门可持续性发展的简单相加，也不是几代人的努力就可以实现的。人类社会的可持续发展必须以每个国家、地区或行业、部门在不同时段的有序发展或协调发展为基础。

同人类社会已经历的生存与发展阶段相比，可持续发展阶段既是人类社会进化的一个新的历史时期，又是一个漫长而无止境的人类社会演绎的最高阶段。

第二节　人类发展历程与环境社会系统运动

一、人类的基本生存方式与环境社会系统

从根本意义上来说,发展就是人类基本生存方式及其指导观念的演进。

人类的基本生存方式包括生产方式、生活方式和人群的组织方式,其中生产方式起着基础性的,甚至是决定性的作用。人类有史以来的基本生产方式可以概括为:从自然界索取各类物质性资源,将这些资源加工为产品,通过流通分配给消费者,最后则是将前述各环节中所产生的废物弃入环境,如图 1.1 所示。

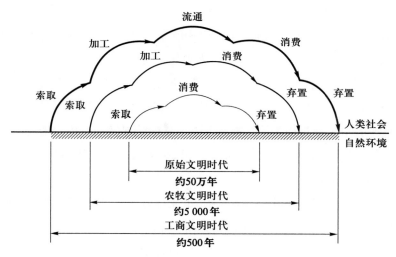

图 1.1　人类社会的基本生存方式

这种基本生产方式,也可以把它认为就是基本生存方式。这一方式如不改变,最终将使人类社会和自然环境之间的物质交换的不均衡性日益严重,这是当今人类社会陷入不可持续发展泥潭的根本原因。

在远古时代,人类对自然的攫取和破坏微不足道,这种生存方式不会导致人与自然的和谐关系遭受到严重破坏。在人类处于农牧文明时代时,这种生存方式曾在局部以及某时期显示出对环境的破坏,但在总体上还没有对环境造成重大伤害。然而,自工业革命以来,随着人口数量的膨胀,人群提高物质生活水平需求的剧增,且随着科技与生产水平的提高,物质在人类社会中的流动量和流动速度都在日益加大和提高,而自然环境中物质流及其分解、转化的速度和总量

则在日益降低,其结果一定使环境的自然资源供给能力和对污染物的消纳能力承受着无法承受的压力。

特别是在工商文明充分发达的近代,物资生产表现为商品生产,其动力和目的已完全背离满足人类生存需求的初衷而变为追求"经济利益最大化",货币也就由"工具"变为"目的"。于是乎,商品生产者和经营者就不择手段地去刺激人们对物质生活的需求,鼓励人们高消费,从而使生产力沿着索取、消耗自然资源的方向畸形地超高速发展,使对自然资源的索取日益无度。同样,基于"经济利益最大化"的考虑,如果不能获得较大的经济利益,商品生产者和经营者也绝不会对在资源的索取、加工,以及产品的流通、分配和消费活动的全过程中所产生的废物去进行回收、利用,而是把它们随意排入自然环境。因此,环境恶化就成为必然,资源的短缺和耗竭也就成为必然。这一点在技术和社会分工上也同样表现得十分典型。

在技术上,有史以来人类只是研究和开发从自然环境中攫取资源以及将之转化为产品的技术,并认为凡是加速上述进程、提高上述过程效率的技术就是好技术,而根本没有想到要去开发可以将物质返回自然环境或重复利用的技术。在社会分工上,对应于这种生存方式,人类社会的生产活动被分为三大类:从自然界获取自然资源的一次产业,将自然资源加工为商品的二次产业,以及为一次和二次产业服务、以提高它们的效率和效益为目标的三次产业。显然,产业门类的这种划分格局,就把极为重要的废物转变为资源,或者将其安全地返回环境的活动排除在人类社会的经济、生产活动之外,最多只是将其交由能力十分有限的社会福利行为或政府行为来完成。

然而,环境的急剧恶化表明,在当今的生存方式下,自然环境中的分解者已完全不可能将人类社会制造出来的"废物"全部、及时地分解掉。如果人类再不很快地意识到这一点并对自身的社会经济行为予以调整的话,那么在不久的将来,随着人口数量的进一步增加和人类对物质生活水平追求的进一步提高,人类社会和自然环境之间的这种不平等的物质交换必将给人类社会的生存发展带来严重的灾难性的后果。

人类的生活方式主要表现为消费方式。人的消费是人类社会生产活动归根结底的推动力,消费取决于人的需要。人的消费需要大体可以分为单纯生存的需要、物质享受的需要和精神享受的需要三个层次。一般说来,低层次需要的一定程度的满足是高层次需要产生的基础,但低层次的需要,尤其是物质享受需要的满足程度,却因人的价值观念或价值取向而异。如果人的需要长期在物质享受层次上膨胀,就会产生恶性消费,从而推动恶性开发。目前,消费已经异化成一种为刺激生产、追逐利润的手段,一种体现自身存在价值的标志。

人的消费方式,从深层次上说,是人的价值观的表现。在文艺复兴运动以前,封建的神学统治压抑了人的自由自觉的活动,而人的自由自觉的活动,正是人的本质特征。文艺复兴运动强调人的个人价值,把人的精神寄托从对天国的向往拉回到对现世的追求,使社会为人的发展提供了较多的机会。这是一次伟大的、进步的变革,然而,这种进步又以某种退步为代价。因为它在鼓励人性解放的同时也煽起了野火一般的物欲,使人的活动成果成为人的对立面,使人沦落为自己制造出来的产品的奴隶,这就是所谓人的本质的异化。进入工业社会以后,人本质的异化达到了登峰造极的地步。不少人的消费在很大程度上已不是为了满足自己生存发展的需要,而是以此来体现自己的存在和价值。

正如西方经济学家凡勃伦(Thorstein B Veblen)在《有闲阶级论:关于制度的经济研究》所说,一个人要使他日常生活总遇到的那些漠不关心的观察者,对他的金钱力量留下印象,唯一可行的办法是不断地显示他的支付能力……为了使自己在他的观察之下能够保持一种自我满足的心情,必须把自己的金钱力量显露得明明白白,使人在顷刻之间就能一览无余。这样的价值观激起了恶性的消费和恶性的开发,巨浪般地吞噬着自然资源,毁坏着自然环境,反过来又危害着人自身。显然,这种自由,使人陷入了新的桎梏,形成了不符合人的本质的社会状态。

1992年,联合国环境与发展大会通过的《二十一世纪议程》指出:地球所面临的最严重的问题之一,就是不适当的消费和生产模式,导致环境恶化、贫困加剧和各国的发展失衡。应当发展富裕和繁荣的新概念,这一概念的中心思想是,通过生活方式的改变达到较高水准的生活,生活方式的改变指的是更少地依赖地球上有限的资源,更多地与地球的承载能力达到协调。遗憾的是,这一核心理念严重偏离了可持续发展思想的初衷,从而导致30多年来人类社会的实践始终无法走上可持续发展的应有轨道,反而愈行愈远。

首先,这一理念把当前环境恶化、贫困加剧和各国发展失衡的原因,归结为不适当的消费和生产模式,但绝口不提形成这不适当的消费和生产模式的原因。根据现在的科学发展,可以认为这不像是《二十一世纪议程》起草专家们缺少知识造成的,由此可以得到一个结论,即他们故意不提形成这种消费和生产模式的根本原因。这是因为,若指出这一根本原因,势必将颠覆迄今为止占主流地位的思想、观念和理论。

实际上,人的生存永远离不开环境。起初,人们认识到的环境只是我们今天所说的自然环境。既然人的生存离不开环境,那么可以认为人与环境是一个不可分割的整体,所以我们把它称之为"环境社会系统"。随着社会的发展和研究的深入,现在我们认识到,所谓"环境",除了自然环境外,还有社会环境和人文环境。但我们下文所说的环境社会系统,单指自然环境和人类构成的这个整体。

二、环境社会系统的走向决定于其内在的基本矛盾

考察环境社会系统的运动会发现,在其系统中蕴含着三个决定性的基本矛盾。

第一个基本矛盾,是人类生命子系统对物质生活水平的提高和物质财富的追求是无限的,而社会经济子系统的物资生产能力是有限的,因此无限的追求与有限的供给能力就成为一个基本矛盾。运动的结果则是物资生产活动不断被鼓励,物质财富的追求不断被刺激。于是,这样循环往复,相互激荡,永不停歇!这一基本矛盾的运动有力地推动着环境社会系统的运动和发展。由于人类对物质财富追求的欲望不但得不到有效制约,反而受到极大的鼓励和刺激,因而这一矛盾始终存在、日益加剧,成为一个始终发挥作用的基本矛盾。在人类历史上,解决这一矛盾的做法常常是发明新技术、新工具,以提高生产效率,增加产品供给能力。但这样做的结果,只能是不断加大对自然环境的压力,而不可能消除这一矛盾。

第二个基本矛盾,是人类对社会财富(特别是物质财富)公平享用的追求是无限的,而人类社会所建立的秩序和制度对公众能公平享用这些财富的能力是有限的,这同样是一对永远起作用的矛盾。推动环境系统运动的这一对矛盾成为第二个基本矛盾。在人类历史上,解决这一矛盾的做法常常是更换制度和秩序及其制定权。但历史事实告诉我们,这一做法只能在一个短时间内有效,也不可能从根本上去解决这一矛盾。

第三个基本矛盾,是人类对更好的生存(发展)的追求是无限的,而在物质运动层面上自然环境对人类社会发展的承载力是有限的。这是第三个无限与有限的矛盾,被称为第三个基本矛盾。在历史上,人们常常感觉不到这一矛盾的存在,更谈不上去研究、解决。只是到了近代,人类才开始感觉到这一矛盾的存在及其严重性。但解决的办法往往沿袭传统的思维习惯,从技术进步和制度改革中去寻求出路。同样,这一做法也只能在局部问题上(短时间内)可以起点作用,也不可能从根本上去消除这一矛盾。治本的办法只能是提高人类的认识,要使人们普遍认识到,人只能在环境承载力和环境消纳力范围内去努力发挥自己的聪明才智,使自己的生存状况得到逐步改善,而不可任由自己的贪欲恶性膨胀,为所欲为。

为此,人类只能从自己的信仰和信念中去寻求出路。因此,我们要审视迄

今为止形成的所有思想、理论、方法、制度、行为规范,把所有不但不能缓解而且会加剧三大基本矛盾的主张和说法都废弃掉,逐步建立起一套符合环境生产力、环境承载力和环境消纳力约束的理论、方法、制度和行为规范。只有这样,环境社会系统才能得到健康的运行。当然,这必须在精神层面上改变人类的思想和信仰,并进而去改变人们的思维和行为,这是属于精神和物质相生相克的问题。这里暂不作深究。

三、环境社会系统的运动决定于人对人类社会行为的选择

在环境社会系统的运动中,主动方永远是人和人类社会,因此它们的行为将直接影响乃至决定环境社会系统的运动。在人对人类社会行为的选择中,始终围绕着三大关系的处理,我将此三大关系称为"三条基线"。

第一条基线是人与自然环境的关系。人必须活在自然环境中,人与自然环境的关系当然是第一位的、最重要的也是最基本的关系。人,原初一定是十分尊重、敬畏且十分顺服自然环境的运行规则的(尽管并不自觉),否则人就活不下去了。但随着人类社会的形成,随着科学技术的进步,随着人类开发利用自然环境的能力的增强,人群中就会有一部分人头脑中的自我意识逐渐膨胀。这部分人开始凭借自己独特的地位优势,役使其他人按照自己的意愿行事。为了稳定、巩固这一役使,以增强开发、利用自然环境的能力,并且把开发、利用自然环境所创造的物质财富归为己有,于是便制造出了一整套观念、理论、方法以及社会规则。久而久之,这一整套的东西越来越完善、越来越强大,成为社会的主流,甚至成为人群的"共识"。这一整套的东西,概括起来主要有三点:一是,在环境社会系统中,人是世界的中心,甚至是宇宙的中心,也就是说人应主宰一切,一切均应服从于人类的意志与需求。二是,在人类社会中,一部分人应是社会的中心,这些人的权益是不允许撼动的。三是,在人与人的关系中,博弈是绝对存在的,"弱肉强食"的丛林法则也是绝对正确的。

第二条基线是人与社会环境的关系。人必须生存于社会环境之中,人与社会环境的关系,当然地就成为第二条基线。人与社会环境的关系是个十分庞杂的课题,既包含人与人的关系,又包含人与社会秩序的关系,其中人与人的关系尤为复杂。当人结成群体以后,人与人的关系又进一步分为群体内人与人的关系,以及分属不同群体的人与人之间的关系。人结成群体以后,必然会形成一个"领群人"或"领头人",这一群体中的人就会在这个"领头人"的组织带领下在自然环境中求生存,同时也会与其他的人群在争夺自然环境中求生存。于是,人

与人的关系就表现在"领头人"如何带领大家在自然环境中求生存,以及如何带领大家与另一个人群争夺对自然环境的所有权和控制权。从而人类的历史,往往表现为"领头人"之间争夺领导权的历史,而人类文明的演替,则往往隐于幕后沦为背景。换言之,人与人的关系在人与社会环境相互作用基线中的地位显得十分突出,甚至掩盖了人与自然环境相互作用这个最重要的第一基线。

第三条基线是人与自然环境的相互作用和人与社会环境的相互作用这两条基线的相互作用关系。也就是说,环境社会系统的运动与人类社会的演变均是这两条基线共同作用的结果。这个"相互作用"呈现出极其复杂的状态,令人眼花缭乱。它表明,这是起直接作用的一条基线。

四、环境社会系统的运动与人类文明的演替

环境社会系统的运动,其结果就是人变、人类社会变、自然环境都发生改变。人变,主要变的是观念,是生存方式和认识世界的能力。社会变,变的是主流价值观、社会秩序和风尚、习俗。自然环境变,变的是结构、状态和功能。

就人和人类社会而言,变的实际上是"文明"。所谓"文明",就是人类社会的生存方式和主流价值观。这意味着,环境社会系统的运动和人类文明的演变是互为表里的。因此,我们可以从考察人类文明的演替或演变来认识环境社会系统的运动,反之亦然。

考察人类几大文明的演替,我们可以发现:在每一个文明阶段都有一个共同的努力目标,或者说是要解决的主要问题。在解决这个主要问题的过程中,它又蕴含了一个否定这个文明的因素,这个因素就孕育着下一个文明阶段的到来。

原始文明阶段,人与自然环境的关系十分密切。由于人在自然环境中求得生存极为困难,因此人类在这一阶段的共同愿望和追求是得到有保障的生存。为此,人类就开发各种各样能从自然环境中获取到生存资料的工具。经过漫长的岁月,工具日渐增多,人类获取的能力也越来越大,于是人类开始从单纯地追求有保障的生存慢慢变为追求更加健康、更加稳定的生存,这也可以称为保温饱的生存。由于人类的生存方式根本上就是在自然界中求生存的方式,于是人类的生存方式也就逐步由原始文明的渔猎业变为养殖业和畜牧业,原始文明的采集业也逐步变成种植业。从而人类文明慢慢就由原始文明演变为农牧文明。

农牧文明阶段,随着养殖业、畜牧业和种植业的发展,人类的温饱问题基本上得到解决,人们除了享用发展的产品之外有了更多的时间与精力对很多问题进行思考和探索,创造了许多使人们至今仍无法解释的科学技术。以及无比惊人的文

化、艺术和高超的社会组织方式。这一阶段的社会基本形态,建立在小农和手工生产为主的自给自足的经济方式之上,故这一阶段的生产力还不足以产出能满足越来越多人口对社会物质财富的追求,更没有办法满足人们对公平享用社会财富的追求。因此,迅速发展科学技术,提高社会生产力,生产出越来越多的社会财富成了解决这一阶段社会矛盾的唯一出路,这种认知和选择孕育着工商文明。

工商文明阶段,人们发现通过生产活动的规模化,可以生产出比以往更多的产品,于是适应规模化生产所需要的科学技术,特别是以蒸汽机为代表的先进生产技术得到蓬勃发展。相应地,规模化的销售(商业)与规模化的原材料供给也应运得到蓬勃发展,于是"工业"这一新的产业门类获得了极大的社会推动。随之,工业化(实为规模化)浪潮覆盖了经济活动的各个领域,工业化触角所到之处,传统生产方式被摧枯拉朽,当然,社会财富也随之得到飞跃式增长,渐渐的工商文明完全取代了农牧文明,逐步走向了自己辉煌的顶点。但伴随而来的则是自然环境受到了空前的极度破坏,人群中的贫富差距越拉越大,随之作为社会阶层亦被固化,从而使前述的第三个基本矛盾,亦由隐性的变为显性的,成为工商文明的掘墓人。

由此可见,在从原始文明走向农牧文明再走向工商文明的演变过程中,三大基本矛盾一直围绕着三条基线展开。每一次新文明的出现,都是由前一个文明内在的基本矛盾显现和激化而引起,而且都因为前一个文明无力消除这些显现化的基本矛盾才导致新文明的出现,如表1.1所示。

表 1.1　人类文明演替简表

文明时代	原始文明	农牧文明	工商文明	环境文明
生产方式	狩猎＼采集	种植＼养殖＼放牧	规模化＼社会化大生产	生态化生产
生活方式	群居	聚族而居＼逐水草而居	户居	回归自然
组织方式	头人＼巫师＼奴隶主主导	君王＼地主主导	政党＼政府＼资本主导	政府＼企业＼公众三者协力
财富观	劳动力的数量	土地的数量	资本与技术	自然的价值
价值观	在敬畏天地、祖先、鬼神,臣服自然的前提下,依靠自身的体力、体能在自然界中求生存	在小农户为生产、生活基本单元的基础上,依靠工具和土地求温饱	在对物质和经济顶礼膜拜的前提下,依靠技术、资本和社会精英,通过规模化和社会高度组织化积聚起来的能量来征服和主宰自然,加速贫富分化来追求少数人财富的最大化	在尊重和敬畏自然的前提下,以与自然和谐、与他人和睦为原则,求取平等、稳定和幸福的生存

原始文明时代,人类通过渔、猎、采集手段,从自然界中索取物质果腹以维持生存。当人类使用了这些物质(自然环境的产物)以后,即把吃剩的果皮、骨头等弃置于自然环境中。这时,人类的索取能力很弱,所以不会对自然生态系统造成损害,弃置于自然环境中的剩余物,全是自然界的产品,很容易为自然界消纳,即接受、分解、转化为自然环境要素,因而人为的环境问题还没有出现。这一时代,生产力水平极低,人类的生活完全依赖于自然环境。人类聚居于气候适宜、水源丰富的地区,过着采集和狩猎的原始生活。这一时代,人类完全是自然界中一员,被动地依靠自然生存,还没有能力造就人工环境。因此,人们不得不十分地敬畏山、水、风、雷等自然现象以及为人类提供衣食的动植物,并对它们顶礼膜拜,原始的图腾文化就体现出这时人类崇拜自然、敬畏自然的心理。这一时代,人类还没有把自身与自然界区别出来并对立化,自然界按其固有逻辑发展。这时人与自然处于一种天然的和谐共生的状态。

　　到农牧文明时代,人们开始消费从自然界中索取的原材料经加工以后的物品,然后再弃置到环境中去。与原始文明时代相比,农牧文明时代多了一个加工的环节。在整个农牧文明时代,加工这个环节发展得非常快,种类越来越丰富,水平越来越高。当然,从自然界中索取的能力也越来越强,弃置于自然环境中的废物也越来越多。但这并没有给自然环境造成过大的负担。因为这时对自然环境的索取主要仍是靠人的体力、体能和一部分机械工具,且规模不大,效率也没有根本的提高。另外,这时弃置自然环境的废物虽数量因人口增多而增大,但因这些废物仍旧来源于自然界,故仍可为自然界所接纳,并分解转化。这时代,环境问题并未普遍出现,人类对人与自然关系的看法主要表现在宗教思想占主导地位上。人类在对自然有所认识和征服的条件下,已经在意识上把自己与自然分离出来、异化出来,并曾大胆地幻想过自己有可能征服自然。但是,这一时期人类对自然的利用和征服的程度比较低,人类对许多自然现象还无法解释,也没有能力去左右,于是就认为在冥冥之中存在着一位主宰一切的"神"。因此,这时人类的环境意识原始地表现在宗教思想之中,崇拜自然、依赖自然的思想占据着统治地位。这一时代,人与自然依然处于相对和谐状态。

　　到了工商文明时代,情况发生了质的变化。农牧文明时代,绝大多数人类追求的是如何减轻体力劳动的负担,如何温饱,如何能健康地生存下去,基本的社会形态仍是安居乐业。在农牧文明末期,人群中的一部分人发现、占有的生产资料越多,获得的财富就越多,规模化生产的方式得到了鼓励,规模化的流通销售随之而起,工商文明萌芽,生产的目的逐渐由追求温饱变为追求财富,追求利润。这一时代,"规模化"与"追求利润"相互策动,从而使人类逐渐地由追求温饱滑向追求利润、追求金钱的泥潭,且不能自拔。首先,在规模化的帮助下,工商文明时代向自然界的索取能力空前提高,以至于不但超出了环境承载力,而且破坏了环境生产力。其次,在逐利的推动下,人类狂热地开展科学技术研究。但是,科学偏离了探索隐藏于自然界奥秘的宗旨,技术更变成逐利的工具。在这样科学技术的帮助下,人类对自然界的索取几近疯狂,弃置于自然环境中废物对环境的危害日益加深,已超出了自然界的消纳净化能力,从而生态破坏,环境污染达到了无法挽回的境地。再次,在工商文明时代,为了满足逐利的追求,炮制出包括传统经济学在内的一整套理论,炮制了一整套理念、一整套法规制度,编织出一整套天罗地网,让人觉得似乎这一套就是真理。20世纪50年代以前,人类的主导思想仍然没有意识到在人类与环境之间还存着一个协同发展的问题,也没认识到在人类对环境每一次作用的同时都会存在一个程度不同的反作用,更没有认识到这一反作用会随着人类社会科学技术水平的提高和向自然索取物质欲望的日益增加而增大,以至直到威胁人类生存和发展的环境问题在全球范围内出现,才引起了人类的震惊与正视!

第二章
可持续发展的提出与由来

　　发展是人类永恒的主题,是人类社会不断延续的前提。

　　工业革命以来,特别是 20 世纪以来,许多国家相继走上了以工业化为主导的发展道路。随着社会生产力的迅速提高和经济规模的不断扩大,人类社会创造了前所未有的物质财富。世界各国基本上都是以经济产量及经济增长速度作为衡量社会发展的主要指标与追求的目标。各个国家、各个民族为了增强经济实力,不仅尽可能地利用本国本区域现有的一切资源、能源,还设法运用已有的经济、军事优势,通过殖民、战争和贸易等手段掠夺它国它地的资源。但是,这种最大限度地利用现存的资源、以牺牲环境为代价、片面追求经济高速增长的发展模式已显示出其明显的副作用。在人类创造了辉煌的工商文明的同时,却出现了全球范围内的环境破坏、资源过度消耗和贫富差距加大等一系列全球性危机,严重威胁和阻碍着人类社会的生存和发展。于是,人类不得不回过头来审视自己已经走过的发展道路,深刻反思沿袭已久的生存方式和思想观念,寻找一种新的发展观念与发展模式,进而试图去寻找一条既能保证经济增长和社会发展,又能维护生态良性循环的全新的发展道路。

　　"可持续发展"一词,就是在这样的背景下提出来的。

第一节　人类当前面临着环境危机

本节所说的环境问题,显然指的是自然环境问题。严格说来,环境结构状态发生的危害人类和其他生物生存、发展的变化均应称为环境问题。但环境科学中所说的环境问题,不包括诸如地震、火山爆发等自然因素引发的环境变化。广而言之,环境问题自古有之,但在不同时期其表现形式不同,对人类和其他生物的影响不同,因而人类对环境问题的认识程度也不相同。

农牧文明以前的远古时代,人类以渔猎和采集为生,生产力水平极低,自然环境所受到的干扰,无论在程度上还是在规模上也都微乎其微,因而不存在什么人为的环境问题。

从农牧文明时代开始,人类掌握了一定的劳动工具,具备了一定的生产能力,人口数量有了一定程度的增加,对自然的开发利用强度也在逐渐加大。于是在局部地区出现了过度放牧和过度毁林开荒的开发行为,引起了水土流失,造成土地荒漠化,这成为农牧文明时代的主要环境问题。农牧文明时代出现的局地环境问题大多是生态破坏问题。它迫使人们经常地迁移、转换栖息地,有的甚至酿成了覆灭的悲剧。玛雅文明的覆灭就是一个典型的例子。曾在一百多年前,恩格斯在《自然辩证法》一书中指出,美索不达米亚、希腊、小亚细亚以及其他各地区的居民,为了得到耕地,把森林砍完了;但是他们梦想不到,这些地方竟因此成为荒芜不毛之地。因为他们使这些地方失去了森林,因而失去了积聚和贮存水分的中心……他们更没料到,这样做竟使山泉在一年中的大部分时间内枯竭了;而在雨季,又使凶猛的洪水倾泻到平原上。恩格斯的论述,是对农牧文明时期的环境问题主要是生态破坏问题的写照。但纵观农牧文明的历史,环境问题还只是局部的、零散的,还没有成为影响整个人类社会生存和发展的问题。

进入工商文明时代以后,人类的科学技术水平突飞猛进,人口数量急剧膨胀,经济实力空前提高,各种机器、设备竞相发展。在追求经济增长动机的驱使下,人类对自然环境展开了大规模的前所未有的开发利用。在这一时期,人类创造出了极其丰富的物质财富,同时也引发了深重的环境灾难。环境问题成了严重影响人类社会生存和发展的重大问题。

工商文明以来,环境问题一直呈现着地域上扩张和程度上恶化的趋势。随着污染程度的加深和影响范围的扩大,各种污染之间的交叉复合,再加上愈演愈烈的生态破坏,环境问题已逐渐由区域性问题扩展到全球范围的问题。1985年,英国的科学家证实了南极上空臭氧层被破坏,出现了臭氧洞,臭氧浓度极为稀薄,引起了全世界的极大震动,加上全球气温持续上升、生物多样性破坏、酸雨地区扩展等,人们终于对环境问题有了更加深刻的认识。

当今,困扰着人类的具有较大普遍性的环境问题,主要表现在局地环境污染日益严重、全球环境状况急剧恶化、自然资源衰竭和生物多样性减少等方面。

一、局地环境污染日益严重

局地性环境污染主要表现为水污染、大气污染和固体废物污染。相对于全球性的环境问题而言,局地性环境污染问题,虽然其影响范围较小,但对人们生活和生产的危害更为直接,且因其类型众多,遍布世界各地,故破坏性极大。

(一) 水污染

水是生命的源泉,是自然环境系统必不可少的组成要素之一,也是人类社会赖以生存和发展的主要自然资源。

水是地球上分布最广泛的物质,地球上水的总储量约有 14×10^8 km^3,地球表面70%被水覆盖,因此有人把地球说成是蓝色星球,又叫水球。地球上水的总储量虽然很大,但98%是盐分很高的海水、内陆咸水和高矿地下水,基本上无法直接利用。而淡水仅占水的总储量的2%,而其中的68.7%又以冰川、冰帽的形式存在于南、北极地。与人类生活、生产活动关系密切,当前较容易开发利用的淡水,主要是河水、湖水和地下水,只有 400×10^4 km^3,仅占全球水的总储量的0.3%。

由于气候和地理条件的影响,地球上不同国家的人均淡水占有量和单位面积土地的淡水占有量的分布极不均匀。富水国和贫水国的平均(人均或地均)淡水量可相差一千倍以上。中国是一个严重缺水的国家,全国人均淡水资源占有量,每人每年只有2 580 m^3,相当于世界平均水平的1/4,居世界第110位。当今,人口在迅速增加,经济在飞速发展,对淡水的需求量在增加,用水速度又远远地超过水资源的更新速度,致使可供开发利用的淡水资源越来越紧缺。早在1977年联合国即向全世界发出警告,水不久将成为一项严重的社会危机。

当前,全世界绝大部分淡水水源已遭到不同程度的污染。全世界患病人口的1/4是由水污染造成的。发展中国家的80%的疾病和30%以上的死亡率是由饮用水污染造成的。中国淡水污染的问题也十分严重,长江、黄河、珠江、松花江、辽河、淮河和海河七大水系500多条河流中的80%已受到不同程度的污染,1/3的水体已不适于鱼类生存,1/4的水体不适于灌溉,一半以上的城镇水源不符合饮用水标准。水污染使越来越多的淡水丧失了作为水资源的价值,从而加剧了水资源的匮乏。不但如此,水污染还直接危害着人群的身体健康,制约着社会的经济发展。

(二) 大气污染

大气是自然环境系统不可缺少的组成部分,又是人类及其社会经济系统赖以存在、得以运行的基本条件。

大气层,是因重力关系而围绕着地球的一层混合气体,是地球最外部的气体圈层,包围着海洋和陆地,大气层的厚度大约在1 000 km以上,但没有明确的界限。整个大气层随高度不同表现出不同的特点,分为对流层、平流层、臭氧层、中间层、热层和散逸层,再上面就是星际空间了。对人类生存、发展影响最大的是位于大气层最底部的对流层。对流层顶距地面的平均高度约12 km,它的空气质量约占大气总质量的75%。在太阳辐射和大气环流作用下,风、雪、雨、霜、雾和雷电等自然现象都出现在这一层,逆温现象形成也在这一层,人类生活排放出的大气污染物也多聚集在这一层。大气中组分是不稳定的,无论是自然灾害,还是人为影响,会使大气中出现新的物质,或某种成分的含量过多地超出了自然状态下的平均值,或某种成分含量减少,都会造成大气污染,影响生物的正常发育和生长,给人类造成危害。

所谓大气污染,是指大气的组分和结构、状态和功能发生了不利于人类生存、发展的改变。大气产生这样变化的原因除了自然灾害外,主要是人类社会行为的不当,特别是土地利用不当和能源利用不当。譬如毁林毁草,不仅使大气中氧气和二氧化碳的动态平衡受到破坏,而且会因土地的沙化、漠化,致使大量微米量级的固态颗粒物进入大气。譬如化石燃料的燃烧,不仅改变了大气边界层的温度结构,而且使二氧化碳(CO_2)、二氧化硫(SO_2)、三氧化硫(SO_3)和氮氧化物(NO_x)等有毒、有害气体大量进入大气。目前已被人们注意到的对大气环境产生重大危害的大气污染物约有一百余种。

(三) 固体废物污染

固体废弃物,是指人类在生产、消费、生活和其他活动中产生的固态、半固态废弃物质,通俗地说就是"垃圾"。我国《固体废物污染环境防治法》对固体废弃物的含义作了详尽的描述,"固体废物是指在生产、生活和其他活动中产生的丧失原有利用价值或者虽未丧失利用价值但被抛弃或者放弃的固态、半固态和置于容器中的气态的物品、物质以及法律、行政法规规定纳入固体废物管理的物品、物质。经无害化加工处理,并且符合强制性国家产品质量标准,不会危害公众健康和生态安全,或者根据固体废物鉴别标准和鉴别程序认定为不属于固体废物的除外。"国外的定义则更加广泛,动物活动产生的废弃物也属于此类。固体废弃物成分复杂,类型众多,大体可分为工业废弃物、农业废弃物和生活废弃物三大类,工业废弃物包括采矿废石、冶炼废渣、各种煤矸石、炉渣及金属切削碎屑、建筑用砖、瓦、石块等,农业废弃物包括农作物的秸秆、牲畜粪便等,生活废弃物即指生活垃圾。

与废水、废气相比,固体废物是各种污染物的最终形态,具有极大的稳定性,不易为环境消解、吸纳,难以重新进入地球系统的物质循环。由于固体废物的最初来源都是自然环境系统中的自然资源,因此固体废物的产生和自然资源的消耗之间存在着一个可怕的联系:固体废物的形成量越大、形成速度越快,自然资源的消耗量也越大,消耗速度也越快。不能为环境消纳的固废越多,地球系统物质循环的破坏也越严重。既然像二氧化碳这种流动物质的循环的崩溃,在几年时间就形成了最为紧迫的环境问题,那么,我们没有理由不相信大量的物质采掘、提炼、分解、合成与转换以至以固废形态回归自然一定会造成更为严重的环境问题。

固体废物弃置的危害,一是侵占土地,平均每堆积 1×10^4 t 固体废物,约需占地 0.067 hm^2。二是污染土壤和水体,堆放在土地上的固体废物,污染土壤、地下水以及其他径流,直接倾倒在江河湖海中的固体废物,直接污染水体。三是固体废物中的"有毒""危险"废物直接危害人体健康,导致人类和其他生物死亡率的上升。

二、全球环境状况急剧恶化

(一)温室效应引起全球气候变暖

人类的生存和社会的繁荣,都与大自然的气候条件密切相关。气候条件发生微小变化,都可能会给人类文明带来严重的灾难性影响。近半个世纪以来,地球气候发生了异常的变化,诸如北美出现了历史上少有的热浪,非洲长达七年的干旱,欧洲的严寒与早冬,以及两极冰盖融化与崩裂游离等,气候异常给人类带来的严重影响,引起了人们的广泛关注。研究发现,大气中温室气体浓度的增加,降低了地球向外散热的能力,使对流层温度升高 1~3℃,导致两极的冰川融化,海平面升高。另外,气温的升高还使得内陆的大片湿润地带变成沙漠,使全球异常气候增多。这种在地质历史上原本需要上百万年时间才会发生的气候变化,如今只需经历几十年的时间就发生了。

世界上,宇宙中任何物体都辐射电磁波,物体温度越高,辐射的波长越短。太阳表面温度约 6 000 K,它发射的电磁波波长很短,称为太阳短波辐射(其中包括从紫到红的可见光)。地面在接受太阳短波辐射而增温的同时,也时时刻刻向外辐射电磁波而冷却。地球发射电磁波的波长因温度较低而较长,称为地面长波辐射。短波辐射和长波辐射在经过地球大气时的遭遇是不同的:大气对太阳短波辐射几乎是透明的,却强烈吸收地面长波辐射。大气在吸收地面长波辐射的同时,它自己也向外辐射波长更长的长波辐射(因为大气的温度比地面更低)。其中向下到达地面的部分称为逆辐射。地面接收逆辐射后就会升温,或者说大气对地面起到了保温作用。这就是大气温室效应的原理。大气中每种气体并不是都能强烈吸收地面长波辐射。地球大气中起温室作用的气体称为温室气体,主要有二氧化碳(CO_2)、臭氧(O_3)、氧化亚氮(N_2O)、甲烷(CH_4)、氢氟氯碳化物类(CFC_S、HFC_S、$HCFC_S$)、全氟碳化物(PFC_S)、六氟化硫(SF_6)以及水汽等。它们几乎吸收地面发出的所有的长波辐射,其中只有一个很窄的区段吸收很少,因此称为"窗区"。地球主要正是通过这个窗区把从太阳获得的热量中的 70% 又以长波辐射形式返还宇宙空间,从而维持地面温度不变,温室效应主要是因为人类活动增加了温室气体的数量和品种,使这个 70% 的数值下降,留下的余热使地球变暖的。

过去的一百年中,全球平均地面温度上升了 0.3~0.6℃,地球上的冰川大部分后退,海平面上升了 14~25 cm。据联合国政府间气候变化专门委员会(IPCC)预测,如不采取措施,21 世纪全球气温将以每 10 年增加 0.3℃ 的速度上升,全球平均海平面每 10 年会升高 6 cm。如果海平面上升 1 m,中国沿海平均低于 4 m 等高线的地区将全部被淹没,淹没区将波及珠江三角洲包括广州在内的 34 个市县,以及华东地区包括上海在内的 34 个市县,总面积共计 9.2×10^4 km^2,相当于葡萄牙的国土面积。若按目前的人口密度估计,淹没区需搬迁的人口将达 6 700 万,比菲律宾的全国人口还多。

为减少温室气体排放,减少人为活动对气候系统的危害,减缓气候变化,增强生态系统对气候变化的适应性,确保粮食生产和经济可持续发展,联合国大会于 1992 年 5 月 9 日通过《联合国气候变化框架公约》,这是世界上第一个为全面控制二氧化碳等温室气体排放,应对全球气候变暖给人类经济和社会带来不利影响的国际公约,也是国际社会在应对全球气候变化问题上进行国际合作的一个基本框架,奠定了应对气候变化国际合作的法律基础。截至 2016 年 6 月底,《联合国气候变化框架公约》共有 197 个缔约方,36 个发达国家制定了控制温室气体排放的政策。

(二)臭氧层破坏危害人群健康

20 世纪 70 年代后半期以来,科学家发现南极上空臭氧含量开始逐渐减少,特别是在每年的秋季(9—11 月),更是大幅度减少。臭氧减少的高度出现在平流层内。1985 年 10 月,英国科学考察队发现在南纬 60° 观察站上空出现巨大的臭氧空洞,即臭氧浓度极低的地区。接着美国"云雨七号"卫星探测又表明,南极上空臭氧的减少呈椭圆形,其大小与美国国土面积相似,好像天空塌陷了一块似的。进一步研究发现,工业生产和使用的氯氟碳化合物、哈龙等物质,当它们被释放到大气并上升到平流层后,受到紫外线的照射,分解出 Cl 自由基或 Br 自由基,这些自由基很快地与臭氧进行连锁反应,使臭氧层被破坏。这些破坏大气臭氧层的物质被称为"消耗臭氧层物质"(ODS)。美国化学家罗兰(F. S. Rowland)、莫利纳(M. Molina)和荷兰化学家克鲁岑(P. Crutzen)发现了人类制造的氯氟碳化合物(氯氟烃)破坏臭氧层的过程。他们发现释放到大气中的氯氟碳化合物会上升到平流层并聚积,在平流层中经紫外线照射,氯原子会从氯氟碳化合物分子中分离出来并与臭氧反应,将其分解成氧气。一个氯原子可以使数千个臭氧分子分解。随着时间的推移,平流层的臭氧量急剧减少,臭氧层越来越薄甚至形成臭氧空洞,使更多的紫外线进入地球表面生物圈。

20 世纪 70 末期,人们开始认识到臭氧层保护的重要性,于 1985 年缔结了《保护臭氧层维也纳公约》,随后又缔结了《关于消耗臭氧层物质的蒙特利尔议定书》,从此保护臭氧层的工作在全球开始合作进行。到目前为止,已约有 160 多个国家和地区加入了公约和议定书。

三、自然资源衰竭和生物多样性减少

(一)自然资源衰竭

自然资源指自然界中能够为人类利用的物质和能量,包括可再生资源和不可再生资源。

目前,全球不可再生资源如煤、石油及各种金属和非金属矿物等的存量日益减少。据估计,全世界每年从岩层矿石中提取的矿石原料近 1×10^{12} t。人类已经开采黄金 10×10^8 t、铜 2.7×10^8 t、铁 350×10^8 t、煤 $1\,650 \times 10^8$ t、石油 720×10^8 t、铝土 14×10^8 t、铀 5.87×10^8 t。据估算,当今全球矿产资源的储量约

占全人类社会需求总量的 70%,常规能源在不久的将来即将被耗尽,煤炭储量预计还可供开采 200 年,天然气储量可供开采 60 年,石油储量仅可供开采 30~40 年(不包括新探明资源)。

至于可再生资源,在不合理的开发利用下,其再生能力也受到严重损害。如土壤的退化、森林覆盖率的锐减、渔业资源的减少等。所谓土地退化是指荒漠化、侵蚀、盐碱化、水涝以及土壤污染等所造成的土壤质量下降。目前,全球荒漠化面积已达 36×10^8 hm²,约占全球陆地总面积的 24%。不仅如此,全球的荒漠化正以每年 1.18×10^8 hm² 和年均增长 3.5% 的速度在继续扩展,土地荒漠化已成为全球生态的"头号杀手"。另外,由于人口的增多、城市化的发展,大量耕地被侵占。在发达国家,每年至少有 30×10^4 hm² 的耕地被城镇侵占,发展中国家的耕地占用速度则更大。

(二)生态破坏和生物多样性减少

生物多样性包括遗传多样性、物种多样性和生态系统多样性,其中物种的数量是衡量生物多样性丰富程度的标志。近年来,生物多样性面临着严重的挑战,物种的人为灭绝速度已超过自然灭绝速度的一千倍。生态破坏不仅会造成生物多样性的减少,而且会严重恶化人类的生存环境。中国的黄河断流就是一个典型的例子。

黄河是中华民族的母亲河,曾有过辉煌的历史,同时又因洪水和泥沙,多次给中华民族带来了灾难。据史载,从 1949 年回溯 2 500 年,黄河下游决口共约 2 500 多次,较大的改道 26 次。黄河花园口断面流量在 1761 年为每秒 32 000 m³/s,1958 年每秒 22 300 m³/s,而 1997 年的洪峰流量仅有每秒 500 m³/s。1995 年黄河断流长达 122 天,断流长度自河南开封市以下达 683 km。1997 年断流 13 次,总共 226 天,并第一次出现跨年度的断流。

至 21 世纪中叶,黄河三角洲还将面临海岸线严重退蚀的威胁;黄河三角洲地区的低含盐土壤得不到淡水补充,地下水开采利用程度将加大,土壤盐碱化危害将进一步扩大;黄河三角洲地区的湿地水域生态系统、海洋海岸生态系统均将受到严重破坏,从而造成生物多样性的惊人丧失。

综上所述,环境问题是整个地球的自然环境系统在遭到人类侵犯之后发生系统性病变的表现。环境问题的恶化,使人类失去了洁净的空气、水和土壤,干扰和破坏了生态系统中各要素之间的内在联系,破坏了自然环境固有的结构和状态。可以毫不夸张地说,人类正越来越深地陷入环境问题的危机之中。

环境问题给人类带来了深重的危害和不利影响。出现于 20 世纪五、六十年代的"八大公害事件",曾使数千人直接死亡。而今天,环境问题已不仅仅是影响人群的身体健康,而且已严重影响了人类生存和发展的基本需求,削弱了生命支持系统的支持能力。或者说,已严重地削弱了自然环境系统对人类社会系统生存发展的支撑能力。

第二节　人类解决环境问题的努力

　　人类自感受到环境问题的困扰以来,直接的反应是与之抗争,特别是近几十年来,一直苦苦探索环境问题的解决途径。从总体上看来,迄今为止,人类解决环境问题的努力可概括为污染治理、环境管理和综合决策三个阶段。

一、污染治理阶段

　　污染治理阶段,大致从 20 世纪 50 年代末到 70 年代末。人们把环境问题看成是可以用技术应对的问题,故而以污染治理为主要解决手段。自第二次世界大战后,世界各国的经济得到长足的发展,产品、产量和产值包括税收、个人收入都在飞速地增长,人们的物质生活水平得到了迅速的提高。但各国在大力发展经济的同时,根本没有认识到,因而也不可能顾及环境的承受能力,从而造成了一系列的环境问题。臭名昭著的九大环境公害事件,就是当时环境污染严重程度的写照,如表 2.1 所示。

　　1962 年,美国海洋生物学家卡逊(Rachel Carson)出版了《寂静的春天》(*Silent Spring*)一书。作者根据自己多年调查研究的结果,描述了滥用农药,尤其是有机氯农药和杀虫剂等对生物体及其生存环境所造成的危害,特别是描绘了继续如此下去的可怕前景——原本生机勃勃的春天将变得死一般的寂静。

　　在此阶段,人们对环境问题的认识,只局限于环境污染问题。因为这时环境污染问题明显地显示出对人体健康、甚至生命的严重威胁。面对严重的环境污染状况,人们意识到必须采取措施解决,而且相信只要投入资金,运用技术一定可以解决环境污染问题。谁污染、谁治理的原则的提出和认同,就是这种认识的典型反映。

表 2.1　臭名昭著的九大环境公害事件

时间	环境事件
1930 年 12 月	比利时马斯河谷发生烟雾事件,主要污染物为烟尘及二氧化碳。硫氧化物和金属氧化物颗粒进入人体肺的深部,致几千人发病,60 人死亡
1943 年 5 月	美国洛杉矶发生光化污染事件,主要污染物为光化学烟。石油工业和汽车废气在紫外线作用下生成光化学烟雾,致大多数居民患病,65 岁以上老人死亡 400 人
1943 年 10 月	美国多诺拉镇(马蹄形河湾,两边山高 120 m)发生光学烟雾事件,主要污染物为雾霾。氧化硫与烟尘生成硫酸盐气溶胶被人吸入肺部,4 天内致 43% 的居民患病,20 人死亡
1948 年 10 月	英国伦敦市发生多诺拉烟雾事件,主要污染物为烟雾及二氧化硫。二氧化硫在金属颗粒物催化下生成三氧化铁、硫酸及硫酸盐,附着在烟尘上,被人吸入肺部,4 天内死亡约 4 000 人
1952 年 12 月	英国伦敦发生烟雾事件,主要污染物为烟尘及二氧化碳
1953—1961 年	日本九州南部熊本县水俣镇发生水俣病事件,主要污染物为甲基汞。海鱼中富含甲基汞,当地居民食用含毒的鱼而中毒。截至 1972 年,180 多人患病,50 多人死亡,22 个婴儿出生就神经受损
1955 年	日本四日市发生哮喘事件,并蔓延到几十个城市,主要污染物为二氧化硫、煤尘、重金属粉尘。重金属粉尘和二氧化硫随煤尘被吸入肺部,致患者 500 多人,其中 36 人在气喘病折磨中死去
1968 年	日本九州爱知县等 23 个府县发生米糠油事件,主要污染物为多氯联苯。食用含多氯联苯的米糠油,患者 5 000 多人,死亡 16 人,实际受害者超过 1 万人
1931—1975 年	日本富山县神通川流域发生富山事件(骨痛病),并蔓延至群马县等地七条河的流域,主要污染物为镉。食用含镉的米和水,集中发生在五六十年代。截至 1968 年 5 月确诊患者 258 例,其中死亡 128 例,至 1977 年 12 月又死亡 79 例

这一时期,各国政府每年都投入大量的资金来进行污染治理,如美国的污染防治费就占到 GNP 的 2%。在法律上,则是颁布一系列的防治污染的法令条例,著名的如美国清洁空气法案、中国大气污染防治法等。可以说,目前的环境保护法律主要是在这一时期创立的。这些法律针对的基本上都是某一单项环境要素或某一类污染问题。在技术上,则致力于钻研开发治理污染的工艺、技术和设备,建设污水处理厂、垃圾焚烧炉及废弃物填埋场等。在理论研究上,各个学科分别从不同的角度研究污染物在环境中的迁移扩散规律,研究污染物对人体健康的影响,研究污染物的降解途径和过程等,从而形成了早期的环境科学的基本形态,出现了如环境化学、环境生物学、环境物理学、环境医学及环境工程学等一系列边缘交叉分支学科。

这一时期的工作,对于减轻污染、缓解环境与人类之间的尖锐矛盾,起了很大的作用,也取得了不少成果。著名的如英国伦敦的泰晤士河污染的治理。但总体说来,这一时期的工作并没能从根本上解决环境问题,更没有杜绝产生环境问题的根源。因为人类社会在花费大量人力、物力和财力去治理已产生的污染问题的同时,新的环境污染问题又源源不断地出现,加之许多生态破坏的环境问题无论花多少人力、物力和财力都是无法恢复的。另外,污染治理已成了国家财政的巨大负担,就连美国这样有雄厚经济实力的国家都不堪重负。

二、环境管理阶段

环境管理阶段,大致从20世纪70年代末到80年代后期。人们进一步认识到环境问题是经济的外部性问题,于是就把经济刺激作为主要解决手段。

由于环境治理,包括环境污染治理技术的开发,需要投入大量的资金,并且由于人们的环境意识不高,经济运行准则的限制,环境治理技术的采用以及环境治理措施的运行均难以取得预期的成效。另外,随着时间的推移,其他环境问题诸如生态破坏、资源枯竭等问题也都凸显了出来,这时,人们开始注意到酿成各种环境问题的原因在人类社会的经济发展过程中,在于核算经济成本时不把环境成本计算在内,即所谓的环境成本外部化。也就是说开始认识到单靠科技手段进行末端治理不能从根本上解决问题。于是人们开始思考如何在经济发展过程中加强环境管理,即将环境保护工作纳入经济发展过程中。

这一时期从经济学角度看,环境管理思想和原则为外部性成本内在化,即设法将环境成本内在化到产品的成本中去。具体说来就是通过对自然环境和自然资源进行赋值,使环境污染和破坏的成本在一定程度上由经济开发建设行为负担,从而推动各类企业从环境角度为降低成本而努力。这一时期最重要的进步就是认识到自然环境和自然资源的价值性。所以,对自然资源进行价值核算,运用收费、税收和补贴等经济手段以及法律的、行政的手段来进行管理,成为这一阶段的主要研究内容和管理办法,并被认为是最有希望解决环境问题的途径。

这一时期,世界各国都先后改变了以治理为主的被动政策。1979年,联合国经济合作与发展组织(OECD)第二次环境部长会议明确提出,各国环境保护的核心应该是"防重于治"。在"预防为主、综合防治"这一环境管理思想的指导下,各国的环境管理工作大致包括下述有关内容:一是实行预防为主的环境影响评价制度,力图将工程建设行为对环境的损害在工程开始前即能得到控制。二是在对污染物排放进行浓度控制的同时进行总量控制,以保障一定地区的环境容量不被突破。三是从综合防治入手制定地区环境规划,以做到防患于未然。四是推行清洁生产,把对污染物的末端治理引向源头和全过程管理。

20世纪80年代,中国也逐步采取了上述各项措施,并以制度和法律的形式将这些措施固定下来,规范起来。比如提出"三同步、三同时、三统一"的方针和环境保护目标责任制、城市环境综合整治定量考核、排污许可证制、集中控制和限期治理制度等。这些都在一定程度上对环境问题的解决起到了较好的作用。但实践表明,经济活动为其固有的运行准则所制约,在其运行机制中很难或不可能给环境保护活动提供应有的空间和地位。因此这一阶段的做法还只能算是对目前的经济运行机制进行的小修小补,环境问题还是没有能从根本上得到解决。

三、综合决策阶段

20世纪80年代后期,随着可持续发展思想的出现,人们开始把环境问题看成是社会发展问题,于是就以协调经济发展与环境保护关系为主要解决问题的手段。

20世纪70年代以后,在环境管理进入第二阶段的同时,解决环境问题的新思路已在开始孕育。人们在解决环境问题的实践中逐渐认识到,环境问题不仅来自工业生产活动,而且还来自对自然资源的低效率、甚至不合理的使用。从经济活动角度分析,出现这一现象的原因,在于经济学中的环境(包括自然资源)无价值的前提,以及追求最大经济效益的经济运行规则。它们不但不能保证提供治理环境所需的资金投入,而且还在不断地产生着越来越广泛的环境问题,甚至导致全球环境问题日益严重。

面对这一事实,人们开始对"经济发展"本身进行思考。1972年,罗马俱乐部发表了《增长的极限》一书,提出了他们的全球经济发展的世界模型。该模型包括影响经济增长的五个主要因素,即人口增长、粮食供应、资本投资、环境污染和资源耗竭。其中人口增长、环境污染和资源耗竭速度都呈指数型。通过模型分析,该书指出如果这种经济发展的模式继续下去的话,世界的环境及自然资源就会面临"灾难性的崩溃"。《增长的极限》一书的问世,引起了人类对自身前途命运的关切,并在全球范围内展开了关于人类社会经济发展的大讨论。在这场讨论中,人们对环境问题的认识上升到了发展方式和发展道路的层次上,并在这个角度上对自身发展方式进行反思以及对未来发展途径的探索。随后,《我们共同的未来》一书出版,该书指出环境问题产生的根本原因,在于人类的发展方式和发展道路上,人类要想继续生存和发展的话,就必须改变目前的发展方式,走可持续发展的道路。也就是说已经认识到以往的传统发展道路是不可持续的。

人们为了寻求一种建立在环境和自然资源可承受基础上的长期发展的模式进行了不懈的探索,先后有各种构想,如"有机增长""全面发展""协调发展"等。1980 年 3 月,联合国就曾向全世界发出呼吁,必须研究自然的、社会的、生态的、经济的以及利用自然资源过程中的基本关系,确保全球持续发展。1983 年 11 月,联合国就成立了世界环境与发展委员会(WCED)。该委员会在经过长达三年的考察后,对当前人类在经济发展和环境保护方面存在的问题进行了全面和系统的分析,并一针见血地指出,过去我们关心的是发展对环境带来的影响,而现在我们则迫切地感到生态的压力,如土壤、水、大气、森林的退化对发展所带来的影响。在不久以前我们感到国家之间在经济方面相互依赖的重要性,而现在我们则感到在国家之间的生态学方面的相互依赖的情景,生态与经济从没有像现在这样相互紧密地联系在一个互为因果的网络之中。该委员会在提交的报告《我们共同的未来》一书中对未来的发展提出了明确的建议,即"可持续发展"。"可持续发展"是 21 世纪无论发达国家、还是发展中国家正确协调人口、资源、环境与经济间相互关系的共同发展战略。它关系到人类今世和后代的生产和生活,关系到人类的生存和发展,关系到经济的长期繁荣,关系到社会的安定祥和,所以这一战略的提出立即引起了世界各国和国际社会的重视与关注。

　　《我们共同的未来》的发表,以及 1992 年联合国环境与发展大会《里约宣言》的公布,标志着人们对环境问题的认识提高到一个新的境界。人们终于认识到环境问题是人类目前自然观和发展观等人类的基本观念所造成的必然结果。在这种观念的支配之下的人类社会发展行为,必然使得自然环境系统和社会经济系统之间的矛盾日益激化。在这种根本发展观念和发展模式发生偏差的情况下,一切管理手段都是苍白的、无济于事的。迄今为止,无论是《增长的极限》还是"没有极限的增长",人们关注的中心仍旧只是人类自身的生存和发展,仍旧没有把人与自然和谐、社会经济系统与自然环境系统的和谐作为发展的根本内容放在中心地位。

　　从环境与经济协调发展思想的提出,到可持续发展思想的提出,是人类探索环境问题解决途径的必然结果,它一经提出,即成为解决环境问题的根本指导思想和原则,成为环境管理第三阶段的基本内容和主要特征——环境问题的解决必须伴随着社会的整体发展和进步。社会的整体发展包括经济、社会与环境等诸多方面,经济系统只是其中的一个组成部分。国民生产总值作为发展的唯一目标是人们对发展内涵的狭隘理解,它将不可避免地带来环境污染与生态破坏。环境问题并不是社会整体发展的一个从属问题,而是具有与经济发展同等地位的问题。人类的任何行为均需要考虑其对经济、社会与环境的影响,即需要进行综合决策。

综合决策是指在决策过程中,事先分析其对经济、社会与环境等的影响,并在对上述影响进行综合评价后确定决策内容的过程。综合决策适用于人类的所有行为,包括人类的经济行为、政策与法律的制定等。综合决策反映了人类发展的多目标追求,不仅要分析经济政策对环境与社会的影响,也需要分析环境政策对经济与社会的影响。在继续加大环境治理的基础上,引进综合决策机制是这一阶段进行环境管理的基本特征,它也是实现可持续发展的保证。综合决策需要对经济、社会与环境进行通盘考虑,因此,它不但可以从根本上去推动环境问题的解决,而且还将有助于社会问题(如收入分配)的解决。

半个世纪来解决环境问题的实践与思考,使人们觉悟到,要真正解决环境问题,首先必须改变当前人类的发展模式和道路。发展不能仅局限于经济发展,不能把社会经济发展与环境保护割裂开来,更不应对立起来。发展应是社会、经济、人口、资源和环境的协调发展和人的全面发展。这就是"可持续发展"的发展观,也就是说,只有改变目前片面的发展模式,才能找到从根本上解决环境问题的途径与方法。

近年来,人们在不同的领域里进行了探索。生命周期评价(LCA)的提出就是一个重要的表现。生命周期评价着眼于产品,包括产品服务在内。它以产品为龙头,从原材料开采、加工合成、运输分配、使用消费和废弃处置的产品生命全过程中对环境产生的影响进行评价。由于产品是人类社会 – 自然环境系统中的物质循环的载体,抓住了产品的环境管理,就是抓住了人与自然之间物质循环过程的关键。又如,德国 WUPERTAL 研究所的史密特教授提出的单位服务量的物质强度(MIP)的概念和思路,它从单位服务的物质消耗的角度来考察人们的行为对环境的影响,从而使人们在生活的各个方面都来顾及对环境的影响,从而使人类的社会行为尽可能少地消耗自然资源。这些例子表明人们对环境问题已经开始有了更本质的认识,并且已经逐渐接近世界系统运行的本身。

第三节　人类必须走可持续发展之路

一、当代主要发展观与发展理论的现代流派

(一)发展概念的诞生
发展,这个概念因其过多地使用,意义已经变得有些模糊不清了。"发展"

既指发展活动,又意味着活动的结果状态。法国哲学家孔德(Auguste Comte)指出,发展意味着"进步"。这是一种狭义的理解,广义的发展指的是变化。事物发生了变化,就是发展的延伸。近来的理论研究和实际操作中,发展一词越来越狭义化,事物"进步"才叫发展。而"进步"与否取决于评价者的看法,这又和其所具有的伦理色彩分不开。另一方面,发展的主体也有多种理解和选择,发展的主体可以是人,也可以是社会存在或社会意识。而在社会存在中,又可以讨论诸如经济发展、社会变迁及政治革新等独立内容。这就使得发展的概念变得更为扑朔迷离。

其实,发展一词只是在 20 世纪 50 年代才正式提出。严肃的发展思想是随着资本主义大生产的形成而产生的。在这之前,发展就其"动态"的意义,一直是描述人类社会变化的最恰当的词。而从"静态"的角度来看,"发展"不可能存在一个终极的、标准的定义,因为人类社会永远处于变化之中。在人类社会的历史上,"变化"最剧烈的程度莫过于工业革命对人类社会产生的影响。正因为工业革命所带来的变化如此之剧烈,才在人类的认识上出现了传统社会和现代社会的分野。与现代社会相比,传统社会的表面特征是变化缓慢,特别是在物质财富的积累和消费方面有质的差异。由于现代社会(至少是工业社会)以弘扬经济增长为己任,那么由传统社会向现代社会过渡的判别标志,就变成经济是否增长,或经济增长的速度有多快。

(二) 发展理论的渊源

现实中一般认为,工业化国家为"发达国家"(developed country),正向工业化转变的国家为"发展中国家"(developing/undeveloped country)。基于这一划分,现代意义的发展研究主要集中于发展中国家由不发达向发达过渡和转化的条件、动力、方法和途径这一角度。以 20 世纪 50 年代为分水岭,我们将前半段的研究和实践统称为"传统发展研究",将后半段至 80 年代末期的发展实践和理论研究统称为"现代发展研究"。事实上,两者之间并无明显的断裂,反而表现出一脉相承的倾向。

在资本主义上升时期,古典政治经济学家两大流派,因其视角不同分别提出两种发展理论。一是有社会主义倾向的经济学家和政治学家强调,发展应该是社会的发展,即进行社会变革,以人的需要为变革的中心。因为,在资本原始积累阶段,工人承受了巨大苦难。这一流派自圣西门、傅立叶、欧文到马克思、恩格斯,其影响之深远难以估量。时至今日,西方新马克思主义对资本主义社会的批判仍承接其主要立论依据。二是以亚当·斯密(Adam Smith)、李嘉图(David Ricardo)与边沁(Jeremy Bentham)等为起点的资产阶级正统经济学派强调,经济增长才是发展的中心,而其他的一切均可以伴随经济的增长而得到。因为,工业革命所带来的技术进步和财富的累积,以及这种积累给整个社会成员(主要是资产阶级)的生活方式、生产方式带来的巨大变革。李嘉图认为,资本家出于个人的动机追求利润,最终也就促进了整个社会的繁荣和富庶,提高了全社会的物质生活水平,这种发展观在近现代仍然占据着主流地位。原因在于,一方面,发展中国家与发达国家相比,物质水平落后太多,在"落后就要挨打"的历史教训,和追求物质享受的消费观影响下,发展中国家以发达国家的发展模式和进程为范式,有其时代的合理性。另一方面,资本全球化趋势越来越强大,要逃脱全球资本主义体系的扩展范围几乎不可能,选择经济增长为"发展"的核心内容就成了没有选择的选择。

20 世纪 50 年代后,许多发展中国家面临着一系列的政治、社会和文化问题。这些问题,包括债务沉重、社会贫富差距加大、文化多样性减少、政局动荡,以及传统伦理道德体系不能约束社会行为等,而这一切都是在追求发展的过程中出现的。从全球范围看,南北差距扩大、世界范围的能源危机、生态危机和环境破坏、贫困人口增加等诸多问题,迫使有关发展的研究迅速升温。在所有这些研究中,以下几个问题是讨论的中心:其一,什么是发展,对这个问题的讨论牵涉到生物学的许多成果。其二,人类社会的发展,会有一个共同的目标、共同的模式吗? 其三,如何去发展,采取什么样的发展战略、发展行为可否达到预期的目标构想? 围绕着这几个问题,发展研究领域的诸多流派有其不同的立场和观点。

(三) 经济增长流派

承继亚当·斯密理论,一部分经济学家在确认发展即为经济增长的前提下,对发展中国家如何取得发达国家的经济成绩的途径做了探索。荷兰经济学家伯克(J. H. Booke)提出"二元结构理论",认为阻碍发展中国家发展的最大障碍是这些国家普遍存在的经济、社会、技术和文化层面上的双重结构,因此经济增长的条件是改变此种结构方式,使之符合西方工业化模式所需的基础条件。以罗斯托(Walt Whitman Rostow)和拉尼斯(Gustav Ranis)为代表的改造理论认为,只有改造不发达国家的社会经济结构,使之"现代化",具有先进、动态的社会经济制度,才能追赶上西方发达国家。

综合来看,这一角度的研究者普遍认为:只要取得投资和资本就能解决发展的主要问题。发展问题是不发达国家加速经济增长、追赶发达国家的问题。采取具有普遍性的发达的工业化国家的经济增长模式追赶。反映这一观点的论著,有纳克斯(Ragnar Nurkse)的《不发达国家的资本形成问题》,刘易斯（William Arthur Lewis）的《经济增长理论》，莱宾斯坦（Harvey Leeibenstein）的《经济落后与经济增长》，米尔达尔（Karl Gunnar Myrdal）的《国家经济》，以及罗斯托（Walt Whitman Rostow）的《经济增长阶段》等。

　　上述观点在 20 世纪 60 年代就开始受到批判，原因在于单纯经济增长的模式不但没有取得战略性的结果，反而使部分发展中国家遭到毁灭性的打击，全球范围内贫富差距分化更为剧烈。与此同时，西方发达国家经济衰退，社会问题以及由此而起的各种社会运动此起彼伏。这些都促使人们对单纯经济增长模型以及将发展与增长、进步等同起来的观点进行质疑和批判。

（四）新发展理论流派

　　现代化理论、发展主义、依附论及世界体系理论等流派，承继了马克思对资本主义社会及其体系的批判，力图阐明在现有的世界格局中，经济增长的单纯模式并不能给发展中国家带来好处。新的理论在批判力度上有所增强，批判的说服力也很令人信服，但在提供某种发展新思路上却没有拿出更好的建议，有时甚至又陷进了经济增长的怪圈。

　　现代化理论，是关于发展中国家发展研究的一种学说，创立者主要是美国的一批社会科学家，以帕森斯（Talcott Parsons）的结构－功能主义学派为代表。所谓"现代化理论"，并不是指一个统一的理论，但"现代化"指由传统社会向现代社会过渡的过程这种解释，得到普遍地承认。"传统"和"现代"的划分法受到了较多的指责。一般认为，这种划分使连续的、过渡的、整体的社会过程在认识上被断裂，但由于这种划分有利于问题的阐释，进一步就其概念而言，传统社会与现代社会又确有可以叙述的差别，因而现代化理论至今仍然备受关注。

　　整体上看，现代化理论包括两大部分：第一部分指的是，随着资本主义工业化和资产阶级民主的诞生、发展，西方出现了与以往社会形态截然不同的社会形态，其他后发国家被动地或有意识地以其为"楷模"改造自己原有的社会形态；第二部分则是指，对在这一系列的变革过程中出现的问题，进行反思、批判或重构的理论研究与实践过程。从这个角度来看，现代化理论囊括了所有新发展理论流派，甚至可以将全球化理论、后现代主义等思潮全都包括在内，但这种思路等于将现代化理论塑造成无所不包的宏伟叙事，而将其真正的理论内涵架空。因此，一般将第一部分视为狭义的现代化理论，将第二部分称为后现代，二者在理论形态上有先后关系，但关注的问题没有多大区别。一言以蔽之，现代化的过程远未结束，而后现代却已经在思考现代化过程的灾难了。

　　具体说来，狭义的现代化理论包括如下几方面的论断：首先，落后地区的落后源于该区所处的文化传统，或者说落后地区的"旧的"传统文化阻碍了这些国家和地区现代化的发展。其次,是西方的现代化模式具有普遍性,从而也就具有唯一性。再次,传统和现代是非此即彼的二元划分,传统的结束就是现代的开始。

世界体系理论,是美国社会学家、经济史家沃勒斯坦(Immanuel Wallerstein)首次提出的理论,与现代化理论论断截然不同。世界体系理论认为,后发地区落后的原因不在于这些国家的传统文化或制度上,而是源于不平等的世界体系。这一理论指出:处于中心的国家依靠其对边缘国家的自然资源、劳力等的剥削得到发展,而边缘国家则因其边缘的地位不可能获得发展的机会。这一理论批判了不合理的世界贸易格局和经济秩序,认为出路应该在于建立一种以中心和外围国家的良好合作为基础的国际经济新秩序上。

与世界体系理论接近但又有不同的是依附理论。依附理论由阿根廷经济学家普雷维什(Raul Prebisch)最先提出,这一流派也强调外因对于发展中国家的阻碍作用,认为出路在于发展中国家国内的社会和政治革命,改变落后的内部结构,或者与世界资本主义体系彻底脱钩,走自力更生的道路。后期的依附理论主张建立一种混合的体制,以便使发展中国家能更有效地对抗现有资本主义对其的压力,同时又能在对抗中得到相应的好处。在依附论者意识到全球化不可避免、闭关自守不可取后,转而同意依附与发展在某些情况下的共存,赞同通过利用资本主义和积极建立国际新秩序来实现发展。于是,与世界体系理论越来越接近了。

二、对当代发展观的理论思考

(一) 发展与现代化

"发展"这一口号,在20世纪的政治、经济甚至文化层面上如此流行,为什么? 在"传统"社会里,生产力发展极其缓慢,王朝的更替迅速频繁,但社会形态、社会结构几乎没有多大的改变,于是社会历史循环论的观点就自然而然地占据了上风。到了资本主义兴起之时,现代科学技术的发展使社会的各个侧面异常迅猛地变革,社会进化的观念也开始得到了加强,西方新兴的资本主义国家开始由传统向现代转化,特别是在经济领域中,以农业为中心向以工业为中心的转化,这一转化起着社会转化主轴作用。而在经济领域转化的运作中,"目的理性"或"工具理性"发挥了巨大的作用,于是"发展"一词就与"现代化"紧密地联系在一起了。

正因为将发展与现代化画上了等号,现代化又是指源于西欧的西方现代文明模式,那么发展的目的就变成接受此种西方现代文明模式的扩展传播或有意识地模仿。时至今日,不仅在现代化最核心领域的经济体系中,已经形成沃勒斯坦(Immanuel Wallerstein)所谓"世界资本主义体系"。而且在政治上,"民族国家"成为国际政治体系的基本组成单位,"民主政治"成为政治的标准。在文化观念上,民主、自由、人权与科学等也越来越具有普遍化的倾向。如果抽象地说,发展是个过程的话,那么发展的历史也就是这种转变发生和形成的历史。于是我们思考的问题就转变为有没有另外一种现代化的问题。

现代化的途径是唯一的、无多样选择的吗,后发地区的现代化是不是必须追随西方现代化道路的轨迹?

对于这个问题,可以从两个视角来思考:其一,自20世纪60年代以来,正当现代化进程如火如荼之时,各种因不满"现代化"而爆发的"反现代化运动"亦渐渐兴盛起来。现代化带来的痼疾无论在发展中国家还是在发达国家均有一致之处,诸如环境的破坏、资源的枯竭、传统道德体系的崩溃及"无家可归"感等。换言之,"工具理性"过度膨胀造成了人的异化以及各种社会、经济问题。其二,"东亚模式"的出现,为现代化并非唯一选择提供了一个证据,东亚现代化的过程曾被赞颂为有别于西方的"东方模式"。尽管其现代化与西方现代化的内核是共同的,尤其在经济运作领域,但其管理模式、政治制度、社会形态及价值观念仍然是"东亚式"的。然而,"东亚模式"欢呼雀跃并未持续太久,巴林银行倒闭、东南亚金融危机等,带来了普遍的沮丧之感。这似乎从另一个侧面论证了世界体系理论和依附论的观点,同时也为"有别于西方的现代文明格局"的论调蒙上一层阴影。但是乐观者泰勒(Charles Taylor)仍然认为,西方版"现代化"的最大弱点在于其暗含的"非文化"指向涵化,工具思维不受一切别的文化的制约,任何文化在现代化转换中终会让位于来自西方的"启蒙观念"和"启蒙文化"。事实上,文化的独特性恰恰在于它能够改造许多外来的东西,当其与外来者发生冲突时会引起冲撞性反思。因此,另外一种现代化,仍然是人类所追求的一种希望。

从这一角度看,发展的目的和结果,避不开现代化的共性,这一共性是不同于前一个时期的文明特性的。对此共性,众说纷纭。无论世界体系论、依附论如何否定现代化、全球化对发展中国家的负面影响,这些国家仍然在"被诅咒地现代化",在原始动机上没有丝毫的选择余地。邓小平"发展才是硬道理"的说法,曲折地表达出发展中国家的此种尴尬境地。另一方面,各个国家发展的特殊性又是无法消除的。这种特殊性的源头,一个是本区域的文化传统,另一个是在学习模仿和被迫接受过程中对其中问题的反思,以及此种思想观念和理论的反思与具体社会实际的互动。

（二）发展与经济增长、工业化

如果发展与现代化是同义词，那么发展与经济增长就是孪生兄弟。西方现代化的导火线，是科学技术的迅猛发展，继而促进生产工具的进步，带来的则是生产力的极大增加。然而，是否可以据此就断言发展就是经济增长或经济的发展？

如果说经济增长必须是发展的前提条件，那么，以工业化为基础、以渗透着工具理性观念的市场运作为机制的西方经济增长的方式，是否是唯一的模式呢？

关于第一个问题。由于现代化是多元的，包括了诸多方面的内涵，是"多面"的社会转换过程和结果，因此经济领域的转换不能等同于发展。目前流行的多个发展理论学派，诸如自由市场学派、脱钩理论、计划经济理论、依附理论和世界体系理论等均认为，经济增长是社会进步的必要前提，关心的重点依然是如何才能使发展中国家和地区的经济财富成功地增长，为此而寻找阻碍发展的内因和外因、发展的途径和方式。需要指出的是，这些理论虽然认为经济增长是重要的、必不可少的，但并不是全部，更不是唯一的。

关于第二个问题。由于西方发达国家强大的示范作用，西方经济增长的方式无形中成了发展中国家发展经济的"宝典"，而对西方经济增长方式的实质，除了在西方古典政治经济学、现代西方经济学著作中寻求以外，更多的是道听途说地将工业化、生产性产业、科技产业等置于西方经济增长方式的中心位置。即便这种理解正确，也只能说明此种经济增长方式，只是在特定的时空条件下对特定的群体起作用。有资料表明，工业革命对于 18 世纪、19 世纪英国经济增长的贡献并没有想象中的那么大。如果认为此种经济增长方式具有"普世性"，则无疑是认识上的一大误区。因为，所有的实践都不存在脱离文化、社会和政治因素的经济活动。另外，经济增长方式也不是一种纯技术性、可以无时空限制地移用。东亚经济发展的经验提供了一个例证，无论在何种层次上，东亚经济发展均不同于资本主义世界所谓的"工业化"过程。东亚国家在非工业部门的投资远远超出对工业部门的投资，而利润中的很大一部分则是来自贸易。有一些国家采取的"工业化"战略，实际上为发达地区的生产过剩和环境污染的转移提供了条件。"工业化"本身所能带来的经济好处，又因落后地区普遍采用这种"工业化"战略所形成的竞争而降低了，竞争的结果是工业成本上升，工业产品价格的下跌，如若算上因环境污染带来的各种原发性损失和治理成本，更是得不偿失。因此，工业化能给发展中国家带来的经济增长，如果不是一种虚无缥缈的梦中幻境，那么最多也只能是昙花一现的短暂荣光！

（三）发展与文化

伴随着发展的进程，几乎没有什么地区能逃脱这种"现代化的全球化"的命运。资本主义的实质就是要获取最大限度的利润,即使对一个赤贫的、然而知足的世界角落,他们也会给予馈赠,当你习惯于这些馈赠时,就会告诉你从现在开始必须购买,接受了就从这个体系的最低层开始起步。如果你想恢复从前的平静生活,他们还会以"人权""启蒙"的名义采取强制性措施,直至采用战争手段。除此之外,他们还有另一种"秘密武器"——文化传播。

面对这种工业化全球化的态势,处于部落中的民族,要么只好接受这种命运,或者慢慢地就在生态系统中销声匿迹,而对于诸如中国、印度、墨西哥及日本等有着自己文化传统的文明国家来说,这就不是一个简单的问题了。发展究竟意味着什么? 落后就要挨打。这无疑是从长期痛苦的经历中得出的正确结论。但决不能据此得到为了不挨打才去"发展"的结论,或者说不能去得到发展是为了不挨打的结论。因此,重新认识自己民族的文化与发展的关系,就成为一个至关重要的问题。重估一切价值,对每个中国有识之士都是一个最为痛苦但都不能回避的问题。从清王朝末期以来,自张之洞提出"中体西用"开始,这个问题就绵延不绝,成为救国救民理论和实践所必须回答的问题。

(四)发展与环境

"发展"的两大副产品,一是信仰的危机,二是环境破坏和资源耗竭的危机。

对于信仰的危机,普遍的反应是皈依神秘性宗教,以寻找精神慰藉,或者就把手段当作目的,投入到金钱拜物教或商品拜物教中去。从表面上看,这两大危机似乎毫无关系,一个是精神的内在空虚,另一个是物质的外部危难。而解决的方式就所能谋划到的而言,也迥乎不同。前者根据各方说法,主要有如下几种理论和途径:重建伦理社会、重建道德标准,在新的社会经济政治框架中,提炼出其内涵或所需的道德伦理原理,或者就是"中体西用"等。

对于环境破坏和资源耗竭的危机,解决的途径似乎要简单便捷得多。表面上看,环境问题可以用技术手段来解决,技术解决途径在发展速度缓慢的情况下确有遏制污染进一步扩散和局部改善的效果。但随着"发展"在全球范围的加速扩展,环境危机的广度和深度却在大大增加。一方面,"污染"一词已不能概括环境问题的全部,能源和资源危机、环境污染、人口爆炸及沙漠化已构成了环境的四大方面问题,因果联系错综复杂,单靠技术是解决不了环境问题的。另一方面,"发展"自身的内在机制,决定了永远会有新的污染问题、资源濒临枯竭问题或其他有关问题出现,"治尾不治头"的方法不但令人疲于奔命,而且弊远大于利。

历史现实表明,现代发展模式的形成和环境问题出现的时间进程惊人的一致。环境污染的最初产生,都直接或间接地与工业化相关。环境危机的扩展,追根溯源,总会归结到现代化问题上。现代化发展观的核心理念,源自唯科学主义、人本主义及"工具理性"等一系列基本观念,这些观念的深处隐含着的一个前提,就是大自然是无限可能的,即自然资源的利用范围是无穷的。发展的本质决定了必然带来环境问题。如果说技术手段不可能从根本上解决环境问题,那么调整发展战略、执行环境与发展调和政策等也不可能从根本上解决环境问题,无论政治上、经济上、文化上与技术上的何种改良方式,都没有动摇发展的基本属性,即人类向自然界的扩张。这种"扩张"意识如果没有受到限制或者消除,所有的制度以及器物操作层次上的措施就都不可能奏效。

环境与发展关系还具有深层次的复杂性。一方面,环境问题本是源于发展的兴起,但当其产生后,又具有相对的独立性,并且直接妨碍了发展,于是它从结果转变为原因,而且是重要的原因;另一方面,环境危机导致的其他社会经济文化问题,及其由此而引起的争论与反思,已在极大程度上动摇了传统发展观的根基,比如前述的信仰危机。一言以蔽之,环境是一个问题,同时也是所有问题。

突发性的变革或彻底的转向,往往带来灾难性的后果。发展与环境的相容与否,只有放到特定时空中去考察才能作出判断。发展是人类自己选择的道路,必然有其合理性,回到茹毛饮血的时代只能幻想,彻底改变发展的性质也不是几个政策、几个观点的转变就能起作用的。如何变换深深植根于"经典"的现代化概念基础上的现代性,依然尚无定论。从"可持续发展"概念的提出开始,多种理论流派、多种社会运动始终在努力探索一条有效的发展道路。

三、可持续发展概念的内涵辨析

人类的发展观随着人类社会的发展历程而变化,变化的发展观又深刻地影响着人类社会的发展历程。人类在特定历史阶段的发展观,又与该时期的经济、科技、文化及环境状态密切地联系且相互作用。

第二次世界大战结束后,全球进入了"发展"高潮,致使"发展"一词的概念远远超出了经济的范畴,几乎把工业革命以来人类的所有行为,都概括在这个概念之中,政治家讨论国家的发展,社会学家、革命家关心社会的发展,自由主义者关心个人的发展,每一个可以互为主体的主体都可以成为发展的主体,社会的每一个层面和每一个侧面都成了研究、论述发展的角度。

环境问题的出现和加剧,使"可持续发展"概念正式登上历史舞台。国际自然资源保护同盟(IUCN)、联合国环境规划署(UNEP)和世界野生生物基金会(WWF)在1980年共同出版的《世界自然保护战略:为了可持续发展的生存资源保护》一书,最基本的视角是生物圈的保护,首次提出"可持续发展"概念,并为这个词语定下了基调。1987年《我们共同的未来》一书问世,高举"可持续发展"旗帜,从环境视角研究发展问题,成为了解和研究"可持续发展"的一个不可回避的里程碑。该书将"可持续发展"定义为,既满足当代人的需要,又不对后代人满足其需要的能力构成危害的发展。从字面含义上,很难看出此发展和以往的发展在本质上有何不同。"需要"是个包罗万象的词语,当代人的需要是什么,后代人的需要是什么,精神上的还是物质上的?"满足"又是一个含糊不清的词语,多少算满足,发展动力何在?再者,有的需要即使现在得到了充分满足,也不会损害后代人利益。有的需要即使现在还没得到满足,却已经对后代人造成了危害。实际上,定义中的"需要"指的是物质需要,特别是与环境、资源紧密相连的物质需要。该书明确指出,环境保护是可持续发展思想所固有的特征,它集中解决环境问题的根源。

近几十年来,"可持续发展"的内涵得到拓宽,"可持续发展"的发展观在逐渐地形成。但"可持续发展"的概念不可避免地烙上我们所处时代的印痕。内涵的演变大致经历了以下三个阶段。

(一)初期阶段

这个阶段,人们对可持续发展内涵的认识可概括为:环境问题的根源是发展的乏力,以及发展目标、过程所不曾料到的后果。虽然后一原因隐含了对发展方式的质疑,但是基本上没有触及发展的实质问题,反而确认了发展是必要的,而且是经济发展最为重要。

可持续发展的定义,虽为既满足当代人的需要,又不对后代人满足其需要的能力构成危害的发展,实际上明确为如下两个较少伦理色彩的方面:其一是保证环境的可持续性,其二是确认经济增长的必要性。所谓环境的可持续性,实质还是环境作为资源可被人类持续利用,所谓的发展仍然是指经济的增长,环境的可持续性最终是为了实现经济的可持续性发展。实现了经济的可持续发展,就为满足发展中国家人民的基本需求,更进一步满足全人类较好生活的愿望提供了必要的物质基础。

可持续发展的定义,还隐含着"公平"的意味。这是一个伦理色彩较重的内容,一个强调得最多又最难以把握的内涵。首先,这一概念潜在的论断说明过去的发展模式是不公平的,尤其在当代人与后代人之间。这种不公平体现在我们消耗了过多的资源,破坏了环境,使得后代人不得不生活在一个资源匮乏与环境恶化的状态中,从而不得不花很大的代价去治理前代人遗留下来的环境问题。代际不公平问题是关注的焦点,但要解决这一问题,就必然要去关注代内不公平的问题。只有解决后者,才能解决前者。理由在于,代内的不公平是环境问题的重要根源。其一,代内不公平是原有的发展模式和此种发展模式的政治、经济和社会结构造成的。其二,贫穷是不平等的发展的后果,同时也是环境资源压力不断加重的必然现象。

(二) 中期阶段

早期的"可持续发展"定义,提纲挈领、较为宽泛,内涵很少、外延很大。好处在于为后续研究者留下了广阔领地,领地大内涵必然多变,每个角度均可有不同理解。这种现象,固然会对最初本意有所损害,却在某种意义上弥补了原概念的先天不足,即含混不清、近似乌托邦的伦理色彩。各研究方向对可持续发展内涵的理解,大多反映在其研究方法和研究对象中。无论哪一种角度都需要回答,"发展"的含义是什么? "可持续"的含义又是什么?

对于什么是"发展",这一时期的理解主要体现在三个方面:其一,经济发展作为核心依然受到肯定。虽然唯经济增长受到批判,依然认为发展是可持续发展的核心,经济发展是其他一切发展的基础和轴心。对于"发展"和"增长"的区别,更多地停留在理论层面,而在实际操作中还拿不出一套切实可行的办法;其二,整体发展与经济发展的关系成为争论焦点。若将社会视为整体的代名词,则社会发展就是最高的原则。如果发展是质的改善,那么改善就难以度量,社会发展就会变成社会变迁的另一种说法。一种社会形态改变为另一种社会形态,如何知晓就是"进步"而不是"倒退"? 而经济发展因为有增长、可衡量,才是可以谈论的;其三,发展的本质是什么。发展是个过程还是个目标,或者既是过程又是目标,或者发展只是一种动态趋势? 如果是个过程,如何判定它的朝向? 如果是个目标,如何判定它的"进步性"? 由于这些问题尚未得到解决,可持续发展之"发展"研究,不得不求助于"可持续"或者"可持续性"。

对于什么是"可持续",是指某一客观事物可以持久地、无限地维持或支持下去的能力。"可持续发展"正是在"可持续"这一点上,才不同于其他的"发展"含义。这一时期,研究者均把注意力集中在这一点上。早期研究从环境的可持续出发,重点强调发展不可损害环境。后期研究将发展的概念拓宽至社会、经济及环境三者,出现"社会可持续发展""经济可持续发展"及"环境可持续发展"之说法,同时强调三者的整合。围绕什么是"可持续性",又有多种研究角度,诸如福利不递减、自然资本和环境资本总量控制、负熵及污染零排放等说法,也有由研究生态系统的结构和功能进而推广到人类社会中,或把人类社会包含在生态系统中进行考察的研究。这些研究得到某些结论,诸如可持续性的必要条件是适度人口、满足基本需求消费品生产,以及活动范围限制在一定的环境承载力内等。

目前,研究和实践活动遇到无法回避的一些问题。其一,环境资源对于人类而言有限还是无限? 根据自然是无限可能的,可以推导出,如果人类的知识技能不断累积增加,如果地球不至于爆炸,人类总可以找到替代性能源和资源。如果人类和知识技能进步的速率,与现在可利用和能利用的资源能源的消耗速率相比过于缓慢,那么资源就是有限的;其二,如果存在这种有限性,那么以什么样的速率来消耗资源、能源才是合理的、可持续的? 计算此速率的难度在于变量太多,尤其是技术变化和替代品出现的种类、频率等要素难以把握,从而使计算的结果失去了应有的意义;其三,即便这种速率可以计算出来,又涉及代际平衡的尺度,速率的可用性也很成问题。我们只能以现在当代人需求状况来模拟将来人的需求结构,纵使可以根据社会发展趋势作出一定预测,也只能定性地说明问题;其四,如果这种速率可以计算出来,那么从这些速率的计算结果,去寻找原因和解决办法,必然会向政治、经济和文化领域扩展。政治解决就会以公平为核心,寻求在不同的国家、不同的利益集团中,分配资源、分配排污份额的最“公平”的方案,继而寻求这些“方案”不能得到实现的政治制度原因,并提出改良的或革命的措施,从而又把这些措施作为表征“可持续”内涵的概念、定理。同样,在经济领域中,又外推出一系列宏观或微观经济表象的指标(诸如真实储蓄率、人均“绿色 GNP”等),或者为了达到这一速率必须采取的措施(诸如效用和利润极大化的决策、价格机制、市场出清等)。尤其是环境自由市场主义者,将完全市场化视为实现资源最优配置(包含速率)的唯一有效手段。其他层面与此类似,例如,什么样的文化特质得以促使这些速率实现? 什么样的文化共生局面最适宜于趋向这些速率等。正如前面所说,在政治文化层面上围绕此一速率的表征和所谓根源及解决办法,也常常被用来作为“可持续”内涵的诠释。为什么“可持续”一词会被如此众多的学科或名词用作前缀,原因在于,在可持续发展的概念中,道德判断的色彩过于浓厚。

(三) 近期研究

近期的研究,表现出“可持续发展”的内涵在向两个方向演变:一是继续加深其伦理色彩。引起社会学、经济学、政治学、人文地理学及文化人类学等的关注,从而形成一个新的特殊研究视角。环境问题的持续恶化趋势,迫使各门学科重新检视自己的基本问题和研究范式。环境问题从“一个问题”转而为“所有问题”,可持续发展从伦理学的新标准,成为道德的最高准则。当然,在解决这些问题时,难题丛生。二是向最初的环境侧面回归。定位在解决环境问题的方法上,强调技术的亲环境性,强调发展政策,强调制度的转变等,所有这一切都是为了保证环境的可持续性。

第三章
可持续发展的哲学基础

可持续发展观念的提出,是人类文明史上的一个重大事件。这一事件的意义有两个方面:一是批判性的,认为现实发展危机的根源在于现行的工商文明的发展模式,进而判定这种发展模式本身的不可持续性。二是建设性的,指示了一条新的发展道路,不是一条仅能在若干年内若干地方支持人类进步的道路,而是一条一直到遥远的未来都能支持全人类进步的道路。

随着可持续发展观念的提出和被普遍接受,人类文明的一场根本性变革已成为必然。但是,要推进这场变革,必须把可持续发展由朴素的共识提升为能够与工商文明的发展思想相抗衡的思想体系。组织行为模式的设计必须以思想体系的确立为前提,而在构建新的思想体系的过程中,哲学观念的更新是根本的。

可持续发展思想必须建立在一定的哲学基础之上,这似乎是不证自明的。然而,这种"不证自明"却可能包含着对于哲学与人类文明关系的重大误解。哲学,最简单地说,就是刨根问底之学。任何简单或复杂的现象背后都隐藏着问题,对于这些问题,可以一问再问,问到最后,就出现了一些极抽象的普遍性的问题,这些问题就是哲学问题。

哲学问题按其性质不同可分为两类:一类是理论问题,如本体论问题、价值论问题、认识论问题。另一类是实践问题,如伦理学、道德哲学、社会政治哲学、法哲学、历史哲学的问题。这些问题,通过复杂的逻辑关系构成一个完整的论域。正确地进入这个论域,以适当的方式提出和解决问题,就形成一种哲学。因此,作为一种知识传统,哲学史是哲学问题累积的历史。

但是，一个真正的哲学问题的提出和解决，是不可能仅仅从哲学本身得到说明的。古希腊哲学、中世纪基督教哲学和近代欧洲哲学的主要问题之间的联系，并不表现为哲学的必然性，而是表现为文明史的必然性。换言之，一个时代主导的哲学观念，必定体现着这个时代的文明生活的现实。反之，一个时代的文明生活的最深层要求，必定要以哲学的形式表达出来。在此意义上，哲学是时代精神的缩影，哲学史是代表不同时代精神的哲学观念发展的历史。

哲学的发展不同于科学（经验科学）的发展。科学的发展是随人类经验的扩展持续进步的，而哲学的发展则是人类理性在经验扩展过程中不断内省的结果。哲学不是一个可以在经验中证实或证伪的知识形态，而是一个合乎理性的信念体系。哲学从时代汲取经验材料，揭示人类理性在特定历史条件下的内在要求。一个时代的主导哲学观念的合法性只存在于它所根植的历史现实中，它正当的社会功能也仅适用于这一现实，随着时代的变迁，一种主导哲学观念的历史合法性和社会功能将丧失殆尽。因此，一种主导的哲学观念代替另一种主导的哲学观念，意味着后者已不再能代表人类理性在新时代的要求。

在工商文明时代，始终存在着一个强大的哲学传统。这个传统源于文艺复兴时期，到启蒙运动时期基本成形，以后逐渐体系化，并渗透到社会政治、经济、文化各个方面，至今仍然支配着人类社会的现实，它推动工商文明的发展，并构成工业社会的基本逻辑。从 19 世纪后期起，由于工业社会的诸多矛盾日益显露，西方思想界开始对工商文明时代主导的哲学观念进行批判。近几十年来，随着威胁人类生存和发展的各种社会危机的出现，批判的焦点集中到环境与发展的论题上。关于这一论题的哲学探讨，如今被归于"环境哲学"（environmental philosophy）或者"环境伦理学"（environmental ethics）这些并不太确切的名称之下。

环境哲学或环境伦理学的基本问题是人与自然的关系问题。这个问题按逻辑先后依次在三个层次上提出：第一层次是自然观，如自然的本质是什么，它包含什么样的事物和过程？第二是层次价值论，人是不是唯一的价值主体，非人类存在物是否具有对人类的工具价值以外的价值？如果有，这类价值的性质如何？第三层次是应用伦理学，人与自然的道德关系是什么，人对自然的正当权利和必要义务是什么？以及为恰当行使和履行这些权利、义务，人类社会内部应遵循何种伦理准则？我们将依照上述逻辑顺序，探讨可持续发展的哲学基础。

第一节　可持续发展的自然观

自然观或自然哲学要回答的问题是：自然是什么？这是一个纯哲学的问题。我们常常是从物理学、化学、生物学等经验科学的角度来回答这个问题，回答的是"自然的物理性质是什么"或"自然的化学、生物学性质是什么"实际上，"自然是什么"问的是：自然作为具有物理、化学、生物学等诸多性质的整体，其本质是什么？它包含什么样的事物和过程？这个问题是人与自然关系中最基本的问题，对这个问题的回答决定着对人与自然关系的其他方面的理解。反过来说，人类在不同文明阶段对人与自然关系的认识最终都可以追溯到对"自然是什么"问题的解决。为了展现这一逻辑的、历史的联系，我们将对自然观在古代、近代的演变以及现代自然观的形成过程及其意义做一个总结。

一、古代有机论的自然观

（一）关于"自然"的哲学思考

西方哲学产生于公元前 6 世纪初的希腊，而希腊哲学家开始于对"自然"的思考。但在希腊文中，"自然"（physis）一词与我们现在在集合意义上使用的指自然事物总和的"自然"概念是不同的。在希腊哲学中，相当于后者的是"世界"或"宇宙"（cosmos）。它有两层含义：一是指一切事物的全体，二是指这些事物的秩序。而希腊哲学中的"自然"，除了极个别情况，指的是事物的"本性"或"本原"（arkhe）。它也有两层含义：一是指构成事物的基本元素，二是指事物存在、运动、变化的原则。"本原"和"宇宙"的关系是：宇宙是本原分化的产物，本原是宇宙运动变化并赋予宇宙万物秩序的原因。通过这一逻辑联系，希腊的自然哲学向我们展示了一幅完整的世界图景。

最早对"自然"作哲学思考的，是活动于希腊伊奥尼亚的米利都城的三位哲学家——泰勒斯（Thales）、阿那克西曼德（Anaximander）和阿那克西美尼（Anaximenes）。米利都哲学家们思考的问题是：事物是由什么构成的。他们一致认为，宇宙万物是由单一的物质性本原构成，他们的任务就是去找出这个本原是什么。泰勒斯认为本原是"水"，阿那克西曼德认为是"无定"（一种虚拟物质)或者"稀散"的结果。这种哲学是简单的、朴素的。

德国哲学家文德尔班(Wilhelm Windelband)认为,这种最早的哲学思考,没有去探索这宇宙物质永不停息的变化的原因或根源,反而假定是一种自明的事实(当然之事)。然而,将宇宙万物的生成、变化的原因或根源诉诸自明性,并不是米利都哲学家们的疏忽或有意的回避,而是当时希腊民族对自然界的普遍信念使然。因此,只有将米利都学派的本原学说与这些普遍信念联系起来考察,才能显出早期希腊哲学的自然观的全貌。

(二) 关于"本原"的思考

按照希腊古老的自然宗教传统,自然界是充满灵魂的。这种观念被人类学家称为"物活论"或"万物有灵论"。从文化人类学上说,"物活论"是原始人类基于对生命现象的自我体验类推自然的产物。米利都哲学家们的思考正是在这一文化背景下开始的。泰勒斯就说过,万物充满神(灵魂)。泰勒斯的说法,并不是对流行的宗教观念的重复,而是借助传统宗教的语言形式道出了全新的内容。据亚里士多德记载,泰勒斯把灵魂看作一种能运动的东西。因此,对于泰勒斯来说,一切事物都是由单一的物质本原(水)构成,本原之所以化生出万物,是因为它自身是能动的。这一点,阿那克西美尼表达得更明确。他认为,本原(气)就是神,它存在着,是不可测量的、无限的,并且在不断运动之中。所以,气又被称为"精气"(pneuma),包含气息和精神两层含义。米利都学派通过对流行的宗教观念的改造,在事实上肯定了本原不仅是构成事物的基本元素,而且是事物运动、变化的根源。米利都学派本原学说的真正局限在于,它无法解释宇宙的秩序问题,这一步是由另一位伊奥尼亚哲学家爱非斯的赫拉克利特(Herakleitus)跨出的。赫拉克利特认为,宇宙的本原是"火",火化生万物依据的是"道"(logos),有规律、理性、语言、尺度等多重含义。"道"是本原火所固有的属性,火按照它自身的"道"燃烧、熄灭,生成万物,由火产生的一切事物都必然普遍地遵循"道"。至此,希腊哲学的第一个完整的自然观告以形成,其主要内容包括:其一,自然界的一切事物都是由单一的本原生成的;其二,本原不仅是构成自然事物的元素,而且是事物运动、变化的源泉和事物间秩序的赋予者;其三,由本原产生出的自然界是充满内在活力和秩序的整体。

(三) 关于人与自然关系的思考

从泰勒斯的"灵魂"到赫拉克利特的"道",一个视自然界为生命机体的哲学隐喻逐步确立。伊奥尼亚时代以后的哲学家把自然的内在生命力称作"宇宙理性"或"世界灵魂"(nous)。古希腊哲学认为,自然界是由"质料"和"形式"

两种原因造成的,质料是构成自然事物的原始物质,形式是自然事物存在、运动和目的的来源。对于任何自然事物,质料和形式都是同时存在并起作用的,因为自然界本身是一个生命机体,它不仅是被创造者、同时也是创造者。无论是苏格拉底(Socrates)、柏拉图(Plato),还是亚里士多德(Aristotle),他们所研究的"灵魂",首要是自然的灵魂,人的灵魂只是它的一种具体形式。正如人的灵魂对身体的操纵一样,自然这个生命机体以它的灵魂操纵着它的身体,从而保证了自然事物的存在、运动和秩序,保证了自然界的整体性和统一性。尽管这里仍然残留着原始"物活论"的思维方式,但它的内容则建立在希腊人对自然的科学研究之上,是理性化的。对于受近代科学思维影响的人来说,这一思想似乎是非常古怪、不可理解,然而它恰恰是希腊文化独特精神的体现。希腊思想与近代思想的根本区别在于,希腊人并没有像近代人那样,把人设想成超越于自然事物之上的存在。在希腊人看来,人始终是自然界的一部分,人的最高目的和理想不是行动,不是去控制自然,而是静观。换言之,作为自然的一员,深入到自然中去,领悟自然的奥秘和创造生机。这种有机论的自然观,贯穿于希腊哲学发展的全过程,并通过柏拉图和亚里士多德的著作,深刻地影响着中世纪和文艺复兴时期的自然哲学。

有机论的自然观,在希腊以外其他古代民族的文化中同样存在着,诸如中国道家的自然观、印度佛教的自然观等。这些古老的自然观,尽管表述形式不同,但均视自然为充满内在活力和生机的整体,这点上一脉相通。有机论的自然观,以及由对自然的认识导致的对人与自然关系的理解,以观念形态保存在古代的哲学中。同时,作为现实的文化行为又体现在人类的实践中,对于古代文明(原始文明、农牧文明)时代人类的生存方式和社会结构的形成具有决定性的意义。

二、近代机械论的自然观

(一)"生命机体"的隐喻

大约在 16 世纪到 17 世纪,一种与希腊自然观相对立的新的自然观开始兴起,并迅速取代前者占据主导地位。正像希腊自然观借助"生命机体"的隐喻,新的自然观也建基于一个奇特的隐喻——"机器"的隐喻之上。新的自然观认为:自然界是一架机器,一架由各种零部件组装而成按照一定的规则、朝着一定的方向运转的机器。和希腊自然观一样,在这个隐喻中,自然界的秩序、规律、目的也被认为是源于某种精神性的东西。所不同的是,希腊哲学家认为精神在自然之中,是自然界固有的,而新的自然观哲学家则认为,精神是自然之外的"超越者",即"上帝"。上帝设计出一套原理,把它放进自然界并操纵自然界运动,而自然界本身完全是被动的、受控的,它仅仅是一架"机器"。这种新的自然观,被称作机械论的自然观。

机械论自然观,是中世纪和近代之交特定时代的产物,它的产生有着复杂的历史文化背景。首先,它保留着基督教神学的痕迹。中世纪流行的基督教神学观念认为,自然界(包括人)是由上帝创造的。上帝不仅赋予自然以物质形态,而且把秩序、目的加于其上。上帝是全知全能的,而上帝创造的自然是不完美的。自然界之所以在一定程度上具有完美性,是因为它作为受造物体现着创造者的至善至美。其次,它基于当时人们设计和构造机械的经验。16世纪以后,印刷机、风车、水泵、杠杆、滑轮、钟表、独轮车以及各种工程机械被广泛使用,人们熟悉机械的特性和工作原理,制造和操作机械的经验成为人们日常意识的重要方面。因此,人们很自然地把上帝与自然界的关系类比成钟表匠与钟表、机械制造者与机械的关系。

(二) 笛卡儿的二元论

机械论自然观的经典表述,是笛卡儿(René Descartes)的二元论。笛卡儿认为,所谓的实体,只能看作是能自己存在,而其存在并不依赖别的事物的一种事物,自然中同时存在着心灵和物质两个实体。在笛卡儿看来,心灵和物质作为平行的实体互不依赖、互不决定、互不派生,物质的属性是广延,心灵的属性是思维。这里的物质不是具体的物体,尽管它可以涵盖物体。心灵也不是人的心灵,尽管它可以涵盖人的心灵。同样,这里的广延也不是物体的具体的空间属性,而是几何学上的广延。思维也不是人的思想活动,而是自然规律。物质和心灵是自然中的两个实体,是自然存在的区分,是自然的最高抽象。在这一点上,笛卡儿的二元论依然承袭着希腊自然哲学的知识范式,但两者的实质内容有着根本的差别。希腊哲学的主流始终是一元论,心与物、形式与质料在自然这个生命机体的统摄之下直接同一。现在,作为生命机体的自然已不复存在,剩下的只是一架机器,心与物、思维与广延各置一边。而在具体事物中,心与物、思维与广延总是相互依存、相互联系着的。这是为什么呢?笛卡儿认为,是由于上帝的存在,上帝是超越于物质和心灵之上的最高实体。笛卡儿说,按照实体的定义,只有上帝才算得上实体,物质和心灵都依赖于上帝,由于物质和心灵,除依赖上帝外彼此是独立的,所以也可以勉强算是实体。笛卡儿称上帝为"绝对的实体",称物质和心灵为"相对的实体"。这样,借助于"上帝",笛卡儿从形式上保全了他的哲学的完整性。

笛卡儿的二元论,遭到了荷兰哲学家斯宾诺莎(Baruch Spinoza)的批判。斯宾诺莎认为,只存在一个实体,就是上帝。他指出实体可理解为在自身之内并通过自身而被认识的东西,即形成实体的概念可以无须借助于他物的概念。在他看来,按照实体的定义,物质和心灵不可能是实体,而只能是实体的属性。实体是无限的,因而有无数的属性,但为人们所能知的只有两个广延和思想。他还试图借助泛神论学说论说"上帝即自然",从而确认实体与自然界的直接同一。然而,他又认为广延与思想两个属性之间不能发生直接联系,二者互不产生、互不限制。因此,他在建立实体一元论的同时,又在事实上造成了一种属性二元论。正如英国科林伍德(Robin George Collingwood)所言,广延和思想这两个属性可以说全凭强力才被结合在理论中,斯宾诺莎不能给出为什么广延的东西同时也会思维,而思维的同时也有广延的理由,其结果这个理论到底还是难以理解,仍不免是个蛮横的断言。斯宾诺莎以后,莱布尼茨(G. W. Leibniz)、康德(Immanuel Kant)、黑格尔(G. W. F. Hegel)等人也力图克服机械论自然观的缺陷,重建有机论的自然哲学传统,但最终都以失败告终。

　　事实很明显,希腊自然观的历史合法性已不复存在。从十五六世纪的科学革命和宗教改革运动起,到以牛顿力学的诞生为标志的近代科学体系的确立,以及基督教神学世界观的崩溃,古代和中古社会占主导地位的有机论自然观赖以存在的文化土壤已被彻底瓦解了。无论哲学家们做何种努力,古老的自然观也不可能获得它的近代形式。笛卡儿和斯宾诺莎的"上帝"是希腊和中世纪自然哲学传统的最后返照。然而,这个"上帝"既不具有"宇宙理性"的那种与自然界同一的生命活力,也不能像基督教的"上帝"那样承载丰富的信仰内容,它只是一个逻辑上的设定,一个空洞的概念。与此同时,一种以科学主义为特征的世俗化潮流成为新时代的主导精神,而机械论的自然观正是这一时代精神的体现。机械论自然观在形成之初之所以困难重重,是因为传统哲学的知识范式与新的时代精神之间存在着巨大的矛盾。但是,矛盾并不能阻止哲学对时代精神的表达,在重重困难和矛盾之中,高扬人的超越性的主体性原则已悄然出现。

　　笛卡儿二元论的最大困难在于,它无法解决人的身心关系问题。对于人的问题,他试图提出一种生理学的解释。他认为,人的心灵虽然与身体结合着,但它的位置处于大脑中心的小腺体"松果体"(pineal gland)中。松果体中所发生的不同方式的运动引起心灵的各种知觉。同时,心灵自身又以不同的方式驱动松果体,由它牵动神经、精气,从而驱动整个身体。这就是所谓身心"交感论"。这一思想,实际上承认了身心的相互联系和相互作用,与物质和心灵各自独立的二元论是矛盾的。为了坚持二元论立场,笛卡儿又提出"神助说"来解释身心关系问题。他认为,心灵与身体的相互一致性归根结底是上帝创造时的决定,是上帝安排并由上帝来帮助实现的。两种学说矛盾的关键在于：一方面，从机械论观点出发，笛卡儿承认人体与动物一样是一架机器，只不过比动物机器更精致、更灵活。另一方面，从理性主义出发，他又认为人不仅具有感性，更重要的是人具有理性，正因为人具有不朽的"理性灵魂"，所以人有别于动物，人不是机器。事实上，笛卡儿的人的概念，不是物理学或生理学意义上的人，而是形而上学意义上的人，即作为理性的存在。这集中反映在他著名的"我思故我在"的命题中。这个命题开始于"普遍的怀疑"。笛卡儿说，为了找到真理的真正开端，人必须对一切被信以为真的东西加以怀疑，可以怀疑一切知识，可以怀疑感觉和感觉到的世界，可以怀疑自己的身体，甚至可以怀疑上帝的存在。但是，当我怀疑一切的时候，有一点却是不可怀疑的，那就是：我在怀疑。也就是说：我在思想。这个思想着的我是存在的。由此他断定：我思想，所以我存在。笛卡儿声明，这一原理不是逻辑的推论，不是三段论式，而是直观的真理知识。笛卡儿把"我思故我在"的命题作为自明的公理接受下来，确立为他全部哲学的"第一原理"。这意味着笛卡儿将人的理性置于至高无上的地位，使之成为衡量一切事物（包括上帝）的尺度。

（三）未来机械社会

"我思故我在"原理的确立，是新时代人与自然关系的转变在哲学中的反映。古代社会以人为自然一部分的朴素意识，已让位于人对自然的超越性的信念。现在面对机械自然的是超越于自然之上的有自由意志和自主能力的人。如果自然这架机器确实是上帝制造的（这一观念的哲学意义在于，肯定自然界及其规律不以人的意志为转移），那么，人可以凭借理性操纵这架机器，使之符合人的目的。不仅如此，正如"超越者"上帝可以按他的目的制造自然这架机器，人也可以凭借其理性按照自己的目的制造另一架机器，加于自然之上。培根（Francis Bacon）的《新大西岛》（*The New Atlandis*）和霍布斯（Thomas Hobbes）的《利维坦》（*Leviathan*）就是对未来机械社会的构想，它们是现代工业社会的雏形。这样，在犹太教传统中有其根源、文艺复兴晚期开始浮现的"控制自然"的观念，通过机械论和理性主义的奇妙结合，终于获得了完整的哲学形式。"控制自然"的观念与新兴的以追求财富为目的的资本主义精神一起构成工商文明时代的意识形态。美国生态女性主义者麦茜特（Carolyn Merchant）把这个由自然观的变革引起的工商文明的意识形态构建称作"自然之死"的后果。麦茜特认为，关于宇宙的万物有灵论和有机论观念的废除，构成了自然的死亡——这是'科学革命'最深刻的影响。因为自然现在被看成是死气沉沉、毫无主动精神的粒子组成的，全由外力而不是内在力量推动的系统，故此，机械论的框架本身也使对自然的操纵合法化。进一步说,作为概念框架,机械论的秩序又把它与奠基于权力之上的与商业资本主义取向一致的价值框架联系在一起。麦茜特指出,机械主义最有影响力之处在于,它不仅用作对社会和宇宙秩序问题的一种回答,而且还用来为征服自然和统治自然辩护。

三、现代有机论的自然观

(一) 工商文明构想

工商文明的发展道路,始终与"机器"的概念紧紧联系在一起。由于机械的广泛使用,人类把自然设想成一架机器,而把自己当成了自然机器的操纵者和社会机器的制造者。以机器为主线,自然、人、社会被组合起来,产生出一套完整的文明构想。在18世纪的工业革命中,这套文明构想,又借助真正意义上的机器,即"真正的机器"变成了现实。在人的操纵下,自然和社会这两架机器围绕着"真正的机器"运行起来,人类把全部希望寄托于这架真正的机器的转动。随着时间的推移,尽管机器每天都在更新,但自然和社会两架机器却已破旧不堪。机器的运转在满足人类种种愿望的同时,也无情地毁掉了他们的许多梦想。文明设计者们许诺的人间天堂,变得越来越遥遥无期,原本结构完整、逻辑严密的思想体系,如今变得支离破碎、漏洞百出。这就是工商文明真实的历史状况。它再次应验了黑格尔的"异化"学说,也再次显示了哲学与文明史的奇特关联。

正如工商文明的构建是由自然观的变革引发的,对工商文明的批判也是从扬弃机械论自然观开始的。在工商文明时代,古代有机论的自然观被排除在主流文化之外,只能在社会的边缘流传。麦茜特叙述了这一流传的大致过程,即19世纪早期的浪漫主义反对科学革命和启蒙运动的机械论,回到有机论思想,认为一种有生命力的、有活力的基质把整个造物结构在一起。美国的浪漫主义者爱默生(Ralph Waldo Emerson)把荒野看作精神洞察力的源泉,梭罗(Henry David Thoreau)发现异教徒和美国印第安人的泛灵论把岩石、池塘、山脉看成是渗透着有活力的生命的证据。这鼓舞了19世纪后期由约翰·缪尔(John Muir)领导的环境保护运动,以及像弗里德里克·克莱门茨(Fredric Clements)这样的早期生态主义者。在当代世界,为了解决工商文明中人与自然的尖锐矛盾,必须重新倡导有机论的自然观。但是,这个自然观不是古代自然观的简单复活,它必须能够与机械论的自然观相抗衡,并最终取代后者。在机械论自然观的背后有一个强大的近代科学传统作支撑,而它确立之后又广泛渗透到自然科学和社会科学的各个领域,形成一个庞大的知识体系。因此,新的自然观必须建立在最新的科学成果的基础上,并能对未来的科学发展产生实际的指导。

(二)机械论自然观批判

事实上,从 19 世纪后期起,在批判机械论的过程中,一种与古代自然观有着渊源关系而又具备现代知识形态的有机论自然观已开始出现,以后逐渐完善成为 20 世纪环境主义运动的思想基础。我们称之为"现代有机论"的自然观。现代有机论自然观的产生,与生命科学的发展和物理学的革命有着密切的关系。对机械论自然观的批判、改造,首先就是从这两个角度展开的。

机械论自然观的一个致命缺陷,是无法合理地解释自然界的生命现象。笛卡儿二元论的重要后果是,世界被划分为两个部分:一个是由机械因果律支配的自然界,另一个是由理性的自由律支配的精神界,两个世界各自独立、互不联系。因此,在讨论自然界时,笛卡儿把自然界的一切运动,包括生命活动在内,都归结为机械运动。他认为,动物机体内部的活动是"动物精气"和各种器官的一些机械运动,如同钟表的钟摆、齿轮、发条等构件的机械运动一样。所以,"动物是机器",人的生命活动也是机械运动。但在笛卡儿看来,人不仅生活于自然界作为感性的存在,同时又生活于精神界作为理性的存在,因而他不同意把人称作机器。后来,法国机械唯物论者试图通过取消精神界的独立性来克服笛卡儿的二元论,把整个世界完全置于机械因果律的控制之下。拉美特利说,不仅动物是机器,人也是机器。狄德罗(Denis Diderot)把自然界非生物向生物的过渡,归结为一定性质的元素或多或少的量的比例,进而断言,生命就是一连串的作用与反作用。到了 19 世纪,这个机械论的生命概念受到了来自生物学的挑战。19世纪被科学史家称为建立生物科学自主性的时代,生物学从此成为既独立于物理学或物质科学又独立于精神科学的专门体系。由于现代生物学的确立,一个与物质和心灵完全不同的生命概念开始进入哲学的视野。关于生命本质的"生机论"(vitalism)代替了机械论的生命观。生机论认为:有生命物与无生命物的根本区别在于,有生命的机体中存在着一个生命实体;它不能由或至少不能完全由非生命的物质组成;每一有机体的独特活动,都是由这个实体的活动造成的。法国哲学家柏格森(Henri Bergson)试图以生命概念为中心,克服心、物对立的二元论模式,建立一个一元论的生命哲学体系。柏格森认为,整个自然界都是由"生命冲动"(elanvital)创造的。生命冲动有两种运动倾向:一种是自然运动,即生命冲动向上喷发,它产生一切有生命的形式;一种是自然运动的逆转,即向下坠落,它产生一切无生命的物质事物。物质与生命是相互对立又相互抑制的。尽管生命哲学从形式上消除了心灵与物质的分裂,但又不可避免地导致了另一种分裂:自然中有生命物与无生命物之间的分裂,即生物与无机环境之间的分裂。正如科林伍德所言,生命的概念是世界一般特性的一个重要线索,但它又不是对世界整体的充分定义。物理学的无生命世界,是压在柏格森形而上学之上的一个重负。他除了试图将它放在他的生命过程的胃中消化掉外别无他法,可是事实证明,它是消化不了的。这项历史性的难题,最终不是通过形而上学的思辨,而是由生态科学的发展来解决的。20世纪二三十年代,随着"生物圈"概念的重新界定和"生态系统"概念的提出,全球生态系统的生物部分和非生物部分之间的关系和连续性才真正得到确认。现代自然观借助生态学的成果,终于摆脱了单纯生物学观点(生命哲学)的局限。

(三) 现代有机论自然观的奠基

　　另一个对现代自然观的形成起重大影响的因素是物理学领域的革命。机械论自然观是建立在经典力学的基础上的。从机械力学的观点看,世界是由运动着的物质粒子(原子)组成的。物质粒子是永恒的,即在物理学意义上不可分和不毁灭。它的最基本性质是不可入性,因此,在任何给定的时刻,它占据固定的空间。整个自然界就是运动着的物质粒子在空间中相互作用的结果。19世纪末20世纪初,由于相对论和量子力学的出现,物理学关于质量、空间、时间、能等概念发生了根本的变化,机械论依据经典力学所假定的稳定性被否定了。在现代物理学看来,世界是处在一定时空关系中的"事件"组合成的统一体,而事件只不过是多种关系的综合。而且量子理论已经证明能就是质量,物质只不过是振动的一种方式。英国哲学家怀特海借助现代物理学的成就,在总结柏格森等人探索的基础上,建立了一个以"事件"和"过程"概念为核心的"有机体哲学",又称"活动的过程哲学"。怀特海(Alfred North Whitehead)系统地批判了把自然看作物体的总和或堆积的机械论观点,主张把自然理解为生命机体的创造进化过程,理解为众多事件的综合或有机的联系。怀特海认为,现代理论的基本精神就是说明较简单的前期机体状态向复杂机体的演化过程。因此,这一理论便迫切地要求一种机体观念作自然的基础。它也要求一种潜在的活动(实体活动)表现在个别机体现状态之中,并在机体达成态中发生演化。有机体哲学或过程哲学是一种机械论的自然观相对立的新的自然哲学,它在现代知识背景下重新确认了古代自然观中的生命机体概念。因此,怀特海成为现代有机论自然观的奠基者。

(四) 整体主义的自然观

　　现代有机论的自然观自创立至今经历了半个多世纪的发展,其间研究者们从不同的角度对之加以丰富和深化,从而形成一个由众多学说构成的庞大的知识群。尽管各种学说的学科背景不同,内容和论证方式殊异,但在基本倾向上是一致的。我们可以用两个在逻辑上可以互证的概念来概括其主旨:整体主义和自组织进化。整体主义的自然概念,是指自然界是由各部分及其内在关系组成的有序整体。自组织进化的自然概念,是指自然界是由各部分的相互作用自发产生的有序变化。这两个概念,在否定"绝对空间"假定的基础上,通过引入时间因素,把自然界化约成动态的过程,从结构和运动两个侧面对其加以描述,组合成一个完整的自然观。

整体主义是在批判近代科学和哲学中的还原主义的基础上提出的一个观念。还原主义认为,整体是各个孤立的部分组成的,各部分性质的相加可以得到整体的性质。整体主义则认为,整体不是其各部分的简单叠加,整体具有它的各个部分所不具有的特性,"整体大于部分之和"。系统哲学家拉兹洛(Ervin Laszlo)认为,这种主张没有隐含或包含神秘主义,整体可以从数学上表述为不同于其各部分的性质和功能的简单之和。拉兹洛指出,各部分的复合体能够以三种不同的方式进行计算:一是计算各部分的数目;二是考虑各部分所隶属的种类;三是考虑各部分之间的关系。在前两种情形下,复合体可被理解为各孤立部分的总和,它具有累加的特征。但这种整体不是整体主义意义上的整体,它只是"聚积体"或"堆积体",一堆砖就是这样一个例子。但是考虑一下别的什么东西,从一个原子到一个有机体或者一个社会,各个部分的特有关系就会产生各个部分所没有的那些性质。这样的整体,只有以上述第三种方式,即在考虑各部分之间关系的情形下才能得到。在这里,"关系"被提升为实在的范畴。整体主义的整体就是指由部分及其内在关系构成的整体,即"有序整体"。在有序整体内部,各部分的性质不仅取决于自身,而且取决于它与其他部分以及整体的关系。整体主义的自然概念就是这一观念在自然哲学中的推演,其始作俑者当数怀特海的有机体哲学或过程哲学。

怀特海认为,构成世界的"终极单元"或"细胞",是"事件"(event)或"实际事象"(actualentities),又称为"事象"(entities)。事象不是具有"现实完整性的元素"(实体),而是活动的结构。怀特海用"过程原理"来界定事象。按照过程原理,"一个事象是如何生成的"就构成"该事象是什么",二者不可分,事象的"存在"(being)就由它的"生成"(becoming)构成。这样,怀特海就以本质上是运动、变化、发展过程的实际事象概念代替了机械论的实体概念。怀特海指出,实际"事象"又称为"实际机缘"(actualoccasions)乃是世界所有构建起来的最终的真实事物,在实际事象的后面,不能发现有更真实的东西。从哲学范式上看,实际事象概念的内涵相当于传统哲学的属性概念,而它的外延则相当于实体概念。这种实体与属性关系的颠倒和量子理论中质量与能之间的颠倒是一致的。怀特海认为,质量的概念已经渐次地失去了它的突出地位,不再是唯一终极恒定的量了,往后我们可以发现质量与能量的关系颠倒了。物质变成了一定量的能相对于其本身的某种动态效应而言的名称。这一系列思想引导出一个概念,认为能是根本的,代替了物质的地位。但能仅是事象结构的量态名称,它必须依靠机体发生功用这一概念。

怀特海在概念界定的基础上,进而讨论了实际事象的生成机制。在他看来,实际事象的生成过程是在时空中展开的,所以它不仅有广延而且有时间的刹那延续,他称之为"刹那过程",现实世界就是实际事象的刹那过程的自然组合,虚空是最低级的实际事象,第二级的实际事象是持续性无生命物体(如电子或其他初级基本机体的生命史中的刹那),第三级的实际事象是指诸多持续性有生命的对象的生命史的刹那。怀特海认为,实际事象的生成机制在于"摄受"(prehension)。摄受就是实际事象以自身为主体,把其他事象作为对象加以吸取。实际事象在摄受的同时,也被其他事象摄受。摄受过程就是各种实际事象之间相互联系、相互作用、相互包容、相互共生的过程。就已经构建起来的实际事象而言,它是"现实"。而就后续的生成过程而言,它又是"潜能",宇宙任何事物(无论实际的或非实际的)都卷入每一个共生过程中,任何事物对于每个生成过程都是潜能(都是可能被摄受的),这就是存在的性质,称之为相关性原理。由于摄受过程永无止息,在某种意义上讲每一件事物在全部时间内都存在于所有的地方,每一个时空基点都反映了整个世界,整个世界可被描绘成一个复杂的动态关系网络。

怀特海用极其晦涩的哲学语言,表述了一个整体主义的自然观。我们可以将它概括为:自然是由相互生成的实际事象构成的一个有机过程。实际事象是自然整体的部分,部分的变化影响整体的结构,整体的变化影响部分的存在。自然界的一切事物是互相渗透、互相包容的。怀特海的有机体哲学或过程哲学,直接启发了后来的耗散结构理论和系统哲学。系统哲学的自组织进化的自然概念,就是在怀特海思想的基础上发展而来的。

(五)自组织进化观念

自组织进化是系统哲学用以描述系统演化的概念。所谓自组织,是指系统不是由于外部强制,而是通过自己内部各部分之间的相互作用,自发地形成有序结构的动态过程。拉兹洛吸收耗散结构理论、超循环理论、突变论、混沌学说等复杂科学的成果,提出一个以自组织概念为中心的"广义综合进化论"。根据拉兹洛的界定,进化不仅仅指生物物种的进化,而是人们认识到的宇宙范围内出现、存在、变化或消失了的所有事物的进化。广义综合进化论的主要内容,大致可以归纳为三点：首先，进化的基本条件是远离平衡态的开放系统，从环境中吸取负熵。其次，自催化循环和交叉循环是自组织的基本机制。自催化是指反应的产物催化它自身的合成，交叉催化是指两种以上的产物互相催化对方的合成。再次，自组织进化是通过突变与分叉实现的，于是进化过程带有非连续性和非决定论的性质。

另一位系统哲学家詹奇（Erich Jantsch）运用自组织进化观念，来具体描述自然界的演化和层次结构。詹奇认为，进化着的自然有几个特征：首先，自然进化的动力在于自组织，自组织是自然进化的普遍的动力学依据。自组织动力学成为联系生命界与非生命界的一座桥梁。生命不再表现为某种非生命的物理实在之上的一层薄薄的上层建筑，而表现为宇宙固有的动力学原理。这就克服了机械论自然观的外因难题。其次，自然进化的整体统一是由多层次进化的自组织动力学的关联性所决定的，它表现为宏观系统和微观系统的相互影响和共同进化，从而由低到高、由简单到复杂发展的开放过程。处于一定演化阶段的自然系统，其宏观方面造就了微观进化的环境和条件，它所形成的时空连续统一整体表现为以确定性、必然性的形式制约着微观结构的进化。微观结构（如生物个体种群等）面对宏观环境的变化则改变自己的行为方式，以自身的新奇性、灵活性和随机性来影响宏观环境的变化，反过来又改变着自身进化的宏观条件。宏观环境和微观系统在共同进化中的相互依赖、相互作用、相互渗透，共同创造出进化的复杂分支和自然等级的不同层次，创造了使自然进化日益复杂化的条件。再次，自然进化是具有意识的，意识是自组织动力学自身。似乎在所有存在耗散自组织的地方，特别是在生命的所有领域和层次，它都在宏观系统和微观系统中得到表达。系统的自组织程度越高，它调节环境的动力学关系就越复杂，其自我超越能力也就越强。在这里，意识作为物质的动力学机制与物质是同一的。自然的历史是物质和意识相统一的自组织进化的历史。这就消除了传统哲学的心、物二元论对立。再者，自然的进化是一个在统一体中自组织系统多层次分化的过程，在进化中，自然系统的层次数目通过分化不断增加，使得复杂性在每一个层次的等级分化中也不断增加。尽管处在每一个层次上的某些物种可能消失，层次可能被重新构造，但这些层次不会消失。在自然进化的多层次统一体中，低级的自组织层次是高级的自组织层次发展的基础，高级有机体又将先前阶段的进化成果整合在自己身上，同时又产生它自己独特的动力学形式。

詹奇指出，人也是自然进化的一个层次。人作为自然进化较晚阶段的产物，比起较早阶段出现的生命形式包含着更多的进化层次。从某种意义上说，人是自然进化的整合方面，整个自然的进化都浓缩在人的身上。由于人具有自反映意识，他能创造性地调节自己的发展与整个自然进化的关系，参与自然进化的能力更强,对自然进化的前景影响更大。但另一方面,人也只是自然动力学中的一个层次,并不能取代其他层次的自组织系统在自然进化中的作用。因此,人类应当认清自己在自然中的地位,了解自己与自然进化的整体动力学的关联性,从而自觉承担起保护自然、促进自然进化的责任。

这样,从现代有机论的自然观中,就合乎逻辑地推导出一种新型的人与自然关系模式。它将有力地推动人类可持续发展的进程,并对塑造未来环境文明时代的社会结构产生决定性的影响。

在以后的两节中,我们将从价值论和应用伦理学两个角度具体分析这种新型的人与自然关系模式。

第二节　可持续发展的价值观

自然观回答"自然是什么"的问题,由"自然是什么"引申出"人是什么"的问题。在有机论中,对自然本质的规定先于并决定着对人的本质的规定,而在机械论和理性主义中,两者是平行的。不同的本体论格局导致了不同的价值论模式:在古代,人与自然的价值关系是部分(人)与部分(人以外的自然事物)、部分(人)与整体(整个自然界)之间的关系。在近代,人与自然的价值关系则是两个对立物(主体与客体)之间的关系。

随着有机论自然观的复兴,近代以来建立在人与自然对立基础之上的价值理论成为反思的对象。如何从现代有机论的自然观出发构建一种新型的人与自然的价值关系模式,成为当代环境哲学的中心论题。有关讨论可归纳为三个问题:人是不是唯一的价值主体? 自然是否具有对人的工具价值以外的价值? 如果有,这类价值的性质如何? 这些是本节所要论述的问题。

一、人类中心论的价值观

(一) 传统的人类中心论

人类中心论的价值观,是指以人类的价值尺度来解释和处理整个世界的观点。人类中心论源于古代希腊和中世纪文化,但其系统化和意识形态化则是在近代完成的,是工商文明时代人与自然关系的主导观念。

公元前 5 世纪的希腊哲学家普罗泰戈拉 (Protagoras) 认为,人是万物的尺度,是存在的事物存在的尺度,也是不存在的事物不存在的尺度。此话常被认作人类中心论的开山纲领。

其实,这里的"人"并不是指与世间万物相对立的人类,而是指与其他人相对立的个人,这里的"尺度"也不是指价值的尺度,而是指感觉的尺度。

因此,这一命题的本义是表达一种感觉主义的真理观。柏拉图将其解释为,事物对于你就是它向你显现的样子,对于我就是向我显现的样子。亚里士多德则解释为,每个人所感知的都是一样确实的。把这个命题附会成人类中心论的源头,实际上掩盖了人类中心论演变的历史线索,抹杀了古代和近代两种人类中心论之间的根本差别。

古代人类中心论的基本特点,是把人视为宇宙的中心事实进而以人的目的来看待世间万物。苏格拉底曾经说过,众神看到我们需要食物,就使大地生长出粮食,而且安排下如此适宜的季节让万物生长茂盛,这一切都是那样的符合我们的愿望和爱好。从柏拉图、亚里士多德到普罗提诺,这一思想通过"存在阶梯说"被更明确地表述出来。

在这个学说中,宇宙间的存在物按完美程度分为高低不同的等级,其中最高一级是造物主(神),造物主之下依次是天使、人、动物、植物和无生命物。上一级存在物和下一级存在物之间的关系被理解为主奴关系,即下级是为上级而存在的。正如亚里士多德所指出的,植物为动物而存在,动物为人类而存在,其驯良者是为了供人役使或食用,其野生者或为人食用,或为人穿用,或成为人的工具。

基督教的创世论强化了"存在阶梯说"。按照《旧约·创世纪》的说法,人是上帝按自己的形象创造的,因而在存在等级上高于其他被造物。上帝在创造人的同时,还赋予他统治万物的权力。美国植物学家默迪 (William H. Murdy) 指出,这种认为自然是被创生出来造福于人类的观点,在欧洲一直保持到 19 世纪。即使是当时的科学家也不比一般人更清醒。比较解剖学和古生物学之父居维叶 (Georges Cuvier) 说过,想不出比为人提供食物更好的原因来解释鱼的存在。英国著名地质学家赖尔 (Charles Lyell) 则说,马、狗、牛、羊、猫及各种家禽被赋予适应各种水土气候条件的能力,显然是为了使它们能在世界各地追随着人类,以使我们得到它们的效力,而它们得到我们的保护。

这就是我们今天经常提到的所谓传统的人类中心论。然而,将工商文明时代人与自然的紧张关系,归因于这种意义上的人类中心论是牵强的,难以成立的。

首先,尽管它只是以人的目的(对人的效用)来看待自然事物,肯定自然事物的工具价值,但并不必然地排斥从别的角度来看待自然事物的可能,并不必然地否认自然事物可能具有对人的工具价值以外的价值。

其次,从生物学或生态学的角度说,人作为一种生物,为了维持其生存,必然要与其他生物以及无机环境之间进行物质、能量的交换,这一过程是人的内在价值实现的过程,也是其他生命形式以及无生命物的工具价值实现的过程。正如达尔文(Charles Robert Darwin)在《物种起源》中所指出,自然选择不会导致一个独立的物种为了其他物种的善而调整自身……如果有证据说明某一物种结构的任何部分是根据别的物种独特的善而形成的,我的理论就彻底毁了。这一点是最极端的非人类中心论者也无法抹杀的。

再次,这种人类中心论只是确证人类利用自然的合法性,但并没有肯定人可以无限度地利用自然,并不必然要否认人在利用自然的同时对自然负有某种道德义务,即负责任地利用自然。要肯定人无限度地利用自然的权利,确证人类利用自然的绝对合法性,需要一个人的本质与自然的本质相区分的概念框架,而在古代社会(有机论传统)中,这个概念框架是不存在的。

最后,这种人类中心论只是一种朴素的意识,一种朴素的意识是不足以对人类文明起支配作用的,对人类文明起支配作用的思想只能是意识形态化的。

因此,要认清作为工商文明时代主导价值观念的人类中心论的实质,必须考察这种古代以来一直存在的朴素意识是如何借助新的概念框架完成其意识形态构建的。

(二) 人类中心论的意识形态构建

在基督教传统中,人与自然的关系具有两面性。一方面,上帝创世的神话中隐含着对抗性的人与自然分离的二元论。另一方面,人是上帝创造的事物中最接近上帝的,因而高于其他一切被造物,并且秉有上帝授予的统治万物的权力。

根据《旧约·创世纪》所说,上帝照着自己的形象造人,乃是照着他的形象造男造女。上帝就赐福给他们,又对他们说:要生养众多,遍满地面,治理这地,也要管理海里的鱼,空中的鸟和地上各样行动的活物。显然,人高于自然并且统治自然,是因为人是上帝"照着自己的形象"创造的。从较世俗的观点看,这是强调人类精神的优越性,如中世纪基督教神学家阿奎那(Thomas Aquinas)所说,人"胜过"自然凭借的是理性和知识。正是由于这一点,当代美国学者林恩·怀特(Lynn White)认为,基督教是世界上所见到的最以人类为中心的宗教。

然而,在上帝创世说中,人与自然的关系也包括非人类中心论(更确切地说是"限制人类中心论")的一面。尽管人高于自然,但人以外的自然事物同样体现着上帝创造的意图。作为至善的上帝意志的产物,万物具有其神圣性。如果人任意侵犯其尊严,就是侵犯上帝的尊严。美国经济学家哈伯勒(Gottfried Von Haberler)在《经济、生态及西方信仰之根》一书中列举大量圣经引文,证明基督教中一直存在着善待自然的传统。

根据《旧约·创世纪》记载,上帝将遍地上一切结种子的菜蔬,和一切树上所结有核的果子,全赐给我们作食物。对于地上的走兽和空中的飞鸟,和各种爬在地上有生命的物,上帝将青草赐给它们作食物。从中可以看出基督教的上帝、人、自然之间特殊的统治逻辑,但在当代常常引起争议。

上帝是世界的绝对统治者,而上帝对世界的统治又是由他创造的人来完成的。希腊犹太教哲学家菲洛(Philo)说过,所以创造者使人成为全能的,像司机或舵手,驾驶和调整着地球的事情,并责成他去照料动物和植物,像一个地方官服从元首和伟大的国王。英国法理学家马休·豪尔(Matthew Hall)认为,人创造这个兽类的和植物的下等世界的目的,就是要做伟大天地之主在这个下等世界的次王。作为世界的实际统治者,人为满足其生存需要,有权以功利主义的方式对待自然。由于上帝的授权,自然对人具有工具价值。

然而,作为上帝在世间的代理者,人对自然的统治不是为实现其自身的目的,而是为了实现上帝的意志,这决定了人最终必须以非功利主义的方式对待自然。由于上帝的绝对权力,自然又具有超人类的非工具价值。这种双重的价值结构,是人与自然关系两面性的根源。正如加拿大学者莱斯(William Leiss)在评论林恩·怀特时所指出的,基督教的教义是通过约束人操纵更高的权力的方法来遏制人的现世的野心。

从文艺复兴时期开始,随着基督教的衰落和近代科学的兴起,上帝的地位日益弱化,传统的上帝、人、自然之间的权力结构逐渐被消解,代之而起的是一个世俗化的人本主义的概念框架。培根(Francis Bacon)是处在这个转折点上的人物。培根试图调和当时业已存在的宗教和科学的对立。他指出,有两种真理:一种是"自然的真理",这是人通过科学来认识的。一种是"启示的真理",这是人凭借信仰获得的。"双重真理"论看似折中,其真实目的是为科学争地盘。因此,培根极力主张实现科学的伟大复兴,推进科学的发展。在他看来,科学的任务在于发现自然的规律,但发现本身不是目的。发展科学的真正目的是使人依靠对自然规律的认识去征服自然,支配自然,以"达到人生的福利和效用"。

培根还借助基督教的"原罪说"来伸张发展科学和控制自然的合法性。他说,人由于堕落而同时失去了清白和对创造物的统治。不过所失去的这两方面在此生中可以部分地恢复,前者靠信仰,后者靠技艺和科学。这样一来,他非但否定了通过科学的进步控制自然的观念与上帝的计划相违背的可能,反而认证了这项工作本身的神圣性,即其旨在恢复人类神赐的、原属于他的统治自然权。在对自然的权力结构中,绝对统治者上帝事实上已经消失了。

大约与培根思想同时流行的自然神论,在这一点上说得更明确。自然神论反对基督教教会所宣扬的人格神,以及其对自然和社会的统治和支配作用,认为上帝不过是"世界理性"或"有智慧的意志"等非人格的存在。上帝作为世界的"始因"或"造物主",在创世之后,就不再干预世界事物,而让世界按其本身的规律存在和发展下去。

17世纪以后,这种人与自然的关系模式藉由机械论自然观和人的主体性原则构成的新的概念框架,获得了它的经典形式。这个概念框架预设了两大不同的领域:一是"是"(to be)的领域,即事实的领域。一是"应当"(ought to)的领域,即价值的领域。依据这一预设,人是具有自由意志和自主能力的主体,是世界的唯一目的,只有人拥有内在价值。而自然只是毫无生气的物堆积而成的客体,其本身无所谓目的,也无所谓价值,其价值仅限于对人的工具价值。简言之,人是自然的主人,是自然事物唯一的价值尺度。人的利益和需要是绝对合理的,自然是满足人类需要的对象。人的自由首先体现在对自然的不断征服、改造之中。

这就是根植于工商文明内部,至今仍然支配着人类文明现实的人类中心论的价值观。

(三)人类中心论的历史合法性及其缺陷

人类中心论作为特定时代的产物,在特定条件下,有其历史的合法性。首先,人类中心论摒弃了基督教的神权观念,解放了人类精神,肯定了人的价值和尊严。其次,人类中心论是文艺复兴以来以科学主义为主体的世俗化潮流的必然结果,它的确立有力地推动了科学技术的发展,大大拓展了人类知识的范围和实践的能力,这是人类文明持续进步的必要前提。最后,人类中心论与以追求财富为目的的资本主义精神一起构成工商文明的意识形态,对于塑造结构高度复杂化、分工高度专业化、管理高度精确化、功能高度多样化的工业社会起了至关重要的作用,这个社会较之人类以往的社会形态,能够更有效地组织人类劳动,从而使人类文明的面貌发生了根本性的变化。

然而,工商文明时代人与自然矛盾的激化以及由此引发的各种社会危机的加剧,使人类中心论价值观的缺陷日益暴露。从理论上说,随着人类知识的扩展,人类中心论所基于的主客二分观念的合理性受到质疑。人与自然并不是对立的两极,而是相互包容的整体。从自然的角度看,人是自然的一部分,他与自然界其他事物之间有着内在的联系,他不可能超越这种联系。从人的角度看,人既生活于自由世界也生活于自然世界，人的自由理想必须在自然世界中实现，必须受自然的约束，因而人类的自由不是无限的自由，而是有限的自由。从实践上说，人类的生存和发展必须以非人类世界的持续存在为前提，而非人类世界本身又是一个有着复杂联系的有机体，如果要这个有机体持续向外部提供资源的话，在每一个时段内，它所能提供的资源在数量和质量上都是有限的。如果人类从自然中索取的资源量超过了这个限度，自然的持续供给能力就会被破坏，人类的利益最终也会受到损害。从 20 世纪 70 年代起，作为对人类中心论的反叛，各种非人类中心论的价值观迅速崛起，成为当代环境哲学的主流。

二、非人类中心论的价值观

非人类中心论是包容广泛的当代环境主义思潮的总称。其基本特点是：拒绝人类中心论，主张以自然为中心看待自然事物的价值，确定人与自然的道德关系。依据立论的基点不同，非人类中心论可为分两大类：一类是环境个体主义，包括动物福利论和生命中心论。另一类是环境整体主义，即生态中心论。下面分别加以介绍。

（一）动物福利论

动物福利论包括两个相关的学说：以辛格（Peter Singer）为代表的动物解放论和以雷根（Tom Regan）为代表的动物权利论。

动物解放论从边沁（Jeremy Bentham）的功利主义出发来论证动物的道德地位。辛格认为，把动物排除在道德考虑之外与早先把黑人和妇女排除在外同出一辙。他称之为"种别主义"或"物种歧视主义"（speciesism），把它与种族主义（racism）和性别主义（sexism）相提并论。辛格指出，正如基于种族和性别的差异否认黑人和妇女具有平等的道德地位在道德上是错误的，基于物种的差异否认动物具有平等的道德地位同样是错误的。

辛格运用功利主义原则论证他的观点。功利主义认为，判断一个行为是否道德，要看其后果是否能增加人的快乐，或减少人的痛苦。道德行为就是能够最大限度地增加绝大多数人的快乐的行为。在计算一个行为的道德后果时，必须把受此行为影响的所有个体的利益都同等程度地考虑进去。辛格将功利主义向外扩展，提出一个"基本道德原则"作为他理论的"根本预设"：所有利益都应当得到平等关心。显然，这是要以利益概念为核心解释道德地位。接着，辛格指出，感觉痛苦和享受快乐的能力是拥有利益的先决条件。他称这种能力为"感受力"（sentience）。在他看来,感受力既是拥有利益的必要条件,又是拥有利益的充分条件。

一个没有感受力的存在,如一块岩石,不能说拥有利益。相反,一个有感受力的存在至少拥有最低限度的利益,即不感觉痛苦的利益。因为,唯有有感受力的存在拥有利益,所以,唯有有感受力的存在具有道德地位。我们必须以平等的道德关心对待所有有感受力的存在。

然而,这并不是说我们必须在人和动物之间不做区分。辛格指出,人有别于动物,人的利益有别于动物的利益。重拍马的臀部引起的疼痛甚微,因此,没有什么特别的不道德。但这并不意味着平等关心的原则允许我们以同样的分量扇孩子的耳光。这既有生理上的原因,也有心理上的原因。后者尤为重要。有智性思维和有复杂情感感受能力的人较之仅有认知和情感能力的生物拥有更大的利益,因而具有不同的道德地位。关键是,感觉痛苦的能力和痛苦的量决定着特定的道德要求。因为一切神经阈以上的动物都是有感受力的,所以这些动物应得到道德关心。辛格承认,要对痛苦作出区分是困难的,特别是在物种之间。然而,在最低限度上,即仅仅出于人类良心的考虑,我们也应该放弃给动物带来严重痛苦的行为,如捕猎、穿着皮毛、跑马、建动物园等。其结果可以避免大量痛苦。

从价值论和伦理学上看,辛格的动物解放论的意义在于,它提出了一个实质性的"内在的好"（intrinsic good）的概念（趋乐避苦）,并指出我们的道德责任在于把痛苦总量减到最小。

与动物解放论不同,雷根的动物权利论发展了康德的道义论,以权利为基础为动物辩护。雷根明确指出,某些动物拥有权利,这些权利从人类一方看是指强式道德义务。雷根从伦理立场谴责了诸多人类影响动物的行为,其涉及面较辛格更广泛。雷根相信,这些行为之所以在原则上是错误的,不是因为它们引起疼痛和痛苦,而是因为它们否定了某些动物拥有的内在道德价值,侵犯了动物的权利。

雷根认为,我们认定每个人都有平等的道德权利,并不是由于人有自主能力（康德的观点）,某些人（如婴儿和白痴）就不具有这样的能力,但仍不失其权利）,而是由于人拥有某种价值,他称之为"固有价值"（inherent value）。固有价值是个体自身拥有的独立于利益、需要或役使他物的价值。它与工具价值（instrumental value）相对,后者是指一物对他物可能有的功能,即对他者的意义。拥有固有价值者本身就是目的,而不是别的目的的手段。

雷根进一步指出,拥有固有价值的根据是成其为"生命的主体"（subject of a life）,这不只是活着和有意识。雷根认为,成其为生命的主体意味着,拥有信念和欲望，知觉、记忆和对未来（包括自己的未来）的感觉，交织着快感和痛感的情感生活，偏好和福利，追随自己的欲望和目标发出行动的能力，超时间的心理同一性，以及独立于对他者效用的、经历生活甘苦的个体福利。雷根指出，正义要求我们以尊重价值的方式对待所有拥有固有价值的个体。"尊重的原则"表明动物权利论是一种平等主义的正义论。正义要求我们尊重个体，因为固有价值不可被还原成别的价值，具有固有价值的个体因其具有固有价值而拥有受到同等尊重的权利。

雷根把动物归结为生命主体。他说，至少哺乳动物符合成其为生命主体的条件，它们因而具有固有价值。正义要求我们尊重它们。最低限度，这意味着我们具有自明的义务（prima facie obligation）不去伤害它们。从动物权利论开始，固有价值的概念和尊重的原则进入了环境哲学的视野。

（二）生命中心论

生命中心论认为，一切生命都具有固有价值或内在价值，因而人类对它们负有直接的道德义务。

生命中心论的先驱者是法国人道主义思想家施韦泽（Albert Schweitzer）。施韦泽认为，西方传统的伦理观念只关心人的生命，而不关心人以外的其他生命。由这种只是基于有限的生命关怀的道德所塑造出的人，在人格上是残缺的，在行为上会任意毁灭和伤害其他生命，甚至在一定条件下会践踏自身的生命（如战争）。他提出"敬畏生命"（ehrfurht von dem leben）的观念作为人类深层的道德基础，认为只有秉承基于对一切生命的关怀、对生命负有无限责任的德性的人才是健全的人。保罗·沃伦·泰勒（Paul Warren Taylor）接受了这一思想，为之提供充分的理论证明，构建出一个完整的生命中心论体系。泰勒把"尊重自然"作为其理论的最高原则。泰勒认为，某些行为正确、某些品质善良，是由其表达或体现了尊重自然的终极道德态度。

泰勒区分了两个不同的概念，拥有自己的"好"（good）的存在者（entity）和具有固有价值（inherent worth）的存在者。拥有自己的"好"的存在者，是一个描述性的（descriptive）概念，属于"是"的领域，有关的陈述是事实判断。说一个存在者拥有自己的"好"，是指该存在者能够得到帮助或受到伤害。有助于一个存在者或是带来或保持一种适宜于它的状态，或消除和避免一种不适宜于它的状态。反之，就是有害于一个存在者。依据这一标准，泰勒认为，一切生物，无论是有感受力的还是无感受力的，都是拥有自己的"好"的存在者。有感受力的高等动物能够意识到它们自己的"好"，它们所拥有的"好"是主观的"好"。无感受力的低等动物和植物意识不到它们自己的"好"，但某种状态能否使它们的

"好"得到实现却是客观的,它们所拥有的"好"是客观的"好"。

泰勒提出了"生命目的中心"(teleological center of a life)的概念,认为每一个生物有机体都是生命目的中心,说有机体是生命目的中心,并不意味着有机体是有意识的,而是说有机体是一个具有目标定向的、完整有序而又协调的生命活动系统,即它的内部功能和外部行为都恒常地倾向于维持其长久生存,并成功地使其生物学功能得到正常发挥,使它的种得到繁衍,并不断地适应变化的环境。具有固有价值的存在者则是一个规范性(normative)的概念,属于"应当"的领域,有关的陈述是价值判断。说一个存在者具有固有价值,是指该存在者的"好"得到实现的状态,好于(道德意义上的"好",通常译作"善")它的"好"得不到实现的状态。这是一个价值判断,它包含着两个子判断(道德判断),一是该存在物应得到道德关心;二是道德代理人有义务尊重该存在者自己的"好"。

泰勒指出,一个存在者拥有自己的"好",是该存在者具有固有价值的必要条件,但不是充分条件。因为前一个判断中的"好"(事实)不是后一个判断中的"好"(价值)。前者向后者的转换,必须借助它称之为"生命中心观"的"信念体系"。该体系由四个命题组成:其一,人是地球生命共同体的成员。其二,自然界是一个相互依存的系统。其三,有机个体是生命目的中心。其四,人并非天生优越于其他生物。四个命题组合起来形成一个平等主义的价值框架。通过这个价值框架,上述两个判断之间的转换具备了充分条件。在这个信念体系内,拥有自己的"好"的存在者就是具有固有价值的存在者。

泰勒认为,生命中心观有着牢固的科学根据,要拒绝它,就必须放弃或从根本上推翻大量的生态学知识。一个人一旦接受了这个观点,就会认识到所有生物的固有价值。认为生物具有固有价值就是接受尊重自然的道德态度。接受这一道德态度就是自觉地为生物自己的"好",即为实现其自身的生命潜能,去提升它们、保护它们。

(三) 生态中心论

生态中心论认为,整个非人类世界,从生命个体、物种到生态系统,都具有非工具价值,因而人类对它们负有直接的道德义务。

美国生态主义者利奥波德(Aldo Leopold)是生态中心论的开创者,他的《沙乡年鉴》一书被当代环境主义者誉为"圣书",其中"大地伦理"一文首次阐述了生态中心论的价值观。利奥波德指出,传统的伦理只是处理人与人之间关系的,而大地伦理则是处理人与大地以及人与大地上的动物和植物之间关系的伦理。传统的道德共同体仅限于人的范围,而大地伦理则扩大了这个共同体的界限,它包括土壤、植物和动物,把它们概括起来,就是大地。这种范围的拓展,就是要把人类在共同体中以征服者的面目出现的角色,变成这个共同体中的平等的一员和公民。它暗含着对每个成员的尊重,也包括对这个共同体本身的尊重。然而,对个体的尊重与对整体的尊重,在利奥波德看来不是并列的,前者隶属于后者。利奥波德认为,一个事物,当它倾向于保护生命共同体的完整、稳定和美时,它就是正确的,反之它就是错误的。在此,共同体的"完整、稳定和美"被视为最高价值。显然,利奥波德的大地伦理是一种整体主义的价值观。

"环境伦理学之父"罗尔斯顿(Holmes Rolston)从利奥波德的整体主义原则出发,在批判、吸收动物福利论、生命中心论的基础上,提出一种"自然价值论"(theory of natural value),作为处理人与自然关系的依据。自然价值论的目的是论证生态系统以及系统内各个部分的客观价值。罗尔斯顿认为,从生态学上看,传统哲学对"是"和"应当"的区分是不合理的。在他看来,"是"与"应当",事实与价值,是不可分割地结合在一起的,它们都是自然系统的属性。生态学对自然的描述,也就是对自然价值的评价。

罗尔斯顿指出,西方传统的价值论把评价与价值等同一起,抹杀了评价者与被评价者(价值本身)之间的差别,从而把价值完全归结为人的主观偏好,这是一种主观主义的价值论。在他看来,自然价值的存在不依赖于评价主体,也不总是随着人们对它的评价而表现出来。尽管自然的价值可以被人或有感受力的动物认知,但不能说认知不到的价值就不存在。由此可见,自然价值论是一种客观价值论。

罗尔斯顿认为,自然的价值是由自然系统的结构决定的一种性质,是自然界储存起来的一种成就,它最重要的特征就是它的创造性。自然系统的创造性是价值的源泉,自然界的所有创造物,只有它们在自然创造性实现的意义上,才是有价值的。凡存在自发创造的地方,就存在着价值。他进而指出,整个自然界就是由多种价值交织、转换构成的网络。内在的、个体的、局部的价值是外在的(工具的)、集体的、整体的价值的组成部分。以自身为目的的内在价值,在自然的创造演化中会转变为他物或整体的工具价值。而对于他物或整体来说,这些工具价值又转变为内在价值。经过这种不断的转换,内在价值和工具价值在整体中的部分和部分中的整体之间往返运动。自然界就是这样一个复杂的价值体系。由此可以明确人对自然界的道德义务,人们应当保护价值——生命、创造性、生物共同体,顺应自然的趋势,参与自然界的创造演化。

三、系统价值观

非人类中心论是当代环境哲学的主流。作为一种批判性理论,它判定了根植于工商文明内部的传统人类中心论的历史性,为未来人类文明的构建提供了价值反思的基础。然而,作为一种建设性理论,它的成就是有限的。从理论上说,尽管它在一定程度上动摇了传统伦理学的若干基本信条,但它拿不出一套具体的改造传统伦理学、建立新伦理学的方案,而且就其本身而言,还存在着一些无法解决的伦理学难题(如罗尔斯顿的"是"与"应当"之间的推导)。从道德实践上说,它只是最低限度地证明了人对自然的义务(道德态度),而没能提出一套有效的、可以制度化的行为规范。因此,一方面,非人类中心论在环境哲学界一直成为热点。另一方面,接受这些观念并以此行事的个人和团体则主要活动于社会的边缘。虽然这些人的行为对社会进步的作用不容低估,但他们的努力总或多或少带有个人信仰的色彩,难以对社会结构产生根本性的影响。

在非人类中心论兴起的同时,也出现了若干改良的人类中心论思想,如美国学者诺顿(Bryan G. Norton)的"弱式人类中心论"、默迪(William H. Murdy)的"现代人类中心论"。这些思想在理论上不断受到抨击,而在现实中却成功地影响了政府和公共决策,对社会结构的改进产生了实质性的作用。

当然,这种巨大的对比反差可以说是现存文明机制惰性的表现。但是,这只说对了一半,而另一半则涉及任何价值和伦理理论都无法回避的问题:它必须具备鲜明的实践品格。一种完善的价值和伦理理论必须指出它相应的实践路径。它本身可以不去设计具体的模式,但依据它应该能够推导出一套可操作的、制度化的行为规范。从观念上说,人类中心论和非人类中心论的区分本身就是可疑的。区分所依据的前提(人与自然的对立、中心与边缘的对立)和非此即彼的逻辑,仍然是西方传统思维的产物。因此,在实践方面,两种对立的价值观所设定的解决路线常常是大同小异的。这一明显的矛盾,使突破"中心"之争成为可能。

可持续发展观的提出和被普遍认可,为突破提供了契机。在一定意义上讲,可持续发展概念是一个折中的产物。它在相当程度上超越了人类中心论与非人类中心论,更确切地说,它容纳了人类中心论和非人类中心论中的积极成分。因此,不仅当代人类中心论者(Bryan G. Norton)通过对自己理论的阐释,适应可持续发展的要求,而且非人类中心论者(Arne Naess)也至少部分地接受了它。

可持续发展概念的包容性在于两个方面。首先,"可持续"一词是在"生态可持续性"意义上定义的。这既能被主张生物具有内在价值的非人类中心论者接受,又能被虽不同意内在价值的说法但主张生态系统健康的人类中心论者接受。其次,"发展"一词是在"生活质量"意义上定义的。生活质量具有多元指标,不仅有经济的、社会的,还有生态环境的。不仅有物质的,还有精神的、文化的、制度的……也就是说,生活质量提高意义上的发展,并不以破坏生态环境为代价。这一界定也是当代人类中心论和非人类中心论共同认可的。

可持续发展,就字面含义看,带有明显的人类中心论色彩。就实质性内容而言,则可以作不同的解释。发展通常被理解为人的活动,但为什么不能把它理解为地球上已经发生和正在发生的事件呢?如果说以往的人类发展行为破坏了全球生态系统固有的稳定性,表明它是一种"人为的"活动,那么,可持续发展的主旨则要恢复这种稳定性,并把人类的发展行为控制在生态系统正常演化所允许的范围内,这样的发展为什么不能看作地球自然运动的一部分呢?

基于这一认识,我们认为,以可持续发展概念为核心,综合当代人类中心论和非人类中心论的理论成果,建立一种具有实践意义的系统价值观是必要的和可能的。从可持续发展的概念分析入手,我们可以在人与自然(非人类世界)之间建立一种结构性关联。

可持续发展的要义,依据通行的观念,在于把人类的发展行为及相应的制度严格限定在自然界所提供的可能以内,即将社会经济系统置于自然生态系统的限制之中。在此,生态系统的可持续性被放在优先的地位,与它相适应的社会、经济的性质则被表述为社会可持续性和经济可持续性。问题在于发展的行为者是人,人在决定如何发展时,为何要将生态系统可持续性放在基础的地位?从当代人类中心论的立场看,这是为了人类的长远利益和整体利益。从非人类中心论的立场看,则是为了保持自然界自身的完整、稳定和美。两者尽管方向迥异,但都基于一个共同的假定,即人类福利与自然界的繁荣(生态系统健康)是相互对立、相互冲突的。因此,在实践上,它们都把可持续发展理解为人类福利与生态系统健康之间的均衡问题,即所谓"双赢"问题。这种理解实际上是把可持续发展当作从某种既有的价值立场看可接受的策略,从而掩盖了它在文明史上的革命性。

在我们看来,可持续发展的深层意义不是自然对文明的限制,而是文明向自然的"拓展"或"生成",即通过由人执导的发展行为,使文明不再成为与自然相对的一极,而使之成为自然史中的创造性的事件。更进一步说,发展不只是人类的发展,同时也是非人类世界的提升,是由人类与非人类存在物构成的自然系统或世界系统的持续演化。要论证这一目标的合理性,需要一种建立在有机论的自然系统观念之上的价值理论。下面我们尝试着提出一个系统价值论框架。这个框架在系统观念的基础上分为两个层次:一是在自然系统内部,人作为价值设定者与非人类存在物之间的关系,这是系统中部分与部分的关系。二是在人与其所隶属的系统之间,人作为价值的确认者与整个自然之间的关系,这是部分与整体的关系。

人作为自然的一部分,为满足其生存需要,必然以功利主义的方式对待其他生物以及无机环境,自然界的非人类部分因此对人类具有工具价值。在这个层次上,人类福利与自然界的繁荣之间存在着矛盾。然而,矛盾的解决并不必然以损害后者为代价。因为:第一,人是理性的存在,从潜能和现实上说,他不仅能够有效地利用自然事物,而且能够从其长远和整体的需要出发决定利用的方式和程度;第二,自然界的繁荣生态系统的健康不是静止的、已完成的状态,而是系统平衡意义上的动态过程,其实现并不必然地排斥人工的介入。相反,我们今天所谓的自然早已不是原始的自然,它包含着大量的人工环节,剔除这些环节既无可能,又无必要。这些人工环节通过适当规范,完全可以成为自然生态系统的有机部分。简言之,在构成世界的所有存在物中,只有人具有理性,因而具有从根本上改变环境的能力,他能够破坏环境,也能够创造性地恢复环境。

我们这么说,针对的是非人类中心论中的平等主义观念。动物权利论和生命中心论只是最低限度地论证其他生物(或动物)和人同样具有道德地位,同样应得到尊重,并未解决道德重要性和应受尊重程度的问题。而在实践上,它们却一致主张在人与其他生物之间坚持平等主义原则。应当承认,平等主义对于纠正人们长期以来习惯的人类利益高于一切,人类需要绝对合理的思维模式所具有的积极意义。

但是,这一观念的前提中存在着一个根本的缺陷:它只看到人与其他生物一样都是自然界进化的产物,而无视人类文明的合理性,没有看到人类理性的产生和文明社会的出现在自然史中的革命性意义(极端的生命中心论甚至把人类创造文明社会的能力,简单等同于生物实现其适宜生境的能力)。它只看到人类活动对自然秩序已经和可能造成的破坏,没有看到人类也可以通过理性来调整自己的行为,恢复和重建自然界的秩序。

关于这一点,诺顿论证得非常充分。诺顿在其著名的《人类中心论与非人类中心论》一文中,区分了两种人类中心论:强式人类中心论和弱式人类中心论。他指出,一种价值理论,如果一切价值仅以个体感觉到的偏好(felt preference)的满足为参照,就是强式人类中心论,如果一切价值以审慎的偏好(considered preference)的满足为参照,就是弱式人类中心论。所谓感觉到的偏好,是指个体的欲望或需要,至少能暂时地通过他的某些特定的经历表达出来的心理活动。所谓审慎的偏好,是指个体欲望或需要经过谨慎审议后所表达的心理活动,包括判断这种希望或需要与理智的世界观的一致性,这种世界观含有起支持作用的充分的科学理论和解释那些理论的形而上学的理论结构以及一整套合理的起支持作用的美学和道德思想。诺顿赞同弱式人类中心论,认为这种观点能够使人们高度重视自然存在的经验价值,并在价值形成过程中不对自然存在构成破坏。

以人类审慎的偏好为尺度确定的价值,是自然事物对人的工具价值。由于人类偏好的复杂性,自然事物的工具价值可分为不同的层次。概括起来至少有两个:一是直接的工具价值,即自然物直接满足人类需要的价值;二是生物个体和无机环境对维持物种的持续存在和生态系统稳定的价值。按照默迪的说法,这种价值设定的基础在于人类认识到个人的健康既取决于社会组织,也取决于生态支持系统,其深层根据仍然是人类的偏好。因而,这种价值并不是默迪所谓的内在价值,而是间接的工具价值。

另一方面,人不仅是具有物质偏好的动物,同时又是具有超越性的、精神性的存在,即自由的主体。真正意义上的人类自由,并不表现在对自然的不断改造、征服之中,而在于对其自身的感性欲望以及由此导致的屈从于物质世界的被动状态的超越。人类的自由本质,决定了人类最终必然以非功利主义的方式对待自然。在哲学上,这种方式被称作"游戏"。游戏的本义是无利害(disinterested)。德国哲学家席勒(Johann Christoph Friedrich von Schiller)说,只有人才有游戏,只有在游戏中,人才成其为自由的人。在这个过程中,自然不再是僵死的客体,而是生养人类的源泉,是人类价值所由产生和得以展现的场所。人也不再是孤立的主体,而是自然进化的成果,是自然创造性价值的最终体现者和确认者。在这个过程中,人的内在价值和自然的内在价值同时呈现出来。

罗尔斯顿(Holmes Rolston)的价值理论实际上已经触及这个问题。罗尔斯顿在分析了生态系统内部个体的工具价值和内在价值之后指出,在生态系统层次,我们面对的不再是工具价值,尽管作为生命之源,生态系统具有工具价值的属性。我们面对的也不是内在价值,尽管生态系统为了它自身的缘故而护卫某些完整的生命形式。他把生态系统的这种价值称为"系统价值"(system icvalue)。系统价值弥漫在整个生态系统中。它不完全浓缩在个体身上,也不仅仅是部分价值的总和。系统价值是某种充满创造性的过程,这个过程的产物就是那些被编织进工具利用关系网中的内在价值。每一种内在价值都与那个它从中产生的价值,以及作为其发展目标的价值之间有着千丝万缕的联系。罗尔斯顿认为,当人类意识到他们存在于这样的一个生物圈,发现自己是这个过程的产物——不管他们如何理解他们的文化与人类中心偏好,以及他们对他人或个别的动物、植物的义务——他们对这个生物群落里的美、健全与持续应有所感恩。

然而,在罗尔斯顿的理论中,无论工具价值、内在价值,还是系统价值,都是事物的客观属性,价值概念本身不具有"应当"的含义(在这一点上,它有别于动物权利论和生命中心论的内在价值概念)。人与价值的关系是认识与被认识的关系。认识到价值并不包含义务的承诺。因此,罗尔斯顿的价值理论不能够合乎逻辑地推导出相应的义务,这是该理论的伦理学难题。究其原因,在于这里缺少人对价值直接体认的环节,这个环节是西方主流哲学中所没有的。挪威深层生态学家奈斯(Arne Naess)借助东方思想传统,对此做了深入探讨。他称这一过程为"自我实现"。

奈斯认为,自我实现是人的潜能的充分展现,使人成为真正的人的境界。他指出,自我的成熟需要经历三个阶段,即本我、社会的自我、形而上的自我。从本我到社会的自我,是分离的、狭隘的个体向人类共同体的认同。从社会的自我到形而上的自我,则是超越整个人类而达到一种包括非人类世界的整体认识。人不是与自然分离的个体,而是自然整体中的一部分,他与其他部分及自然整体密不可分,这是向大地共同体的认同。奈斯把形而上的自我称作"生态自我",以表明自我最终必定是在与大地共同体的关系中实现的。在他看来,自我实现的过程是人不断扩大自我认同对象范围的过程,也是不断走向异化的过程。随着自我认同范围的扩大与加深,我们与自然界其他存在物的疏离感便会缩小,便能感到自己在自然之中。当我们达到生态自我阶段。既能在与之认同的所有存在物中看到自己,也能在自我中看到所有存在物。从价值论意义上说,在这个过程中,人的内在价值与自然的内在价值直接同一。奈斯称之为 "Live and let live"。这句话,借用中国古代的概念,可以翻译为 "成己成物"。

综上所述,从物质生活的层次看,人类福利与自然界的繁荣之间存在着矛盾,但是矛盾并不是无法调和的,通过审慎的选择,可以确定一种折中的人与自然的工具价值结构。从精神生活的层次看,人类福利与自然界的繁荣又是同一的,由此可以确立人与自然的内在价值结构。两者合起来,就是系统价值观的基本内容。从系统价值观的立场看,可持续发展不是人类福利与生态系统健康之间的均衡问题,而是人类的感性需要与精神诉求之间的取舍程度问题。

第三节　可持续发展的伦理观

可持续发展思想的实质是:通过人类行为的彻底改变,建立一个与自然环境相协调的、在地球上具有合适性和正当性的、能够永久存在的人类社会。可持续发展思想的革命性意义在于,它促使我们不得不思考这些亘古常新的命题:人是什么,人应当如何生活?

对于这个命题,我们将从应用伦理学角度探讨可持续发展的实践伦理规范。从内在价值结构看,人与自然的道德关系是同一性的关系,这一关系则可以还原成人与人的关系。这两个层次之间的关系是目的与手段的关系,或者是目标与过程的关系。在本节中,我们将从系统价值观出发,探讨四个具体的应用伦理问题:

第一,人对自然的正当权利和必要义务是什么?

第二,人类社会应遵循何种伦理准则去恰当地行使、履行这些权利、义务?

第三,人与自然和谐共处要求人与人之间在时空上建立什么样的价值关系?

第四,人与自然和谐共处要求人与自然、人与社会建立什么样的协同关系?

第一个问题有关人与自然道德关系,我们用和谐的原则对之加以概括、回答。第二个问题有关人类文明内部伦理关系,我们用环境公正原则来概括回答。对于第三个问题的回答,我们用公平原则来概括。对于第四个问题的回答,我们用生命共同体原则来概括。和谐原则、环境公正原则、公平原则、生命共同体原则共同构成可持续发展的基本规范,是人类社会全体成员在处理人与自然关系方面所应遵循的基本伦理准则。

一、和谐原则

(一) 人对自然的权利和义务

和谐是指全球范围的人与自然的和谐。和谐原则包括两个方面:人对自然的权利和义务,以及决定权利和义务界限的终极目标。

从人与自然的工具价值关系中,可以推导出人对自然的权利和义务。一方面,人有权利利用自然,通过改变自然资源的物质形态,满足自身的生存需要,但这种权利必须以不改变自然界的基本秩序为限度。另一方面,人又有义务尊重自然的存在事实,保持自然规律的稳定性,在开发自然的同时向自然提供相应的补偿。当然,如此确定权利和义务的范围,是以人与自然之间原本存在着的和谐为前提的,而可持续发展思想的提出,针对的则是人与自然的和谐关系已经遭受严重破坏的现实。

在这个现实中,人对自然的权利和义务的范围必须相应调整。在达到新的和谐之前,人对自然的开发方式、开发深度应当受到更严格的限制。人在改变自然资源的物质形态的同时,应当更多地向自然提供补偿,以恢复其正常状态。

这种新型的人与自然关系模式在西方传统伦理学中是不存在的,而对于熟悉东方特别是中国传统文化的人来说,却并不陌生。中国古代哲学中的有关论述,是当代环境哲学探讨人与自然道德关系时的一个重要的思想源泉。中国哲学关于人对自然的权利和义务的思想,集中体现在"有为"和"无为"两大学说中。

一般地说,"有为"说着重讲人对自然的权利,"无为"说则强调人对自然的义务。但这两个学说并不总是对立的。两者既有相反的一面,又有相容的一面。后一方面,恰恰显示了中国古代对权利和义务相互制衡关系的认识。

除道家外,中国多数哲学家都是主张有为的。孔子的"仁",墨子的"兼爱",都是讲有为,但没有涉及自然。在对自然的关系上力主有为的,首推荀子。荀子从天人相分的观点出发,主张人应该主动地利用自然、改造自然。荀子认为,天能生物不能辨物,地能载人不能治人。自然本身是无目的的,人应当改造之,使之符合人的目的。这就是"制天"的观念,所谓"制天"就是要使人成为自然的主宰。这个思想与西方近代培根的思想相似,但仔细辨别,两者又有着根本性的不同。培根思想是在主客二分的前提下展开的。培根认为,在人与自然的关系中,人是主体,自然是受动的客体,是人类实现其目的的工具。因此,他主张在充分把握自然规律的基础上,彻底地改造自然、奴役自然。而荀子并没有将人与自然截然对立起来。荀子讲天人有"分"既有分别的意思,也有不可相互僭越之义。因此,荀子一面主张"尽人力",一面又讲"不思天""不与天争职"。在荀子看来,天行有常,不为尧存、不为桀亡。人应当改变自然,使之为人所用,这是人的权利,也是人之为人的根本。但他同时又认为"唯圣人为不求知天",自然本身有其规律,自然规律不以人的意志为转移,而且也是人所无法企及的。由此可见,荀子的"制天"观念只是要求在人力所及的范围内使自然不利于人的方面变得有利于人,并不如培根思想那样以人对自然的工具主义态度为前提。所以,荀子有时也讲"理天"。所谓"理天",就是在不触动自然根本的前提下,有限度地改造自然。

与荀子极言人的能动性相反,庄子在人与自然的实践关系上竭力主张无为。庄子的无为思想源于老子。老子说过,孔德之容,唯道是从。道的本性是无为,因而人应以无为为本。不过,老子没有正面论及人对自然的无为。庄子则将这一思想明确化,并且推至极端。庄子认为,无为而尊者天道也,有为而累者人道也。即自然的力量极其伟大,不可抗拒,人若想改变自然,必然殃及自身。所以,他提倡"任天"。所谓"任天",就是一切听从自然安排,不做任何主观努力。庄子又说不以人灭天、不以人助天。人应当顺应自然,而不应毁灭自然,这是人对自然的义务,在这一点上,庄子是正确的。但庄子进而又否定人介入自然的正当性,完全不考虑人类改造自然活动的合理性一面,把人对自然的义务绝对化,这又是片面的。

汉代道家著作《淮南子》对庄子的上述思想作了修正。《淮南子》认为,凡顺应自然的趋势而为,便是无为。相反,凡用私意而违反自然的趋势,便是有为,这是必须反对的。《淮南子》明确指出,无为并不是感而不应、攻而不动,而是循理而举事、因资而立功。如此确定人对自然的权利和义务的界限是恰当的。

概言之,"无为"并不是无所作为,"无为"是为了"无不为"。英国汉学家李约瑟在引证大量道家文献的基础上,正确地指出,就早期原始科学的道家哲学而言,无为的意思就是不做违反自然的活动,亦即不固执地要违反事物的本性,不强使物质材料完成它们所不适合的功能,当有识之士已经能够看到必归于失败时,以及用更巧妙的说服方法或简单地听其自然倒会得到所期望的结果时,就不去勉强从事。当代深层生态主义者从道家的"无为"观念出发,提出一种"顺应自然"的人与自然关系模式。澳大利亚环境哲学家西尔万(Richard Sylvan)和贝内特(David Bennett)在详细比较了道家思想与深层生态学之后指出,道家思想是一种生态学的取向,其中蕴含着深层的生态意识,为顺应自然的生活方式提供了实践基础。深层生态学家指出,自然界的演化过程表明:"自然最有智慧"(nature knows best)。然而,人们并没有充分认识到这一点。在对待资源的问题上,人类寻求的是最大的生产量,而生态系统需要的是力求达到复杂生物量结构的最大支持,两者常常是冲突的。在深层生态主义者看来,工业社会的选择偏向人类一方,而他们则相反,主张以"无为"(not do)的方式顺应自然本身的趋势。

"顺应自然"的模式在西方的林业管理和野生自然保护领域产生了积极的作用,但作为一种普遍的人类行为准则,它在理论和实践上都存在着许多难题。

首先,它的立论依据是康芒纳(Barry Commoner)的所谓"生态学第三定律",即"自然最有智慧"。这一定律本身带有很强的规范性,而缺少严格的实证基础。自然生态系统是在长期历史发展中形成的,其各个生物成员之间,生物与非生物环境之间,基本上是协调的,是相对平衡的。生态平衡反映了生态系统内部各要素之间的相互关系的稳态特征。它是生态系统结构和功能统一的优化体现。但是,稳态作为功能的标志与生态系统结构之间并不是一一对应的关系。具体地说,稳态所要求的结构,并不是唯一的,而是多样的。就一种结构而言,其本身也有相当大的弹性和复原能力。自然形成的生态系统结构只是多种稳态结构中的一种,或某种结构的特定状态。生态系统的平衡并不必然排斥非自然因素对结构的改变或重塑,相反一味地追求自然系统的原始状态,实际上是把生态平衡看成是绝对的、静止的平衡。更进一步说,在自然界的演化过程中,由于人类的出现和人类活动领域的不断扩展,原始生态系统在地球上如今已所剩无几,绝大多数生态系统事实上是人力和自然力共同作用的产物。今天的所谓全球生态系统已远非人类诞生以前的原始自然,而是由为数不多的原始生态系统和大量的人工生态系统或模拟生态系统组成的"社会 – 经济 – 自然"复合生态系统。在这样一个世界中,主张绝对地"顺应自然"实际上是无处着力的。

其次,细加辨析,"顺应自然"的确切含义是有待澄清的。如果顺应自然是指一切都应听任自然界的自发运动,那么人也是自然的产物。人类的理智和自主意识以及相应的思虑、筹划能力都是自然界长期演化的结果,人类的一切行为都是"自然"运动的一部分。在这个意义上,不存在顺应不顺应的问题。如果顺应自然是指凡事必须遵循自然规律,那么自然规律无处不在。人类行为(无论生理、心理的,还是对象性的)要成为现实,必须符合自然规律。在这一点上,人类是没有选择自由的。如果这里的"自然"指的是与人类活动相对的物理、化学及生物过程的总和,那么顺应自然就意味着排除任何与自然相关的人类活动。问题是,这样的"自然"并不存在(如前文所述),而且这样的顺应自然恰恰违反了自然(人也是自然的一部分)。因此,顺应自然只可能在一个意义上,即系统平衡意义上来理解。人类原本是自然之子,是自然界的一个成员,但是,在人类历史的发展中,却越来越僭越于自然之上,不仅破坏了其赖以生存的自然环境,而且使其自身的本质发生了异化。正如罗尔斯顿所言,现代人类是环境的叛徒,所作所为是不自然的,过度剥削使得自然变得不适应。在这个意义上,顺应自然的含义就是,选择一种既能保持生态系统稳定又能增进人类幸福的生存方式。

(二) 权利义务界限的最终根据和目标

一系列深层的伦理学问题由此产生:我们为何要顺应自然? 我们如何能既保持生态系统稳定又增进人类幸福? 从人与自然的工具价值关系中,我们推导出人对自然的权利和义务。然而,决定权利、义务界限的最终根据和目标是什么? 如果我们仍然坚持在传统意义上理解人类需要,仅仅局限于工具关系框架,那么,人类福利就只能是与自然的繁荣相对立的范畴,决定权利和义务界限的根据和目标就只能是人类的长远和整体利益。依据这一判断,人对自然的权利和义务只是人与人之间权利和义务的间接形式,两者之间的界限可以通过传统的功利主义原则来确定,无须什么新型的人与自然关系模式。更进一步说,当代所谓发展的危机并不是文明制度的危机,也不是人类价值的危机,而不过是传统人类价值观在实施过程中的策略性失误。然而,随着人类对危机认识的加深,这一判断已经被否定。由于现代有机论自然观和相应的价值理论的出现,工业社会的人与自然关系模式的基础已被彻底动摇。从系统价值观出发,我们既反对非人类中心论中的绝对平等主义观念,也反对人类中心论片面的以人类利益为标准的倾向。因此,一方面,我们肯定人与自然的工具价值关系,区分人对自然的权利和义务。另一方面,我们又提出人与自然的内在价值关系,认为决定人对自然的权利和义务界限的根据和目标在于人类福利和生态系统健康同一基础上的人与自然的共同繁荣,即终极意义上的人与自然的和谐。

当代人类文明的真实困境可以用两个相互矛盾的规范性判断之间的悖论关系来加以表述:一是现行的人与自然关系模式濒于破裂,其结果将是人类价值的毁灭。二是人类价值是值得保存的,按照诺顿的说法,人类的绵延是一件好事,因为包含了人类意识在内的宇宙比没有这种意识的宇宙更好。可持续发展思想的提出正是基于这样一种深刻的"危机意识"。从这个角度说,可持续发展观念的深层意义在于,它提出了人类文明在地球上的合适性或正当性的依据问题。用哲学语言来表述,就是:人是什么,人应当如何生活?

中国古代(特别是先秦时代)思想家从"天人合一"的框架出发对这些问题的论述,在当代仍具有很强的现实性。《礼记·礼运》中说:人者,天地之心也,五行之端也。人禀受"五行之秀气",位居万物的顶端,为造化之尤物。然而,自然化育出的人,又是自然为其本身所立的灵明知觉,因此人又是"天地之心"。《周易》则认为,人乃阴阳二气所化,故兼有刚柔两重禀性。人应自觉地弘扬其本性。阳刚之性要求人"自强不息",即发挥主动的创造精神。阴柔之性则要求人"厚德载物",即以宽大的胸怀接纳万物。在对自然的实践中,"自强不息"就是要积极地改造自然,参与自然的演进。而"厚德载物"则是要求改造自然的活动不超出自然的限度,在改造自然的同时体认自然本身的和谐机趣。"范围天地而不过""乐天知命故不忧",才能达到"与天地合其德,与日月合其明,与四时合其序"的境界。用今天的眼光看,这种以人与自然和谐为终极目标的道德规范,理应成为可持续发展的伦理观的核心。

汉代学者杨雄曾简明概括儒家的理想人格:通天地人之谓儒。其实,"通天地人"的观念并不限于儒家,它几乎涵盖了整个中国传统哲学的人生理想。

综上所述,我们可以借这句话来概括可持续发展的人与自然道德关系的实质——通天地人之谓儒。就是说,人作为个体应当自觉体认人与自然不可分割地联系在一起这个事实,了悟自然的价值和人类的价值,把自己的行为置于对自然的正当权利和必要义务之上,参与人和自然共同进化的历程,实现人类社会与自然界之间的永久和谐。这是可持续发展最终的伦理学意义。

二、环境公正原则

(一)公正的内涵

在具体讨论环境公正原则之前,必须回答一个基本问题,什么是公正或正义(justice)? 这个问题看似简单,其实却异常复杂。

伦理学的基本问题是：人应当如何生活？在这里，"人"可以指个体或类（单称），也可以指群体（集合）。在前一种情况下，伦理常常是指"道德"（morality）。在后一种情况下，伦理则是指"社会公正"（social justice）。

"公正"回答的问题是：人应当如何生活在一起？"公正"是社会政治哲学的第一原则。从这个角度说，"人应当如何生活在一起"与"什么是公正"是同一个问题。

在一定意义上，道德哲学为公正理论的展开提供了背景。道德哲学关心的是每个人对他人的权利和义务。从这个角度，对正义问题的回答是：我们应当尊重每个个体所拥有的权利和义务。然而，道德哲学并没有穷尽正义问题。共同生活在社会或共同体（community）中产生只存在于共同体内部的利益（benefit）和负担（burden）。进一步说，社会制度和实践影响个体。作为社会政治哲学基本原则的公正必须回答更进一步的问题：社会利益和负担应当如何分配，社会制度应当如何对待人？简言之，人应从社会得到什么？

公正或正义的经典定义，来自古罗马法学家乌尔比安（Domitius Ulpianus）。乌尔比安认为，正义乃是使每个人获得其应得的东西的永恒不变的意志。这个定义后来得到托马斯·阿奎那（Thomas Aquinas）的确认。托马斯·阿奎那认为，正义是一种习惯，是一个人以一种永恒不变的意愿使每个人获得其应得的东西。当代伦理学家麦金太尔（Alasdair MacIntyre）也认为，正义是给包括给予者本人在内的每个人应得的本分。什么是每个人"应得的东西"呢？亚里士多德更进一步说明，公正就是在非自愿交往中的所得与损失的中庸，交往以前和交往以后所得相等，不正义正是在于不平等；公正就是比例，不公正就是违反了比例，出现了或多或少。托马斯·阿奎那总结性指出，正义全在于某一内在活动与另一内在活动之间按照某种平等关系能有适当的比例。概言之，公正或正义就是平等（不是平均）地分配社会利益和负担。

（二）人与自然的道德关系

人与自然的道德关系，在个人实践上，可以还原为人与人之间的权利和义务。在社会实践上，则是环境利益和负担的正当分配问题，即环境公正问题。

一个不平等地分配利益和负担的社会显然是不公正的。从这个角度看，当代大量的环境政策都不平等地分配利益和负担。几乎所有的社会都倾向于把环境负担最大限度地加于处于不利地位的人群——穷人、有色人种以及发展中国家，而把环境利益最大限度地给予处于有利地位的人群——富人、白种人和发达国家。这种现象，可以确切地称作"环境歧视"。

我们先来看一下与污染和有毒废弃物相关的健康和安全风险的分配。从

20世纪70年代中期起,一些西方研究者不断提醒人们注意有色人社区面对不平等的风险压力。美国社会学家发现,有毒废弃物堆积地、填埋站、焚化场以及污染工业,总是位于穷人和少数民族高度密集的社区内或周围地区。从组织清除到惩罚犯罪,美国环境法的强制力在涉及少数民族社区时极其松弛。类似的现象在国际层次同样存在。在当代世界中,与富国相比,穷国更多地承受了森林破坏、荒漠化、空气和水污染等环境退化的后果,在这些国家内部,越贫穷的人承受得越多。这一状况,部分的原因是由历史上的殖民主义统治、掠夺造成的,而更多的原因则要归咎于现行的经济准则及相应的国际政治经济秩序。

在这样的原则面前,人与自然的和谐完全是天方夜谭。这是环境公正原则提出的深刻原因。环境公正原则的提出,否定了环境事务无关或优先于社会正义的观点,肯定阶级、种族国家间的社会经济关系是认定和解决环境问题的关键。由阶级、种族和国家间的歧视造成的权力和机会的差别,意味着人类社会成员不平等地享受着环境利益,不平等地承受着环境负担。环境公正原则确认了环境的稳定与人类福利和社会生产的组织之间的联系。它不仅要求消除阶级、种族和国家间的环境歧视,而且要求当代人和后代人平等地分有环境利益和负担。

1991年10月美国"第一届全国有色人种环境领袖会议"(First National People of Color Environmental Leadership Summit)系统概括了环境公正原则,其内容达70条之多,择要摘录如下:环境公正肯定地球母亲的神圣性、所有物种间的一体性和相互依存性,以及不受生态破坏的权利;环境公正要求公共政策建立在全体人民相互尊重和公正的基础上,没有任何形式的歧视和偏见;环境公正赋予了为了对人类和其他生物可持续的星球的利益有道德的、平衡的和负责任的使用权;环境公正肯定全体人民基本的政治、经济、文化和环境自决权;环境公正要求作为平等伙伴参与各级决策的权利,包括需要的估算、计划、实施和评价;环境公正保护环境不公正的受害者获得损失和康复充分赔偿的权利;环境公正认为政府的环境不公正是对国际法、《世界人权宣言》和《联合国反种族灭绝条例》的违犯;环境公正要求我们作为个体,使个人的消费机会尽可能少地消耗地球母亲的资源,尽可能少地生产废弃物,自觉地向我们的生活方式发起挑战,使之优先确保当代和后代共同拥有的自然界的健康;等等。

(三)可持续发展的持续性

从自然观、价值观到伦理观,可持续发展思想的实践品格已逐渐显露。现在的问题是:可持续发展所要求的这一整套新的伦理规范能否在实践中得到贯彻,能否真正成为人类行为的基本准则呢?这是我们下面努力想回答的问题。

这个问题实际上也就是可持续发展最终能否成为现实的问题。

应该承认，无论在《我们共同的未来》还是在《里约宣言》中，可持续发展观念都是在现有的国际关系的原则框架内达成的共识。说得更明白点，就是不同国家在根本利益不受损害的前提下达成的一种妥协。可持续发展思想本身的不明确性以及在实践中遇到的种种困难，都和这个现实背景有关。但是，一百多个国家的首脑坐到一起，签署了这样一个文件，毕竟说明人类大多数成员已经意识到一个基本的事实，就是人类正面临着一个根本性的选择：要么毁灭地球，最终也毁灭人类。要么既保存了地球，也保存了人类。在这两种可能性中，人类无疑愿意选择后者。从这个意义上说，可持续发展思想所蕴含的全新的价值观（尽管这种价值观还需要从不同层次上加以阐明和丰富），毕竟出自人类理性自身的思考，是人类理性自由选择的产物。

对可持续发展的实践产生怀疑，主要是因为我们看到人类现实发展的惯性过于强大。尽管我们意识到现实发展从很多方面看都是不合理的，但又无法想象会有什么力量能够有效地抑制和改变这种趋势。这是让我们普遍感到困惑的一个问题。简单地说，现实是不合理的，但似乎又是无法改变的。从这个角度说，可持续发展能否实现的问题，实际上就是人类自身的理性能否最终战胜非理性的问题。面对这个问题，我们既要有坚定的乐观主义信念，又必须有足够的现实主义勇气。

就前一个方面而言，可持续发展，只要它出自人类的内在需要，代表着人类理性的自由选择，最终就一定能够成为现实。现实发展的强大惯性会减缓它的实施进程，但不可能取消这个进程。至于现实发展趋势会在何时出现转机，会以什么样的方式转变，我们当代人身在其中有时是很难看得很清楚的。首先，我们的眼光受到我们有限的时空的限制，不可能从必要的历史距离以外来看待现实。其次，我们的实践才刚刚开始，许多促成转变的因素尚未形成。但从长远看，不合理的发展现实绝不是不可改变的。

量子力学的奠基人之一、德国物理学家普朗克（Max Karl Ernst Ludwig Planck），从他一生的科学经历中总结出一个道理。他认为，一项新的科学真理的胜利，并不是通过说服它的对手从而使他们接受这一真理，而是由于它的对手们最终都死了，而熟悉这一真理的新一代人成长起来。如果说，可持续发展所启示的真理，对我们这一代人以及以后若干代人来说还显得有点陌生、不那么容易接受的话，那么在未来世代中一定能够成为一项公理，成为人类行为的基本准则。一句话，可持续发展不可能永远是一句空洞的口号。

从后一个方面来看，我们所处的世界并非是一个完全合乎理性的世界，人类历史也从来不会一味地遵循理性的原则运行。认识一个真理与实践这个真理之间有着巨大的距离,后者往往需要付出更大的代价。全球可持续发展仅仅靠不同国家间的一种原则性的共识是决不可能实现的。现行的经济准则、国家利益原则以及建立在此基础上的国际关系体系已成为实现全球可持续发展的根本性的障碍。正是由于不合理的现实的存在,处于不同发展水平的国家对于可持续发展的理解大相径庭。大多数发达国家所关心的是全球环境恶化对其发展可能构成的威胁,而发展中国家考虑的则是本国发展所必需的基本的环境安全问题。可以预料,在未来若干年里,人类现行的发展模式将对环境造成更大的破坏,环境问题会成为国际争端的焦点,甚至可持续发展本身也可能成为新的权力压迫的政治借口。原因很简单,尽管人类已经意识到危机的存在,但是还没有亲身经历这种危机的毁灭性。

在这样一个不公平的利益原则支配的世界中,伦理常常是乏力的。但伦理之为伦理,就在于它不仅是一种观念,同时也是一种现实的力量。秉承伦理观念的人一旦成为一种社会力量,必然要对世界产生影响。因此,在未来我们应当努力造就这种社会力量,并使之通过制度(新的组织行为模式)得以体现,从而与现行的利益原则相抗衡。其最高目标是促成一个更合理、更健全的文明时代的到来,其最低目标是使人类为这个文明时代的到来所付出的代价减到最小。从这一点上说,可持续发展的伦理观的实践意义就在于,它可以在当代和未来世界中,借助一定的社会结构,对既有的环境道德产生抵消作用,进而推动人类发展行为的根本转变。

三、公平原则

(一) 公平原则的内涵

20 世纪 80 年代以来,全人类社会在反思传统的发展观特别是工业文明的发展观的基础上,提出了一种全新的发展观——可持续发展观,诸多学者基于不同的学科基础给出了具有一定学科倾向的新的定义。几乎在所有的定义中都蕴涵着公平的愿望,无论是在对发展的评价,还是对发展的引导,都存在着公平性原则。

公平(equity),是一个为人们在众多领域中大量使用的概念,是对人与人之间利益关系的合理性评价,是指处理事情合情合理,不偏袒哪一方面。从不同的角度来看,公平有多种理解。在时序上,有起点的公平、过程的公平和结果的公平;在内涵上,也有许多不同的定义。因此对于公平的界定难以统一。马克思认为,社会成员得到他们劳动所产生的全部实现价值是公平。在罗尔斯看来,公平的原则是使社会境况中最差的人效用极大化。而在美国可持续发展指标体系中,公平指公民被合理对待,都有机会享有经济环境利益和社会福利。按照布伦特兰(Grow H. Brundtland)的定义,可持续发展的公平性原则针对的是当代人和后代人这两大群体,是指当代人和后代人拥有同样的选择机会和能力。这样,从道义上讲,如果当代人留给后代人的财富总和不少于上代人留给当代人的财富总额的话,当然就可以认为是代际公平的体现。

公平性原则是可持续发展原则中一条必须遵循的原则。我们认为,公平性原则是指在可持续发展的测评与引导中,在代际、区际和群际实现机会选择或结果占有的公平的基本原则。

在可持续发展的理论与实践中,学者们一致认为公平性原则是实现可持续发展所应必备的基本原则之一,而为什么需要公平,公平是如何测评这个问题却始终是个症结。追溯到古希腊,先哲苏格拉底、柏拉图、亚里士多德都认为公平是人必备的品质,人和人之间应以尊敬、正义为原则。柏拉图把私有财产视为是罪恶的根源,认为世间一切争端都与此有关。柏拉图主张取消私有财产才能实现“共产”,才能驱除罪恶,只有“共产”才能铲除争端、倾轧、仇恨、贪婪和接受贿赂。柏拉图所描述的“共产”也即“公平”。在柏拉图看来,实现公平是远离罪恶的唯一途径。卢梭(Jean-Jacques Rousseau)在《论人类不平等的起源和基础》一书中探寻了人类不平等的产生和发展。卢梭根据社会的发展将平等的发展划分为三个阶段,即“自然状态”的平等、“社会状态”的平等和“社会契约”的平等。在自然状态下,人类生活在原始的“自然状态”中,那时人们漂泊在森林里,没有农工业和语言,没有住所和战争,彼此之间也没有任何联系。在这种状态下没有私有财产和私有观念,人人都享受自由和平等。而随着人类征服自然的能力发展到一定阶段及社会的出现,私有制的产生,社会的不平等就代替了自然状态的平等。不平等毁了人类,造成社会的贫富对立、道德败坏,出现了竞争、角逐、恐怖、谋杀和战争等罪恶现象。为了克服社会的不平等,卢梭提出了改造社会的政治思想。他认为专制制度的极端不平等必然走向自己的反面,代替它的是在契约基础上建立起来的,使人类重新得到自由、平等的社会。卢梭在《社会契约论》的开篇指出:人生而自由,但却无不在枷锁之中。这是私有制剥夺了人平等的权利,认为人类只是在体力与智慧上存在着事实上的不平等,但依照约定、根据权利是人人平等的。无论柏拉图的“共产”,还是卢梭的“平等”,其实质都是公平。不同的是柏拉图认为,为了解除罪恶的根源而需要实现公平,而卢梭则认为人生来就是公平的。

从目前的社会来看,无论是国家与国家之间,区域与区域之间,还是人群与人群之间的矛盾甚至是战争都是由于不公平所导致的。这里的不公平既涵盖了机会选择的不公平,也涵盖了结果占有的不公平。因此,从这个角度来讲,人类为达到代内与代际的和谐,必须要实现公平,这同时也是实现人类社会和谐的唯一途径。

对公平性原则的基本内涵的研究,从当前众多的研究来看,无论是我国还是世界都取得了较多的成果,但在研究中多偏重于实证研究,理论研究相对薄弱。在薄弱的理论研究中,往往只注重机会选择意义上的公平,而较少考虑到结果占有意义上的公平。

在讨论公平性原则所指的内涵时,多数学者往往把探讨的重心放在资源的占有和消耗上,并以此展开对公平性原则的阐述。而随着社会的发展,虽然资源的占有和消耗是提及公平性原则最易想到的内容,但我们发现仅用资源的占有和消耗来描述公平性原则已显得捉襟见肘,已不能够满足对公平性原则的探讨了。资源的占有和消耗是为了求得经济的发展,经济的发展在一定时段、一定程度上又会导致环境的污染和破坏,环境的污染必须治理,又存在治理的义务和责任的问题。因此在论及公平性原则时,还应考虑经济发展、环境保护和权力责任的公平问题。而对于不同级别的地域而言,公平性原则还应考虑对土地的占用、对知识的利用以及对经济空间的占有等多个方面的因素。

(二)纵向公平原则

纵向公平原则即是从时间维来看的公平性原则,亦称代际公平原则。1987年布伦特兰提出"可持续发展"概念,将可持续发展定义为:既满足当代人的需要,又不损害后代人满足其需要的能力的发展。由此可以看出,可持续发展的初衷是要实现在代际间对资源的占有和利用的一种公平,而对于代内间的公平却没有明确提及。代际间的公平是为了人类整体的发展和延续,强调的是当代人不能损害后代人满足其发展需要的条件。但要达到代际间的公平,首先要解决的还是代内之间的公平。

在当代人与后代人之间,不公平体现在当代人消耗了过多的资源,破坏了环境,使得后代人不得不生活在一个资源匮乏与环境恶化的状态中。从而不得不付出很大的代价去治理前人遗留下来的环境问题,虽然代际不公平是关注的焦点,但要解决这个问题,就必然要关注代内的不公平问题。

代内公平是指在机会选择和结果占有上满足整代人的需要。在同一代内,各主体(指地域、人群,下同)都要尽力发展自己,但由于主体间的资源、区位、交通等的条件不同,使不同的主体具有了不同的发展潜力,这就导致了代内的不公平,但总体上讲,代内公平具有三层含义。

第一,全人类都有在机会选择与结果占有上的公平性,都有生存与发展的权力的公平性。这是代内公平在最大尺度意义上的公平性，强调的是全人类都有自己满足生存，满足发展的公平性。当代人的生存是为了能够使整个人类延续下去，发展是为了给人类创造更好的生存条件，让全人类都能分享物质财富增长和社会进步所带来的好处。但如果日益发展的成果被少数人所窃取，而作为人类的大部分却享受不到发展所带来的好处，这不是代内公平所追求的发展。因此，为了达到整个人类在代内之间的公平，就必须建立公平的分配格局，给当代人以公平的生存与发展的权利，这是建立代内公平格局的首要任务。

第二，地域间机会选择与结果占有的公平性。这里的地域是指为了便于研究而界定的范围，可以是行政区划中的国家、省、县和镇，也可以是经济区划中的区域，每个地域都有生存与发展的权利。为了实现公平的生存和发展，地域间必须实现对发展必须条件的机会选择与结果占有的公平。为此，要达到地域之间的公平，就必须通过科技、贸易、资源份额分配等手段来实现代内地域间各要素的公平。同时，为了实现代内地域间的公平，应在地域间遵守互利互补的原则，实现地域间的协作、互补和平等，以此来缩小同代人内地域间的差距，从而达到代内地域间的公平。

第三，代内人群内部的公平。这里指的就是在人群间内部每个人都有选择其生存方式、发展方式的权力，同时为达到这种权力，每个人都有机会选择与结果占有的公平。代内人群内部的公平是代内公平的最小尺度，但只有代内人群内部达到公平，才能达到代内尺度全人类层次的公平和代内尺度地域间层次的公平。因此可以认为，欲达到代内公平，代内人群的公平是最为重要的。

从代际公平的初衷来看，它强调当代人在发展与消费的同时，应当承担并努力做到使后代人有同等的生存与发展机会。这里的同等不仅指机会选择，也指结果占有，当代人不能片面地和自私地只顾追求自身今世的发展和消费，而剥夺了后代人本该享有的同等发展和消费机会。

对于资源来说，当代人与后代人相比，当代人具有在资源开发和利用方面处于一种无竞争的绝对主宰地位。正因为如此，当代人的积累为后代人的发展奠定基础，后代人的发展以当代人的发展为前提。发展虽是人类有目的的支配性活动，但就社会经济的发展而论，在很大程度上是不依赖于任何早世人的意志为转移的一种客观的、必需的过程。每一代人的发展都必须依赖于它的客观条件，所以他们只能继承这种条件，并在这种条件的制约下去从事他们的发展。就发展的代际关系而言，前人活动就是后人活动的客观条件，后人只能在前人既定的客观条件下进行。所以，后代人的发展活动是受到前代人发展活动的限制的。这就使得后代人的发展活动表现为一种"被动性"，造成后代人对自身发展的"非选择性"，可以认为正是由于这种"非选择性"造成了代际的不公平。

因此在讨论代际公平时,人类应该承认并遵循新的伦理准则,讲求代际的公平性原则,即当代人的可持续发展与后代人的可持续发展的公平性。由于大部分的资源是有限的,所以,代际公平要求当代人的发展不能以损害后代人满足其需求所必需的自然资源和环境为代价,强调当代人的发展不能以损害后代人满足其需求的能力,应让后代人享有公平的自然资源和环境利用权,使代际无论在机会选择还是结果占有上都达到代际公平。

(三) 横向公平原则

横向公平原则即是从空间维来看公平性原则,也可称为区际公平原则。区际公平要求体现代内的公平与平等,其中的"公平",既包涵机会选择的公平,也包含结果占有的公平。为形象讨论横向公平原则,我们借用一些地理概念。假设有两个非末级地域 R 和 N,R 依据某种标准划分出 R_1、R_2 及 R_3,其中 R_2 又依据某种标准划分出 R_{21}、R_{22} 及 R_{23}。对于 R_2 来说,R_{21}、R_{22} 及 R_{23} 称为 R_2 的次级地域,而 R_1、R_3 称为是 R_2 的相关地域,R 称为是 R_2 的背景地域。那么以 R_2 作为参照地域来探讨横向公平原则时,既要讨论 R_2 的次级地域的公平,R_2 与相关地域的公平,也要讨论 R_2 的背景地域的公平。如图 3.1 所示。

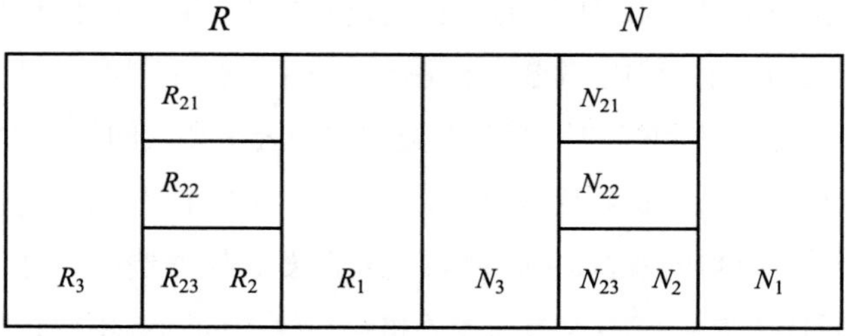

图 3.1 地域结构示意图

首先,讨论次级地域的公平。R_{21}、R_{22} 和 R_{23} 是 R_2 的次级地域,它们之间是相互作用和相互影响的。讨论 R_2 的次级地域的公平,就是要讨论 R_{21}、R_{22} 和 R_{23} 之间的公平。对于地域 R_2 来说,R_{21}、R_{22} 和 R_{23} 是系统 R_2 的子系统,根据系统论的观点,R_{21}、R_{22} 和 R_{23} 之间的发展变化将导致和决定 R_2 的发展变化。从结构决定功能上看,R_{21}、R_{22} 和 R_{23} 的结构发生变化将导致 R_2 整体功能的变化。而 R_2 的发展变化将反过来分别作用于 R_{21}、R_{22} 和 R_{23},在讨论次级地域的公平性问题时,就是指 R_{21}、R_{22} 及 R_{23} 之间相互作用上互动的公平。次级地域的公平要求体现代内的公平与平等,即是在地域 R_2 内部的次级地域 R_{21}、R_{22} 及 R_{23} 之间机会选择与结果占有角度的公平,实现资源消耗利用、环境保护、经济发展和权力责任的公平分配与负担的公平承担。强调的是代内次级地域之间不能以损害别的次级地域的发展为代价,特别是不能损害后发展地域的发展需求。由于资源和环境具有有限性,次级地域之间的经济、科技和文化的不平衡,任何次级地域的利己主义行为都可能对其周围的次级地域的发展产生某种不利的副作用。以经济发展为例,由于经济活动具有外向性,即次级地域不可能关起门来达到自身经济的发展。而资源环境的消耗在次级地域间具有专有性,在每个地域内又具有不可分性,这就导致资源和环境的获利者在获得利益的同时往往把资源消耗和环境污染的部分或全部转嫁给别的次级地域来承担,这是导致次级地域不公平的缘由之一。要达到次级地域的公平,其所涉及的要素也是多方面的。就目前的研究成果来看,主要是集中在资源利用、环境保护、经济发展及权力责任四个方面,但在现代社会中,还应考虑科技知识利用、经济空间占用等多个方面的因素。因此要达到公平,还需要在空间上遵循互利互补原则,实现次级地域之间的合作、互补和平等,以此来缩小次级地域范围内同代人之间的不公平,从而逐渐达到次级地域间的公平。

其次,讨论相关地域的公平。R_1、R_3 是 R_2 的相关地域,要实现相关地域间的公平,即要实现 R_2 与 R_1 和 R_3 三者之间在机会和结果占有上的公平。相关地域的公平要求体现代内的公平与平等,即在相关地域之间实现资源的利用、环境保护、经济发展的公平,有平等的权利与承担平等的责任。强调代内的某一地域不能以损害其相关地域的发展为代价来求得自己的发展。传统的发展思维模式是一种功利型的思维方式,它绝对以人或某一地域为中心,以最大限度谋取和占有眼前物质利益为思考对象,在这种功利型思维模式的支配下,人们采纳了一种永无止境地追求和占有物质利益的价值观。这种价值观是导致人与自然、人与人之间关系紧张的最为深厚的基础,同时它也是导致代内相关地域间不公平的最为稳固的基础。对某一地域而言,要求获得自身的发展,必须通过一系列内外因素的协调作用,而现代的发展观并不是单纯的经济增长的含义,它是经济增长、社会进步和环境保护的综合。这一发展模式对该地域的相关地域同样适用,即各相关地域之间具有同等的发展与生存权利,同样也具有同等的责任与义务。这就要求每一个地域在利用权力发展自身的同时,应该承担起不损害其相关地域发展权力的责任与义务。而在现实中,由于地域的发展不平衡性,任何具有利己主义的地域的行为都可能或必然对其相关地域造成不良的消极影响。以资源消费和环境消费为例,由于资源具有不平衡性,使得资源消费的获利地域在获得利益的同时,往往将资源损耗和环境污染的不良结果转移到别的相关地域,这就造成了相关地域在发展的机会选择上、发展的结果占有之间的不公平。要铲除相关地域之间的这种不公平并非易事,它需要在各相关地域之间规划出合理的发展模式,建立起相应的资源利用和分配机制,制定出相应的权力实施机制和责任承担机制,这样才能使相关地域之间在资源的消耗、环境的保护、经济发展和权力实施及责任承担等各个方面达到公平。

再次,讨论背景地域的公平。地域 R 是地域 R_1、R_2 及 R_3 的背景地域,同时地域 R_2 也是地域 R 的次级地域,地域 R 和地域 N 是同等级的地域(相关地域)。从系统论来看,地域 R_1、R_2 和 R_3 之间所形成的地域将决定 R 的功能,而 R 的功能也将反馈于 R_1、R_2 和 R_3 的结构。从这个角度来看,次级地域的公平将构建起其背景地域的公平,而背景地域的公平也将反馈于其次级地域的公平。当然背景地域的公平还应包括地域 R 和地域 N 之间的公平。从地域角度讲次级地域是其背景地域的构成要素,属上级与下级的关系。但在讨论背景地域的公平性原则时,它们之间却是平等的,因此在机会选择与结果占有上它们也是平等的,这是追求达到背景地域公平的理性基础。在划分背景地域时,往往可以从不同的需求出发划分不同的背景地域,如可以根据已有的行政区划的结果划分出背景地域,也可以根据经济区划的标准划分出不同的背景地域。公平性原则在代内针对所有地域的公平,对于背景地域而言也同样具有了享有公平的权力,且背景地域的公平应考虑两个层次的公平:背景地域与次一级地域之间的公平;背景地域与同级地域(相关地域)之间的公平,这两个层次的公平都达到了才是背景地域的公平。对于背景地域与次一级的地域而言,次一级地域有生存与发展的权利,因此它可以从背景地域中获得满足其发展的各种资源,在获得利益的同时把各种废物排放到背景地域之中去,这本身就是一种不公平的现象。他们在资源消耗与经济发展的机会上是不公平的,次级地域在上述两个方面都具有优先权。而环境保护上往往由于某种政治原因,背景地域要承担更多的责任。从反馈理论来看,次级地域的发展将影响其背景地域的发展,而背景地域的发展将反过来影响其次级地域的发展。因此就宏观来看,实现背景地域的公平将不仅有利于背景地域的发展,同时也将有利于其次级地域的发展。背景地域与同一级地域在划分上具有相同的标准,它们都具有同样的发展权,从具有同样的发展权力来说它们是公平的。因此在讨论背景地域与同级地域层次上的公平时,更多地要注重资源的消耗、环境保护和权力责任的公平。从广义上讲,背景地域与同一级地域的公平是指在机会选择和结果占有上的公平,指的就是一方在满足其需求的同时不损害另一方满足其发展的要求,因此它们之间须依照公平、合理的原则来利用发展的资源,担负各自的责任。只有在背景地域与其次一级地域、相关地域都达到平等时才能达到背景地域的公平。

(四) 群际公平原则

群际公平原则主要研究的是同一地域内部不同人群之间的公平性问题。从最广泛意义来讲,群际间的公平就是要在机会选择和结果占有上达到公平,它意味着人们对自然索取的公平,人们享受自然赋予的公平。不同的人群在追求发展时,不应该损害其他人群满足其需求的能力。但从可持续发展的地理角度来看,群际公平的意义要更确定一些,它是指各人群在资源消耗、环境保护、权力责任及经济发展方面都有同等的权力和义务。

如果把从群际维上的公平性原则同从时间维、空际维上的公平性原则做比较的话,群际维所涉及的尺度较小,涉及的人也较少,同时它的内容也更加确定。每一个人群都有消耗资源以求得满足自身经济发展的权力。受到传统的发展思维模式的影响,人们往往以个人或群体为中心,最大限度地谋取和占有物质利益,使得群际间互相竞争,出现了不公平的现象,群际间的公平性原则要求群际间互利互惠,某一人群的发展不得以损害其他人群的利益为代价。

从伦理学角度来看,群际间的公平要求各人群破除自我中心主义,以人类的整体利益和长远利益为大局,要求合理审慎地使用自然资源。使人群内的个人、群际间的人群都能公平地使用资源,这就要求人群内、群际间能公平地节制人口的增长,让人口和资源生态保持和谐、平衡的关系。

(五) 公平原则的实施途径

公平原则的实施,除需要有高素质的决策与管理人员来制定相应的手段与措施外,还需要有公众的参与、国家的经济政策、行政政策的宏观调控手段以及法律的强制措施。具体来看,可以采取以下的途径来确保公平性原则的实施。

一是经济手段。在现代社会中,每个区域的个人或人群都有为其利益而采取相应行为的趋向,并有一套实现其利益的原则。公平性原则的实施也正是利用这一点,使机会选择与结果在时间维上的代内、代际以及空间维上的次级地域、相关地域、背景地域之间及群际维上都达到公平。所谓经济手段是指国家依靠经济部门,根据社会经济规律和生态规律,通过经济机制,按照经济利益原则,运用诸如利率、税收、价格和奖罚等措施,以经济合同、经济责任等形式作用于经济,对社会经济进行调节和控制,来达到公平性原则的贯彻。

二是教育手段。当今世界所出现的不公平主要是不正确的经济思想、经济行为和环境行为造成的。因此要达到公平就必须端正人们的行为和思想,端正人们的行为可以通过经济、法律、行政等手段,而思想对于人的行为具有智力保障和精神动力的作用,端正人们的思想只有通过教育才能实现。人具有精神动力和物质动力,在有的时候,精神动力可以起到物质动力所不能起到的作用,这对于实施公平性原则具有重要的意义,但精神动力是不会自发形成的,它需要学习相应的知识,受到相应的感化。而普及相应的知识和受到相应的感化只有教育才能担当起重任,理所当然,教育手段便成为了实施公平性原则的重要手段。

在教育过程中,主要是在教育内容中加入公平的思想,使受教育者受到潜移默化的教育,从而在以后的行为中把所默化的公平思想用到实践中去,最终达到以教育手段贯彻公平性原则的目标。

三是行政手段。行政手段是政府机构依靠行政组织,运用行政方法对所涉及公平的活动进行行政强制,包括制定和发布方针、政策、指令以至于运用行政管理的形式按行政区划进行管理和贯彻。行政手段以权威和服从作为前提,在行政管理中,国家担负组织社会活动,指导调节自然、社会活动的任务。由于行政在管理上具有强制性,因此它是达到公平性原则贯彻实施的必要手段。对于公平性原则的实施来说,行政手段是必不可少的,这是因为各主体间的关系是一种分散的状态,要达到公平就必须把他们之间有机组织起来,使他们行为一致,只有行政手段才具有组织的优势,因此行政手段又担负了组织主体以达到公平的角色。

四是法律手段。法律手段指国家依靠其特有的法权力量,通过制定和执行各种经济法规对欲达到公平性原则的活动进行规范化、法制化的管理方式,它是保障公平性原则得以顺利进行的法律工具。法律手段与其他手段相比,具有权威性和约束性、综合性和强制性、相对的稳定性、明确的规范性,因此法律手段对于公平性原则的实施具有重要的作用。法律是约束人的行为的准则,对于保证公平性原则的实施还具有重要的协调作用。一方面通过公平性原则的立法,使社会各种活动有法可依,保证公平性原则实施的规范化;另一方面,又可以通过司法,保护有利于公平性原则实施的合法行为,惩治不利于公平性原则实施的行为,从而促进公平性原则的实施,最终达到公平的目的。可持续发展观是人类新的发展观,它一经提出就引起世人的高度重视,政治家、科学家及有识之士都给予了极大的关注。人类也认识到增长和发展是不同的,增长是量的增加,而发展则是质的改善。对于可持续发展的理解,各研究领域各有侧重,这正体现了人类对自身生存环境的关注。值得注意的是,尽管不同学科背景的学者基于其学科背景对可持续发展的解释不同,但都肯定可持续发展的公平性原则是实现可持续发展的重要原则,并从各个角度解析了公平性原则,给出了公平性原则的定义及贯彻机制,这给实现人类在地球上生存与发展提供了科学依据。

四、生命共同体原则

(一) 生命的内涵与特征

从哲学来说,生命是生长变化的物质系统,行动是生命的本质,生命是物质运动的一种形式,是物质从发生到存续、最终消亡的一个过程。换句话说,生命是物质从无序变为有序,最终归于无序的一个过程,其中的参与者是能量,变化的是物质的结构。在此意义上,一切都是生命,一切都是过程。

实际上,大家日常所谈的生命,几乎等同于生命体,而且专指生物学上的有机生命体,如植物、动物和微生物等。有机生命体,由核酸、蛋白质等生物大分子所组成的生物体,不断进行着物质、信息和能量交换的一种综合运动形式。有机生命体,是物质运动的高级形式,是从非生命物质发展来的,是自然界物质长期演化的产物。有机生命体,是地球环境中所特有的,具有自行吐故纳新、精度复制、温和分裂等能力。根据人类的约定俗成,有机生命体简称为生命。

人类关于生命的认知,经历了一个漫长过成,由于生命的复杂性,使得科学界至今对其没有一个准确定义,一些学科和一些学者从不同侧面分别对生命的内涵做出诠释。

上古时期人们对自然的认识能力较低,但已能进行抽象的思维活动,根据现象作出了生命是自然而然发生的结论。古希腊哲学家,倾向于把一切尚不了解的产生运动的原因称之为"力",生命被看作是一种"生命力"的活动。中国古代哲学家,倾向于把尚不了解的产生运动的原因归之为"气",生命被看作是"气"的活动。

"生命"是黑格尔学说的一个核心概念。早期,黑格尔提出了"生命"这个灵魂与肉体、主观与客观相统一的概念来使生命获得自由。后期,黑格尔泛化生命的概念,提出了逻辑的生命、自然的生命、精神的生命三种生命观,把整个世界以及整个思想体系都看成一个有机的生命体。

恩格斯生命观认为,生命运动是一种高级的运动,生命是蛋白体的存在形式。这个存在形式的基本因素在于和它周围外部自然界不断地新陈代谢,而且这种新陈代谢一旦停止,生命就随之停止,结果便是蛋白质的分解。恩格斯对生命的定义,一定程度上揭示了生命的物质基础,即具有新陈代谢功能的蛋白体,从根本上否定了上帝造人的神创说。

分子生物学认为,生命是由核酸和蛋白质特别是酶的相互作用产生的,可以不断地繁殖的物质反馈循环系统。分子生物学从生命物质微观构成的共性,概括了生命的定义。这种说法是对生命物质的微观结构及其运动过程的描述。它概括了分子生物学的一些重要的理论突破,但仍然有一些界限不清楚的地方。

生物物理学认为,生命是个开放系统,它与外界不仅有能量的变换,而且有物质交换。生命体实际上是从环境中取得以食物形式存在的高熵状态的物质和能量,把它们转化为低熵状态并把废物排出体外,从而保持自身的熵处于比环境更低的水平,也就是维持着自身的有序状态。生命体的有序性不但表现在空间分布上,也表现在生命体的生长、发育、生殖、衰老、死亡以及对外界刺激作出有规律的反应等活动规律上。生物物理学从物质运动的一般规律上指明生命特征。比利时物理学家普里高津(Ilya Prigogine)提出的耗散结构学说(dissipative structure theory),也为探索生命本质给予新的启示,生命是一个耗散结构,任何生命都要与外界环境不断地交换物质和能量,否则生命就会导致死亡。生物微观层次上的一些变化,都与耗散结构理论相吻合。

生态学认为,生命活动只见于地球的生物圈,生物圈内有自养生物和异养生物。生物圈中的无机物质,通过自养生物的光合作用进入生物体内,一部分通过自养生物自身的代谢活动而回到无机世界,一部分为异养生物所摄取代谢而回到了无机世界,从而形成生物圈内的物质运动循环。这种循环都是单向地进行,不可逆转,缺少哪一环节,都会影响整个生物界。这样的循环不仅在宏观的生物圈中存在,在生物体的微观运动中也是存在的。因此,生态学把生命看作是生物圈中种种不可逆的物质循环过程的中心环节。

生物学认为,生命是生命体所表现的自身繁殖、生长发育、新陈代谢、应激反应、遗传变异等的复合现象。生命是由高分子的核酸蛋白体和其他物质组成的生物体所具有的特有现象。与非生物不同,生物能利用外界的物质形成自己的身体和繁殖后代,按照遗传的特点生长、发育运动,在环境变化时常表现出适应环境的能力。

有机生命体作为一种复合现象,每一种生物都具有自己特定的结构和功能,具有自我调节、自我复制、应激反应和目的性等特征。任何生命在其存在的每一瞬间,都在不断地自我调节自身内部的各种机能的状况,调整自身与外界环境的关系。同时,只要不是处于解体状态下的生命,总存在包括细胞分裂、繁殖在内的自我复制,贯穿于生命过程的始终。只有生物有机体可以独立地发生应激反应,这种独立的反应是有选择性的,受着有机体自身的控制,并随体内外环境条件的不同而不同。任何生物对环境的反应都是有所反应,有所不反应,同一动因情况下有时以这种反应形式,有时又以另一反应形式出现。目的性是生命区别于非生命的重要特征。德国哲学家叔本华(Arthur Schopenhauer)列举了生命的三大本能——求生、生殖和母爱。莫诺认为动植物具有这样的本性和目的性。莫诺认为动植物具有这样的本性和目的性——"植物生长、寻求阳光、死亡;动物窥伺捕猎目标,攻击敌害,饲养和保护幼仔,雄性为了占有雌性而争斗……""这些生物全都有一个目标:活下去,并使自己的后裔活下去,哪怕是以死亡为代价。"

适应环境是生命特有的现象,每一种生物都有自己特定的适于生存和延续的生活环境。生命系统正是以这些独特的属性,与大自然一起共同构建了地球生物圈,缔造了地球生命共同体,孕育了人类生命共同体。

(二) 群落与生物圈

群落(biocoenosis),或称为"生物群落",是指生存在一起并与一定的生存条件相适应的所有生物。居住在一个地区的一切生物所组成的共同体,它们彼此通过各种途径相互作用和相互影响,是不同种群之间通过种间关系形成的有机整体,即生活在一定的自然区域内,相互之间具有直接或间接关系的各种生物的总和,统称为生物群落。其基本特征包括群落中物种的多样性、群落的生长形式和结构、优势种、相对丰盛度、营养结构等。

组成生物群落的种类成分是形成群落结构的基础。群落中的种类组成,是一个群落的重要特征。营养物质的丰富程度不同,种类数目可以相差很大。陆地生物群落中植物种类的多样性和结构的复杂性能直接影响动物种类和数量。微生物和土壤动物是生物群落中的重要成员,促进能量的多级利用和物质的循环过程。

任何群落都有一定的空间结构。构成群落的每个生物种群都需要一个较为特定的生态条件。在不同的结构层次上,有不同的生态条件。所以群落中的每个种群都选择生活在群落中的具有适宜生态条件的结构层次上,就构成了群落的空间结构。群落的结构越复杂,对生态系统中的资源的利用就越充分。群落的结构越复杂,群落内部的生态位就越多,群落内部各种生物之间的竞争就相对不那么激烈,群落的结构也就相对稳定一些。

不同的生态环境中有不同的生物群落,不同的生物群落总处在不断的交互作用中。按生物吸取营养的方式,有营光合作用的植物、靠摄食为生的动物和经体表吸收的微生物。它们之间形成复杂的食物关系。两物种可以是互相竞争,也可是共生的,视相互间利害关系而有寄生、偏利共生和互利之分。一个群落的进化时间越长、环境越有利且稳定,则所含物种越多。生物群落的发展趋势是生态位趋向分化和物种趋向增多。

群落中生物组成包括植物、食植动物到食肉动物各营养级的食物连锁关系。植物通过光合作用制造的有机物质总量称为总初级生产力,这是整个群落一切生命活动的能量基础。除去植物呼吸消耗之后的剩余称为净初级生产力,这是群落中全部异养生物赖以生存的能源。

生物群落有一定的生态环境。地球上所有的生物与其环境的总和构成生物圈(biosphere)。生物圈是所有生物链的一个统称,是一个封闭且能自我调控的系统,包含生物链和所有细微的生物,以及生态环境、生态系统等。生物圈是地球上最大的生态系统,也是最大的生命系统。

生物圈主要由生命物质、生物生成性物质和生物惰性物质三部分组成。生命物质,是生物有机体的总和。生物生成性物质是由生命物质所组成的有机矿物质相互作用的生成物,包括煤、石油、泥炭和土壤腐殖质等。生物惰性物质是指大气低层的气体、沉积岩、黏土矿物和水。由此可见,生物圈是一个复杂的、全球性的开放系统,是一个生命物质与非生命物质的自我调节系统。

总之,地球上有生命存在的地方均属生物圈。生物圈的要领是由奥地利地质学家休斯(E. Suess)在 1875 年首次提出的,是指地球上有生命活动的领域及其居住环境的整体。生物的生命活动促进了能量流动和物质循环,并引起生物的生命活动发生变化。生物要从环境中取得必需的能量和物质,就得适应环境,环境发生了变化,又反过来推动生物的适应性,这种反作用促进了整个生物界持续不断的变化。

生物圈有自我调节的能力。生物圈是一个统一的整体。生物圈中的各种生物,按其在物质和能量流动中的作用,可分为生产者、消费者和分解者。这三类生物与其所生活的无机环境一起,构成了一个生态系统:生产者从无机环境中摄取能量,合成有机物。生产者被一级消费者吞食以后,将自身的能量传递给一级消费者。一级消费者被捕食后,再将能量传递给二级、三级……最后,当有机生命死亡以后,分解者将它们再分解为无机物,把来源于环境的,再复归于环境。这就是一个生态系统完整的物质和能量流动。生态系统中的任何一部分都不能被破坏,否则,就会打乱整个生态系统的秩序。

(三) 人与自然是休戚与共的生命共同体

人类进入工业文明时代以来,在创造巨大物质财富的同时,也加速了对自然资源的攫取,打破了地球生态系统平衡,人与自然深层次矛盾日益显现。近年来,气候变化、生物多样性丧失、荒漠化加剧、极端气候事件频发,给人类生存和发展带来严峻挑战。面对全球环境治理前所未有的困难,人类要以前所未有的雄心和行动,勇于担当、勠力同心,以人类为主体,共同构建人与自然的生命共同体,共同构建人与自然环境、社会环境、人文环境协同发展的生命共同体。

人与自然的关系,是人类存续与发展所面临的永恒性关系。大自然是包括人在内一切生物的摇篮,是人类赖以生存发展的基本条件。大自然孕育抚养了人类,人类应该以自然为根,尊重自然、顺应自然、保护自然。人类归根到底是自然的一部分,在开发自然、利用自然中,人类不能凌驾于自然之上。人类在几千年发展的历史进程中,曾一度忽视了这种和谐共生的基础性关系,一味地劫掠自然与奴役自然。不尊重自然,违背自然规律,只会遭到自然报复。自然遭到系统性破坏,人类生存发展就成了无源之水、无本之木。人类要像保护眼睛一样保护自然和生态环境,推动形成人与自然和谐共生新格局。

　　人与人的关系,决定着人与自然的关系。生态问题产生的根源在于人与人的一种社会性实践关系,这种关系最终决定着人类的终极性命运。在全球性生态危机的今天,人们在生态环境上权利与义务平等,在生态危机问题面前是一个利益相连、命运与共的责任共同体。任何国家在获取自身的利益时,必须对基于生态问题的全球性危机做出负责任的回答及行动,否则将会使人类命运共同体的构建在生态向度上显现出人类命运的窘境。

第四章
可持续发展的基本理论

可持续发展的基本理论,尚处于探索和形成之中。目前已具雏形的流派大致可分为以下几种:资源永续利用理论、外部性理论、财富代际公平分配理论和三种生产理论。

资源永续利用理论流派的认识论基础在于:认为人类社会能否可持续发展决定于人类社会赖以生存发展的自然资源是否可以被永远地使用下去。基于这一认识,该流派致力于探讨使自然资源得到永续利用的理论和方法。

外部性理论流派的认识论基础在于:认为环境日益恶化和人类社会出现不可持续发展现象和趋势的根源,是人类迄今为止一直把自然(资源和环境)视为可以免费享用的"公共物品",不承认自然资源具有经济学意义上的价值,并在经济生活中把自然的投入排除在经济核算体系之外。基于这一认识,该流派致力于从经济学的角度探讨把自然资源纳入经济核算体系的理论与方法。

财富代际公平分配理论流派的认识论基础在于:认为人类社会出现不可持续发展现象和趋势的根源是当代人过多地占有和使用了本应属于后代人的财富,特别是自然财富。基于这一认识,该流派致力于探讨财富(包括自然财富)在代际能够得到公平分配的理论和方法。

三种生产理论,是中国"三生学说"的基本理论,其认识论基础在于:人类社会可持续发展的物质基础在于人类社会和自然环境组成的世界系统中物质的流动是否通畅并构成良性循环。他们把人与自然组成的世界系统的物质运动分为三大"生产"活动,即人的生产、物资生产和环境生产,致力于探讨三大生产活动之间和谐运行的理论与方法。该流派总结性地提出"三生(生态、生产、生活)共赢"原则,作为实践的方法学标准和行为准则。

本章将分节分别阐明这几种理论。

第一节　资源永续利用理论

一、自然资源的概念与分类

（一）自然资源的概念

凡有可能为人类的物质生活和精神生活所用的,均可称为"资源"。自然资源则特指直接来自自然界的具有上述功用的资源。由于研究和出发的角度不同,目前对自然资源一词的认识也不完全相同。

资源的定义是天然存在的自然物,不包括人类加工制造的原料。如土地资源、水资源、生物资源和海洋资源等,是生产原料的来源和布局场所。

1972年联合国环境规划署给自然资源下的定义,是指在一定时间条件下,能够产生经济价值,提高人类当前和未来福利的自然环境因素的总称。

《大不列颠百科全书》给自然资源下的定义,是指人类可以利用的自然生成物,以及形成这些成分源泉的环境功能。前者包括土地、水、大气、岩石、矿物、生物及其群集的森林、草地、矿藏、陆地、海洋等。后者则指太阳能、生态系统的环境机能、地球物理化学循环机能等。

比较和思考以上不同的说法,可以得出以下结论:

首先,自然资源是人类的生产生活来源。作为资源,有效性是其不可或缺的基本属性。这种有效性可以是眼前的,也可以是未来的。但对有效性的认识则要受到人类认识能力的限制,单就有效性这一点而言,可以认为所有的自然生成物都具有有效性,那么也就都是自然资源。但在一般的用法中,自然资源主要指人类已经意识到其有效性的自然物。

其次,在人类认识能力和利用能力的限制下,相对于人类的需要,自然资源就具有了稀缺性。当然,稀缺程度也是相对的。所有的自然生成物及其形成的环境都是自然资源,但其总量,特别是不同地区的总量,也就一定存在不同的极限。由于"自然资源"是个庞大的体系概念,它的组分、结构、状态、功能多种多样,极其复杂,因此自然资源的稀缺不能在总体意义上泛泛而论。一般来说,对特定的自然资源而言,其稀缺性有两层意思:一是经济稀缺性,由于获取自然资源需要投入资金、劳力以及其他生产成本,如果在投入某一数量生产成本的条件下,可以获取到的自然资源是"供不应求"的,就称为"经济稀缺性"。二是物质稀缺性,在漫长的地质历史时期所形成的某种自然资源总量,相对于目前人类消耗此种资源的速率而言,远远不能满足需要,就称为"物质稀缺性"。值得注意的是,自然资源的经济稀缺和物质稀缺的划分是人为的,实际上两类稀缺总是交互存在的。

最后,自然资源的表现形式是多样的。提到自然资源,浮现在脑海中的可能是大片的森林、海洋、草地及矿物等有形的实体。但从自然资源的上述两个本质特性看,这些有形的实体只是自然资源的一种表现。实际上,自然资源的本质属性决定了自然资源的形态的多样性。从某种植物的基因组成到物种,从种群、群落到生态系统直到整个生物圈都是自然资源。由局部的有形的自然物所形成的环境,也是一种特殊的自然资源。

(二)自然资源的不同分类

为了便于理解、认识、利用自然资源,对其加以分类是必要的。由于分类的角度和标准不一,故存在多种分类方法和多种分类体系。

按自然资源在产业活动中的地位来划分,可分为农业资源、工业资源、能源、旅游资源、医药卫生资源及水产资源等大类。

按自然资源的物理特性划分,可分为物质资源和能量资源两大类,相应的称呼是原材料和能源。

按自然资源的限制特征来划分,又可分为流量资源和存量资源。前者包括气候资源、生物资源、旅游资源和土地资源等。这类资源是容量限制型的。而存量资源则指矿产资源、能源等。这类资源是储量限制型的。

上述分类虽然在各自的领域中有其意义,但从可持续发展研究的角度,大多关注地理学的分类和经济学意义上的分类两种分类方法。

(三)地理学的自然资源分类

地理学的自然资源分类,是根据自然资源的形成条件、组合状况、分布规律及其与地理环境各圈层的关系等进行的,可分为土地资源、水资源、气候资源、生物资源和矿产资源五大类。在自然界中,这五类都相对独立并自成系统,有各自的特点。

第一类,土地资源。土地是气候、地貌、岩石、土壤、植被和水文等自然要素共同作用下形成的自然综合体,也包括受到人类生产劳动活动影响的该类综合体。它的基本特征是具有生产能力和固定的空间位置。土地资源既包括土地的自然类型,也包括土地的利用类型。自然类型指的是自然地带规律和地质、地形条件等形成的土地类型。利用类型指根据不同的土地利用方式和特点所形成的地域差异性进行划分的土地类型。波兰学者科斯特罗维茨基(J. Kostrowicki)将利用类型分为三大类:一是生物生产类型,包括农业、林业、牧业、渔业、采集和狩猎等用地类型。二是技术生产类型,包括采矿、能源生产及加工工业等用地类型。三是服务类型,包括联系生产与消费的运输业、商业、文化及旅游等用地类型。

第二类,水资源。水资源指的是地球上目前和近期人类可直接或间接利用的水。有的学者认为包含两部分,即作为能量来使用的水力资源和作为物质来使用的水质资源。前者包括潮汐能和水能等。后者主要类型有河川径流、地下水、积雪和冰川、湖泊、沼泽水、海水。作为水质资源的水资源,目前大多指淡水。由于淡水在全球总储水量中只占 2.53%,其中只有少部分分布在湖泊、河流、土壤和浅层地下水中,大部分则以冰川、永久积雪等人类目前难以直接利用的形式储存着,其中冰川储水就占淡水总量的 69%。因此,水资源的总量并不是想象中的那样充裕。再加上各种水质资源的时空分布不均匀,也给人类的利用带来诸多不便。扣除这些因素,实际上可利用的淡水资源是很少的。当然,严格说来,海水资源也应属于水资源,但除养殖、捕捞、航运外,它的经济功能的体现有别于淡水资源,故常常会被忽视。

第三类,气候资源。气候指地球上某一地区多年的天气和大气活动的综合状况。不仅包括各种气候要素的多年平均值,而且包括极值、变差和频率等。气候资源则指可为人利用的光照、热量、降水和风力(气流)等气候环境中的自然能源和物质。人类利用气候资源有两种方式,一是直接利用气候环境提供的能源和物质,如太阳能、风能、空气制氧及制氮等。二是间接利用,如利用绿色植物固定太阳能、生产有机物质等。气候资源的基本特点是其地带性和季节性。

第四类,生物资源。生物资源主要包括森林、草场、水产与野生动植物资源。生物资源是人类生活资料和生产资料的重要来源。同时还为人类提供丰富的基因库,为物种研究和利用提供研究样本和对象,为地球演变的研究提供证据。此外还可作为医药卫生资源、旅游观赏资源等。生物资源的多样性有助于维持生态系统的稳定性和抗干扰性,增强和保持其各种功能。生物资源的特点是生长发育的周期性,以及在水、热、土地等因素的制约下类型分布的区域性。生物资源的生物生产力,在上述两大因素的影响下,年内表现出季节性,年际之间表现为丰歉年。

第五类,矿产资源。矿产资源是指在地质作用过程中形成并储存于地壳内的某些物质。这些物质中的有用组分的含量超过了周围的其他岩石(围岩),或者其物理、化学性能优于围岩。包括可供社会实际利用要求的、能够产生经济价值的矿物、岩石及其集合体或堆积体。矿产资源是人类社会重要的物资生产资料来源,包括能源矿产、金属矿产和非金属矿产三大类。实际上,能源矿产也可以归入后两类中,但由于能源在国民经济生产中具有的特殊的动力位置,故而单列出来。金属按其特点和用途又可分为黑色金属、有色金属、轻金属、贵金属及稀土金属等。非金属包括煤、石油、天然气,以及化工原料,工业矿物和建筑材料等。和其他自然资源一样,矿产资源也具有区域分异性和地域组合性的特点。此外,还具有成矿时空跨度大,以及不可更新和耗竭性等特点。

综上所述可见,这种分类的优点在于将自然资源与其地理位置联系起来,并且从形态上加以区别,较直观,易得到总体的印象,也便于分部门进行勘察、观测和利用。缺点是难以进行综合利用研究,尤其是不能反映出自然资源在经济生活中表现出来的特点,无法根据其固有特性及其与经济活动的关系得出如何利用的结论。

(四) 经济学意义上的自然资源分类

自然资源在使用过程中呈现出的诸多特征:一是耗竭性(exhaustibility),指某物质在物理量意义上、可枯竭的特性,但须注意的是"耗竭"的时间界限;二是可更新性(renewability),指某物质在经过生态循环过程后,可再次出现的特性,当然更新的时间也是一个重要的参数;三是重复使用性(reusability),指某物质在使用后,经过恰当的人类活动,可以重新生成而重复使用的特性;四是可变性(mutability),指物质易受影响、易改变的特性,与之相反的为恒定性(immutability)。

根据使用过程中自然资源质和量的不同改变程度,可以将地理学意义上的自然资源类型重新归类。一方面,耗竭性资源再分为可更新资源和不可更新资源。可更新资源包括土地资源、森林资源、作物资源、牧场和饲料资源、野生及家养动物资源、水产渔业资源及遗传资源等。不可更新资源包括金、银、铁、铜、锡及锌等能重复利用的资源,以及化石燃料,如石油、煤炭及天然气等不能重复利用的资源。另一方面,非耗竭性资源再分为恒定性资源和易误用及污染资源。恒定性资源包括太阳能、潮汐能、原子能、风能和降水等。易污染的资源包括大气、水质资源及广义的自然风光等。

由此可见,上述分类基本上反映了自然资源的特性,但过于烦琐,在实际分析中的意义不大。因此,经济学对自然资源的最基本的划分,是将其划分为两大类,即可再生资源和不可再生资源。前者在合理使用的前提下,可以自己生产自己,循环往复,无穷无尽。后者不具备自我繁殖能力,在自然界中地壳内的储存如连续使用,会逐步减少。不可再生资源又可分为可回收的和不可回收的两种。现实世界中的大多数自然资源都难以界限分明地划归到某一类中,但为了分析方便,做这种抽象还是必要的。

二、自然资源的可持续利用

自然资源不但向人类提供了原材料和能源,而且还以其他多种形式向人类提供服务。作为人类生存的物质需要的最终来源,自然资源在人类存在的历史长河中不可缺少。然而,从上面的分析中可以看到,自然资源的物质性稀缺在一定程度上对人类需求形成了限制。另外,自工业革命以来,一方面在观念上过分强调人的需求,另一方面生产力的发展和社会制度的变迁也给这种需求创造了必要的条件。不幸的是,在当今盛行的文化观念和政治经济制度的引领下,人类对物质的需求渴望越来越强烈,需求的量在不断增加,需求的质越来越精细。因此,虽然自然资源的适度开发和利用已成为备受关心的主题,但同时也是一个不易解决的难题。

(一) 传统开发利用的问题与原因

人类对自然资源的需求和利用,自人类出现以来从来没有停止过。尽管如此,在工业革命前,人与自然资源的关系却一直是比较平静的,对于资源的争夺仅停留在国土疆域、牲畜五谷等反映上层阶级称霸主张的层次上。这种关系基本上不是人与自然之间关系的表现,而是人与人、群体与群体之间关系的表征。因此,自然资源的利用只存在经济性稀缺的问题,不存在物质性稀缺的问题。再加上相对落后的生产力水平和较为单调和平薄的物质需求结构,对自然资源没有形成多大的压力。

工业革命以后,对自然资源的利用广度和深度,达到了空前的程度。人们一方面为人类生产力地极大提高和文明程度(在文化的意义上)的增加欢呼雀跃,另一方面也越来越深刻地意识到这太平气象中所包含的危机。更何况,危机并非隐而不发,而是迫在眉睫。我们可以罗列出长长一串有关危机的名单,譬如区域性的沙漠化、砍伐导致的森林锐减、降水的酸雨化、气候变暖、臭氧耗竭、物种消失导致生物多样性的减少、土壤侵蚀导致河流和湖泊泥沙的沉积、部分能源和原材料的开发临近枯竭等。

要从所有这些原因和结果相互交织的纷繁错综的现象中,清理出头绪是一个十分困难的问题。抛开一切细枝末节不论,自然资源利用的问题主要可以概括以下几方面:首先,某些用作能源和原材料的不可再生资源(自然资源)就我们可以利用的数量和品位而言,已接近或部分已超过其边界阈值;其次,可再生资源由于使用不当或管理不善,其再生能力已受到严重的损害,从而限制了利用的可能性;最后,其他的问题或多或少都与上述两个问题有联系,同时一切问题都是互相关联的。

导致上述问题的原因,有很多分析,政治家、社会学家、地理学家、经济学家、心理学家、哲学家以及其他相关领域的专家学者纷纷从自己的视角探寻问题产生的根源,并依据这些根源开出自己的药方。例如,政策分析专家认为,原因在于没有制定正确和适宜的资源开发利用政策及规章制度。社会学家认为,原因在于缺乏公众参与的机制,致使问题本质没有聚焦成为一种问题。这些探讨,或者认为是社会阶层对资源占有的不合理状况造成此种局面,或者从文化观念探讨、批判"人是大自然的尺度",或者声讨种族主义、男性社会,或者归罪于科技和工艺的进步,或者寻找到现代化的人性构造和社会组织方式等。就好比一枚硬币一样,硬币的正面和反面都不是硬币本身,而是硬币的一个组成部分,这些研究虽然均有助于问题的解决,但都没有涉及问题的本身。

而缺乏问题意识,就不可能有解决的可能。在这诸多声音中,经济学家立足于现实,承认在资源利用中存在着不道德的现象,并从解决途径去寻找问题的根源,如概括为自然资源开发成本和收益、稀缺和价格、权利和义务、行为和结果的脱节和背离。正是这种从解决途径出发的逆向分析,使得经济学家们寻找到的原因虽然不一定经得起推敲,但却因可操作性而具有意想不到的解释力。它的好处在于可以在现有制度框架内进行修正而不伤筋动骨,可以最大限度地减少交易成本从而易为各方接受。

问题和原因揭示出来后,就要去寻找解决的办法,寻找一条自然资源能够为人类持续利用的道路。照字面理解,自然资源的可持续利用就是人类能够较为持久地利用自然资源。但这样的解释无助于理解这个概念,必须做实质性的规定。

(二) 可持续利用的物理学原理

正如前述,自然资源分为可再生及不可再生两种。对于可再生自然资源,我们的担忧在于人类对它的利用会损害该种资源的自我更新能力,从而在资源提供的质和量上有所改变甚至退化到不能提供该种资源的水平上。不可持续地利用自然资源,导致出现这种后果。而对于可再生自然资源,在没有新的替代品或生活生产方式发生改变以前,由于不可再生资源在一定地质时期内其总存量是固定的,利用了多少,总存量就减少多少。在这个意义上,不可再生资源利用的"不可持续"是绝对的,而"可持续"则是相对的。因此,对这类资源所谓的可持续利用不是保持其存量水平的不变,而是指其利用消耗速率要低到在其存量枯竭之前能发现新的替代品,也就是说可持续利用的速率必须低于或至多只能相当于替代品出现的可能低的速率。由于替代品形成或发现速率的不确定性，因此不可再生资源的可持续利用只能意味着使其消耗速率尽可能低。

以上分析是从自然资源的角度来看问题的，是基于自然环境系统特性提出的一种理想状况，与人类社会经济、政治文化活动关系不大。也可说只是提供了人类行为的边界阈值而并未指明自然资源可持续利用的途径和方式。

（三）可持续利用的经济学原理

人类社会的经济生活，归根到底，还是以追求经济利益为根本出发点。当然，经济生活并不是人类活动的全部，虽然是至关重要的一环。自然资源的可利用功能很多，诸如经济活动的物质基础、审美活动的审美对象、科学研究的研究对象，或者经济活动以外的物质生活的承载体等。在这诸多方面中，作为经济活动和物质活动的基础是其最基本也是最重要的功能。而人类在利用自然资源此项功能时，往往倾向于破坏和减少自然资源。因此，必须弄清楚人类经济行为的基本特征，或者说是弄清楚人类利用自然资源的特点。

按照西方经济学的观点，在经济活动中所有的经济主体都是最有理性的，其经济行为的目标是效用最大化或利润最大化。这就是亚当·斯密"经济人"的假设。显然，这种"理性"和我们在第一讲中从文明演进角度提到的"理性"是两个完全不同的概念。

在这样的假设下，自然资源的可持续利用在经济活动中变成了另外一种含义。即对于不可再生资源的拥有者来说，现在开采与未来开采均是开采利用，究竟是现在开采还是留到将来，决定于资源的市场价格和开采成本之差在各时期的总和最大化，也即有限资源存量利用的收益最大化。为实现这一目标，开采的资源的价格增长率必须等于贴现率。这就是著名的霍特林法则（Hotelling model）。霍特林法则描述的是理想状况下不可再生资源开发利用的经济规律。它关心的是资源开发的收益是否最大，而不是资源存量本身的变化或者枯竭与否。显然，他所谓的可持续利用是对资源拥有者而言的。

对于可再生资源，可持续利用的目标亦同样是使其利用收益最大化。与不可再生资源不同的是，其存量的变化与自然增长率有关，其影子价格的变化率受增长函数的影响。因此，可再生资源开采利用的理想状况，即为开采的资源的影子价格的变化率与社会贴现率相等。一般来说，在达到最优均衡时，最优资源存量通常低于自然资源的最大可持续产量（如果是生物资源）所对应的种群数量。这就是说，生物学意义上的最优水平不一定是经济学意义上的最优水平。

上述经济学有关自然资源可持续利用的规定，是在理想情况下达到的最优均衡。实际上，上述均衡要求的假设（理想情况）是不可能实现的。譬如，自然资源的产权要明晰,要能正确估计出自然状况变化对可再生资源最优增长量的影响,还要对未来市场上该资源的供给和需求做到准确地预期以便优化定价等。这些都是很难做到的。虽然经济学意义上的自然资源可持续利用,目前仍存在许多尚未解决的问题,但是由于出发点的基调比较低,仍有可能获得某种效果。再加上,市场经济在解决人类经济问题上的"万能"形象,以及技术发展所展示的无限潜力,致使不少经济学家相信西方经济学的一套思路,可以解决自然资源的持续利用问题。相信是可以的,但真要解决问题首先还必须在理论上解决自然资源的价值和定价问题以及自然资源的产权问题。

自然资源是否有价值?表现形态是什么?如何定价等?这些都是自然资源可持续利用经济解决途径首先要解决的问题。目前关于自然资源的价值,有多种说法。有限资源价值论认为,资源的稀缺、质量及地理差异是价值的起因。价格决定价值论认为,自然资源既然有价格就必定有价值。有的学者认为,自然资源能给人提供不同的使用功能,因而具有使用价值。双重价值论认为,自然资源的价值来源于自然自身形成的价值,也包含劳动创造的价值。主观价值论认为,价值是一种心力的判断,不是理论的特质或一个独立的实体,因此自然资源的价值来源于欲望和效用。均衡价值论认为,交换价格就是交换价值。上述说法都肯定了自然资源具有价值。同时,还有另外两种说法:一是自然资源未开发前无价值,开发后有价值;二是自然资源的价值争论无意义,因为价格已取代了价值的地位。

传统对马克思劳动价值论的解说,认为自然资源就其物质形态而言没有凝聚人类劳动,因而也就没有价值。这种认识长期主宰着中国理论界,结果造成自然资源的定价长期以来偏低。由于价格围绕价值波动,既然自然资源本身没有价值,那么它的价格也就必然很低,只能包含开采成本等内容。

最近的理论研究表明,没有价值的东西在形式上可以具有价格。没有价值的东西之所以在形式上具有价格,是由于其垄断性、稀少性和不可缺性。当自然资源进入流通领域时,具备了价值,这个价值的来源是资源拥有者为开发资源进行的各种形式的投资(劳动)。但是,实现这一价值的根据,不是社会必要劳动时间的第一种含义,即在现有的社会正常条件下,在社会平均的劳动熟练程度和劳动强度下,制造某种使用价值所需的劳动时间。而是另一种含义,即按比例分配用于各个特殊领域满足社会需要所必需的劳动时间。社会在一定生产条件下,只能把它的总劳动时间中"这样多"的时间用在这样一种产品上。"这样多"的社会必要劳动时间所实现的自然资源资本的价值是"虚假的社会价值",亦即市场价值。这种市场价值的调节取决于,在特殊的组合下那些在最坏条件下所生产商品的社会必要劳动时间,也就是社会为满足需求不得不用于生产这样一种产品的劳动时间,也即社会对自然资源资本支付的过多的东西。在这种情况下得来的市场价值,必然与自然资源资本的价值有很大的差别,前者要高于后者。因此,自然资源物质的无价值和自然资源资本的"虚假的社会价值",是自然资源价值的真正内涵。

根据上述理论,不难理解自然资源为何要进行定价,以及自然资源价格为什么应该是自然资源物质"虚幻的非价值价格",以及自然资源资本"虚假的社会价值价格"在实际中的实现价格。由于"虚幻的非价值价格"和"虚假的社会价值价格"的实现,要有一定的市场机制,有人主张不应由政府强制定价,而应由市场来实现。但是由于传统的"资源无价"的惯性相当强大,不依靠政府的权威力量难以改弦更张。而且,由于外部性等问题,市场价格难以反映社会成果,因此完全靠市场供求来决定环境与自然资源的价格以提高自然资源的利用效率的做法是远远不够的,必须要由政府进行适当干预。

目前,自然资源定价的方法很多,主要有成本估价法、收益还原法和市场比较法。由于收益还原法强调的是生产者得到的经济效益,忽视资源的其他功能带来的不以货币表现的收益,所以这种方法定价可能较低。而市场比较法所要求的供求关系,必须是需要完全自由竞争的市场中的供求关系,这也是难以得到的。成本估价法是较为流行的自然资源定价方法,因为其中的边际机会成本定价理论有较强的操作性。

边际机会成本定价的要点有二:一是自然资源的价格等于边际机会成本,二是边际机会成本由边际生产成本、边际使用者成本和边际外部成本三个部分组成。其一,边际生产成本,即自然资源数量(收获量或探明储量)的单位变动所引起的总生产成本的相应变动。其中的生产成本,包括原材料、动力、工资、设备、勘探费用、再生产投资和管理成本等。其二,边际使用者成本,指的是自然资源数量的单位变动所引起的使用者成本总额的相应变动。其中,使用者成本是指用某种方式使用某一自然资源时所放弃的以其他方式利用同一自然资源可能获取的最大纯收益。其三,边际外部成本,指自然资源数量的单位变动所引起的外部成本总额的相应变动。其中,外部成本是指因外部不经济性受到的损失并且由受影响者负担的那部分成本。边际外部成本的高低,不仅取决于受害者受到的损失的大小,而且还取决于受害者对这些损失的评价即支付意愿,边际外部成本随着支付意愿的上升而上升。

这里,一个重要的问题是,为什么强调"边际"而不是"平均"?原因在于,自然资源的机会成本不仅随着产量的变化而变化,而且还随着自然资源稀缺程度的变化而变化。另外,之所以用机会成本来确定自然资源的价格,还有两个原因:一是它包含自然资源收益的边际成本,同时还包括生产者支付这些成本应该产生的利润;二是由于它可以指示自然资源的其他功能用途可能有的价格,包括了因收获自然资源对他人、社会未来造成的损失以及稀缺变化的影响,因而可以较为接近地反映自然资源的瞬时价格。

一般认为,市场不能解决公共资源利用的优化问题。但自由市场环境主义者认为,只要实现了生态私有化,凭借市场均衡优化原理加上市场价格机制和技术进步,就完全可以让自由市场来管理公共资源,实现资源利用的持续和效率。当前,认为市场经济可以实现自然资源可持续利用(社会总体收益最大化,即利用效率最大化)的学者,大多从科斯的产权理论中寻找所需的依据。

生态私有化意味着明确自然资源的产权关系。根据科斯定理,只要有明确的产权,给出完全信息的讨价还价,并且在协商或讨价还价中没有交易成本,以及支付意愿相同等条件得到了满足时,就能在不需要政府干预的情况下,通过资源的产权拥有者与其他需使用该种资源的各方进行讨价还价,来实现没有社会成本并且资源利用的社会总收益最大化的结果。

但在实际生活中,上述科斯定理的四个前提条件基本上都不可能或者难以实现。即使产权得以明晰,要达到帕累托最优状况仍然没有可能。这是因为自然资源利用涉及的各方不可能都来参与讨价还价,首先这种资源利用所涉及的各方并不都能明确,其次其子孙后代显然不可能来参加协商。说到底,这里的社会利益最大化,只能是指参与讨价还价双方利益的最大化。

(四) 可持续利用的生态学原理

迄今为止,依据生态学原理而不是经济学原理,依据物质、能量的流动而不是货币的流动,来研究自然资源可持续利用的努力一直在进行着。

我们知道,自然生态系统有许多特征,诸如多样性、稳定性、生产力及自给性等。自然生态系统的这些特征,使其能够充分利用空间和能源,创造出各种生物共存的小环境。同时,由于系统拥有多种生物成分,可以增加对诸如天敌、病害、自然灾难等各种不利情形的抵抗能力,使这些不利情形引发的波动范围较小。相对于人为系统,自然生态系统可以看作是一个自我循环的封闭系统,可以依赖太阳能,而不依赖于化石能源、劳动力和资本,进行物质循环和能量流动。

生态系统的这些原理和特征,带来的启示是:如果把我们的生产活动比拟成天然生态系统,人类社会的生产活动就能形成一个相对封闭的循环系统,实现物质和能量的自足,减少对自然资源的依赖,从而实现自然资源的持续利用。根据这一设想,在农业和工业领域进行了一系列的实践探索。

第一,西方国家有机农业的探索实践。

有机农业出现于农业高度集约经营、充分使用农业化学试剂和大量投入农用机械以提高产量的后期。大量使用化学肥料和农用试剂,以及高能源消耗带来的问题是:农产品质量下降、成分中可能含有毒元素、缺乏精耕细作、味道差及农田在受到化学污染后生产力下降等。另外,农用机械所需的化石燃料可能出现的供应危机亦使现代农业体系处于不稳定状况。

有机农业的主张:一是减少或停止农用化学品的使用,例如,农药、化学肥料、作物和动物生长激素以及生长调节剂等,而代之以各种生物防治方法;二是恢复传统的轮作、间作、休耕制度等以维持地力;三是作物的养分供给也改为有机型供给,如人类排泄物、有机垃圾、腐殖层、豆科植物和秸秆等。但对农用机械的使用仍没有找到恰当的解决办法。

有机农业最大的好处,不是找到了一条自然资源持续利用的道路,而只是加强了农业系统本身的稳定性和自足性。有机农业的能量依然需要从外界输入,成本较高,实践起来较为困难。

第二,中国的生态农业的探索实践。

与西方国家的有机农业形成对比的是中国的生态农业。生态农业利用各种生态原理驾驭农业生产,以期达到物质的自我循环和能量的自足。首先,生态农业包含比较完整的生态循环过程,拥有初级生产者(农作物)、二级生产者(家畜家禽、鱼类等初级消费者)、消费者(人)和还原者(微生物)四种组分。当然,在这个过程中,始终有人的劳作在各个环节中起作用,因而这是一个人工生态系统。其次,生态农业强调经济收益,为了提高产量,大规模使用农用化学品不受任何限制。同时,生态农业集约经营规模小,机械化水平低,主要还是人力耕作。

生态农业可能是驾驭农业生态过程较为成功的一种试验。它的各个环节都是根据生态原理来设计的。问题在于,如何使这种富于系统特色的经营方式具有现代生产的含义,从而更有操作的可能性。

第三,永续农业的探索实践。

生态农业的设计较为粗糙直接,涉及范围也小,大多限于农作物系统,同时需要较多的人力来维持,在稳定性上并不乐观。而由澳大利亚学者莫利森(Bill Mollison)提出的"永续农业"(permaculture)所规划的生态系统,规模较大、层次较高、涉及的物种更多并且可以不需要人工维持,可能更有优势。

永续农业的伦理基础是"够用原则",即只生产出够人类利用的农产品即可。与此同时,通过限制人口和消费,达到地球和人类和谐共处的目标。地球和人类同时都是伦理的目的。

永续农业的特点,一是在较大尺度的生态系统基础上进行设计。这一尺度的生态系统一般需要包括乔木、灌木、草场、农作物和家畜家禽等成分。最低限度是群落层次;二是由于设计的生态系统层次较高,从而该生态系统中的各物种占据着各自的生态位进行物质循环和能量流通,自我演化,不需外来的物质输入,不需使用农用化学品和农用机械;三是总生物量较大,但是具有经济价值的作物的单位生物量较低。

永续农业是一种反现代化(counter-modernization)的农业发展模式,它是人类寻找的资源可持续利用的一条途径,由于涉及的面较为复杂,前景未定。

第四,生态工业的探索实践。

农业体系的生态学探讨方兴未艾之时,生态工业的研究也开始了。

生态工业的假设是,把工业体系也设想为生态体系的一种,即工业体系同天然生态系统一样,也是反映物质、能量、信息的流动及储存的一种生态系统。这一生态系统是可以与天然生态系统相互融合和匹配的。简单来说,就是在工业体系这样一种看似与天然生态系统迥异的人工造物的运行中模仿运用生态系统的运行规则。

生态工业亦称"工业生态系统",其理论基础,一是工业体系的所有组成部分及其所在的生物圈是不可分割的一体化体系,这是研究生态工业的基本分析视角;二是与天然生态系统相似,生态工业以物质和能量的流动以及储存的总量、速率、路途等生物物理基础为考察的对象和标准,而非货币标准。

勃拉登·阿伦比(Braden Allenby)的工业生态理论,视工业社会为一个大的工业生态系统,将工业生态系统可分为三级(三种)形态。一级工业生态系统,就是开采资源和抛弃废料(资源和废料都是无限的)之间的联系过程所涉及的范围;二级工业生态系统,受制于有限的资源和有限的环境纳污力,因而该系统内的物质循环和能量流动受到重视,从而使系统内的内部循环逐渐复杂起来,对资源的利用也达到相当高的效率;三级工业生态系统,物质和能量是完全循环的,只有太阳能除外。工业生态系统中,包含众多相对独立又相互联系的循环。理想的工业生态系统,包括资源开采者、处理者(制造商)、消费者和废料处理者四类主要行为者,同时进出该生态系统的物质流较小。

根据勃拉登·阿伦比及其他工业生态学家的理论,一些国家进行了有益的尝试。"比利时生态系统"就是在工业生产统计的基础上,以物质、能量流的形式来阐述比利时经济,而不是以传统的抽象的货币单位的形式。日本提出"阳光计划""月光计划",研究能使经济和生态制约条件完全整合的先进技术。丹麦"卡伦堡共生体系"尝试在不同企业、不同部门间的废料交换,还进行了其他生态工业园区、工业生物群落等的试验,体现了企业共生与循环经济。

在上述实践的基础上,推进生态工业发展的战略,通常包括废料资源化、物质循环封闭化、产品和经济活动的非物质化、能源脱碳化四个方面的内容。废料资源化要求,能源和原材料的消耗得到优化,每道工序的废弃材料,应作为别的工业部门的原料来使用,从而使废料尽可能地少。物质循环封闭化要求,封闭不能靠简单的废料收集,回收的过程可能成为封闭性物质循环的一个泄漏缺口。回收过程可能消耗能量和物质并产生不必要的环境污染。解决这个问题的办法是在物质循环过程中尽力保持物质的特性,尽量减少物质性能退化。这需要发展能使物质成分处于稳定状态的材料和技术。产品和经济活动的非物质化,就是在同样多的、甚至更少的物质基础上使消费者获得更多的服务与产品。值得注意的是非物质化并不是意味着物质消费的简单减少,因为消耗较少的物品并不等同于总的物质消费量的减少。也就是说从环境角度看并不一定更少。工业体系的目的将不再主要是生产与销售新产品,而是提供高质量的综合服务。与此相关的另一个概念是"使用单位",描述的是某种使用功能的单位过程或单位时间。使用单位可以是一台洗衣机或洗碗机的一个洗涤过程,也可以是一辆汽车的行驶里程。可持续性的中心思想,即是以最小的物质资源来满足一个"使用单位"的服务需求,提供的是功能而不是物质。据此,不能单从消耗品的视角来实现非物质化,而是要通过社会思想、社会结构的深层次的变化来实现这样一种设想:即依据需要的功能来设计,努力在生产、使用、维护、修理、回收及最终弃置的全过程中减少物质与能量的消耗。能源脱碳化的核心问题有两个:人类社会的运行真的需要不断输入外能吗? 替代能源的出现何时才能生效?

能量流始终和物质流伴生,能量流反映的是物质流的结构状态,但是物质流的大小并不唯一决定能量流的大小。因此,上述非物质化战略针对的就是对物质流的路径进行重组,以图减少对能源的需求。到目前为止,以煤炭、石油及天然气等碳氢化合物形态出现的矿物,是西方经济发展模式必不可少的能量来源,这些矿物的开采量占地球物质总开采量的 70% 以上。自然资源的"枯竭"很多是针对这一类资源的忧虑,同时,诸如温室效应、烟雾及酸雨等许多环境问题,部分的根源也是这类物质的使用不当或管理不善。另外,碳能源虽有这许多的坏处,但发展中国家仍然沿用西方经济发展模式,目前对碳能源的需求仍呈上升趋势。许多专家认为,解决这一问题的方案,是实行能源脱碳战略。

能源脱碳战略,即是以石油代替煤炭,然后以天然气替代石油。但这并不能解决实质问题。从长远看,必须寻找其他出路,一是使用氢燃料,二是利用太阳能、水能和核能,三是使用生物质能。生物质能的好处是,对环境的危害很小,不会产生温室效应。所谓"绿色碳氢燃料",指的就是这类能源。当然,使用这种能源出现的问题在于,可能会影响生物多样性、破坏生态、成本过高等。

工业生态系统勾画出迷人的工业社会前景,但对于还在温饱中挣扎的许多国家而言,毕竟是过于奢侈,过于理想化了。

第二节　外部性和公共物品理论

一、环境问题与环境经济学

(一)环境经济学的起源

20世纪50年代开始,爆炸性出现的环境问题,向所有传统学科提出了严峻的挑战。来自生物学、物理学、化学和地理学等学科的科学家,纷纷从本学科的角度,研究环境问题产生的原因,以及解决环境问题的理论和方法。接着,经济学家也从经济学角度对环境污染产生的根源进行探讨,提出了环境污染的经济学解释、解决环境问题的种种经济学手段和市场工具,并就环境经济政策、环境价值评估及环境管理的经济学手段等,进行理论和实例研究。经济学家们认识到,传统的经济理论,特别是传统的市场经济理论,不能很好地解释和解决环境问题,于是纷纷开阔自己的视野和研究领域,到70年代中期,终于形成了环境经济学的雏形。环境经济学,成为经济学的一个新的分支学科,或者说成为一种全新的经济学,也成为环境科学的一个重要分支学科。

(二)环境经济学的研究对象

关于环境经济学的研究对象,因研究者的角度不同,关注的切入点不同,故而说法不一。有人认为,环境经济学是研究环境污染治理与环境质量改善中的有关经济问题。有人认为,环境经济学是从经济学角度研究环境污染与破坏的产生原因、控制途径及污染防治方案的经济评价等问题。还有人认为,环境经济学研究发展经济与保护环境之间的关系,即研究环境与经济的协调发展理论、方法和政策等。

这几种不同定义的实质究竟何在? 我们认为,由于环境科学的本质是研究环境与社会、经济的协调发展,因此环境经济学就应该从经济学的角度来研究环境问题的本质特征以及解决环境问题的理论、方法和途径。这里的"环境问题",包括了环境质量改善、污染治理、自然资源的有效利用及全球性环境问题如臭氧层破坏、全球气候变化等。

(三)当代环境经济学的研究内容

伴随着环境科学和生态学的迅猛发展,众多经济学家开始关注这一领域,故逐步诞生了一系列与环境经济学密切相关的经济分支学科,诸如污染(公害)经济学、生态经济学及资源经济学等。就其发展历程来看,污染经济学是环境经济学的前身。而关于生态经济学和资源经济学,虽然在研究对象上与环境经济学有很大程度上重叠,但在研究重点和研究方法上还是有很大不同的。

生态经济学是一门理论经济学,主要研究生态系统和经济系统的运动规律和相互作用关系,重点研究生态系统对经济系统的作用和影响。资源经济学主要研究能够进行商品开发的可再生和不可再生的自然资源(如森林资源、矿产资源)的开发、利用、分配和市场机制,以及社会政策对资源分配的影响,最佳分配方案的选择等。

当代环境经济学是一门应用(或部门)经济学,是从经济学角度研究无法进行商品性开发的、以外部性为主要功能的环境资源。当代环境经济学的研究内容包括理论、方法和应用三大方面。

首先是理论方面。一是经济增长与可持续发展关系的问题。包括可持续发展的概念和衡量标准,以及经济和环境协调发展的途径等。二是环境问题与外部性的关系。主要研究生产和消费的外部性和它的影响范围,提出解决环境污染这个外部不经济问题的各种方法。三是环境质量的公共物品性的问题。公共物品理论认为环境质量是一类特殊的公共物品,着重研究作为公共物品的环境质量与一般商品的差异,确定环境质量这一特殊公共物品的供给与需求,提出使资源配置最佳或经济效率最高的环境质量公共物品的供应途径。四是环境政策的公平与效率问题。效率与公平是一对矛盾,从来就是经济学关注的核心问题。环境政策,不论是国内的还是国际的,都将通过对分配的影响,来左右环境治理费用的分担和补偿,从而也存在一个公平和效率的问题。

其次是方法方面。在广泛借鉴其他学科建立起来的分析方法的基础上,当前环境经济学逐渐形成了自己独特的分析方法,主要有:一是环境退化的宏观经济评估方法。环境退化包括自然资源耗竭和环境质量恶化两部分。环境退化的经济评估方法主要包括:环境资源价值核算指标体系的确定方法与核算方法,应用这一方法可将环境退化纳入国民收入核算体系中,从而在估计经济增长时考虑到环境资本的消耗。二是环境质量的费用效益分析方法。这是当前环境经济学的核心内容,包括环境质量的价值核算理论和方法、环境污染和生态破坏的经济损失评估方法、环境质量改善的效益评估方法、污染控制的费用评估、环境规划政策标准制定中的费用效益分析方法、环境效果和风险的分析方法等。三是环境经济系统的投入产出分析方法。投入产出方法在传统经济学中具有重要地位。在环境经济学中将其拓展为可以宏观的定量描述环境与经济的协调关系，从而可将环境保护纳入国民经济综合平衡计划，在微观上还可用来定量描述一个企业各生产工序间环境与经济的投入产出关系；四是环境资源开发项目的经济评价方法。在考察涉及环境资源开发的项目的费用和效益时，一定要考虑到间接(外部)费用和间接效益，即有关环境质量的费用和效益，其分析技术还包括资源的机会成本或影子价格计算等方法。

最后是应用方面。经济手段是与行政手段、法律手段、教育手段并用的一种行之有效的环境管理手段。目前，受到广泛重视并采用的经济手段主要有：一是税收和收费制度，包括环境税、资源税及排污收费等；二是财政补贴和信贷优惠，包括补助金制度、长期低息或贴息贷款及税收减免等；三是市场交易，包括排污权交易市场、市场干预及责任保险等；四是押金制度，用于控制和减少固体废弃物的排放。

二、外部性理论及其内部化方法

外部性理论是当代环境经济学的理论基础之一。外部性理论，一方面揭示了市场经济活动中一些资源配置低效率的根源；另一方面又为如何解决环境外部不经济性问题提供了可供选择的思路。对外部性理论和市场失效问题的分析，不仅有利于在市场经济体制改革中更多地采用环境经济手段保护环境，而且有利于政府在行使宏观调控职能时更有效地配置资源，改善和提高环境质量。

(一)外部性的概念

在经济学中，外部性(externality)的概念曾被用来分析生产理论中的规模经济概念。在当代环境经济学中，将外部性的概念引申和发展成为最重要的基本理论之一。外部性是指在实际经济活动中，生产者或消费者的活动对其他生产者或消费者带来的非市场性的影响。这种影响可能是有益的，也可能是有害的。有益的影响称为外部经济性或正外部性，有害的影响称为外部不经济性或负外部性。外部不经济性是外部性的一个方面，是本节要重点论述的。

在现实生活中，外部经济性的例子有很多。比如说，当一个发明家公布自己的发明成果时，其他厂商就有可能免费利用这个成果获得收益。当某人在自己花园里种植花草树木时，给路人得到了美感并可能使附近的房地产价值升高。

在环境保护领域，更多见到的是外部不经济性，或简称环境外部性。举一个河流污染的事例:假设一条小河的流域内有一个造纸厂和一个游乐场,造纸厂在河上游,游乐场在河下游。造纸厂和游乐场都在利用河流水资源,造纸厂往河里排放废水,游乐场利用河水吸引游客休闲娱乐。由于造纸厂不需要承担因其排放废水使流域欣赏功能下降所造成的损失,致使游乐场必然减少收入(是损失的具体体现)。这就是环境外部不经济性的典型例子。

从资源配置的角度分析,外部性是表示,当一个行动的某些效益或费用不纳入决策者的考虑范围内时,所产生的一种社会低效率现象。例如,如果造纸厂完全不需考虑其排放的废水是否对下游造成危害,更不需要考虑进行补偿或付费,于是造纸厂产量越高、收益越大,游乐场收入就越少。总之,无论是外部经济性或外部不经济性,都是一种低效率的社会资源配置状态。

外部性是伴随着生产或消费活动而产生的,带来或是积极的影响,或是消极的影响。所以,可以把外部性分为生产的外部经济性和消费的外部经济性,生产的外部不经济性和消费的外部不经济性等四种类型。

当一个生产者在生产过程中给社会或他人带来有利的影响,而生产者却不能从中得到补偿,这种现象称为生产的外部经济性。例如,养蜂场和果园是紧邻的,蜜蜂要到果园去采蜜,而果园依靠蜜蜂传授花粉。这时,两个企业的生产体现出一种互相受益的外部经济性。从效益的观点看,生产外部经济性体现的是企业生产的私人效益与社会效益存在差值,社会效益大于私人效益。

当一个消费者在消费过程中给社会或他人带来有利的影响,而消费者本身不能从中得到补偿时,便产生了消费的外部经济性。比如花圃爱好者在家里种植花圃就是消费的外部经济性现象。

当一个生产者在生产过程中给社会或他人带来损失或额外费用,而生产者又不对社会或他人给予补偿时,就产生了生产的外部不经济性。一般来说,生产的外部不经济性随着生产数量的增加而增加,而所引起的外部费用就是企业生产的社会费用和私人费用之差。比如上面提到的河流污染事例。

当一个消费者在消费过程中给社会或他人带来损失或额外费用,而生产者又不对社会或他人给予补偿时,便产生了消费的外部不经济性。例如,在公共场所随意吸烟或乱丢废弃物,这就是消费的外部不经济性的明显例子。这种外部不经济性所产生的费用,一般是由他人或社会负担的。

与环境问题有关的外部性,主要是生产和消费的外部不经济性,尤其是生产的外部不经济性。

(二)外部性对资源配置的影响

按照传统福利经济学的观点,某一种经济活动的外部经济性或外部不经济性,就是该种活动的社会影响和私人影响之差。就费用来说,这种外部不经济性所表现出来的外部费用,就是社会费用与私人费用之差。这里的"私人"是指一个具备独立决策能力的诸如生产者、企业、消费者、家庭等主体。私人费用就是通过市场表现出来并反映在产品或服务的价格之中的真正费用。社会费用是该经济活动带来的社会真正承担的全部费用,是私人费用和外部费用之和。当外部费用表现为环境污染、生态破坏或其他形式的环境问题时,这种外部费用就是环境费用。

在上面的河流污染事例里,假设上游造纸厂每年生产要素投入为 100 万元,由于它直接向下游排放废水,导致下游游乐场每年损失 200 万元,这时,造纸厂每年生产的私人费用(成本)为 100 万元,外部费用为 200 万元,实际社会费用为 300 万元。

外部效益与外部费用相对应,是一个经济活动的社会效益与私人效益的差值,即外部经济性的货币度量。从数学上来看,外部费用和外部效益只差一个负号。当外部效益表现为环境质量改善,从而提高人体健康、增加人群生活质量、提高固定资产价值、增进美学景观享受时,这种外部效益为环境效益。环境效益是对环境质量改善的一种货币度量。

单个企业是一个行业的组成元素。外部不经济性对单个企业和整个行业的资源配置影响是大体一致的。因此,我们只需对单个企业进行分析。在上述河流事例中,从社会的观点来看,企业在核算成本时,应考虑生产的所有费用,包括私人费用和外部费用。但是,根据第一节介绍的最大利润原则,造纸厂只将私人费用纳入成本核算,而未考虑外部费用。在此情况下,该造纸厂认为的最佳产量(利润最大且不考虑外部不经济性),将大于社会考虑的该厂最佳产量(社会利润最大且考虑外部不经济性),其差值代表了该企业的"过剩"产量。换言之,该企业生产这部分"过剩"产品的资源(生产要素),可以投入到别的企业或行业进行生产,且会产生更大的纯生产价值。由此表明,当存在外部不经济性时,一些产品生产不足或没有生产,资源不可能达到最佳配置。因此,市场机制在这个问题上是失灵或失效的。

上述外部不经济性对资源配置的影响分析表明,对一个行业部门来说,如果该行业的各企业都存在程度不同的外部不经济性现象,将导致整个行业投入的资源太多而使生产过剩,而其他一些行业则不能进行充分的生产,整个社会将偏离资源最佳配置状态。

前面已讲述,外部效益是一种负外部费用。代表外部不经济性的外部费用使社会费用上升,而代表外部经济性的外部效益使社会费用下降。这也可以通过一个例子来说明。假设一个私人园林所有者以出售门票、提供休闲服务获得收入,该园林除获得直接的经济报酬外,在绿化、美化和净化周边环境方面具有明显的外部正效益,即存在外部经济性和外部效益。因此,该企业的社会费用低于私人费用。在追求最大利润原则指导下,该企业将减少产出(服务),使私人费用接近理论上的社会费用。换言之,该企业认为的最佳产出(利润最大且不考虑外部经济性),低于社会考虑的最佳产出(社会利润最大且考虑外部经济性)。显然,该企业的产出太少,资源投入不足。在这个经济系统中,另外一些产品生产太多或资源投入过多,同样也存在低效率或市场失灵现象。这一事例表明,对社会有益的企业,普遍存在投入不足或数量太少的事实。同理,对一个行业部门来说,如果各企业都存在程度不同的外部经济性现象,将导致整个行业投入的资源太少,产出偏低,而其他一些行业将资源投入过多的现象。因此,整个社会将同样偏离了资源最佳配置状态,这就是存在外部经济性时出现的市场失灵。

通过外部性的特点,我们可以发现,只有不存在外部性的时候,完全竞争的市场才能实现资源的最优配置,或达到均衡。这一结论,也适用于环境资源的优化配置上。也就是说,只有消除了环境外部性以后,市场机制才能使环境资源实现最优配置。因此,外部性理论,即消除环境外部性的理论,成为可持续发展的基本理论之一,其核心内容集中于如何将环境的外部不经济性内部化上。

(三)外部不经济性的内部化

产权是经济当事人对其财产(物品或资源)的法定权力。在市场体制中,一切经济活动都以产权的明确为前提。在自由竞争的市场中,产权具有以下四个特点:一是明确性。明确规定财产拥有者的各种权利、权利的限制以及破坏这些权利的处罚规定。二是专有性。由财产带来的所有效益和费用都只属于财产所有者,也只有通过所有者财产才能转卖。三是可转让性。在双方自愿的基础上,财产权可以从一个所有者转移给另一个所有者。四是强制性。财产权应保证免于其他人的侵犯和掠取。破坏权利所得到的惩罚,应大于破坏权利可能得到的最大好处或期望的收入。

非有效的产权和外部性完全自由竞争的市场机制下的有效产权结构,要求所有的资源或物品都归私人所有。实际上,由于许多资源的固有特性,使得上述这种"有效产权结构"在现实经济活动中只能是一种理想,实际的产权结构多为非有效的产权结构。另外,有效产权的排他性,决定了在一个有效产权结构的市场体系中,是不会存在外部费用和外部效益的,即不存在外部不经济性和外部经济性。因此,外部性问题只能来源于一个非有效的产权结构。

为了说明这一结论,还以上述河流污染为例。河流上游的造纸厂和下游的游乐场都在利用河流增加它们的收益,但实际情况是造纸厂的外部费用由游乐场承担了。如果没有任何针对造纸厂的排放规定,游乐场的损失将得不到任何补偿。而如果造纸厂下游是属于某渔民私人所有的鱼塘,而造纸厂未经这个渔民的许可将污水排放到鱼塘造成鱼的减产和死亡,那么,渔民可以控告造纸厂破坏他的鱼塘并使其蒙受经济损失。显然渔民将会胜诉并得到赔偿,因为造纸厂侵犯了他的产权。游乐场和渔民均遭受造纸厂的损害,为何结果不同呢?根本原因在于,没有给河流定义任何私人产权。河流既不属造纸厂所有,又不属游乐场所有,而造纸厂和游乐场又都有利用河流的权利。也就是说,河流对它们来说是一种公有财产。

由以上事例可以看出,外部性是与非有效的产权结构相联系的。但必须注意到的是,"有效产权结构"只是针对经济效率或资源配置效率而言的,而它在注重效率的同时,常常会失去许多公平性或伦理道德价值。

在建立了前面的外部性和产权结构等有关概念的基础上,美国的科斯提出了一个解决外部不经济性的理论框架,即著名的科斯定理。这一理论认为,在产权明确、交易成本为零的前提下,通过市场交易可以消除外部性。科斯定理假设,外部不经济性只涉及行动方和受害方两方,不考虑双方进行交易的任何费用(即交易成本为零)。于是,科斯定理提出了消除外部性的两个途径。

第一个途径:规定受害方的所有权或使用权,即受害方有免受外部不经济性的权力,而且这种权力是可以转让的(以接受同等数量的外部不经济性损失补偿向行动方转让)。也就是说,地方政府可以根据受害方的要求,强制行动方把外部不经济性减为零,或受害方与行动方就外部不经济所形成的费用进行交易。

还是以河流污染为例。规定了下游的游乐场拥有河流的所有权或使用权,当它发现遭受外部不经济性时,马上会通知行动方(造纸厂),如果造纸厂不采取行动消除污染,游乐场就会要求地方政府执行所有权的规定。这样,造纸厂将被强制要求把对河流污染的水平削减到零。当然,造纸厂也可以提出补偿受害方的建议,以使游乐场接受一定水平的污染,并使自己给予受害方的补偿小于把污染削减为零的处理费用。一般来说,对于一定的外部不经济性水平,行动方将愿意支付不大于其消除污染所需费用的补偿,而受害方将愿意接受不小于其消除(或忍受)污染所需费用的补偿。这时,行动方与受害方之间的补偿交易,将会达到一个均衡状态。

第二个途径,规定受害方没有免受外部不经济性的权力,除非它愿意购买这种权力。就上述例子来说,假设造纸厂拥有河流所有权或使用权,有利用河流排放并净化废水的权力,而游乐场没有要求造纸厂削减污染或给予补偿的权力。这时,受害方或是忍受外部费用或污染,或是出钱诱使行动方减少外部不经济性水平。实际情况将是,受害方愿意支付一笔不大于消除外部不经济性的费用给行动方用于减少外部不经济性,行动方也愿意接受一笔不小于消除外部不经济性所需费用的资金,以用于减少外部性。

可以看出,两种途径的区别仅在于产权界定的不同,只要明确了产权,消除外部不经济性的最终交易结果是相同的。这样,通过产权的重新界定和权力交易这样一个综合性的市场手段,上面所说的资源配置的"市场失灵"问题,就可以在理论上得到解决。不过,在了解科斯定理时,还应该注意到,定理所说的"产权"并不是传统意义上的产权,而是指对自然环境的产权。由于环境属于全人类所有,包括当代人和后代人。因此,对环境去界定私人产权,在理论上是否正确,在操作上是否可行,都是值得商榷的。

外部不经济性的内部化,就是使生产者或消费者产生的外部费用,进入生产或消费决策,由其自己来承担或消化。这就是当前环保界普遍接受的"污染者负担"或"污染者付费"原则。科斯定理指出的第一条理论途径,就是一种外部不经济性内部化的方法。目前采用的外部不经济性内部化方法很多,大体分为直接管制和经济刺激两类。

第一,外部不经济性内部化的直接管制方法。

所谓直接管制,就是指有关当局根据相关的法律、法规和标准,直接规定当事人产生外部不经济性的允许数量及其方式。管制可以是对污染物的排放(浓度或排放量)直接进行控制,也可以是对生产的原料和能源投入进行控制。管制手段对发达国家和发展中国家来说,都是传统的、占主导地位的环境管理手段或外部性内在化的方法。管制的前提是要有一系列污染控制法律。管制系统包括管制指令生成机构、执行机构以及制裁、监督机构。管制的方法在消除外部不经济性方面有较大的确定性。

当然,直接管制的手段,也存在一定的局限性。其一,政府要能对各种类型的污染源进行控制,就必须掌握大量的污染源和污染的信息,然而极大量的信息需求又会降低管制的有效性;其二,为适应新的生产工艺和环境状况,政府需要对不断出现的新的生产工艺和产品制定出新的管理规定和政策,而这需要花费大量时间,很难做到及时;其三,管制规定的统一性总是很难考虑到企业间在技术和污染物控制费用上的差异,故而执行统一管制的社会费用较高;其四,政府总是很难发现和解决大量小型而分散的污染源,即管制总是在信息不完备的情况下进行。

总的说来,虽然管制手段在一定程度上体现了社会公平,但它必须要牺牲掉一部分的经济学效率,因此还必须发展一些更有经济效率的经济手段进行补充。

第二,外部不经济性内部化的损失赔偿方法。

损失赔偿是一种直接赔偿法,它是通过法律补救和纠正外部不经济性的一种方法。损失赔偿法不同于直接管制和其他经济手段,它是一种事后补救性的手段,但它可以对类似事件起到警告和预防作用。

损失赔偿的根据,是保护私人财产的法律规定,即每个人都有使用自己财产的权力,但决不能在使用自己财产时,损害他人的权力,或作出任何不利于他人的干扰或影响。法院根据这些规定,可以判定受到外部性侵犯的当事人有权得到补偿。例如,居民在受到噪声干扰而向法院起诉后,法院判定噪声污染者向受害者提供赔偿就是用损失赔偿法来纠正外部不经济性。

在理想条件下,法院的判决应刚好使污染者的所有外部费用内部化,即污染者私人费用等于社会费用。但在实际操作上,仍旧会存在一些问题。一是诉讼费用或交易费用可能很高,而且可能会拖延很长时间;二是由于环境问题的复杂性,很难在技术上判断污染者和受害者之间的损失计量关系,从而在损失补偿定量化上出现困难。如果法院对损失补偿的量的判断不很准确,那么无论判低或判高,都会增加社会的损失费用;三是许多受害者自己不参与起诉而希望其他受害者起诉,自己共享损失补偿或环境改善的好处,这样给外部费用的计算带来困难;四是由于环境污染除了事故性污染外,大多都表现为一种滞后的隐性损失,只有经过长时的累积才会显示出来,这在技术上也给公正判断带来困难。

总之,损失补偿的方法是有用的,但其作用的范围和大小是有限的。

第三,外部不经济性内部化的排污权市场交易手段。

科斯定理是用经济手段解决外部性的一种理论模型。排污权交易就是依据这种模型运用市场手段,解决外部不经济性的一种具体办法。

排污权这个概念,并不受环境保护主义者和环境管理者所推崇,因为他们认为污染者不应具有污染环境的权力。但在现实社会中,由于生产者和消费者不可能实现污染的零排放,所以排污权成为一个实际存在的利用环境资源的权力。问题的关键在于,政府如何规定和限制排污权的大小,以及如何在生产者和消费者之间分配这种权力。实际上,直接管制中的排放标准,就是厂商通过法律程序获得的一种有限的排污权(排放浓度或排放量低于标准)。科斯定理中讨论的两种产权结构的确定,实际上就是对谁拥有对河流的排污权或使用权的规定。在科斯定理的基础上,我们,还是以河流污染为例,分四种情况对排污权交易进行分析。

第一种情况是,上游造纸厂拥有了对河流的使用权和排污权,即科斯定理中的第二种情况,于是造纸厂可以通过减轻污染来收取游乐场使用河流的费用。

利润动机将促使造纸厂从费用的角度来权衡削减污染技术的采用,这些技术包括治理污染而减少排放量、降低造纸产量甚至停产搬迁等。显然,造纸厂为创造无污染或少污染的河流水体所花费的最小私人费用,就是上述技术方案所包含的社会费用。如果这种费用低于游乐场愿意购买清洁河流所花的费用或游乐场可能获得的最小收益,那么,造纸厂就会选择现有技术治理污染、保持河流清洁,而游乐场在购买了排污权后也相应获得了创造利润的机会。这表明,利润动机最终导致了污染的削减和外部费用的内部化。

但是,如果削减河流污染的社会费用,大于无污染的社会效益。也就是说,游乐场使用清洁河流的价值小于削减污染所需的资源价值,从社会效益来看,造纸厂就没有必要去削减污染。其原因是污水的处理费用过高,或游乐场完全可以从其他河流找到替代水源。结论是,只要市场发育完善,造纸厂可以出售排污权同时削减污染,也可以保留排污权。两种可能都使得社会资源得到最优配置。

第二种情况是,游乐场拥有河流的使用权和排污权,于是造纸厂成为排污权的买主,游乐场成为排污权的卖主。供需双方通过公正的市场交易可能获得各自的利益。交易的结果可能是,游乐场将排污权卖给造纸厂供其排放废水,而自己迁往他处或另寻水源。交易的结果也可能是,造纸厂可以以更小的费用治理污染,而不需买排污权,不发生交易转让。交易的结果,也将使社会资源得到最合理利用。

第三种情况是,河流的产权或使用权属于第三方,第三方可能将使用权拍卖给出价最高的买主(造纸厂或游乐场),从而也达到资源最佳配置。

第四种情况是,造纸厂和游乐场合并成一家企业,由企业决策者统一考虑污染问题,所有的外部费用和外部效益都将作为企业内部问题来处理,这样也可以达到资源的合理配置。

由上所述可以看到,在完全发育的市场中,通过排污权的交易,可以实现资源的合理配置,使外部不经济性内部化。只要这种权力是明确的,不管交易的结果怎样,交易收入归谁,都能实现社会资源的高效率配置。

在实际运作中,排污权交易也会碰到一些难以解决的问题。其一,由于生产者和消费者的众多,以及环境问题的复杂性导致我们很难明确界定环境资源的产权或使用权;其二,由于环境资源使用权的规定和外部性的衡量都需要大量的技术、信息支持,实现排污权转让的交易成本可能会很高,而过高的交易成本将阻碍排污权的交易。

应当指出,以上介绍的排污权交易,是在排除任何环保法规和污染排放标准的情况下的市场交易。实际上,在政府制定污染排放标准的前提下,私人不可能拥有完全的环境资源有效产权或使用权。目前,中国正在实施的排污许可证制度,是政府制度主导下的排污权交易。即政府规定了排污总量和各企业的允许排放量后,在总量的约束下进行排污权交易,从而可以以较低的社会费用实现污染物总量控制。

第四,外部不经济性内部化的非市场性的经济手段。

由上所述可见,在市场经济充分发育的前提下,理论上可以解决外部不经济性问题,但在实际工作中,由于市场经济充分发育的假定永远不可能实现,故这种理论解决办法将会碰到许多无法跨越的障碍。所以,必须去寻求其他非市场性的经济手段。

"非市场性",是不通过市场交易来实现目标的一种手段。它主要借助政府的强制力量,比如通过价格、税收、信贷和收费等强制手段,向使用环境资源的厂商和消费者征收费用,以维护政府拥有对环境资源的所有权和保护环境资源的权利及义务,迫使厂商和消费者把它们产生的外部性纳入它们自己的决策中去。

排污收费,是非市场性手段中应用最广泛的、最典型的一种方法。它有利于环保部门直接干涉企业行为,刺激其减少污染排放,但目前还需进一步改进这一制度。

其他经济手段,还包括产品收费、使用者收费、管理收费、税收减免、押金制及补助金制等。这些手段均是政府调控与市场力量的结合,也是当前应用得最为广泛的控制污染的非市场的经济手段。

三、公共物品与环境质量

通过对外部性的分析可以发现,在一个市场体系中,只要涉及非市场属性的活动或物品时,市场就不可能很有效地配置资源。通过讨论外部性与产权结构的关系以及解决外部性的各种方法,也发现产权在资源的有效配置上起重要作用,同时也看到采用扩展现有市场体系使环境外部性内部化的过程中存在种种障碍。这样,我们就会自然地想到,当今环境问题的日益恶化与外部性问题的复杂不易解决,与环境质量本身的特殊属性有关,即与环境质量的公共物品属性有关。环境质量的公共物品理论与外部性理论一样,也是当代环境经济学领域的理论支柱之一。下文将从介绍公共物品的概念入手,介绍公共物品理论及其与环境质量改变之间的关系。

(一)公共物品与环境质量恶化

公共物品表现为一种"市场失灵"或外部性。比如上文介绍的河流污染事例,没有给河流界定产权是导致滥用河流资源的一个重要原因,也就是说,河流是作为一个公共物品或公有财产供大家共享的形式存在的,它不可能被任何人界定为某个人的私人产权。

经济学意义上的公共物品,必须具备以下两个特性中的一个或两个:一是消费的无竞争性,二是消费中无排他性。否则,就不称其为公共物品,或至少不是纯粹意义的公共物品。与之相反,纯粹的私人物品,就必须具备消费的竞争性与消费的排他性。

消费的无竞争性,指某人对某物品的消费不会减少或干扰他人对此物品的消费。如大气环境就是无竞争性的消费品,不因为某人呼吸新鲜空气,会影响他人对新鲜空气的吸收。消费的竞争性则正好相反,比如某人对一间屋子的使用,就排除了其他不相关的人对此屋的使用。纯粹公共物品的消费无排他性,是指某人的消费不能阻止任何其他人免费享用该物品。如某人在呼吸新鲜空气的时候,不能阻止他人免费呼吸空气。消费的排他性,指消费者只有在按价付款后才能享受相应的物品。

一般的物品在被消费者享用时,或多或少地会影响到他人享用,存在一些外部性。纯粹的公共物品,很少存在外部性。国家提供国防服务就是一种较纯粹的公共物品,一个国家的一个居民在享受到国防保卫的时候,完全不影响或阻止其他居民也同时享受到这一服务。以往很长时期,环境和自然资源一直被认为是公共物品,甚至是纯粹意义上的公共物品。近几十年来,由于环境污染和资源破坏日趋严重,高质量的大气环境、清洁的水资源等,已逐渐不再成为可以任意无限使用,而不影响他人的纯粹公共物品。

还有许多物品具有一定的公共性,但不属于纯粹公共物品。它们在一定范围内可供很多人同时使用,存在消费的无竞争性和无排他性。但当这个范围超过一定极限时,某些人增加使用就会影响别人的使用。这种物品被称为准公共物品。如风景旅游点、海滨浴场、消防公共卫生服务等都属此类。

纯粹公共物品和准公共物品之间没有明确的界限。环境质量及其服务大体可以划为准公共物品,且更接近于纯粹的公共物品,但是其具体的表现还不完全一样。如大气质量、生物多样性及臭氧层等更接近于纯粹的公共物品,而水环境质量、区域声环境等,更接近于准公共物品。一般地,我们将环境质量看成统一的公共物品。

前面已讲到,在完全充分的市场经济中,有效的私有产权结构是实现社会资源合理配置的一个重要条件。若一个物品不具备有效私有产权的诸特性,则这种物品是一种公共财产资源。大多数公共物品都是公共财产资源。

由于大气、河流、湖泊、地下水及森林等公共物品没有明确的私有产权,因此社会中的每个人都可以根据自己的费用效益决策原则去使用它,并向其排放废弃物。这样,就必然会造成滥用环境资源的倾向。人们在滥用资源,损害他人(带来巨大的外部不经济性)的时候,环境质量被严重恶化(社会资源的低效使用和浪费),同时也损害了自己的经济福利。

比如,人们不受控制地向大气中排放各类氯氟烃物质(CFCs)的结果,将造成臭氧层的损耗从而危及全人类的生存。又如,人们无节制地使用江河湖库,并向公共水体排放各类废弃物,结果造成了水源枯竭、水体污染。比如,对接受政府补贴的公园这样一种公共物品,如果人们只考虑本人的费用和效益而不考虑因自己的游玩而施加在其他游客身上的拥挤等外部性,最终将会使得大家都不能有效地利用公园休闲。再如,海洋作为公共资源,致使不少国家任意地向海洋倾倒垃圾和放射性废物、滥肆捕捞渔业资源。总之,在当前的社会行为规则中,所有公共物品几乎都出现了一个共同的现象:环境资源的数量和质量急剧下降,社会资源严重浪费。

对环境质量这样的公共物品或公共财产,在很难确定其私有产权时,国家干预就显得尤为重要。国家和政府可以通过制定法律法规,通过执法队伍,强制生产者和消费者,在利用公共物品时,减少或消除外部性。当然,国家干预也是需要高额费用的。但是,如果这笔费用低于为确定公共财产的产权并纳入市场交易而付出的社会费用,那么国家干预是一种可取的选择。

(二) 环境质量的需求

环境质量作为公共物品被人类利用,是有边际效用的,也就是说,环境质量是有价值和一定价格的。这是对环境质量进行费用效益分析的理论前提。由于市场价格是由需求和供给决定,因此我们应该对环境质量的需求和供给情况进行分析。

环境质量的需求是客观存在的。由于有良好的环境质量,消费者可以得到更多的满足或效用。生产者可以减少它们的生产成本。例如,清洁的水源可以使厂商免去生产工艺中对水的预处理而支付的额外费用,清洁的大气质量可以减少厂商对生产资料(如钢材)的维护费用。所以,对环境质量或削减污染是存在市场需求的。

由于环境质量市场是一种特殊的、不同于一般商品的市场,很难通过有形的市场交换确定其市场价格和市场均衡数量。虽然环境质量的需求是有效的,但它的市场表现是无效的,需求对环境质量的市场是不发生作用的。下面,我们模仿私有物品市场需求的确定,对环境质量这类公共物品的需求作出判断。

对私有物品,需求是指消费者在特定时期内,对各个价格水平的商品,愿意而且能够购买的数量。由于环境这种物品的无竞争性和无排他性,消费者不需要按其价格去确定"购买"的数量,而只要针对不同数量去确定其价格,可以认为,对环境质量的需求,是消费者在特定时期内,对每一数量水平的这类公共物品,愿意而且能够支付的价格。换言之,环境质量的价格,是所有消费者对给定数量的环境物品,愿意支付或者接受补偿金额的价格。这是用支付意愿法和补偿意愿法,确定环境质量的需求或价格的原理。

从效用角度讲,环境质量这种公共物品的社会总价值或总效用,是所有个人效用的总和。或者说,环境质量的社会或行业需求,是个别的需求曲线垂直叠加的结果。另外,公共物品需求和私有物品需求一样,都遵从边际效用递减规律。例如,如果大多数消费者知道空气污染对人体呼吸系统的危害,那么他们都能够对受污染的空气质量作出评估,即能判断出愿意为治理污染所支付的费用或继续接受污染而愿意接受的补偿。当空气质量逐步改善时,消费者愿意支付的费用(即环境质量的效用)将迅速下降,体现出边际效用的递减。

用支付意愿法确定环境质量需求的具体做法,是针对环境质量消费者进行意愿调查,为得到不同数量或质量的环境物品所愿意支付的金额。然后将所有消费者的支付意愿相加,即得到总的环境质量需求。

支付意愿法是一种简单的确定环境质量需求或价格的方法,但也不可避地存在一些问题。如支付意愿调查本身就意味着消费者不拥有环境质量物品的所有权,所以消费者在答卷时会考虑政府将来是否会根据个人支付意愿对此种环境物品征税或要求付费。这样,消费者可能会少报自己的支付意愿以减少将来的支出。所以,当政府试图通过调查支付意愿的方法获得环境质量的需求信息时,环境质量公共物品的需求容易被低估。

支付意愿法低估环境质量物品作为公共物品的需求这一情况说明,大多数政府在提供公共物品时,一般采用非经济学的、行政的手段来确定公共物品的数量和价格,并通过征税来筹集资金。当然,这时最好能考虑到公民对此类物品的支付意愿,并与通过支付意愿调查得到的估价相适应。

支付意愿法的假设条件是,消费者不对环境质量公共物品拥有任何所有权。而补偿意愿法的假设条件则相反,认为环境质量公共物品的产权属于社会公众,任何厂商想利用这些公共资源,必须给拥有这些资源的公众支付补偿金额。具体做法是:设计调查问卷,询问公众居民或公共物品使用者,愿意接受多少金额补偿才同意放弃环境物品的使用权。补偿意愿表明了公众转让环境资源产权或使用权所得到的销售价格。

与支付意愿法确定的环境质量需求相反,根据补偿意愿法确定的环境质量这种公共物品的社会总需求一般总是偏高的。造成这种结果的原因是,公众拥有环境资源的产权,自然期望能得到更多更好的环境质量消费,如果出售这种权利,当然就会希望所得到的补偿将大于他为防治污染而付出的费用。

综合这两种方法,对同样数量和质量的环境物品,消费者根据补偿意愿作出的评估要高于根据支付意愿作出的评估。这种差异不是由调查技术或市场交易造成的,而是由于环境产权的原始确定不同带来的。实际上,这两种方法所包含的环境资源产权转让,就是科斯定理以及解决外部不经济性的市场交易方法中论述的两种产权分配情况。这两种方法所获得的环境质量公共物品的需求信息,对决策者均有重要参考价值。

(三) 环境质量的供给

我们知道,在充分完善的市场经济体制中,任一物品的市场价格都是由需求和供给确定的。介绍环境质量这种公共物品的需求的确定方法之后,我们来看环境质量的供给状况。由于提供或生产环境物品(如处理污染物以提高环境质量)的投入与生产一般私有物品的投入是相同的,因此,在理论和实践上,确定环境物品的生产供给曲线或生产函数是可行的。

环境质量是一种非市场性的公共物品,在需求方面的市场表现是无效的,但是在供给方面却是完全有效的,即能通过其他市场物品的数量和价格来表现。提供一定数量和水平的环境质量,无论是政府或是产业部门都要支付相应的费用,如污染治理的投资费用和运行维护费用等。因此,环境质量供给曲线,可以直接或间接地根据市场信息来确定。

依据市场经济学理论,需求曲线和供给曲线的均衡,反映商品的市场价格,也体现出资源的最优配置。由于环境质量需求曲线,无论是通过支付意愿法确定,还是通过补偿意愿法确定,都不能真实地反映市场交易情况,所以也就无法确知环境质量供给的最佳效率。也就是说,完全借助市场配置机制达到环境质量市场的最佳效率是不可能的。然而,通过非有效的环境质量需求曲线,还是可以近似地得到环境质量的最佳供应水平的。

既然从理论上我们不可能找到确定环境质量最佳供给数量的方法,那么我们不得不转向非市场的或类似市场供需平衡的其他替代方法。其中,行之有效的方法是由政府行使决策权,根据公众投票表决的结果直接规定环境质量的供给数量和污染物削减水平。

公众投票表决,不同于前面讲到的支付意愿或补偿意愿调查。公众投票时,面对公众的是一个不存在的非市场性物品,个人投票赞成与否,并不会严重影响他获得的环境物品数量。所以,在多数情况下投票表决能够产生出较好的资源配置。实际操作中,发达国家一般通过立法机关,确定环境管理计划及政府支出预算。由于立法机关是民众选举产生的,因此立法机关在审查或表决这类计划或预算方案时,实际相当于一种近似的公众投票表决。但是问题在于,民选产生的议员一般都是特定利益集团的代理人,而不同的利益集团对环境物品的效益评估是不同的,投票的结果可能会出现这样的结果,多数人获得了他们想要的环境质量物品,而少数人失去了他们想要的环境质量消费。但多数与少数不能确定谁更正确。因此,投票表决也只能是一种近似的最优结果。

在发展中国家,一般是通过政府制订详细的计划,分析基本的环境需求以及经济技术承受能力,由政府财政开支或工业部门投资,确定提供环境质量供给的数量(投资于保护环境)。这种做法问题在于,政府很难正确地判断环境需求,投资水平也很难真实地反映实际状况,特别是难以避免的官僚作风,使得政府计划很难高效地运作和执行。

由此可见,完全依靠市场机制,难以实现环境质量公共物品的公平配置,而完全依靠政府,则难以实现高效率和正确的资源配置。因此,为实现社会资源的高效、公平配置,宜采用政府和市场相结合的做法。

在当今全球市场一体化的潮流下,许多发达国家把原来由政府经营的一些准公共物品或公用事业部门,转变成私营和企业化经营,如邮电、交通、医疗等。在环境物品生产领域,一个以市场为基础的环境保护产业已经初步形成,且将在21世纪成为一个重要的新兴产业。实践证明,污水处理厂、垃圾处理系统及饮用水供应系统等一些城市公共设施,转向完全私营或政府干预下的联营,将提高社会效率和资源利用水平。总之,在环境质量公共物品的供应方面,如何在依靠市场调节的同时,加强政府的宏观调控能力,是一个重要的研究课题。

第三节　财富代际公平分配理论

布伦特兰的定义,可持续发展是既满足当代人的需要,又不对后代人满足其需要的能力构成危害的发展。这一定义潜藏了对现今发展模式的判断:一是或者满足了当代人的需要,但对后代人满足需要的能力已构成了危害;二是或者满足了后代人的需要,但未能满足当代人的需要;三是或者可能当代人和后代人的需要都未能满足。由于当代人与后代人相比较起来,具有较大的"先发"优势,即客观上使用和占有资源的机会更大,第二、第三种情况出现的概率较小,一般不作讨论。因此,代际能否公平的讨论,主要出自于担忧未来世代发展的机会。显然,依据布伦特兰的定义,从财富在代际分配的公平性角度建立一个新的理论体系,就成为可持续发展的基本理论之一。财富代际公平理论的核心仍然是如何看待自然和看待后代人的利益,以及用什么样的态度和方式去采取今天的行为,主要沿着财富论和自然资源有效配置两个方面来发展。

一、财富论与代际公平

"国家财富"的概念是世界银行 1995 年在《环境进展的监测》一书中提出来的,而"社会财富"的概念较早由 David Pearce 和 Daly 等人提倡。二者含义稍有不同。

(一) 社会财富角度的代际公平

社会财富包括人造资本、自然资本和人力资本。人造资本,是通过投资经由人创造的财富,包括使用的机器、厂房、基础设施、道路和船只等,通常体现在传统的财政与经济账户中。自然资本,是自然界中可用于人类社会经济活动的资产,包括各种自然资源、环境的净化能力以及各种环境和生态功能等,如土地、水、森林、石油、煤、矿物及其综合体所提供的"服务"。人力资本,包括劳动力(含知识与技能)及相应在教育、健康与营养物方面的投资。

从社会财富概念出发,就必然要根据上述这三种资本之间的关系来判定代际公平,进而把当代社会的可持续性分为弱可持续性、中等可持续性、强可持续性三种。

弱可持续性(weak sustainability),认为三种资本的总量不变为代际公平,注重不同资本之间的相互替代,不考虑各种资本自身的变化。这种看法基于三点理由。理由之一,从直观看,确有自然资本和人造资本相互替代和转化的实例存在,如人工经营的森林,就很难确认它究竟是人造资本还是自然资本;理由之二,只要人类的生存发展活动不停止,就一定要利用开发自然资本。随着经济过程的展开,不可再生资源存量肯定会减少,而当可再生资源的消耗速率大于更新速率,消耗量大于更新量时,自然资本的总量会减少,后代人占有的自然资本也肯定会减少。因此,就自然资本的占有量而言不存在所谓的代际公平,而总资产的持衡才应是社会可持续发展的标准;理由之三,自然资本的减少也并不意味着物质的湮灭,减少了的部分已转化为其他形式的资产和资本,如人造资本、人力资本等,而这些形式的资本反过来又可以转化为自然资本,如人工造林、水能、风能开发等。如利用得当,人造资本和人力资本还可以加速自然资源的开发利用,减少资源浪费,总资本还可能有所增加。因此,如果当代人的发展行为能够维持社会财富总量不变,那么这种发展就是弱可持续性发展。

中等可持续性(intermediate sustainability),指在维持总资本数不变或增加的同时,每种资本的数量必须要达到各自的准则水平(critical level),既不能减少,也不能由其他类型的资本取代。而在水平之上,各种资本所占份额可以不同,问题的关键在于如何确定准则水平。

强可持续性(strong sustainability),指总资产中各资本份额保持恒定,但允许其中的某特定资本,可以用另一种形式的资本来替代。即某种类型资本存量的减少,以同种类型资本的其他形式的资本来补偿,而非其他类型的资本。例如,对于自然资本而言,耗竭石油所得的收益,不仅需要进行自然资本再投资,而且要保证后代所能获得的能源,至少与我们今天所消耗掉的能源一样多。

强可持续性强调不同类型资本之间的互补性,各类资本的存量是相互依存的、相互决定的。强可持续性理论这样批评弱可持续性理论的"替代"概念:一是完全替代不存在,否则就用不着消耗自然资本了;二是人造资本的增加和人力资本的增强最终需消耗自然资本;三是自然资本的某些功能是不可替代的,如清洁水源、净化空气、降解废弃物、维持 CO_2 平衡、过滤紫外线及新药开发库源等生态系统提供的某些基本服务功能,不可能完全被替代。

强可持续性认为,只要维持这样一种财富在互补意义上的持衡或增加,就实现了可持续发展的代际公平目标和要求。显然,这是一种理想化的设想。替代总是存在的,自然资源的消耗可能会减弱,但把自然资本份额不变,作为一种目标或追求,是令人难以信服的。未来的不确定性,给这种强可持续性论断蒙上一层阴影。

(二) 国家财富角度的代际公平

人们意识到经济领域和环境领域有极强的联系。在经济活动中开发环境而使环境退化,可能造成后代人的福利水平降低。因此,可持续发展本质上是一个创造、保持和管理财富的过程。为了不使后代人的福利水平降低,财富的概念必须有所扩展。

世界银行专家在 Pearce、Daly、Serageldin 等人的研究工作基础上,重新规定和估算了国家财富的三种主要资本成分:产品资本(人造资本)、自然资本和人力资源。这里的人力资源的概念和社会财富论中人力资本的概念不同,人力资源包括初级劳动力、人力资本和社会资本。人力资本是教育的产物,社会资本是社会利用和连接物质资本、自然资本和人力资本的"介质"。

企图建立一个模型来寻找代际公平分配资源的方法几乎是不可能的,因为当代人之间的需求无法进行跨国、跨地区的比较,当代人与后代人之间的需求更难进行跨时期的比较。于是,人们逐渐把注意力从经济活动的流量标准(如GNP),转向环境资源、产品资产和人力资源的存量标准。如果这种存量能够持续平衡或增长,那么当代人就给后代人的选择提供了同等的机会。国家财富论就是在这个意义上来理解代际公平的。

　　与社会财富的组成部分相比,国家财富论将其人力资本改变为人力资源。为什么要做如此的改变呢? 世界银行专家认为自然资源有价值,而人力资源更有价值。人力资源的价值在于将社会的贡献包括在内,而人力资本没有。因为人力资源包括人和社会两大部分,二者相互补充,是决定整个国家财富最重要的要素。人力资源中的"社会资本"这一概念,涉及个体和社会如何进行组织并相互影响。它的提出得益于近年来"新制度经济学"的发展。诺斯和奥尔逊的研究表明,各国人均收入上的差异并不能仅由土地、自然资源、人力资本和产品资本(包括技术)等的人均占有量来解释。因为许多条件和水平在这些领域相似甚至相同的国家,其经济运作的效果截然不同。显然,这一事实为"社会资本"的存在提供了有利的论据。国家财富的概念是针对"机会"一词的内涵提出的。既然"社会资本"使这种"机会"的大小产生了显著的差异,那么,"社会资本"这一概念就应该包含在国家财富的组成中。这是国家财富"资本化"必然导向的结论。

　　社会资本究竟指什么? 在政治学、社会学、经济学和人类学中,通常是指一系列的组织、网络及联系它们的规范和规则。人们通过这些网络和规范组织资源的利用方式和强度,决策和政策也是通过这些网络和规范得到确立和执行。目前对社会资本的定义有三类: 第一类是普特南(Putnam)的"横向联系"(horizontal association)定义,即社会资本由社会网络和一系列规范构成,其中社会网络限于基层的社会民间组织; 第二类是库尔曼(Coleman)的"垂直联系"(vertical association)定义,强调社会结构以及监督人际行为的全部规范,覆盖了较大的社会生活层面; 第三类定义,即社会资本指制度的整个方面,总体包括社会环境和政治环境,具体包括政府结构、政治制度、法制规范和司法系统,以及公民和政治自由等制度关系和结构。

　　从上述三种社会资本的定义,可以看出它们的共性:一是社会资本是类似于社会关系和制度等描绘社会结构的东西;二是社会资本具有外部性,良好的社会关系和制度应该对每个部门都有利,反之对每个部门都不利;三是社会资本能加强也能减毁不同类型的资本结合过程的效率。因此,应对社会资本给予充分的关注。

国家财富的总额由产品资本、自然资本和人力资源组成。

产品资本,其价值评估以永续存盘模型为基础来进行计算。即当年的总固定资本存量等于上一年的总固定资本存量加上当年的国内总投资,再减去当年的人造资本折旧所剩的余额。

自然资本,应指国家的全部环境遗产。但由于对全部环境遗产进行价值评估显然不太现实,因而在进行价值评估时首先要确定其资源组分。例如,可以选定农业用地、牧场、森林(木材和非木材的利益)、保护区、金属和矿产以及煤、石油和天然气等作为自然资本的资源组分。然后用世界市场价格对每一种资源组分进行价值评估,并用一个适当的因子加以调整。由于任何自然资源的经济租金都是市场价格同开采、加工和营销该资源所需成本(包括固定资产的折旧和资本的回报)的差值,因此它代表的是资源的内在剩余价值。值得注意的是,这样计算所得是资源开采的经济利润而不是其稀缺租金(scarcity rent)。虽然后者也许更重要,但目前还没有更好的办法进行计算。

人力资源的价值,是基于国家人口收益的余量价值。即用农业 GDP 乘43% 以反映劳动力组分的收益,再加上所有非农业 GNP,然后减去地下资产的经济租金和产品资本的贴现,再对所得的数值按人口的平均生产年限来进行贴现,即得到人力资源的价值。人力资源包含社会资本,社会资本较难衡量,但社会资本的作用越来越受到重视,因而有必要把其从人力资源中分离出来。

根据上述核算方法,世界银行对除当时的苏联和东欧国家外的国家和地区进行了国家财富估算,衡量其财富总值及其组分,主要动机在于对可持续发展的关注,特别是对作为维护和加强后代发展机会的可持续发展的概念关注。这导致传统的强调建设基础设施的发展模式向新的财产目录管理式发展模式的转换。总的来说,新的发展模式的意义在于,在国家的财富增长过程中,人力资源、产品资产和自然资产相辅相成,共同在起作用。

由于自然资产在低收入国家的国家财富中占的份额较大,因此如何管理好自然资源,使其与社会资本相结合以增加更多的财富,从而促进低收入国家的发展是一个需要十分注意的问题。由于人力资源是国家财富的主要组成部分,因此如何提高这方面的投资也是一个亟待研究的问题。对人力资源而言,政府的投资是非常重要的,尤其是基础设施、教育,以及各种制度结构方面的投资。国家财富的三项组成之间存在着微妙的平衡关系,如何在对社会资产投资的同时,也对自然资本和产品资本进行投资,是一个需要协调的政策方向。

国家财富的分析揭示了这样一个道理,即自然资产对于可持续发展是必要的,但并不必然导向后者。必须与良好的人力资源相结合,才能转化。这与过分强调自然资产重要性的观点有很大的差异。显然,国家财富论的提出,使可持续发展的研究从单纯的就资源论资源扩展到社会、经济制度层面的研究成为必然的趋势。

二、自然资源有效配置与代际公平

上一小节讨论的财富代际公平分配理论,有两个特点:其一,财富概念的范畴较广,无形、有形的资源都包括在内;其二,代际公平分配实际上只是强调财富人均占有量不随时间变化而减少,实际上还是没有或较少涉及资源如何在代与代之间分配的问题。在实际操作中,尤其进行公共项目决策时,国家财富代际公平分配的解释模型由于上述两个特点,较难把握。

对于人均财富拥有量不随世代的更替而下降,从概念上理解比较容易,但要在实际经济生活中操作却是一个难题。为将公平原则整合到经济增长战略中,经济学家对经济增长理论和模型进行了一系列的改造。

(一)新古典经济学派的基本思路

与国家财富理论从宏观上把握代际公平不同,新古典经济学派着重于资源配置的微观分析,认为自然资源也是经济学意义上的"资源",它的最优配置仍以帕累托最优为标准。即如果不能通过资源的重新配置,使至少有一人受益而同时又不使其他任何人受到损害,那么就可以说已经达到了资源的最优配置。对于代际资源分配问题,这一派经济学家认为也可以在这个框架内进行解释。解决的办法就是把静态效率的概念扩展为动态效率的概念。即不仅考虑成本和效益,还要考虑时间对成本和效益的影响。

从经济学的角度看,资源配置有多种方案,决策需要在多种方案之间进行选择。决策人决策的原则是净收益最大。净收益实际上就是收益(效益)减去损失(成本)。使得净收益最大的资源配置方案就是满足了资源配置静态效率(static efficiency)的配置方案。如果一个横跨某一时期的资源配置方案在各种替代的资源配置方案中使该时期中得到的净效益的现值最大,那么这一资源配置方案就是动态有效的。这是新古典经济学派解决资源代际分配问题的基本思路。

上述思路是从供给一方的角度来考虑的。下面以不可再生资源的供给为例来说明。

北京大学经济学教授汪丁丁将不可再生资源比喻为一个初始量给定、只有出口而没有进口的水箱,只要继续使用,水箱中的水总会枯竭。对于资源拥有者来说,关注的只是如何使资源开采的收益最大化而不是资源本身的状况。于是,问题就转变为对资源随时间配置效率的关心,而不是去关心对后代人的效用。

经过建模和模型求解后可知,不可再生资源的最优开采策略是其影子价格随时间的变化率等于社会贴现率。其中影子价格等于资源的市场价格减去总开采成本。总开采成本包括开采成本和使用者成本,后者是由于现在使用而牺牲将来使用的机会成本。影子价格又称为霍特林租金,其来源是霍特林定律。该定律认为:

埋藏在地下或未开发的自然资源也是一种资产,如果把这种资产出售出去,那么所得到的其他形式的资本会按资本利率取得收益;如果把资源保留,资源的价格会随时间的增长而变化,也会取得收益。如果资源资本收益率与其他形式的资本收益率相等,资源所有者就会对把资源保存在地下和开采出来这两种方案平等对待,这时,所获得的总收益最大。因此,非再生资源的消耗遵循以下原则,即开采的资源的影子价格的增长率等于社会贴现率。

(二) 新古典经济学派思路的剖析

根据霍特林法则,资源的开采率取决于资源的影子价格增长率和其他形式资产的社会贴现率。于是,影响资源开采方案选择的最重要的因子就显然是使用者成本和贴现率。下面就从这一点入手对其进行分析。

"使用者成本"是资源经济学中的新概念。当资源是稀缺的时候,现在较多的使用会减少将来使用的机会。极端地说,如果一种资源以可持续的方式获取,资源存量会随时间变化基本保持一定的平衡。如果它以不持续的方式利用的话,其存量将会迅速减少,甚至可能使后代人得不到利用。这种由于不可持续的管理而被迫放弃的未来效益的损失称为使用者成本。显然,不可再生资源被开采的时候都会出现使用者成本,因为现在开采了,将来就不可能再开采使用。

在其他条件都不变的情况下,如果人们对未来资源价格的预期有所增加,即当前开采的使用者成本上升,或者预期将来的开采成本会降低,资源所有者便会减少现在开采的数量。这样就会为未来世代保存了资源。如果因为对未来的不确定性和风险性给以充分重视,使用者成本就会降低,现在开采的数量就会上升。

"贴现"是指人们对未来收益的一种折现。对于当前经济运作体系来说,现在一千元的价值,大于明年的一千元。贴现产生的第一个原因是,个人对未来发生的效益及成本比对现在发生的效益及成本的重视程度低,这就是所谓的"尽早消费偏好"(impatience)或"时间偏好"(time preference)。第二个原因是,在现实经济生活中,人们可以通过投资而获得一定的收益,即资本具有生产力。如现有价值一千元的资源,可以在未来产生大于一千元的物品和服务。

贴现通常用在某投资项目的成本效益分析中,通过贴现对项目的预期收益进行折现,从而可以通过比较不同的投资策略的总现值的大小而选择最优的投资方式。贴现还可以用来调整国家层次的经济发展方向。贴现率作为利息率,它构成宏观经济政策的一个重要内容。通过调整贴现率的大小,可以调节资金的供需状况,引导资金的流向以及促进资金在长期与短期项目之间的合理配置,如控制通货膨胀,影响货币和公共政策等。因而,贴现在经济政策中处于重要地位。

问题在于,由于贴现的存在,人们将会减少给定的将来的所得或所失的权重,低估将来的成本或收益,从而将成本负担转移到后代人身上或减少后代人继承自然财富的可能性。比如,通过计算得知,若某片森林在 50 年后被砍伐,其损失的价值为 10 万美元,如存在 5% 的贴现率,这 10 万美元的现值只有 0.872 万美元。显然,代表这片森林保存 50 年所产生的效益于这个现值相比看起来不那么重要。结果可能会导致这片森林现在就被砍伐。因为,如与其他大于 0.872 万美元的收益相比,人们有理由不为这 0.872 万美元而去种植或保存这片森林。

西方经济学强调人们对未来有一种进行贴现的倾向,这种强调的结果更加鼓励对未来进行贴现,从而鼓励了短期、局部并且损害环境的行为的发生。从环境角度考虑,一方面高贴现率可能会引起环境的恶化,另一方面由于贴现更多地存在于投资领域,高贴现率还可能会导致整体投资水平的降低,又会减少对自然资源的需求和废弃物的排放,对环境较为有利。

上述情况,使得对于贴现率的选择陷入两难境地。贴现率的选择与环境状况之间并不存在一个清晰确定的关系,因此在实际经济决策过程中,应该对不同投资项目给予不同的贴现率。如对于自然资源的开采和管理,贴现率的选择将会大大影响究竟把多少资源用于现在消费,多少资源用于未来消费的决策。一般认为,当成本不变时或成本的资本收益率小于资源开发收益率时,贴现率越高,可耗竭资源的开采速率就越快,可再生资源的存量也会更少。从理论上讲,此时选择较低的贴现率有利于资源的保护,但问题在于如果关于资源开发的决策是私人作出的,而私人贴现率又是很难为政策所控制。因此即使降低了贴现率,也不能保证不造成环境退化。又由于贴现率无法反映后代人权利原则,因此,基于代际公平而调整贴现率的设想,其操作性和有效性并不太强。

上述分析说明,这种经济学体系内部的最优化的、或最有效率的资源配置方式并不能保证可持续性,也不能保证其包含有代际公平的理想。尽管如此,把可持续性作为约束条件,追求代际总资本存量的不减少,保证环境(自然)资本的最低安全标准毕竟也是经济学对可持续发展所作出的一种努力。虽然国家财富代际公平分配的理论在微观上缺乏操作性,但作为宏观指导策略,还是有一定的借鉴启迪作用的。

第四节　三种生产理论

前三节介绍的可持续发展的基本理论,或直接从布伦特兰的可持续发展的定义出发,或从分析产生环境问题的经济学根源出发,但都立足于主宰工商文明时代的"人类中心论",沿着西方二分法的思维模式敷衍而成,虽然其中很多方面都闪现出东方文化的色彩。

但若立足于东方优秀的传统文化,弘扬"天人合一"和"三生万物"的思想,吸收西方文化中的权力、秩序、技术、公平及效率等概念,在考察物质在人与环境之间的运动过程的基础上,探讨人类社会系统与自然环境系统相互作用的机制与规律,则显然可以形成第四种可持续发展的基本理论。当然,这仅仅是从提出的时间先后排序而言的。

在中国,以北京大学叶文虎教授为首的科研群体提出的"三种生产"理论和以中国科学院牛文元研究员为首的科研群体提出的"五大支持系统"学说,都属于这第四种基本理论。目前,这一基本理论的思想体系和结构框架已初步形成,正处于丰富、发展和完善的过程之中。本节将对以"三种生产"理论为代表的第四种基本理论作简要的介绍。

一、三种生产理论的基本思想

(一) 三种生产理论提出的背景

走可持续发展之路,是人类针对目前遍布全球且越演越烈的环境问题,采用了各种科学技术手段以后也看不出从根本上解决问题希望情况下,对人类自己自工业革命以来走过的发展道路、进而对自身几千年来走过的发展道路进行反思后所得出的结论。《寂静的春天》《人类环境宣言》《增长的极限》《我们共同的未来》《里约宣言》等,都是人类反思活动的重要表现和记录。

发展本来就应该是可持续的,否则就不能被称之为"发展"。只是过去人们把发展一词局限于在经济领域中理解,故今天才有必要在发展一词的前面冠以"可持续"的字样,以示与过去理解的区别。什么样的发展才是可持续的呢?

布伦特兰领导的世界环境与发展委员会(WCED)认为,既满足当代人的需要,又不对后代满足其需要的能力构成危害的发展。《里约宣言》则将其进一步阐释,人类应享有以与自然和谐的方式过健康而富有生产成果的生活权利,并公平地满足今世、后代在发展与环境方面的需要。

这样的定义,在过去的十几年中,几乎是"风靡全球"。然而,它不但仍以"人类中心主义"和人的"权利"为前提,而且也没有按照西方习惯的做法,从正面给出可持续发展的科学界定。因此,它既不能用来衡量,也不能用来指导行动。这一定义充其量只能算是人类对美好理想的追求和表达。不过,若从另外一个侧面来看,这一表述实际上表达出了人类反思后的一种深刻认识,即迄今为止人类社会的发展,已对后代人满足需求的能力构成了危害。

当今的时代,人类的劳动和努力,一方面给社会创造出日益丰富的物资生产成果,另一方面则是使贫富两极分化日益加剧、自然资源日益枯竭、环境状况日益恶化。两者的反差日益加大,矛盾日益尖锐,而且看不到缓解和解决的希望。为了寻求解决的途径,人们应该并且必须去考察人与环境所构成的世界系统的结构与运动规律,以便在此基础上去发掘实现人类社会可持续发展的原理、原则和方法,也就是去建立可持续发展的基本理论。

(二)三种生产理论的理论模型

人和环境组成的世界系统,在基本的物质运动的层次上,可以抽象为由三种"生产活动"——物资生产、人的生产和环境生产——呈环状联结在一起的结构,如图 4.1 所示。

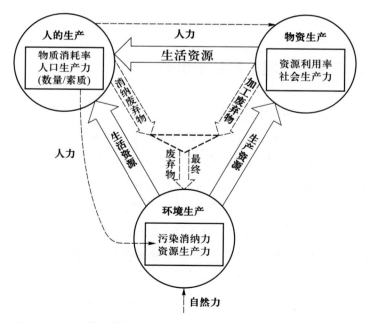

图 4.1　人与环境系统概念模型

物资生产,其含义近乎通常所谓的劳动生产,主要指人类从环境中索取生产资源并将它们转化为生活资料的总过程。当然,如果存在的话,也应包括将从人的生产环节中接受的消费废弃物转化为生活资料的部分。该过程产生生活资料去满足人类的物质需求,同时将产生加工的废弃物返回环境。

人的生产,指人类生存和繁衍的总过程。该过程消费物资生产产出的生活资料和环境生产所提供的生活资源,产生人力资源以支持物资生产和环境生产,同时产生消费废弃物(如果没有被再加工为生活资料的话)返回环境。

环境生产,则是指在自然力和人力共同作用下环境对其自然结构和状态的维持与改善,包括消纳污染(加工废弃物、消费废弃物)和产生资源(生活资源、生产资源)。

这三种生产活动呈环状联结成一个整体,物质在这个环状结构中循环流动。如果任何一种物质在这个系统中的流动受阻,或退出了这个循环,都会危害世界系统和谐运行与持续发展。反过来或者可以说,人与环境的和谐程度取决于物质在三种生产之间流动的畅通程度。

在这个世界系统中,物资生产环节的基本参量是社会生产力和资源利用率。社会生产力,代表的是生产生活资料的总能力,资源利用率表示的是从环境中取出的资源转化为生活资料的比例。在技术层次上,资源利用率取决于生产资源与生活资料的具体属性、对应的加工链节的技术水准,以及加工废弃物被作为生产资源得到再利用的程度。资源利用率高,则意味着在提供同等生活资料的前提下,物资生产过程所消耗的生产资源少,加载到环境中的加工废弃物也少。在原始文明时期,人类以狩猎和采集方式直接从自然环境中获取生活所需。随着文明的演进,环境的自然品质越来越低,生活资料的属性越来越复杂,使加工的链节越来越多。虽然单个加工链节的技术水平在不断提高,但整体的资源利用率反倒不断降低。到了工商文明时代,甚至连人类赖以生存的许多最基本的生活资源也必须以生活资料形式提供,如清新的空气和干净的水等,都需要经过物资生产环节加工。总的说来,社会生产力无限增大,加工链节急剧增多,资源利用率急剧下降,是工商文明在物资生产方面的基本特征。

在人的生产环节中,基本参量是人口生产力和物质消费率。

人口数量,是人口生产力的一个组成部分,是三个生产环状运行的基本动力。它和消费方式一起决定了社会总消费,而社会总消费的无限增长,则是世界系统失控的根本原因。因为环境所能支持的人类"自然"人口,有一个确定的总量。这个总量可以称之为环境的人口承载力。随着环境状态的变化,环境的人口承载力会相应地有所增减,但大体总是一个相对稳定的有限量。因此,当人口增长到超出了环境的人口承载力时,就会因生产资料缺乏,环境条件恶劣,使死亡率提高,人口总量下降。历史上,人口数量的控制是一个基本事实。人类要么采取计划生育、晚婚晚育或不婚不育等“预防抑制”的做法,要么就接受饥荒、战争、疾病等因素的“积极抑制”。人类不对人口作出理智的“预防抑制”,就只能听命于世界系统内在规定的“积极抑制”。所以通过计划生育来抑制人口,就是在消除饥荒、战争和疾病,就是在促进人与环境这个世界系统的持续运行和良性发展。这是一个传统狭隘的人类沙文主义伦理观所不愿接受的事实。而以人与环境和谐为本的环境伦理观,要求人们要重新看待生育,重新认识死亡。显然,应该承认,无条件地延长生命、避免死亡,是不利于世界系统和谐运行的,因而是不合乎“道德”的。因此,适应于三种生产和谐的适度人口理论必将应运而生。

人口素质,是人口生产力的另一个重要组成部分,它涵括人的科学技术知识水平和文化道德修养,它不但决定了人参加物资生产与环境生产的能力,而且还决定着人调节人口数量生产和消费方式的能力。因此人口素质的提高,不仅会体现在单种生产,如物资生产和环境生产的提高和人口数量的控制上,更重要的是应体现在调和三种生产的能力提高上。

物质消费率,指人类消耗生活资料和生活资源的总量和速度,它包含消费水准、消费入口比和消费出口比三个基本分量。消费水准指在单位时间内(如年)人均消费物质资料(包括生活资源和生活资料)的多寡,它在决定社会总消费上与人口数量居于同等重要的地位。消费水准的提高对世界系统物质流动所增加的负担,等同于人口数量的增加。消费入口比表示在个人生活所消耗的物质资料中,生活资源与生活资料之比。消费入口比高,即意味着社会总消费中取自环境生产的生活资源多于取自物资生产的生活资料。消费出口比表示生活资料经人的生产环节消费以后,回用于物资生产的部分与直接返回环境生产的部分之比。消费出口比高,意味着消费废弃物转化为物资生产的资源的比例大,成为环境污染物的比例少。显然,提倡“朴素消费”和“清洁消费”,有利于提高“消费入口比”和“消费出口比”,进而有利于减少对环境生产(资源生产力和污染消纳力)的压力。因此,消费方式的“革命”是适应三种生产和谐运行需要的又一个十分重要的方面。

另外,消费方式还是反映人的文化道德水准的一个重要指标。穷奢极欲的唯物质主义消费方式将为人类新文明所不齿。其实,人的消费本是基于人的生存需求,以商品生产为形式的物资生产本该服从人类生存的内在需求。但在工商文明时代,商品生产竟反客为主。刺激消费以追逐利润,成了时代的主流,成为决定消费方式和消费水准的主要动力。人类的需求异化为商品,人类成为商品生产的奴隶。于是,对环境生产的载荷(压力)无限增大,这是工商文明发展模式不可持续的一大根源。

环境生产环节,其基本参量是污染消纳力和资源生产力,也是环境承载力的两个基本分量。

环境接受从物资生产返回的加工废弃物和从人的生产返回的消费废弃物,其消解这些废弃物的能力(总量、速度)有一个极限,称为污染消纳力。当环境所接受的废弃物的种类和数量超过其污染消纳力后,环境品质就会急速降低。类似地,环境产生或再生生活资源和生产资源的速度,也有一个极限,称为资源生产力。当物资生产过程从环境中索取生产资源的速度超过了环境的资源生产力时,就会导致作为生产资源的这种环境要素的存量降低。如果这一要素为可再生的,则由于它与其他要素的关联性,可能导致整体环境状态的失衡,当然,随着人类科学技术水准的提高,有可能用新的环境要素来代替这种生产资源,但从根本上说来,人类从环境中索取生产资源,仍应当就可再生环境要素的资源生产力、不可再生环境要素的储量和开发替代这一要素的能力的建设等方面取得综合平衡。显然,随着社会总消费的提高,仅仅保护环境是不够的,人类还必须主动地去建设环境,以加强环境生产,提高环境的污染消纳力和资源生产力。历史上,由于不能带来即时的实际经济效益,环境建设一直是被忽视的。而在认识到污染消纳力和资源生产力对世界系统运行的基本参数地位后,就不难认识到环境建设在可持续发展中的地位与作用,就会认识到应当将环境建设发展成为一种新的基础产业。只有这样,才能使环境生产担负起其在可持续发展中的应有使命。不过,在培育和发展这一基础产业时,应充分注意到人类对这一问题的重要性的认识太迟,而历史上的"欠账"又过多的事实。

二、人类生存方式演变的动力学机制

三种生产理论从物质流动的角度揭示出了人与环境组成的世界系统结构的基本形式。但从动力学的角度,沿着构建三种生产理论模型的思路,可以进一步揭示出世界系统运行的动力学机制。

世界系统可以分为自然环境系统和(人类)社会系统两个子系统。人类虽然是一种特殊的生物种群,但也是自然界的一员,不能脱离自然环境系统生存。另外,人类为了维护和提高自己在自然界中生存地位结成群体。以某种方式紧密联系起来的稳定群体就成为社会,亦可统称为(人类)社会系统。自然环境系统和人类社会系统通过人类社会的生存、发展活动(行为总和)发生联系并相互作用。经过长时间的耦合和互动,人类的社会行为就逐渐固化为人类的生存方式。

在这个意义上可以说,人类的生存方式是上述两大子系统相互作用的体现和结果。或者也可以说,人类社会的发展史就是人类社会生存方式的演变史,在根本上则是人类社会系统和自然环境系统相互作用的关系史。当然,人类的生存方式一旦形成,将相当稳定,并将对人类社会行为的改变产生较大的激励和制约作用,从而推动世界系统的运动与结构的改变。

请注意,作为三种生产理论的逻辑结果,这里出现了一些新的概念和关系:人类生存方式、人类社会行为、二者的关系以及二者与人类社会演变的关系、与世界系统运动、变化的关系。

不难看出,延伸出这些概念将更加有利于揭示世界系统运动的本质,更加容易逼近人类行为的调控与整合,或者说更加接近操作。

(一) 人类生存方式

从以上所述可见,由"三种生产"理论衍生出来的"人类生存方式"的概念,是纯粹理性的抽象。它是对社会图景的各种本质联系的描绘,是用以描述和解释人类社会的宏观性质和运动,而不是用以解释个别具体历史所形成的。那么,什么叫人类生存方式呢?

在理解这一概念时,不妨先思考一下一个更加接近直观的问题,即什么叫一个人群的生存方式。因为"人类"一词是相对于自然界中其他生物种类而言的,而"人群"一词则是相对于单个的人而言的。由于"人以群分",故讨论"人群的生存方式",更加能体现出"人类生存方式"概念的实质。

提起"人的生存方式",我们自然就会去想这个人是怎么活着的,吃什么、穿什么、住什么,以及他如何去得到所需的物品,又如何去应对来自其他人或自然界的各种影响等。而提到"人群的生存方式",我们首先就会想到这群人是怎么联系在一起的。他们的吃、穿、住、用等和其他人群的有什么关系?

显然,对上述这些问题的回答构成了我们对"人群生存方式"或"人类生存方式"的理解和把握。当把这些理解和把握加以抽象、上升以后就会形成明确的概念,即人类生存方式是人类群体中以某种形式(比如制度、风俗、习惯和道德等)相对固定下来的激励和制约行动者行动的结构化特征。如果试图说得更有学术味点,人类生存方式则是对社会图景的各种联系的描绘。

在三种生产理论的理论体系中,人类生存方式分别从生活方式、生产方式、人群组织方式三个方面来表示。这三个方面紧密联系在一起,不可分割,既无先后关系,亦无轻重之别。但为便于理解,下面分别陈述。

"生活方式"这一词语,曾在以前的许多研究者的著作中出现过,有不同的含义。有的认为生活方式指人们在社会中取得现成的或需要再加工的生活资料的方式,有的则认为,生活方式是消费方式的同义语,是阶级地位的社会标志。当然,这里所说的消费已不仅指生物性需要的满足,而是已扩大到包括非生物性需要在内的各种物质的和非物质的需要的满足。同时,这里所谓的消费已不是指满足需要的过程,而是指构造社会认同的过程,是现代社会运行的主要的乃至唯一的动力。

三种生产理论中所提的"生活方式"应与生产方式、人群组织方式联系起来去认识和理解,也就是说,生活方式是指人群在一定的社会结构和经济水平下通过消耗生活资料和生活资源的过程,以满足生物性和非生物性需要的方式。通俗一点说就是群体(社会)中的人除了进行必要的物资生产活动外,其余的时间都在做些什么,以怎样的方式去做。显然,这里所说的生活方式不仅和生产方式、人群组织方式紧密联系在一起共同构成人类的生存方式,而且与社会结构互动,推动着社会发展阶段的演变。

"生产方式"这一词语,也多次在以前的许多研究者的著作中出现,并且也有许多不同的含义。在马克思的著作中,"生产方式"一词是一个描述社会的概念,是对生产力与生产关系的总和的抽象,是对生产活动的全部的抽象。因为在马克思的著作中,虽然生产力是一个与技术有密切联系的概念,但生产关系代表的却是参加社会生产活动的社会成员之间关系的总和。

三种生产理论中的"生产方式"的概念,含义比较窄,仅指物质性生产活动的方式。或者是指人类获取和组合以资生存和发展的物质和能量的方式。当然,这与人类从事的其他活动的方式,如生活方式与组织方式是并列的,并且是相互紧密联系互动影响的。

"人群组织方式"一词语,是表述人在物质的和非物质的活动中所结成的关系的概念,这与马克思所说的"生产关系"相近。由于人群的生活活动与生产活动都是组织起来进行的,因此人群的组织方式将体现在人类的生活方式和生产方式之中。也就是说,人群的组织方式是一种已经形成和将要形成的"秩序"或"规则",它既推动着生活方式和生产方式的改变和发展,同时又约束着这种改变和发展。

由此可见,考察由生活方式、生产方式和人群组织方式构成的人类生存方式可以透射出一个人类群体(比如一个国家或一个地区)的政治、经济和社会发展状况。当然,换一个角度看,就是能把握住在该特定时空中,自然环境系统和人类社会系统相互作用的水平和状况。

(二) 人类社会的发展阶段

同样,从两大系统相互作用的角度审视,或者说,从人类生存方式演变的角度审视,人类社会的发展历程应分为三大阶段。第一阶段,可以称之为生存阶段,它大致从人类社会形成起一直延伸到工商文明出现之前。第二阶段,可以称之为发展阶段,它主要指由工商文明的思想、观念、理论及方法所主导的时期,时间从 17 世纪中叶到 20 世纪末。第三阶段,指人类对工商文明社会的不可持续性形成共识以后的阶段。这个阶段从 20 世纪末期开始,也可以称之为可持续发展阶段。下面,运用三种生产理论的观点和方法对人类社会不同发展阶段进行分析。

第一阶段是人类社会的生存阶段。

人类社会发展的生存阶段,是一个漫长的历史时期。在这个阶段的初期,人类生活和生产的基本方式是采集和渔猎,可以说是完全依赖自然环境生存。这时,人类的人口总数较少,物资生产能力较低,几乎完全直接依赖于本地自然环境的生活资源产出率。生产方式还未从生活方式中分离出来,物资生产环节当然也还没有明确形成。人群组织方式处于以"群"活动为基本特征的水平,且活动的时空范围极小。

概括地说,在生存阶段初期的人类的生存方式并未明显形成一个独立力量,自然环境系统与人类社会系统的相互作用还处于混沌一体的状态。这时,三种生产理论模型的特点是:现代意义上的物资生产环节尚未形成,人口生产环节尚未从环境生产环节中分离出来。生存方式的特点则是:生活方式与生产方式合一(获取、消费、弃置),组织方式原始、单一,如图 4.2 所示。

图 4.2 生存阶段初期的三种生产理论模型

自此之后,为了摆脱自然对自己生存的巨大制约(有时因渔猎、采集不到食物而致死),人类作了长时间的努力。随着时光的流逝,人类群体活动的意识进一步明确,组织方式日渐成形。对渔猎或采集的成功率的追求也不断提高,生产方式与生活方式逐渐分离。天长日久,人类社会逐步演变进入了生存阶段的后期,如图 4.3 所示。

在这个后期,养殖和种植成为人类的主要生产方式,享用种植、养殖的成果成为主要生活方式,而组织方式则与这样的生产、生活方式相适应。人类进入了农牧文明高度发达的时期,换句话说就是农牧文明的思想、观念在人类社会中占据了主导和统治地位。

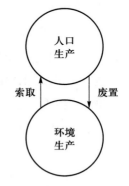

图 4.3 生存阶段中期的三种生产理论模型

这时,人类的物资生产水平逐步提高,以手工业和农产品加工业为基本内容的物资生产环节开始形成,影响和改变本地自然环境系统的能力也有较大的提高。人对自然的认识在逐步深入,并已在意识上把自己,也就是把人口生产从环境生产中分离出来。总的说来,这时人类社会的生存方式已作为一个独立的力量初步形成,三种生产理论的模型在实际生活中已有明显的表现。

在这一时期,由于人口数量不多,物质消费水平也不高,特别是社会生产水平和科学技术水平仍比较低,消费废弃物和加工废弃物大多能为自然环境所接纳,因此人类的生产活动和生活活动对自然环境的冲击不大,所产生的环境问题往往范围较小,程度也不严重,如图 4.4 所示。

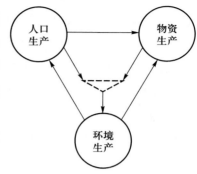

图 4.4　生存阶段后期的三种生产理论模型

在这一时期,人类的生产活动以满足生存需要为目标,物资生产环节中的物质流与能量流都比较小。人的生活方式以崇尚节俭为主,而环境生产环节由于受到人为冲击不大,仍处于储备阶段,足以支撑人口生产与物资生产的运动和发展。

第二阶段是人类社会的发展阶段。

在生存阶段的后期,人类的物质生活有了很大提高和较好的保障。但是,人类的生存仍受到自然环境条件的较大制约甚至威胁。人与环境关系的这种状态,反映在人类内部,则是人与人之间,以及人与社会之间的不公平现象日益彰显。

为了更好地(更有保障地)生存,人类继续进行不懈的努力。于是,通过人类的劳动,在人与环境的关系中,孕育出了第三个力量(要素)——技术。在人与人的关系中,孕育出第三种力量(要素)——权力。在技术和权力参与以后,人与环境的关系和人与人的关系都变得更加复杂和稳定,于是在人类社会生存方式的作用下,由人类社会系统、自然环境系统构成的世界系统的运行(内容、方式及形态)复杂得令人眼花缭乱。人类社会就在这种复杂情况下进入了发展阶段。

为了"彻底"(作为一种主观愿望)摆脱自然环境对人类生存的制约和束缚,人们从自己的切身体验中感受到技术和权力的力量和重要性,于是日益崇尚技术和权力,并力图通过掌握权力和发展技术以达到驾驭自然、做自然的主人之目的。于是,技术和权力在人们的心目中成了新的"上帝",人们也有意无意地把自己当作了世界的"中心"。

在这种信念和观念的支配下,技术得到了突飞猛进的发展。

技术的进步首先并直接表现在生产工具的改进和劳动效率的提高上,于是人类的劳动成果除了能满足基本生存的需求外，有了越来越多的剩余，人口数量呈现出高增长的情况，人与人的关系更多地表现为围绕生产资料（主要是劳动工具和对象）和劳动成果的分配的经济关系，人群的组织方式也随着社会化生产的出现和对支配权的控制而发生了深刻的改变。

工业革命的勃兴，使人类从利用自然、改造自然的状态异化为征服自然、主宰自然的力量。由此，人类社会发展的内在动因，已从人口的基本生存需求转变为对生存条件不断改善和对物质生活水平不断提高的追求。

到 20 世纪中后叶，由于社会生产和家庭生计已主要不是靠人口的繁衍和劳动力数量的增加，社会保障体系的逐步完善使得人口的体系和素质得到较大的改善，人口在地理空间上的分布也由在广大农村分散聚居逐步向城市集中。于是，人力（人才）资本迅速积聚和提升。与此相应，人类对自然资源和物质产品的消耗速度也空前增加。

在物资生产环节上，产业结构由以家庭农业（和手工业）为主导的形态转向以社会化大生产式的工业生产为主导的形态，劳动生产率显著提高，以能源等非生物资源消耗为主体的工业化成为经济增长和社会发展的主导力量。

产业结构的这种变化，适应于人类对不断提高物质生活水平和财富的追求，推动了经济的快速增长，相应地对科学技术和劳动力质量（科学技术素质）的要求也越来越高，从而促进了科学技术、教育的发展，刺激了人口生育。与此同时，以物质利益竞争为中心的商品经济和市场机制的强化，使失业人口增多，物质消费过度，从而导致人口增长与经济发展的不和谐。另外，国家、地区之间经济利益的冲突，人与人之间物质财富分配和占有上的社会矛盾，以及随之而来的文化、意识形态的对立也日益尖锐。

环境生产环节在人口数量无节制地增加和对物质生活水平无度追求的联合驱动下，在物资生产活动以追求最大经济利益为目标的刺激下，人类鼓励发展并借重对自然资源进行过度开发利用的科学技术，使人类赖以生存的地球环境承载力急剧下降，不可再生资源的存量与生物多样性均迅速降低，可再生资源的再生能力在衰减，部分已枯竭，如土地、淡水、湿地、森林和草原等。同时，地球环境的污染消纳能力也在迅速下降，致使环境品质急剧恶化，且日益扩展。

由此可见，与生存阶段相比，发展阶段（工商文明时代）的人类生存方式发生了根本改变，三种生产及其联系的状况也发生了根本性的改变。这一改变，创造了前所未有的物质文明和灿烂的现代科技，同时也把人类社会引向了不可持续下去的歧途。分析到这里，我们不难得到如下实质性认识：不可持续发展的是迄今为止所形成和建立的生存方式，是它导致了人与人、人与环境关系的不和谐,是它导致了世界系统物质流动的不通畅。而可持续发展则意味着人类将改变当前的生存方式。塑造新的生存方式,标志着人类将从当前的工商文明时代走向新的文明时代——环境文明时代。换句话说,就是要求人们自觉地转变在社会运行中起主导和支配作用的思想、观念(自然观、价值观、消费观及科学观等)、理论和方法。

总起来说,人类社会进入新的发展阶段、新的文明时代是历史的必然。

第三阶段是人类社会的可持续发展阶段。

农牧文明时代是人类对自然恩赐的生活资源进行开发利用以摆脱饥饿的威胁,使人口生命的再生产得以延续的时代,因此我们把它称为生存阶段。工商文明时代是人类依靠自身的聪明智慧发展科学技术,改天换地,征服自然,使人类尽情享用物质财富的时代,它使人类社会获得了空前迅捷的发展,因此我们把它称之为发展阶段。

然而,进入 20 世纪中期以后,工商文明使人类社会陷入了空前的新的生存危机。一是人口爆炸和贫富差距极化,这不仅使人口众多、经济落后的国家面临生存与发展两难抉择的境地,也使发达国家试图通过资本输出,利用别国环境资源,以实现自己经济持续高速发展的希望成为不可能;二是包括能源在内的自然资源的枯竭,既严重制约着当代人口的物资生产活动,又破坏了未来人口赖以幸福生存的自然条件;三是在征服自然、主宰自然思想的支配下,在以单纯追求最大经济效益的目标驱使下,经济生产活动和人群物质消费方式加剧着包括环境污染和生态破坏在内的环境恶化。这迫使人类社会要消耗更多的物质资本去补偿自然代谢的亏损,从而激化着经济发展与保护环境之间的矛盾;四是社会行为规则的离散与精神文化的贫乏、苍白,窒息着人与环境的和谐,阻碍着人与人及社会各利益群体之间的公平与和谐;五是科技发展的盲目与失控,加剧了上述危机的严重程度。总之,工商文明的发展把世界推入了无法跳出的漩涡。

为了克服上述危机,人类作出了巨大的努力,但由于一直没有跳出工商文明时代形成的思想桎梏和理论束缚,故而所有的努力都收效甚微,甚至看不到能从根本上解决问题的出路。于是,人类被迫对自己走过的发展道路和生存方式进行深刻的剖析和痛苦的反思。最终终于认识到:为了持久、幸福地生存,人类必须从根本上扭转在当今社会占主导地位的基本观念,改变现有的生存方式,即走可持续发展的道路。由此可见,可持续发展思想的提出源于对当代不可持续状态的反思,可持续发展的真谛在于塑造新的观念,建立新的生存方式。这是人类进入可持续发展阶段的根本标志。

由上所述不难看出,可持续发展阶段是人类社会进化的一个新的历史时期,是一个漫长且目前还看不到止境的历史阶段。显然,人类社会的可持续发展是全人类的共同事业,具有空间上的全球性与时间上的无限性。它决不等于各个国家、地区或各个行业、部门的"可持续发展"活动的相加,而是要对这许许多多的"可持续发展活动"进行整合和协同。

协同、整合是针对人类社会行为的一种特殊的社会行为,对人类社会的可持续发展而言是具决定意义的行为。它需要建立新的目标和机制,需要建立新的标准和规则。

在可持续发展阶段,不论从世界系统物质流动的角度来看,还是从人类生存方式对世界系统运行的作用和效果来看,甚至从人类社会的"理性回归"来看,许多方面都会不同于今天。因此,说到底,可持续发展的灵魂是"人"的发展。

三、可持续发展与三大社会行为的协同整合

从以上的论述我们不难认识到,人类社会的发展(或者可以说是变迁),不论其状态显示出的是不可持续的特征还是可持续的特征,都是正在运行的社会结构(也可以称之为人群的组织方式)和社会行为会聚的结果。如果"会聚"引发的人类生存方式的改变,有利于使物质在自然环境系统与人类社会系统之间更加顺畅流通,那么我们就说这时的人类社会处于可持续发展状态,否则反之。

由此可见,人类社会行为的选择和组织对人类社会的发展起着决定性的关键作用。因此研究人类社会可持续发展的实现,必须首先研究在当前社会结构下人类社会行为的选择、组织的原则和方法。下面,我们按照逻辑顺序将有关问题梳理如下:

(一)社会行为的概念、分类与结构

"社会行为"一词,出现得较早,也通俗易懂,很容易被理解和接受,但如果细想下去,就会觉得这一词语有些宽泛、含混。因此,在把"社会行为"作为研究对象时,必须首先澄清其概念。

在《中国大百科全书》(社会学卷)中,社会行为是以他人为对象,旨在达到预期目标的个人或群体的有目的的行为,包括全部社会互动,是一种满足社会期待的角色扮演过程。这里,先不讨论这一定义合理与否,只是思考一下它的要点:一是社会行为必须是与他人发生关系的行为;二是社会行为必须是主观上有目的的行为;三是社会行为是社会关系或制度框架下的角色行为。由此可

见,这一定义并不着眼于行为者(们),或者说没有去注意行为者方面的差异与不同。

马克斯·韦伯(Max Weber)对"社会行为"的看法与上述定义类似,并且更进一步认为,只有个人才能是行动的主体,而所谓整个社会或任何形式的集体,都只是某些人特殊行动的过程和联系而已,只有后者(个人)才是我们所理解的具有意义目标的行动的承担者。

这些文字表述表明,韦伯实际上认为所谓社会行为只是个人行为的联结,是个人的一些有主观目的的,以他人为目标的行为的联结(实际上并不完全如此)。于是,他把社会行为分为目标合理的行动、价值合理的行动、激情的行动、传统的行动、目标受到干扰的行动、因他人的转变而发生的行动六大类。

帕累托是在这一研究领域中另一个有重大影响的学者,他强调认为:首先,个人行为都是社会行为,或者说社会行为的主体是相互联系的个人。其次,社会行为的最终决定因素是人的感情,是非逻辑的,非理性的。所谓非逻辑的行为指的是行为者并不知道他的行为与各种现象之间真正的客观联系,他们把目的和手段"非逻辑地"联结在一起,使用了不一定相适应的手段去达到目的。当然,这并不意味着非逻辑行为就一定没有社会意义,或社会意义很小。

上述的观点和看法,都只是从个体(个人)的意义去理解或解释社会行为,对人们认识"社会行为"有重大的影响。但解释了个人行为并不等同于解释了社会现象,因为他们没有办法去说明众多的个人行为与社会宏观运行之间的联系。事实上,只是在个别情况下的社会现象才是个人行为的总和,而大多数情况却并非如此。

首先,我们必须承认,社会总存在着分化,社会中的人总是会分成不同的类型和群体,而群体又总是要组织起来从事生产和生活活动,并以群体的意志和需求,以"组织起来的"行为的名义和权威去影响和左右群体中的个人的行为的。

其次我们还应该认识到,社会现象(宏观的)虽与个人行为(微观的)有关联,但个人的行为动力或主观意愿也并不是凭空产生的,一定要受到当时当地的情况、社会的结构、社会的主导观念等多种因素的影响、诱导和约束。因此,我们不能撇开社会结构的影响而单从个人的意志或行为来分析或预测社会现象的变化。

据此,三种生产理论认为,研究社会行为必须把眼光转向社会行为的宏观主体,考察由这些宏观主体产生的社会行为的冲突与整合。从这个观点出发,社会行为的主体可分为政府、企业与公众,相应的,社会行为也应分为政府行为、企业行为与公众行为。

这三种行为构成了一个行为三角形,社会中的每一个个人都只能在这个三角形的内部——公共领域中安排、选择自己的个人行为,如图 4.5 所示。

图 4.5　行为三角形示意图

这里,我们不对政府、企业、公众为什么是社会行为的宏观主体进行烦琐的理论论证,也不对为什么社会行为在宏观上应分为政府行为、企业行为和公众行为进行论证。因为从本书的篇幅来看不可能,从本书的宗旨来看也不必要。另外还因为广大读者接受这一看法是不困难的。

事实上,人群最原始最自然的分化是男人与女人的性别分化,然后随着劳动分工出现贫富的分化,随着私有制的产生出现阶级的分化,随着国家机构的产生出现了阶层的分化。于是出现了政府与公众这两个次一级的群体。而公众的最基本组织是家庭,在生产和交换不太发达的时候,家庭同时又成了经济组织。随着交换的扩大和贸易的发展,一部分人专门从事此类的工作,于是经济行为的结构日益丰富。由于新的经济行为的出现需要新的结构,于是出现了以企业为代表的新的法人社团。从此,社会形成政府、企业、公众三足鼎立的架构。从行为主体的角度划分,社会行为也就自然而然地被分为政府行为、企业行为、公众行为三种。一般,人们对政府行为作为社会行为的主体,意见分歧不大,故下文只对企业与企业行为,公众与公众行为加以简单说明。

首先说明企业与企业行为。从个人的微观行为与社会的宏观行为的联系与关系来看,企业的产生与企业行为的出现具有典型的代表意义。其发育过程显示出较强的时间逻辑。芝加哥大学科尔曼教授认为:第一,个人以独立行动(例如加工和销售产品)对其他个人从外部产生影响,从而影响甚至改变了其他人的独立行动;第二,任何两个个人之间发生的交换(讨价还价)都具有系统的性质;第三,双边交换逐步发展为竞争,大量的竞争形成了市场;第四,不同的市场运行机制决定了人们交换的方式,固化着人群的生存方式;第五,通过选举或其他方式使大量个人意愿得以集中表达,表现为组织(企业)的出现;第六,组织一旦出现,即形成相互依赖的行为结构和出现集体利益;第七,为了获取集体的利益,也为了协调与个人利益的冲突,于是就产生了宏观水平上的社会行为。由此可见,随着经济的发展和经济活动在社会生活中地位的日益显著,企业逐渐成为社会的又一个基本单元,成为社会行为的一个重要的主体单位。

其次说明公众与公众行为。公众,按最普遍的理解,是大量散乱的个人。

公众虽是社会的原子,但公众的行为和政府行为、企业行为并列成为影响社会运行的一个重要方面,似乎不易被接受。为了说清这一疑惑,我们按由感性到理性的过程来探讨公众和公众行为在社会结构和运行中的地位和作用。一方面,公众和公众行为是社会的基石,是政府行为和企业行为的对象。这是不言而喻的,政府希望自己制定的政策、法令能得到公众的拥护和支持,同时也希望通过自己的政策、法令使公众能按照政府的意志和规范去选择和安排自己的行为。企业则希望自己的产品和服务能被公众所接受和喜爱,从而去获得利益,同时也希望公众能成为自己生产活动过程的劳动者(发明人、设计人、生产加工者和销售者等)。另一方面,公众还有许多不可能被国家规定淹没,不可能被企业覆盖的社会生活领域,比如心理活动、兴趣追求、感情抒发及风俗习惯等。这是公众行为的一个很大的活动空间。从解决社会问题,推动社会发展的角度来看,这是一个显示社会活力的空间,它的大小将在很大程度上影响人类社会的演变。

(二) 三大社会行为的运行与整合

上述三大社会行为,由于主体不同,对象不同,目标不同,因而它们的行为方式、运行机制也各不相同。另外,正因为有以上的种种不同,这些行为之间就会不断地发生冲突,也不断地进行妥协。不断冲突与妥协的结果就不断地改变着人类的生存方式,推动人类社会的发展。三种生产理论所研究的正是如何最大限度地减少三大社会行为之间的冲突妥协活动所需花费的代价(成本),提高协同整合的效率,推动人类生存方式朝着有利于世界系统和谐、通畅运行的方向演进。为此,我们先从分析三大社会行为自身运行的机制入手,然后再进一步研究三大社会行为协同整合的机制。

首先研究政府行为。

政府行为可分三个部分:其一,政府及其职能部门之间的"内部"行为,这一行为的关键是支配权力的构造以及等级结构的规定。其二,政府整体作为一个主体相对于其他行为主体(企业、公众)的国内行为。这一行为的关键是权力合法性的建立,是政策法规的制定、发布、实施和监督,以及各项社会活动的组织和管理。其三,政府作为国家和社会意志的代表,与其他政府之间的行为,诸如国际政治、经济、军事和科技文化交流等各方面的行为。

政府行为的内容和方式包容极广,几乎多到无法列举。政府行为的特点如支配性、变动性、层次性及事务性等也多得不可列举。从探讨运行机制的角度来看,更应该关心的是政府行为的动力和运行机制。

政府行为的动力,主要来自政府中最具权威地位的执政者(个人或群体)对目标的追求、国际社会的压力、国内其他行为者(企业和公众)的推力。其中最根本的,最具决定性意义的是国内公众(广大人民群众)眼前的和长远的需要。

政府行为的机制可以从表层和深层两个不同层次来考察。从表层看,政府的各项政策、法规都是在上、下级,或不同职能部门之间的互动中产生的,因此可以说政府行为的运行机制由其内部的结构方式决定。但从深层次看,政府行为的国内机制是处理全体公众长远利益和眼前利益、全局利益和局部(部分或地方)利益,以及不同利益集团之间冲突、协同关系的需要构成的。政府行为的国际机制则是不同国家利益双边或多边的博弈所推动的。最终起决定作用的则是国内机制和国际机制的汇合。正确的汇合是一门高深的科学,也是一门精妙的艺术,更是一个人文精神的高境界。

其次研究企业行为。

企业有各种各样,不同的企业有不同的行为。但总起来说,企业行为可以概括为:从事的生产、交换、分配、投资,包括再生产和扩大再生产的经营管理活动,以及对外部变化作出自主反应的活动。具体说是企业在内部结构和外部条件制约下,以企业目标为导向,以企业决策为中心的对外部环境的响应。

当然,由于企业内部结构千差万别,故企业运行机制也各有千秋,不能一概而论。但总的说来,对利润的关心和追求,始终是企业行为运行机制的根本。

再次研究公众行为。

正如前文所说,公众行为是一个非常难以界定的概念,特别是一个与个人行为难以区分的概念。有的个人行为就是公众行为,有些个人行为即使比较普遍也不能算是公众行为,有些个人行为联合起来了就可以算是公众行为,而有的则不能算是公众行为。那么,究竟什么样的行为才能被称之为是公众行为呢?从原则上可以说,凡是可以被称之为公众的人、团体、集体的所为之事即是公众行为。比如说,《中国环境报》曾刊登过黑龙江省 85 岁的老劳模、伐木工人马永顺造林 4 万株的消息,这里不能认为马永顺的造林行为是公众行为,而只是一个个人的(尽管是值得提倡的)行为。而当联合国授予马永顺为"全球 500 佳",并因媒体的宣传报道而广为人知,群起效仿时,马永顺的造林行为就演变为公众行为了。

注意区别和界定公众行为的概念,其重要性并不在于理论研究,而在于研究、探寻政府行为、企业行为的选择和三大行为协同整合机制的塑建。因此我们把公众行为分为两大类:第一类公众行为关注的是政治经济领域,具体内容常常围绕着以国家形式组织起来的权力支配结构,具有不同程度的反控制和反支配的功能,极端的可以演变为社会革命;第二类公众行为常常以风俗习惯、思潮和时尚为表现形式,多发生于非政治经济的领域,例如保护大自然,保护野生动植物,提倡绿色消费等群众的活动和运动。这类公众行为不但不与现行正式制度相抗,而且对现行社会结构是个良性的补充,是推动社会结构演变、完善的助力。

公众行为具有许多特点,如边缘性、从众性(趋同性)等,但最重要的特点是其"资源性"(或"物质性")。公众行为的"资源性"在于它是一个物质性的力量。不论它对政府行为、企业行为所起的作用是支持、补充还是对抗,它在社会结构中都扮演着一个"权重"的角色,起着制衡的作用,因此它是使社会得以发展的一种"资源"。

公众行为的活动空间合宜,定位得当,可以有利于人类社会公正、祥和,使自然环境系统与人类社会系统和谐互动,从而使世界系统协同发展,否则就会使人类社会和世界系统陷入混乱和无序,最终导致崩溃。

最后研究三种社会行为的整合。

从前文所述可以看出,三种行为的目标、方式以及对社会生活的作用都不完全相同。另外,我们通过对社会生活的观察还可以看出,尽管三种行为之间存在着差异、矛盾甚至冲突,但是它们总是竭力整合在一定的生存方式框架之内,并且推动着生存方式的演变。当然,如果社会无力在原有的生存方式框架中整合冲突,冲突就会激化为革命,从而使生存方式发生突变。

不论生存方式是渐变还是突变,也不论三种行为的整合是有效还是无效,它们都在推动着历史,只不过速度有快有慢,代价有小有大。当然,在极端情况下,在局部地区,有可能导致文明的毁灭。因此研究三种行为的整合,对人类社会的可持续发展,对人与环境构成的世界系统的运行有着十分重要的意义。

由于三种行为有着三个不同的行为主体,因此对任何一个主体而言,另外两个就成为行为的对象或客体,它们对主体的行为就会作出反应。就是说,三种行为者的行为,既是主动的行为,又是反应的行为,三种行为相互交错,反反复复,构成了社会生活中的所有事件和情景,或者说社会生活中的所有事件(情境)都是三种行为互动的结果。从这个意义上来说,整合可以有三种形式:第一种形式是政府作为行为的主动者,第二种形式是企业作为行为的主动者,第三种形式是公众作为行为的主动者。这里仅以第一种形式举例说明,第二种形式、第三种形式类似,只是在内容上和具体过程上会有所不同,但从"整合"的效果上来看实质上是一样的。

第一种形式,政府作为行为的主动者,企业和公众作为政府行为的反应者,并对政府行为作出反应行为,最后形成规范,作为一个事件被整合的标志。例如,政府决定试行控制污染物排放的制度,于是企业和公众都会作出反应,可能积极接受、被迫接受或不接受。若积极接受,则设法改进生产工艺或采取治理措施以减少污染物的排放。若被迫接受,则宁可接受罚款也不去治理。若不接受,则想方设法欺上瞒下,拉拢腐蚀干部逃避罚款,甚至纠众对抗,上访、示威游行、罢工罢市等。最后,政府根据企业和公众的具体反应(统计意义上)以及国家环境与经济协调发展的长远利益对试行的制度加以修改、补充和完善,成为正式制度、成为社会行为的准则。久而久之,许多社会行为准则就逐渐整合为"习惯"。当然,如果政府在推行政策(或制度)时简单、粗暴,则其结果,要么是上有政策、下有对策,使已定的政策被扭曲、变形,或实际上被取消;要么引发出对抗性矛盾,造成社会的不安定。

现在的问题是,以往的时代(特别是工商文明时代),三种行为的整合结果使人类社会陷入了不可持续发展的漩涡,今后,应如何整合才能使人类社会沿着可持续发展的方向前进。对于这个问题,本书不可能给出一个"标准答案",实际上,任何一本书,任何一个研究成果,也不可能给出这个"标准答案"。因为人类社会,包括任何一个国家和地区,都始终处于变化、发展、运动之中,任何两个情境片段都不会完全相同,因此也就不会有固定的、一成不变的整合方法。但这并不是说就不存在一个有效整合的原则和思路。

事实上,在人类社会发展史上,"整合"始终伴随着。对于社会行为的三大主体而言,他们的行为都是整合行为,只不过是在思想上是否明确、自觉而已。在一般情况下,他们各自都认为自己采取的行为是正确的、合情合理的,其他两方应该接受和支持。但事实上,其他两方并不一定会认为第一方的行为都是正确、合情合理的,所以并不一定会乐意接受和支持,至少不会完全接受和支持。另外,在对另两方的态度充分了解和理解后,第一方再采取什么行为就完全决定于第一方对整合的重要性的认识,和对整合方法的选择是否精心。因此,对于如何整合的问题,存在两种观念。

一种观念,是全社会对以往在社会占主导地位的观念——不可持续的发展观(包括价值观等)要形成大体一致的反思意见,要塑建出一种新的社会主导的发展观。下面,以"让老百姓生活得更好"这一良好愿望为例分析,对这一论断作具体的说明。

如果社会的主导观念认为"生活得好"就是可支配的钱越来越多,可享用的物质产品越来越多、越来越精致。于是,只有把"自然""环境""文化"等也都变成"经过包装的商品"才能使老百姓生活得更好。然而,当社会把一切都变成商品时,追求利润的这只"看不见的手"就会以追求最大投入产出比为准则而使自然资源的消耗速度越来越快,消耗量越来越大,废品越来越多,最终使人类生活在丰富的物质产品、大量的废弃有害物和恶劣的自然环境之中。也就是说,当社会的主导消费观是物质消费主义时,让老百姓生活得更好这一美好愿望将永远得不到实现。

另一种观念,在更具体一点的层次上,三大行为如何整合的问题还决定于社会中三大主体的权力结构,即三种行为在各种活动领域中相对自主的程度以及对其他主体的影响和支配程度。比如,当前一般都认为可持续发展是指在发展经济的同时要保护好环境,而且在有些时候,有的地方,要把保护环境放在第一位。那么谁向人类社会提供"可持续发展"呢?

　　"市场失灵论"认为,环境保护是市场的盲区,企业单纯以追求利润为目标,是一个营利性组织,根本不可能指望企业向社会提供"可持续发展",更何况环境利益的外部性、无人代表性特征,使得企业家即使个人有良好的道德观也无能为力。"政府失灵论"认为,正是由于政府干预得太多才使得市场的功能不能充分有效地发挥,特别是政府具有双重功能,即除了有服务于公众的功能外,还有阶级压迫的功能,因而它不可能为全社会的可持续发展而放慢经济发展速度。

　　上述两种观念的谬误,均在于把三种行为的活动(支配)领域机械地割裂开。实际上,三大行为的活动领域是共同的,是一个"公共领域"。比如对于绿色产品和技术,如果公众抵制非绿色的产品,就是对企业施加压力,迫使它去寻求和发展绿色技术,但当成本过高,利润过低时,企业就会退缩不前。而当政府用财政、价格政策予以激励时,企业就会自觉地去追求绿色技术。

　　由此可见,三种行为的有效整合要求具备三方行为的相对独立性(互不取代性)与"共赢"目标的前提性。

　　所谓"共赢"有多种含义,这里所说的"共赢"是指政府、企业、公众三方都能满意。实际上,对可持续发展而言,"共赢"的根本出发点和落脚点则是所有行为及行为的整合目标和整合结果,都只能是,而且必须是自然生态、人群生活和社会生产都能同时(不能分先后)得到改善和提高。我们把这一要求简称为"三生共赢",即生态、生活、生产在同一时空中得到改善和提高。这是三种生产理论的必然结论和应有之义。

第五章

可持续发展的议程

第一节　联合国可持续发展议程

一、联合国 21 世纪议程

《21 世纪议程》(Agenda 21,以下简称《议程》),是 1992 年 6 月 3 日至 14 日在巴西里约热内卢召开的联合国环境与发展大会通过的重要文件之一,是世界范围内可持续发展行动计划,是 21 世纪在全球范围内各国政府、联合国组织、发展机构、非政府组织和独立团体在人类活动对环境产生影响的各个方面的综合的行动蓝图。

《议程》是一份关于政府、政府间组织和非政府组织所应采取行动的广泛计划,旨在实现朝着可持续发展的转变。《议程》为采取措施保障我们共同的未来提供了一个全球性框架。这项行动计划的前提是所有国家都要分担责任,但承认各国的责任和首要问题各不相同,特别是在发达国家和发展中国家之间。该计划承认,没有发展,就不能保护人类的生息地,从而也就不可能期待在新的国际合作的气候下对于发展和环境总是同步进行处理。《议程》的一个关键目标,是逐步减轻和最终消除贫困,同样还要就保护主义和市场准入、商品价格、债务和资金流向问题采取行动,以取消阻碍第三世界进步的国际性障碍。为了符合地球的承载能力,特别是工业化国家,必须改变消费方式。而发展中国家必须降低过高的人口增长率。为了采取可持续的消费方式,各国要避免在本国和国外以不可持续的水平开发资源。文件提出以负责任的态度和公正的方式利用大气层和公海等全球公有财产。《议程》将环境、经济和社会关注事项纳入一个单一政策框架,具有划时代意义。

(一)《议程》制定的背景

人类站在历史的关键时刻。我们面对国家之间和各国内部长期存在的悬殊现象,贫困、饥饿、病痛和文盲有增无已,福祉所赖的生态系统持续恶化。然而,把环境和发展问题综合处理并提高对这些问题的注意将会带来满足基本需要、提高所有人的生活水平、改进对生态系统的保护和管理、创造更安全、更繁荣的未来的结果。没有任何一个国家能单独实现这个目标,但只要我们共同努力,建立促进可持续发展的全球伙伴关系,这个目标是可以实现的。

这个全球伙伴关系必须建立在世界各国呼吁举行联合国环境与发展会议的 1989 年 12 月 22 日大会第 44/228 号决议的各项前提,以及大家承认必须对环境与发展问题采取均衡的、综合的处理办法的基础之上。

《议程》论述当前的紧迫问题,其目的也是为了促使全世界为下一世纪的挑战作好准备。《议程》反映了关于发展与环境合作的全球共识和最高级别的政治承诺。圆满实施《议程》是各国政府首先要负起的责任。为实现《议程》的目标,各国的战略、计划、政策和程序至关重要。国际合作应该支持和辅助各国的努力。在这方面,联合国系统可以发挥关键作用。其他国际、区域和次区域组织也应该对此作出贡献。此外,还应该鼓励最广大的公众参与,鼓励非政府组织和其他团体积极参加工作。

要实现《议程》的发展和环境目标,就要对发展中国家提供大量新的和额外的财政资源,以支付这些国家为处理全球环境问题和加速可持续发展而采取行动所引起的增额成本。为加强国际机构实施《议程》的能力也需要财政资源。每个方案领域都列有对所需费用数额的指示性估计。这一估计尚需有关实施机构和组织加以审查和详细确定。

在实施《议程》所列举的有关方案领域时,必须特别注意转型期经济所面对的特殊情况。必须认识到这些国家正面临史无前例的经济改革挑战,其中有些国家的社会和政治局势还相当紧张。

构成《议程》的各方案领域均分别按行动依据、目标、活动和实施手段加以说明。《议程》是一个能动的方案,根据各国和各地区的不同情况、能力和优先次序,在充分尊重《关于环境与发展的里约热内卢宣言》所载的所有原则的情况下,由各方面不同的人来执行。《议程》可根据需要和情况的变动而不断演变。这个过程是建立促进可持续发展的新全球伙伴的关系的起点。

(二) 社会经济可持续发展策略

第一,加速发展中国家可持续发展的国际合作和有关的国内政策的形成。一是通过贸易自由化促进可持续发展;二是使贸易与环境相辅相成;三是向发展中国家提供充足的财政资源,并处理国际债务;四是鼓励有利于环境与发展的宏观经济政策。

第二,消除贫穷。一是加紧为一切人提供可持续的生计的机会;二是执行各种政策和战略以促进筹集充分资金,重点放在执行综合性人力发展政策,包括赚取收入,加强地方对资源的控制,加强地方机构的建设能力,让非政府组织和地方一级政府更多地"参与作为"之执行机制;三是为所有贫困地区制定合理和可持续地管理环境、调集资源、消除和减轻贫穷、增加就业和赚取收入的综合性战略和方案;四是在国家发展计划和预算中确定出一个人力资本投资的重点,其中一些特别政策和方案是针对农村地区、城市穷人、妇女和儿童的。

第三,改变消费形态。一是促进减少环境压力和符合人类基本需要的消费和生产形态;二是加强了解消费的作用和如何形成比较可以持续的消费形态。

第四,人口动态与可持续能力。一是将人口趋势和因素纳入环境与发展问题的全球性分析;二是促进对人口动态、技术、文化行为、自然资源和生命支持系统之间的关系有更深入的了解;三是评估人类在生态敏感地区和人口中心的脆弱性,以决定所有各级行动的优先次序,其中充分考虑到由社区自己确定的需要。

第五,保护和增进人类健康。一是满足基本的保健需要,特别是农村地区;二是控制传染病;三是保护易受害的群体;四是迎接都市的卫生挑战;五是减少因环境污染和公害引起的健康危险。

第六,促进人类住区的可持续发展。一是向所有人提供适当住房;二是改善人类住区管理;三是促进可持续的土地利用规划和管理;四是促进综合提供环境基础设施:水、卫生、排水和固体废物管理;五是促进人类住区可持续的能源和运输系统;六是促进灾害易发地区的人类住区规划和管理;七是促进可持续的建筑业活动;八是促进人力资源开发和能力建设以促进人类住区发展。

第七,将环境与发展问题纳入决策过程。一是审查各国的经济、部门和环境政策、战略和计划以保证逐步将环境与发展问题结合起来;二是在所有决策级别上加强体制结构,使环境和发展问题全面结合;三是建立或改善机制,促使有关个人、团体和组织参与所有各级的决策;四是建立国内决定程序以便在决策时使环境与发展结合起来。

(三)自然资源使用保护策略

第一,保护大气层。一是克服不稳定性——改善决策的科学基础;二是促进可持续的发展;三是防止平流层臭氧耗损;四是减少越界大气层污染。

第二,统筹规划和管理陆地资源的方法。便利把土地分配给那些可提供最多持续利益的用途,促进陆地资源的可持续的统筹管理。至迟在 1996 年审查和拟订支持土地的最佳使用和陆地资源的可持续管理的政策。至迟在 2000 年改善和加强土地和陆地资源的规划、管理和评价制度。至迟在 1998 年加强土地和陆地资源的机构和协调机制。至迟在 1996 年建立有关机制,以利于所有有关方面特别是当地社区和人民积极参与土地使用和管理的决策。

第三,制止砍伐森林。加强与森林有关的国家机构,以扩大与管理、保护和持续开发森林有关的活动的范围并提高其成效,有效地保证发达国家和发展中国家持续利用和生产林业产品并提供服务。在 2000 年以前,加强国家机构的能力与能量,使其能够得到保护和养护森林的必要知识,并扩充其范围和相应地提高与森林管理和开发有关的方案及活动的成效。加强和增进人力、技术和专业技能以及专门知识和能力,以便有效地制订和实施有关管理、养护和持续开发各种森林和林基资源,包括林地以及可以从中获取森林效益的其他地区的政策、计划、方案、研究和项目。

第四,脆弱生态系统的管理——防沙治旱。一是加强知识库和发展易受沙漠化和干旱易发地区的信息和监测系统,包括这些系统所涉及的经济社会问题;二是通过加强土壤保持、造林和再造林等活动,防治土地退化;三是制定和加强沙漠化易发地区消除贫困和促进替代生计系统综合方案;四是制订全面防止沙漠化的方案并将其纳入国家发展计划和国家环境规划;五是制订旱灾易发地区的综合备灾救灾计划以及设计应付环境难民的方案;六是鼓励和促进民众参与和环境教育,重点是沙漠化的控制和旱灾影响的处理。

第五,管理脆弱的生态系统——可持续的山区发展。一是创造和加强有关山区生态系统的生态学和可持续发展的知识;二是促进分水岭的综合开发和可供选择的谋生机会。

第六,促进可持续的农业和农村发展。一是参照农业的多功能方面,特别是粮食安全和可持续发展,进行政策审查、规划和综合方案的拟订;二是确保人民参与和促进人力资源的开发,以促进可持续农业;三是通过农业与非农业就业的多样化和基础设施发展来改善农业生产和农作系统;四是促进农业的土地资源规划资料和教育;五是土地养护和恢复;六是促进可持续粮食生产和可持续发展的水资源;七是为粮食和可持续农业养护,以及可持续地利用植物遗传资源;八是为持续耐久农业养护和持续耐久地利用动物遗传资源;九是农业综合虫害治理;十是利用可持续植物营养提高粮食生产,十一是农村能源的过渡以提高生产力。另外是评价平流层臭氧层耗竭引起的紫外线辐射对动植物的影响。

第七,养护生物多样性。一是致力使《生物多样性公约》早日生效,并尽量使各国参加;二是制定各国战略,养护生物多样性和可持续使用生物资源;三是将养护生物多样性和可持续使用生物资源的战略列入国家发展战略和 / 或计划;四是采取适当措施,在资源来源和资源使用之间,合理公平地分享研究与发展利益以及使用生物和遗传资源、包括生物技术;五是酌情就养护生物多样性和可持续使用生物资源问题进行国别研究,包括分析有关成本效益,并特别注意社会经济方面;六是根据国家评估,编制定期增添资料的世界生物多样性报告;七是确认和加强土著人民及其社区的传统方法和知识,其中强调妇女关于养护生物多样性和可持续使用生物资源的特殊作用,确保这些群体有机会参与因使用此种传统方法和知识而产生的经济和商业利益;八是实施改进、产生、发展和可持续使用生物技术及其安全转让、特别是转让到发展中国家的机制,同时要考虑到生物技术对养护生物多样性和可持续使用生物资源可能作出的贡献;九是推动更广泛的国际和区域合作,提高对生物多样性的重要意义及其在生态系统中功能的科学和经济了解;十是制定措施和安排,以按照《生物多样性公约》的界定实施遗传资源的原产国或提供遗传资源的国家、特别是发展中国家的权利,以便享受生物技术发展和商业利用由这类资源制成的产品的利益。

第八,对生物技术的无害环境管理。设法加强国际商定的原则,以确保对生物技术的无害环境管理、在公众中建立信任和信心、促进生物技术的可持续应用、建立适当的培养能力的机制,在发展中国家尤其如此。一是增加供应粮食、饲料和可再生原料;二是增进人类健康;三是加强环境的保护;四是增进安全和发展国际合作机制;五是建立可以促进生物技术的发展和无害环境的应用的机制。

第九,保护大洋和各种海洋,包括封闭和半封闭海域以及沿海区,并保护、合理利用和开发其生物资源。在国家、区域、次区域和全球各级对海洋和沿海区域的管理和开发采取新的一体化方针。一是沿海区、包括专属经济区的综合管理和可持续发展;二是海洋环境保护;三是可持续地善用和保护公海的海洋生物资源;四是可持续地利用和养护国家管辖范围内的海洋生物资源;五是处理海洋环境管理方面的重大不确定因素和气候变化;六是加强国际,包括区域的合作和协调;七是小岛屿的可持续发展。

第十,保护淡水资源的质量和供应。对水资源的开发、管理和利用采用综合性办法。必须对水资源进行统筹规划和管理。一是水资源的综合开发与管理;二是水资源评价;三是水资源、水质和水生生态系统的保护;四是饮用水的供应与卫生;五是水与可持续的城市发展;六是可持续的粮食生产和农村发展的用水;七是气候变化对水资源的影响。

第十一,有毒化学品的无害环境管理。包括防止在国际上非法贩运有毒的危险产品。大力加强国家和国际努力,以实现化学品的无害环境管理。一是扩大和加速对化学品风险的国际评估;二是化学品分类和标签的一致化;三是交换有关有毒化学品和化学品风险的资料;四是拟订减少风险方案;五是加强管理化学品的国家能力和能量;六是防止有毒和危险产品的非法国际贩运。

第十二,对危险废料实行无害环境管理。包括防止在国际上非法贩运危险废料。尽可能防止和尽可能减少危险废料的产生,以及以对环境和健康无害的方式处理这类废料。一是促进防止和尽量减少危险废料;二是促进和加强管理危险废料的机构能力;三是促进和加强国际合作,以便管理危险废料的跨界运输;四是防止危险废料的非法国际贩运。

第十三,固体废物的无害环境管理及同污水有关的问题。废物的无害环境的管理决不能只是安全处理或回收废物,而是应当争取从根本上解决问题,改变不能持续的生产和消费方式。一是尽量减少废物;二是尽量重新利用和回收无害环境的废物;三是促进废物的无害环境的处理;四是扩大废物处理服务范围。

第十四,对放射性废料实行安全和无害环境管理。确保放射性废料得到安全管理、运输、贮存和处置,以求在互相影响地综合对待放射性废料的管理和安全的更大范围内,保护人的健康和环境。

(四)《议程》的实施保障

第一,加强各主要群组的作用。一是为妇女采取全球性行动以谋求可持续的公平的发展;二是儿童和青年参与持续发展;三是确认和加强土著人民及共社区的作用;四是加强非政府组织作为可持续发展合作者的作用;五是支持《议程》的地方当局的倡议;六是加强工人和工会的作用;七是加强商业和工业的作用;八是加强科学和技术界的作用;九是加强农民的作用。

第二,加强实施手段。一是财政资源和机制;二是转让无害环境技术、合作和能力;三是科学促进可持续发展;四是促进教育、公众认识和培训;五是促进发展中国家能力建议的国家机制和国际合作;六是加强国际体制安排;七是建立健全国际法律文书和机制。

(五)《议程》的重大意义

《议程》是一个前所未有的全球可持续发展计划,为确保地球未来的安全迈出了历史性的一步。《议程》中,各国政府提出了详细的行动蓝图,从而改变世界的非持续的经济增长模式,转向从事保护和更新经济增长和发展所依赖的环境资源的活动。为了全面支持在世界范围内落实《议程》,联合国大会在1992年成立了可持续发展委员会。作为联合国经济及社会理事会的一个重要委员会,这个有53个成员的委员会监督并报告议程和其他地球首脑会议协议的执行情况,支持和鼓励政府、商界、工业界和其他非政府组织带来可持续发展所需要的社会和经济变化,帮助协调联合国内环境和发展的活动。通过其可持续发展司,联合国经济和社会事务署为委员会提供了秘书处,并为促进可持续发展的贯彻落实提供政策建议。

二、联合国千年发展目标

(一) 制定背景

2000 年 9 月,联合国举行千年首脑会议,189 个会员国与会并通过了《千年宣言》,以下简称《宣言》。《宣言》为人类发展制定了一系列具体目标,统称"千年发展目标"(MDGs)。千年发展目标涉及经济、社会、环境等八个领域,多数以 1990 年为基准年,2015 年为完成时限,是当今国际社会在发展领域最全面、最权威、最明确的发展目标体系。

千年发展目标在 2000 年起开始全球实施,旨在缓解贫困。千年发展目标确定了可衡量的,被普遍认可的目标,旨在解决极端贫困和饥饿,预防致命疾病,并将小学教育扩大到所有儿童以及其他发展重点的目标。

(二) 千年发展的八大目标

第一,消灭极端贫穷和饥饿。一是在 1990 年至 2015 年间,将每日收入低于 1.25 美元的人口比例减半;二是使所有人包括妇女和青年人都享有充分的生产就业和体面工作;三是在 1990 年至 2015 年间,挨饿的人口比例减半。

第二,普及小学教育。确保到 2015 年,世界各地的儿童,不论男女,都能上完小学全部课程。

第三,促进两性平等并赋予妇女权力。到 2005 年消除小学教育和中学教育中的两性差距,最迟于 2015 年在各级教育中消除此种差距。

第四,降低儿童死亡率。1990 年至 2015 年间,将五岁以下死亡率降低 2/3。

第五,改善产妇保健。一是 1990 年至 2015 年间,产妇死亡率降低 3/4;二是到 2015 年实现普遍享有生殖保健。

第六,与艾滋病毒/艾滋病、疟疾和其他疾病作斗争。一是到 2015 年遏制并开始扭转艾滋病毒/艾滋病的蔓延;二是到 2010 年向所有需要者普遍提供艾滋病毒/艾滋病治疗;三是到 2015 年遏制并开始扭转疟疾和其他主要疾病的发病率。

第七,确保环境的可持续能力。一是将可持续发展原则纳入国家政策和方案,并扭转环境资源的损失;二是减少生物多样性的丧失,到 2010 年显著降低丧失率;三是到 2015 年将无法持续获得安全饮用水和基本卫生设施的人口比例减半;四是到 2020 年使至少一亿贫民窟居民的生活明显改善。

第八,制定促进发展的全球伙伴关系。一是进一步发展开放的、有章可循的、可预测的、非歧视性的贸易和金融体制;二是满足最不发达国家的特殊需要;三是满足内陆发展中国家和小岛屿发展中国家的特殊需要;四是全面处理发展中国家的债务问题;五是与制药公司合作,在发展中国家提供负担得起的基本药物;六是与私营部门合作,普及新技术、特别是信息和通信的利益。

(三)千年目标取得的主要成就

千年发展目标实施十五年来,推动了若干重要领域的进展。诸如,减少收入贫困,自1990年以来超过10亿人已摆脱极端贫困。提供极其需要的供水和卫生设施,降低儿童死亡率并大大改善产妇保健,自1990年以来儿童死亡率下降了一半以上。还开展了全球免费初级教育运动,鼓舞各国对子孙后代进行投资,自1990年以来失学人数已下降了一半以上。最重要的是,千年发展目标在打击艾滋病毒/艾滋病和其他可治疗疾病如疟疾和结核病方面取得了长足的进步,自2000年以来艾滋病毒/艾滋病感染下降了近40%。

三、联合国2030年可持续发展议程

2015年9月25日,举世瞩目的"联合国可持续发展峰会"在纽约联合国总部正式拉开帷幕。会议通过了一份由193个会员国共同达成的成果文件,即《变革我们的世界:2030年可持续发展议程》(*Transforming Our World:The 2030 Agenda for Sustainable Development*,简称《2030年可持续发展议程》)。这一纲领性文件提出了包括17项可持续发展目标和169项具体目标的一系列全球性目标,巩固和发展了千年发展目标,以完成千年发展目标尚未完成的事业。议程将推动世界在今后十五年内实现消除极端贫穷、战胜不平等和不公正、遏制气候变化三个史无前例的非凡创举。

(一)使命

一是消除人类一切形式和表现的贫困与饥饿,让所有人平等和有尊严地在一个健康的环境中充分发挥自己的潜能。

二是阻止地球的退化,包括以可持续的方式进行消费和生产,管理地球的自然资源,在气候变化问题上立即采取行动,使地球能够满足今世后代的需求。

三是让所有的人都过上繁荣和充实的生活,在与自然和谐相处的同时实现经济、社会和技术进步。

四是推动创建没有恐惧与暴力的和平、公正和包容的社会。没有和平，就没有可持续发展。没有可持续发展，就没有和平。

五是构建伙伴关系，动用必要的手段来执行这一议程，本着加强全球团结的精神，在所有国家、所有利益攸关方和全体人民参与的情况下，恢复全球可持续发展伙伴关系的活力，尤其注重满足最贫困最脆弱群体的需求。

(二) 愿景

一是创建一个没有贫困、饥饿、疾病、匮乏并适于万物生存的世界；一个没有恐惧与暴力的世界；一个人人都识字的世界，一个人人平等享有优质大中小学教育、卫生保健和社会保障以及心身健康和社会福利的世界；一个我们重申我们对享有安全饮用水和环境卫生的人权的承诺和卫生条件得到改善的世界；一个有充足、安全、价格低廉和营养丰富的粮食的世界；一个有安全、充满活力和可持续的人类居住地的世界和一个人人可以获得价廉、可靠和可持续能源的世界。

二是创建一个普遍尊重人权和人的尊严、法治、公正、平等和非歧视，尊重种族、民族和文化多样性，尊重机会均等以充分发挥人的潜能和促进共同繁荣的世界；一个注重对儿童投资和让每个儿童在没有暴力和剥削的环境中成长的世界；一个每个妇女和女童都充分享有性别平等和一切阻碍女性权能的法律、社会和经济障碍都被消除的世界；一个公正、公平、容忍、开放、有社会包容性和最弱势群体的需求得到满足的世界。

三是创建一个每个国家都实现持久、包容和可持续的经济增长和每个人都有体面工作的世界；一个以可持续的方式进行生产、消费和使用从空气到土地、从河流、湖泊和地下含水层到海洋的各种自然资源的世界；一个有可持续发展、包括持久的包容性经济增长、社会发展、环境保护和消除贫困与饥饿所需要的民主、良政和法治，并有有利的国内和国际环境的世界；一个技术研发和应用顾及对气候的影响、维护生物多样性和有复原力的世界；一个人类与大自然和谐共处，野生动植物和其他物种得到保护的世界。

(三) 目标与策略

第一目标是消除极端贫穷。

一是在全世界消除一切形式的贫困。确保从各种来源，包括通过加强发展合作充分调集资源，为发展中国家、特别是最不发达国家提供充足、可预见的手段以执行相关计划和政策，消除一切形式的贫困。根据惠及贫困人口和顾及性别平等问题的发展战略，在国家、区域和国际层面制定合理的政策框架，支持加快对消贫行动的投资。

二是消除饥饿，实现粮食安全，改善营养状况和促进可持续农业。通过加强国际合作等方式，增加对农村基础设施、农业研究和推广服务、技术开发、植物和牲畜基因库的投资，以增强发展中国家，特别是最不发达国家的农业生产能力。根据多哈发展回合授权，纠正和防止世界农业市场上的贸易限制和扭曲，包括同时取消一切形式的农业出口补贴和具有相同作用的所有出口措施。采取措施，确保粮食商品市场及其衍生工具正常发挥作用，确保及时获取包括粮食储备量在内的市场信息，限制粮价剧烈波动。

三是确保健康的生活方式，促进各年龄段人群的福祉。酌情在所有国家加强执行《世界卫生组织烟草控制框架公约》。支持研发主要影响发展中国家的传染和非传染性疾病的疫苗和药品，根据《关于与贸易有关的知识产权协议与公共健康的多哈宣言》（简称《多哈宣言》）的规定，提供负担得起的基本药品和疫苗，《多哈宣言》确认发展中国家有权充分利用《与贸易有关的知识产权协议》中关于采用变通办法保护公众健康，尤其是让所有人获得药品的条款。大幅加强发展中国家，尤其是最不发达国家和小岛屿发展中国家的卫生筹资，增加其卫生工作者的招聘、培养、培训和留用。加强各国，特别是发展中国家早期预警、减少风险，以及管理国家和全球健康风险的能力。

第二目标是战胜不平等和不公正。

一是确保包容和公平的优质教育，让全民终身享有学习机会。建立和改善兼顾儿童、残疾和性别平等的教育设施，为所有人提供安全、非暴力、包容和有效的学习环境。到 2020 年，在全球范围内大幅增加发达国家和部分发展中国家为发展中国家，特别是最不发达国家、小岛屿发展中国家和非洲国家提供的高等教育奖学金数量，包括职业培训和信息通信技术、技术、工程、科学项目的奖学金。大幅增加合格教师人数，具体做法包括在发展中国家，特别是最不发达国家和小岛屿发展中国家开展师资培训方面的国际合作。

二是实现性别平等，增强所有妇女和女童的权能。根据各国法律进行改革，给予妇女平等获取经济资源的权利，以及享有对土地和其他形式财产的所有权和控制权，获取金融服务、遗产和自然资源。加强技术特别是信息和通信技术的应用，以增强妇女权能。采用和加强合理的政策和有执行力的立法，促进性别平等，在各级增强妇女和女童权能。

三是为所有人提供水和环境卫生并对其进行可持续管理。扩大向发展中国家提供国际合作和能力建设支持，帮助它们开展和实施与水和卫生有关的活动和方案，包括雨水采集、海水淡化、提高用水效率、废水处理、水回收和再利用技术。支持和加强地方社区参与改进水和环境卫生管理。

四是确保人人获得负担得起的、可靠和可持续的现代能源。加强国际合作，促进获取清洁能源的研究和技术，包括可再生能源、能效，以及先进和更清洁的化石燃料技术，并促进对能源基础设施和清洁能源技术的投资。增建基础设施并进行技术升级，以便根据发展中国家，特别是最不发达国家、小岛屿发展中国家和内陆发展中国家各自的支持方案，为所有人提供可持续的现代能源服务。

五是促进持久、包容和可持续的经济增长，促进充分的生产性就业和人人获得体面的工作。增加向发展中国家，特别是最不发达国家提供的促贸援助支持，包括通过《为最不发达国家提供贸易技术援助的强化综合框架》提供支持。到 2020 年，拟定和实施青年就业全球战略，并执行国际劳工组织的《全球就业契约》。

六是建造具备抵御灾害能力的基础设施，促进具有包容性的可持续工业化，推动创新。向非洲国家、最不发达国家、内陆发展中国家和小岛屿发展中国家提供更多的财政、技术和技能支持，以促进其开发有抵御灾害能力的可持续基础设施。支持发展中国家的国内技术开发、研究与创新，包括提供有利的政策环境，以实现工业多样化，增加商品附加值。大幅提升信息和通信技术的普及度，到 2020 年在最不发达国家以低廉的价格普遍提供互联网服务。

七是减少国家内部和国家之间的不平等。根据世界贸易组织的各项协议，落实对发展中国家、特别是最不发达国家的特殊和区别待遇原则。鼓励根据最需要帮助的国家，特别是最不发达国家、非洲国家、小岛屿发展中国家和内陆发展中国家的国家计划和方案，向其提供官方发展援助和资金，包括外国直接投资。将移民汇款手续费减至 3% 以下，取消费用高于 5% 的侨汇渠道。

八是建设包容、安全、有抵御灾害能力和可持续的城市和人类住区。通过加强国家和区域发展规划，支持在城市、近郊和农村地区之间建立积极的经济、社会和环境联系。到 2020 年，大幅增加采取和实施综合政策和计划以构建包容、资源使用效率高、减缓和适应气候变化、具有抵御灾害能力的城市和人类住区数量，并根据《2015—2030 年仙台减少灾害风险框架》在各级建立和实施全面的灾害风险管理。通过财政和技术援助等方式，支持最不发达国家就地取材，建造可持续的、有抵御灾害能力的建筑。

九是采用可持续的消费和生产模式。支持发展中国家加强科学和技术能力，采用更可持续的生产和消费模式。开发和利用各种工具，监测能创造就业机会、促进地方文化和产品的可持续旅游业对促进可持续发展产生的影响。对鼓励浪费性消费的低效化石燃料补贴进行合理化调整，为此，应根据各国国情消除市场扭曲，包括调整税收结构，逐步取消有害补贴以反映其环境影响，同时充分考虑发展中国家的特殊需求和情况，尽可能减少对其发展可能产生的不利影响并注意保护穷人和受影响社区。

第三目标是遏制气候变化。

一是采取紧急行动应对气候变化及其影响。发达国家履行在《联合国气候变化框架公约》下的承诺,即到 2020 年每年从各种渠道共同筹资 1 000 亿美元,满足发展中国家的需求,帮助其切实开展减缓行动,提高履约的透明度,并尽快向绿色气候基金注资,使其全面投入运行。促进在最不发达国家和小岛屿发展中国家建立增强能力的机制,帮助其进行与气候变化有关的有效规划和管理,包括重点关注妇女、青年、地方社区和边缘化社区。

二是保护和可持续利用海洋和海洋资源以促进可持续发展。根据政府间海洋学委员会《海洋技术转让标准和准则》,增加科学知识,培养研究能力和转让海洋技术,以便改善海洋的健康,增加海洋生物多样性对发展中国家,特别是小岛屿发展中国家和最不发达国家发展的贡献。向小规模个体渔民提供获取海洋资源和市场准入机会。按照《我们希望的未来》第 158 段所述,根据《联合国海洋法公约》所规定的保护和可持续利用海洋及其资源的国际法律框架,加强海洋和海洋资源的保护和可持续利用。

三是保护、恢复和促进可持续利用陆地生态系统,可持续管理森林,防治荒漠化,制止和扭转土地退化,遏制生物多样性的丧失。从各种渠道动员并大幅增加财政资源,以保护和可持续利用生物多样性和生态系统。从各种渠道大幅动员资源,从各个层级为可持续森林管理提供资金支持,并为发展中国家推进可持续森林管理,包括保护森林和重新造林,提供充足的激励措施。在全球加大支持力度,打击偷猎和贩卖受保护物种,包括增加地方社区实现可持续生计的机会。

(四)实施保障

第一,创建和平、包容的社会以促进可持续发展,让所有人都能诉诸司法,在各级建立有效、负责和包容的机构。通过开展国际合作等方式加强相关国家机制,在各层级提高各国尤其是发展中国家的能力建设,以预防暴力,打击恐怖主义和犯罪行为。推动和实施非歧视性法律和政策以促进可持续发展。

第二,加强执行手段,重振可持续发展全球伙伴关系。一是筹资,二是技术,三是能力建设,四是贸易,五是政策和机制的一致性,六是多利益攸关方伙伴关系,七是数据、监测和问责。

第三,启动《亚的斯亚贝巴行动议程》技术促进机制,以支持实现可持续发展目标。该技术促进机制由四个部分组成。一是联合国科学、技术、创新促进可持续发展目标跨机构任务小组,将在联合国系统内,促进科学、技术、创新事项的协调、统一与合作,加强相互配合、提高效率,特别是加强能力建设。二是网上平台,负责全面汇集联合国内外现有的科学、技术、创新举措、机制和方案的信息,并进行信息流通和传输。三是科学、技术和创新促进可持续发展目标多利益攸关方论坛,将每年举行一次会议,为期两天,讨论在落实可持续发展目标的专题领域开展科学、技术和创新合作的问题,所有相关利益攸关方将会聚一堂,在各自的专业知识领域中做出积极贡献。四是高级别政治论坛会议,将在充分吸纳任务小组专家意见的基础上,审议科学、技术和创新促进可持续发展目标多利益攸关方论坛其后各次会议的主题。

(五)重大意义

《2030 年可持续发展议程》是为全人类建立一个更可持续、更加安全、更加繁荣的地球而制订的行动计划,旨在加强世界和平与自由,为世界各国人民点亮了一盏明灯。

《2030 年可持续发展议程》是一个规模和意义都前所未有的议程。它顾及各国不同的国情、能力和发展程度,尊重各国的政策和优先事项,因而得到所有国家的认可,并适用于所有国家。这些目标既是普遍性的,也是具体的,涉及每一个国家,无论它是发达国家还是发展中国家。它们是整体的,不可分割的,兼顾了可持续发展的三个方面。

《2030 年可持续发展议程》是 21 世纪人类和地球的章程。儿童和男女青年是变革的重要推动者,他们将在新的目标中找到一个平台,用自己无穷的活力来创造一个更美好的世界。

第二节　中国的可持续发展议程

一、中国 21 世纪议程

《中国 21 世纪议程》,又称《中国 21 世纪人口、环境与发展白皮书》,是和联合国《21 世纪议程》相呼应的文件。联合国《21 世纪议程》要求各国制定和组织实施相应的可持续发展战略、计划和政策,以确保议程得以实施。中国作为一个发展中大国,深知自己在保护地球生态环境方面的责任和可以发挥的重要作用。中国政府认真履行联合国会议决议,联合国环境与发展大会后不久,中国政府即提出了促进中国环境与发展的"十大对策",并由国务院环境保护委员会部署,国家计划委员会和国家科学技术委员会共同制定了《中国21世纪议程》,于1994年3月25日经国务院常务会议讨论通过,以白皮书的形式发布。

《中国21世纪议程》从中国的基本国情和发展战略出发,提出了促进经济、社会、资源、环境以及人口、教育相互协调,可持续发展的总体战略政策和措施方案。这份白皮书将成为制定中国国民经济和社会发展中长期计划的一个指导性文件,并在国家"九五"计划和"十五"规划的制定中作为重要目标和内容,得到具体体现。《中国21世纪议程》的发布向世界表明中国政府认真履行联合国《21世纪议程》的实际行动和原则立场。《中国21世纪议程》构筑了一个综合性的、长期的、渐进的中国可持续发展战略框架和相应的对策,这是中国走向21世纪和争取美好未来的新起点。

(一)总体战略

《中国21世纪议程》的制定和实施,是中国在未来和下一世纪发展的自身需要和必然选择。中国是发展中国家,人口基数大、人均资源少、经济和科技水平都比较落后,要毫不动摇地把发展国民经济放在第一位,各项工作紧紧围绕经济建设这个中心来开展,实现经济快速发展。在这种形势下,只有遵循可持续发展的战略思路,才能实现国家长期、稳定的发展。

《中国21世纪议程》,确立了九个方面的主要对策。一是以经济建设为中心,深化改革开放,建立和完善社会主义市场经济体制。二是加强能力建设,完善可持续发展的经济、社会、法律体系及综合决策机制。三是实行计划生育,控制人口数量,提高人口素质,改善人口结构。四是因地制宜地推广可持续农业技术。五是调整产业结构与布局,实施清洁生产,推动资源合理利用。六是开发清洁煤技术,大力发展可再生和清洁能源。七是加速改善城乡居民居住环境。八是实施重大环境污染控制项目。九是认真履行中国加入的全球环境与发展方面的各项公约,不懈地致力于全球环境问题的解决。

《中国21世纪议程》,提出了可持续发展的战略和重大行动。一是建立可持续发展的协调管理机制。二是运用经济手段,促进保护资源和环境。三是研究把自然资源和环境因素纳入国民经济的核算体系。四是把自然资源和环境保护工作作为各级政府的一项基本职能。五是污染防治逐步从浓度控制转变为总量控制,从末端治理转变到全过程防治。六是加强可持续发展的宣传教育,提高全民族的可持续发展意识。

（二）战略举措

第一方面是社会可持续发展。

一是人口、居民消费和社会服务。控制人口增长与提高人口素质，引导建立可持续的消费模式，大力发展社会服务与第三产业。二是消除贫困。本世纪末，实现国家"八七扶贫攻坚计划"目标，基本解决 8 000 万贫困人口的温饱问题。三是卫生与健康。满足基本的保健需求，控制传染病，降低发病率，保护易受害人群，迎接城市的卫生挑战。四是人类住区可持续发展。城市化与人类住区管理，基础设施建设与完善人类住区功能，改善人类住区环境。五是防灾减灾。对中国社会、经济发展影响最大的自然灾害是洪水、干旱以及地震、台风、泥石流、生物灾害等。

第二方面是经济可持续发展。

一是可持续发展经济政策。建立社会主义市场经济体制，促进经济发展，有效利用经济手段和市场机制。二是农业与农村的可持续发展。推进可持续发展的综合管理，调整农业结构，优化资源和生产要素组合，发展可持续性农业科学技术，发展乡镇企业和建设农村乡镇中心。三是工业与交通、通信业的可持续发展。根据国家经济、社会可持续发展战略的要求，调整和优化产业结构和布局，改善工业结构和布局，开发清洁生产和生产绿色产品，工业技术的开发和利用，加强和改善行业管理。四是可持续的能源生产与消费。综合能源规划与管理，推广少污染的煤炭开采技术和清洁煤技术，开发利用新能源和可再生资源。

第三方面是资源合理利用与环境保护。

一是自然资源保护与可持续利用。建立基于市场机制与政府宏观调控相结合的自然资源管理体系，水资源的保护与开发利用，土地资源的管理与可持续利用，森林资源的培育、保护、管理与可持续发展，海洋资源的可持续开发与保护，矿产资源的合理开发利用与保护，草地资源的开发利用与保护。二是生物多样性保护。到 2000 年，建成类型齐全、不同级别、布局合理、面积适宜的自然保护区网络。三是荒漠化防治。荒漠化土地综合整治与管理，水土流失综合防治，水土保持生态工程建设与管理。四是保护大气层。控制大气污染和防治酸雨，防止平流层臭氧耗损，控制温室气体排放。五是固体废物的无害化管理。固体废物的处理与管理，放射性废物安全和无害化管理，生活垃圾管理和无害化系统。

（三）战略保障

第一方面是与可持续发展有关的立法与实施。

一是可持续发展立法。加快经济领域的可持续发展立法,完善环境和资源保护立法,把可持续发展的原则纳入经济发展、人口、产业、社会保障等立法中。二是可持续发展有关法律的实施。建立健全可持续发展法律的实施体系和保障支持机制,加强可持续发展法律的宣传和教育,促进司法和行政程序与可持续发展法律实施的结合。

　　第二方面是费用与资金保障机制。

　　一是议程实施费用的保障。议程的实施费用主要依靠中国政府和有关单位及个人的投入,同时也要广泛吸收国际社会和民间的投入。二是可持续发展财税、经济法规建设。建立健全财税制度和经济法规政策,制定有利于可持续发展的财税新制度、经济法规体系、技术经济政策体系。

　　第三方面是教育与持续发展能力建设。

　　一是健全可持续发展管理体系。不断完善可持续发展的协调管理机制,提高计划管理决策人员的可持续发展的能力;二是教育建设。贯彻实施《中国教育改革和发展纲要》和高等教育重点建设工程,提高受教育者的可持续发展意识;三是人力资源开发和能力建设。综合开发人力资源,提供新的就业领域和机会,建立职业培训机构,促进职业培训和技能训练;四是科学技术支持能力建设。贯彻实施《中长期科技发展纲领》和各类科技计划,吸引优秀人才从事可持续发展科学技术研究,深化科技体制改革,建立科学研究、技术开发、生产、市场有机相连的"一条龙"体系;五是可持续发展信息系统。建立可持续发展信息网络,使有关部门和机构能够比较方便地获得有关可持续发展的国内外最新的和综合的信息;六是在实施中不断完善。议程将在实施中不断完善和修订,议程的优先项目计划也将不断滚动实施。

　　第四方面是团体及公众参与可持续发展。

　　一是妇女参与可持续发展。制订和公布消除阻碍妇女参与可持续发展障碍的国家战略,制定、执行有关妇女参与可持续发展的国际公约、行动计划和国家方案,促进相应领域的国内立法;二是青少年参与可持续发展。加强政府与青年界的联系与沟通;三是工人和工会参与可持续发展。切实发挥工人和工会的作用,使其充分参与制定和执行国家可持续发展战略;四是科技界在可持续发展中的作用。科技界和教育界应成为加强政府与社会公众之间的联络与合作的强有力的纽带,对可持续发展问题进行研究,并深入了解社会公众的意见,传播可持续发展科学知识和技能。

　　第五方面是加强可持续发展的国际合作。

　　中国政府把推进可持续发展的国际合作作为中国改革开放的重要组成部分。中国深知自己在全球可持续发展和环境保护中的重要责任,将以强烈的历史责任感,主要依靠自己的力量,以积极、认真、负责的态度参与保护地球生态环境,追求全人类可持续发展的各种国际努力。同时,也呼吁国际社会在资金、技术方面对中国提供必要的支持,以使中国尽快走上可持续发展的道路。

二、中国落实联合国千年发展目标情况

2000 年 9 月,世界各国领导人在联合国总部一致通过具有历史性意义的《千年宣言》,郑重承诺将共同致力于实施八项千年发展目标(MDGs)。中国与其他 188 个国家共同签署了该文件,重申中国政府将坚定支持这些目标。

十五年后,即 2015 年 9 月,中国和世界将再次站在新的历史转折点。随着千年发展目标的执行期接近尾声,全球领导人面临一个重大机遇,讨论并通过新的更加宏伟的发展议程。在千年发展目标执行过程我们开展了众多鼓舞人心的全球行动,从中积累了不少成功经验,这为新发展议程的实施奠定了良好基础。

过去十五年,中国已成功将千年发展目标整合到本国发展规划中,并取得了前所未有的转型和发展。正如本报告指出的,中国在实施千年发展目标方面取得了显著进展。其中,中国为第一项千年发展目标——即消除极端贫困和饥饿——在全球范围内的实现做出了巨大贡献。值得赞许的是,中国还通过南南合作继续支持其他发展中国家实现千年发展目标。

(一)总体进展

一是经济快速发展,农业综合生产能力稳步提升,在消除贫困与饥饿领域取得巨大成就;二是九年免费义务教育全面普及,就业稳定增长,基本实现了教育与就业中的性别平等;三是医疗卫生服务体系不断健全,儿童与孕产妇死亡率显著下降,在遏制艾滋病、肺结核等传染性疾病蔓延方面取得积极进展;四是扭转了环境资源持续流失的趋势,获得安全饮水的人口增加五亿多人,保障性安居工程全面启动;五是在南南合作框架下,为 120 多个发展中国家实现千年发展目标提供力所能及的支持和帮助。

(二)主要做法和战略思路

中国落实千年发展目标的主要做法体现在五个方面:一是坚持发展是第一要务,立足国情不断创新发展理念;二是制订并实施中长期国家发展战略规划,将千年发展目标作为约束性指标全面融入国家规划;三是建立健全法律和制度体系,调动社会各界广泛参与;四是大力加强能力建设,积极开展实验示范;五是加强对外发展合作,促进发展经验互鉴。

中国面向未来的发展战略思路包括四个方面:一是加快完善社会主义市场经济体制,促进包容性增长;二是创新社会治理体制,促进社会和谐发展;三是加快生态文明制度建设,努力建设美丽中国;四是加强国际发展合作,与世界共同应对挑战,共享发展机遇、发展成果和发展经验。

(三) 基本情况

目标之一,消除极端贫困和饥饿。中国贫困人口从 1990 年的 6.89 亿下降到 2011 年的 2.5 亿,减少了 4.39 亿,为全球减贫事业做出了巨大贡献。2014 年中国就业人员总数达 7.73 亿人,城镇就业人员总数 3.93 亿人,2003—2014 年全国城镇新增就业累计达 1.37 亿人,近十年来城镇登记失业率保持在 4.3% 以下。中国营养不良人口占总人口比例由 1990—1992 年的 23.9% 下降至 2012—2014 年的 10.6%。中国 5 岁以下儿童低体重率由 1990 年的 19.1% 下降至 2010 年的 3.6%,5 岁以下儿童生长迟缓率由 1990 年的 33.4% 下降至 2010 年的 9.9%,下降幅度分别为 81.2% 和 70.4%。

目标之二,普及初等教育。中国全面实行了免费九年义务教育,小学学龄儿童净入学率由 2000 年的 99.1% 上升至 2014 年的 99.8%,文盲率由 2000 年的 6.7% 下降至 2014 年的 4.1%。农村地区的办学条件得到了显著改善,面向特殊群体的教育体系日臻完善。

目标之三,促进两性平等和赋予妇女权利。2008 年以来,中国男、女童小学净入学率均保持在 99% 以上,基本消除了中小学教育中的性别差异。中国女性参政议政状况不断改善,中国第十二届全国人大代表(2013 年)、第十二届全国政协委员(2013 年)、中国共产党十八大代表(2012 年)中女性所占比例分别为 23.4%、17.8% 和 22.95%,均比上届有所提高。

目标之四,降低儿童死亡率。2013 年,中国 5 岁以下儿童死亡率为 12.0‰,较 1991 年下降了 80.3%;新生儿死亡率为 6.9‰,较 1991 年下降了 79.2%;婴儿死亡率为 9.5‰,较 1991 年下降了 81.1%。

目标之五,改善孕产妇保健。中国孕产妇死亡率已从 1990 年的 88.8/10 万下降为 2013 年的 23.2/10 万,降低了 73.9%;城乡之间孕产妇死亡率由 1991 年的 1:2.2 缩减为 2013 年的 1:1.1。中国孕产妇系统管理率在 2013 年达 89.5%,产前检查率、产后访视率在 2012 年分别达 95% 和 92.6%。截至 2014 年底,中国累计为 3 882 万农村妇女进行宫颈癌免费检查,为 562 万农村妇女进行了乳腺癌免费检查,救助贫困患病妇女 3 万多名。

目标之六,与艾滋病毒／艾滋病、疟疾和其他疾病作斗争。2014 年中国新报告艾滋病感染者和病人 10.4 万例,疫情总体上控制在低流行水平,传播途径由十年前的血液传播为主转变为性传播为主。中国已经基本建立起了覆盖城乡、功能完善的艾滋病防治服务网络,基本实现了抗病毒治疗药物自主供应;符合治疗标准的感染者和病人接受规范抗艾滋病病毒治疗比例达到 80% 以上,病死率降至 6.6%。2014 年中国共报告肺结核发病人数 88.94 万人,自 2008 年以来连续 6 年下降;2014 年中国共报告疟疾病例 3 149 例,97.7% 为输入性病例,中国正致力于在全国范围内消除疟疾。

目标之七,确保环境的可持续性。中国生态系统总体呈现好转态势,部分受损生态系统得到恢复;中国环境持续恶化的趋势得到初步遏制,但仍然面临巨大挑战。中国基本建立了类型比较齐全、布局比较合理、功能比较健全的自然保护区群或网络。自然保护区保护了中国 90% 的陆地生态系统类型、85% 的野生动物种群和 65% 的高等植物群落。到 2012 年,中国获得改进后的安全饮用水源的人口比例达到 92%;使用改进的厕所的人口比例达到 84%。

目标之八,建立促进发展的全球伙伴关系。作为一个负责任的发展中大国,中国在致力于自身发展的同时,积极开展南南合作,向其他发展中国家提供力所能及的帮助与支持,为国际社会共同实现千年发展目标做出了积极贡献。中国与国际社会密切合作,共同维护多边贸易体制和金融体制,完善全球经济治理。2010 年以来,中国先后发起或共同发起成立了金砖国家开发银行和丝路基金、倡议筹建亚洲基础设施投资银行,为弥补现有国际金融体制的不足发挥积极作用。中国一贯高度重视最不发达国家、内陆发展中国家和重债穷国的特殊需要,先后 6 次宣布无条件免除重债穷国和最不发达国家对华到期政府无息贷款债务,累计金额约 300 亿元人民币。2015 年 1 月 1 日,中国政府正式实施给予与中国建交的最不发达国家 97% 税目产品零关税待遇措施。2013 年 9 月和 10月,中国国家主席习近平在出访中亚和东南亚国家期间,先后提出共建“丝绸之路经济带”和“二十一世纪海上丝绸之路”的重大倡议。共建“一带一路”顺应世界多极化、经济全球化、文化多样化、社会信息化的潮流,有利于推动沿线国家开展更大范围、更高水平、更深层次的区域合作,是国际合作以及全球治理新模式的积极探索,将为世界和平发展增添新的正能量。中国积极开展对外医疗援助,向亚洲、非洲、欧洲、拉丁美洲、加勒比地区和大洋洲等地 69 个国家派遣了援外医疗队,累计对外派遣 21 000 多名援外医疗队员,经中国医生诊治的受援国患者达 2.6 亿人次。

三、中国落实 2030 年可持续发展议程国别方案

中国高度重视 2030 年可持续发展议程,将可持续发展议程与中国国家中长期发展规划进行了有机结合。为指导和推动有关落实工作,中国政府制订了《中国落实 2030 年可持续发展议程国别方案》,回顾了中国落实千年发展目标的成就和经验,分析了推进落实可持续发展议程面临的机遇和挑战,明确了中国推进落实工作的指导思想、总体原则和实施路径,详细阐述了中国未来落实 17 项可持续发展目标和 169 个具体目标的具体方案。

(一) 总体原则

中国落实 2030 年可持续发展议程将坚持六项基本原则。一是和平发展原则。秉持联合国宪章的宗旨和原则,坚持和平共处,共同构建以合作共赢为核心的新型国际关系,努力为全球的发展事业和可持续发展议程的落实营造和平、稳定、和谐的地区和国际环境;二是合作共赢原则。牢固树立利益共同体意识,建立全方位的伙伴关系,支持各国政府、私营部门、民间社会和国际组织广泛参与全球发展合作,实现协同增效。坚持各国平等参与全球发展,共商发展规则,共享发展成果;三是全面协调原则。坚持发展为民和以人为本,优先消除贫困、保障民生,维护社会公平正义。牢固树立和贯彻可持续发展理念,协调推进经济、社会、环境三大领域发展,实现人与社会、人与自然和谐相处;四是包容开放原则。致力于实现包容性经济增长,构建包容性社会,推动人人共享发展成果,不让任何一个人掉队。共同构建开放型世界经济,推动国际经济治理体系改革完善,提高发展中国家的代表性和话语权,促进国际经济秩序朝着平等、公平、合作共赢的方向发展;五是自主自愿原则。重申各国对本国发展和落实 2030 年可持续发展议程享有充分主权。支持各国根据自身特点和本国国情制定发展战略,采取落实 2030 年可持续发展议程的措施。尊重彼此的发展选择,相互借鉴发展经验;六是共同但有区别的责任原则。鼓励各国以落实 2030 年可持续发展议程为共同目标,根据共同但有区别的责任原则、各自国情和各自能力开展落实工作,为全球落实进程做出各自贡献。

(二) 总体路径

中国政府将从战略对接、制度保障、社会动员、资源投入、风险防控、国际合作、监督评估等七个方面入手,分步骤、分阶段推进落实 2030 年可持续发展

议程。

第一，战略对接。旨在将 2030 年可持续发展议程与中国国内中长期发展规划有机结合，在落实国际议程和国内战略进程中相互促进，形成合力。一是将 17 项可持续发展目标和 169 个具体目标纳入国家发展总体规划，并在专项规划中予以细化、统筹和衔接；二是推动省市地区做好发展战略目标与国家落实 2030 年可持续发展议程整体规划的衔接；三是推动多边机制制定落实 2030 年可持续发展议程的行动计划，提升国际协同效应。

第二，制度保障。旨在为落实 2030 年可持续发展议程提供机制体制和方针政策等方面的支撑，重点包括四个方面：一是推进相关改革，建立完善落实 2030 年可持续发展议程的体制保障；二是完善法制建设，为落实 2030 年可持续发展议程提供有力法律保障；三是科学制定政策，为落实 2030 年可持续发展议程提供政策保障；四是明确政府职责，要求各级政府承担起主体责任。

第三，社会动员。公众对 2030 年可持续发展议程的理解、认同和参与，是持续、有效推进落实工作的关键。社会动员的重点包括三个方面：一是提高公众参与落实的责任意识；二是广泛使用传媒进行社会动员；三是积极推进参与性社会动员。

第四，资源投入。旨在充分利用国内外两个市场、两种资源并发挥体制、市场等方面的优势，为落实 2030 年可持续发展议程提供资源保障。资源投入的重点包括三个方面：一是聚焦财税体制改革、金融体制改革等，合理安排和保障落实发展议程的财政投入；二是创新合作模式，积极推动政府和社会资本合作，通过完善法律法规、实施政策优惠、优化政府服务、加强宣传指导等方式，动员和引导全社会资源投向可持续发展领域；三是加强与国际社会的交流合作，秉持开放、包容的态度，积极引入国际先进理念、技术经验和优质发展资源，服务国内可持续发展事业。

第五，风险防控。落实 2030 年可持续发展议程将是一项长期、艰巨的任务，需要不断完善风险应对机制，加强风险防控能力建设，重点要做好四个方面工作：一是保持经济增长；二是全面提高人民生活水平和质量；三是着力解决好经济增长、社会进步、环境保护等三大领域平衡发展的问题；四是加强国家治理体系和治理能力现代化建设，努力形成各领域基础性制度体系，人民民主更加健全，法治政府基本建成，司法公信力明显提高。

第六，国际合作。中国将与国际社会一道，不断深化国际发展合作，为落实可持续发展议程提供保障，重点包括四个方面：一是承认自然、文化、国情多样性，尊重各国走独立的发展道路的权利，推动各国政府、社会组织以及各利益攸关方在落实 2030 年可持续发展议程中加强交流互鉴，取长补短，根据共同但有区别的责任原则,推动可持续发展目标的落实;二是推动建立更加平等均衡的全球发展伙伴关系;三是进一步积极参与南南合作;四是稳妥开展三方合作。

第七,监督评估。旨在推进落实2030年可持续发展议程中,准确定位各项工作的成绩、挑战和不足,优化政策选择,形成最佳实践。重点工作包括三个方面:一是结合对落实"十三五"规划纲要及各专门领域的工作规划开展的年度评估,同步开展可持续发展议程落实评估工作;二是积极参与国际和区域层面的后续评估工作;三是加强与联合国驻华系统等国际组织和机构的合作,通过举办研讨会、定期编写并发布中国落实2030年可持续发展议程报告等方式,全面评估国内各项可持续发展目标的落实进展。

第六章

可持续发展的实践
——社会行为的调整

第一节　可持续发展行为的主体与对象

从前几讲中我们知道,可持续发展不仅是一种思想和观念,不仅是理性的理想境界,同时也是一种体现在社会行为中的过程。过去,尽管不是很自觉的,但还是在一些时候、一些地区、一些事件、一些工作环节上体现出了这种思想,但在总体上,在多数时候与事件上,没有体现可持续发展的思想。

为了使我们的行为逐渐符合可持续发展的思想和原则,我们首先应当了解有关人类社会行为的科学知识,包括调控人类社会行为的原理和方法。众所周知,行为科学是由社会学、人类学、心理学等一系列相关学科组成的学科群,它通过研究人和人类社会的行为规律,预测和控制人与人群的社会行为,以确保行为结果实现调控者所预期的政治、经济、文化的目的。

社会心理学家勒温曾提出过一个关于人类行为的著名公式:

$$B=f(p,E)$$

式中:B 代表行为,p 代表人,E 代表人所处的环境。

这个公式所表达看法是,人的行为是人与其所处环境相互作用的综合效应。

从最终效果考察,人类的社会行为可分为可持续发展行为和不可持续发展行为两大类。但在行为的酝酿、策划、准备阶段如何判断其类型,则是更重要、更富挑战性的问题。为了陈述的方便,下面分别从行为的主体和行为的对象两个方面来论述。

一、可持续发展的行为主体

不论是可持续发展行为还是不可持续发展行为,它们都是人类的社会行为。因此,它们的行为主体是共同的。

为便于研究的深入,我们还须对行为主体做进一步的划分。社会行为主体的划分办法也可以有很多,比如分为个体和群体,男人和女人,大人和小孩,工、农、商、学、兵等。根据前述的可持续发展的三种生产基本理论,我们将可持续发展行为的主体分为政府、企业和公众三大类。不难看出,这三大主体结成了一个结构错综复杂的主体系统,它们的行为又因相互推动和制约而组成了一个特殊的复杂系统,即我们通常所称的"社会行为"。显然,人类的社会行为不能简单地等同于人的个体行为之和。另外,也不难看出,在不同的历史阶段和历史时期,这三大主体所起的作用和所处的地位也是不同的。关于这一问题,本书中就不作细致的探讨了。

在这三大行为主体中,政府是整个社会人类可持续发展行为的领导者和组织者,同时它还是各国政府间冲突、协调的处理者和发言人。政府能否妥善处理政府、企业和公众的利益关系,并通过自己的行为(政策和行政)把企业和公众行为有效地组织起来,以可持续发展思想、目标为前提形成和谐的社会行动,对可持续发展的实现起着决定性的作用。

企业是各种产品的主要生产者和供应者,是各种自然资源的主要消耗者,同时也是社会物质财富积累的主要贡献者。因此,企业的行为是否符合可持续发展的要求,对一个区域、一个国家乃至全人类的可持续发展有着重大的影响。

公众包括个人与各种社会群体。他们是可持续发展社会行为的基层实施者和直接受益者。他们将在人类社会生活的各个领域和各个方面发挥最终的决定作用。公众能否处理好"个体无理性、群体有理性"和"个体有理性、群体无理性"两者间的关系,能否有效地推动和监督政府和企业的行为,是发挥公众作用的关键环节。

二、可持续发展的行为对象

可持续发展行为的对象十分广泛,凡是人类社会行为的客体都是可持续发展行为的对象。从总体上,可分为自然的和社会的两大类,也可分为物质的和精神的两大类。若着眼于人类,政府、企业、公众也都是行为的对象。下面按照第一种分类方法进行介绍。

自然作为行为对象,主要是指自然环境(含自然资源)。可持续发展行为的任务之一,是合理利用自然环境中的各种物质性的自然资源和由自然资源(自然或人工)组成的结构各异的空间系统,以促进人类的社会、经济和环境的协同演化、发展。因此,环境作为可持续发展的行为对象是毫无疑义的。至于自然环境的概念及其具体内容,可见本书有关章或其他参考书,这里不再赘述。

社会作为行为对象,主要是指人类的生存方式。包括社会的生产方式、生活方式和人群的组织方式。可持续发展的实现过程就是通过一系列的人类社会行为去改变人类的生存方式,从而使人与人,人与自然的关系得到和谐与协同。

由此可见,以社会作为可持续发展的行为对象,实质上就是以人类生存方式作为行为对象。显然,如果人类的生存方式不发生改变,人类对自然的作用方式和作用效果也不会发生改变,可持续发展就会成为一个空泛的口号。

三、可持续发展行为主体与对象间的关系

人类社会可持续发展行为的主体与对象间的关系十分复杂。

首先,人类社会的可持续发展行为是人类社会发展行为的一种类型,是人类社会行为的一个组成部分。考察历史,人类社会的发展行为大都是人类社会作用于自然界的,因此人类社会往往被认为是人类社会发展行为的"永恒的主体",自然界就成了"永恒的对象"。把主体和对象如此地"固化"起来,是迄今为止的所有文明形态的共同特点。但在决定人类社会由工商文明向环境文明过渡的可持续发展行为中,主体和对象并不能这样固化。因为,可持续发展行为是一种修正、调整、改变人类社会发展行为(对自然的作用方式)的一种社会行为,于是人类社会既是可持续发展行为的主体,又是可持续发展行为的对象。显然,人类社会的这种两重性是使可持续发展行为主体与对象间呈现出错综复杂关系的根本原因。是研究可持续发展实践的不可回避的难题之一。

其次,可持续发展行为的三大主体(政府、企业、公众)都是由个体的人组成的。这些个体的人在人类社会中扮演不同角色时,就会有不同的利益追求或价值取向,因而就会倾向于采用不同的社会行为。而任何一个具体的人,在社会中都将扮演不同的角色。比如,所有个体的人都是公众的一员,但他同时又可能是企业中的决策者、管理者或操作者,或许同时又是政府中的官员。作为公众,他要求较好的物质、精神生活,又要求较高的环境质量。作为企业的一员时,他会要求确保企业的最大利益和在市场中的竞争地位,从而减少和压缩企业在环保方面的投入。作为政府中的官员时,他会因要提高国家在国际事务中的威望而在一个时期内牺牲一部分环境利益,当然又会因公众对生活质量不满的压力而去增加对环保工作的投入。由此可见,在实际的社会生活中,三大主体的行为之间交错着各种各样的差异、矛盾甚至冲突。这是研究可持续发展实践的又一不可回避的难题。

从以上两方面可以看出,实践可持续发展,要求人类用理智来管理自己的行为,或者说,人类社会的可持续发展是人类理性的"回归",人类必须实现"自己理性管理自己"的飞跃。

第二节　可持续发展的政府行为

　　政府是国家的行政领导机构,是国家政权的代表和具体执行部门。它负责制定国家的发展战略和政策,制订经济和社会发展的规划与计划,对国家的经济发展进行宏观调控。它对内以行政管理的方式对地方和下级部门进行管理和约束,同时对广大公众进行宣传教育。它对外代表国家与其他国家及国际组织进行国际交往。因此,政府行为对国家和人类社会的可持续发展起着极其重要的主导作用。

一、可持续发展的战略和政策

　　一个国家政府制定并推行的经济与社会发展战略和政策决定着这个国家社会经济发展的方向,影响着这个国家可持续发展的进程。在 1992 年联合国环境与发展大会之前,许多国家的经济发展战略和政策基本上都属于不可持续发展的范畴。在这次大会通过了《21 世纪议程》和其他重要国际协议后,许多国家政府开始认识到可持续发展的重要性,从而陆续制定新的发展战略和政策,以响应《21 世纪议程》。下面分类予以简要介绍。

(一) 发达国家的可持续发展战略与政策

第一,美国的可持续发展战略与政策。

美国是世界上头号经济强国。据世界经济信息网数据显示,2019 年,美国国内生产总值约为 21.02 万亿美元,人均国内生产总值 63 809.64 美元。但它同样存在着许多深层次的经济和环境方面的问题。1993 年,为了纪念联合国环境与发展大会召开一周年,时任美国总统的克林顿建立了一个新的白宫咨询机构"总统可持续发展委员会"(PCSD),PCSD 的职责是寻求未来发展途径,在满足现代人的需求的同时不危及未来,并拟定美国所应采取的措施和步骤。

PCSD 经过近三年时间的研究和审议,于 1996 年初出台了名为"可持续的美国: 未来繁荣、机会和健康环境的共识"(Sustainable America: A New Consensus for Prosperity, Opportunity and a Health Environment for the Future)的

"美国可持续发展战略报告"。该报告涉及宏观经济、消费与废弃物、能源、空气质量、交通运输、粮食和农业、森林、野生动物、海洋和渔业、水等十个方面问题。该报告在促进美国可持续发展事业方面起到重要作用。

报告认为,为了促进未来的进步与发展,美国必须就环境保护承担更多的义务,这就意味着必须对目前的生态环境管理体制进行改革,建立新的和有效的框架。由此可见,环境管理体制改革是美国可持续发展的重要内容。美国生态环保管理体制经过多年发展,最终形成了比较完善的生态环保管理体制,最大限度地确保了环境保护目标被纳入国际政治议程之中。

PCSD 于 1999 年发表了美国新的可持续发展战略。该报告把可持续发展的目标与坚定的信念、成功的范例以及国家政策紧密结合起来,提出了减少温室气体排放以控制气候变暖的具体措施,阐明了对世纪新的环境管理体制,阐述了城乡可持续发展战略,明确了应继续保持美国在国际上的领导地位。该报告包括四个主要部分:气候变化政策,环境管理政策,城市和农村可持续发展的社区战略,国际领导地位。

第二,欧盟的可持续发展战略与政策。

在欧盟一体化过程中,欧盟环境职能是一个不断得到强化的重要功能领域。早先成立的欧共体,环境政策并没有列入共同体政策的管辖范围,到 20 世纪 60 年代末,环保政策由各成员国自主制定并实施。70 年代以来,随着经济迅速发展和环境不断恶化,环境问题逐渐显露,保护和治理环境逐渐成为成员国政府并最终成为欧共体一项重要政策内容。

欧共体巴黎首脑会议以前,欧共体环境政策主要以《罗马条约》第 100 条为基础,该条款赋予共同体权力:以建立与维护共同市场为目标,协调成员国立法及实践。《罗马条约》第 235 条,是欧共体专门就环境问题进行立法的基础。1972 年欧共体巴黎首脑会议首次强调了一个共同环境政策的重要性。1987 年是欧共体环境立法的一个转折点,共同体条约新增以环境为标题的内容,为共同体活动直接进入环境领域提供明确的法律基础。从此,共同体环境政策的合法性得到条约认可。

共同体国家缔结了《欧洲联盟条约》,即《马斯特利赫特条约》,于 1993 年生效。条约第一次明确将环境保护列为共同体宗旨和活动之一,条约规定共同体环境政策的四大目标:一是维护、保护和改进环境质量,二是保护人类健康,三是谨慎和合理地使用自然资源,四是在国际上促进应对区域或全球性环境问题的措施。同时,高水平环境保护成为欧盟制定各项政策必须考虑的一条重要原则,环境政策在欧盟中的法律地位得到进一步加强。

"环境行动计划"是《欧盟环境法》的基本大纲,迄今共同体共通过了七个环境行动计划,共同体的环境政策在这些行动计划中得到充分体现。

欧共体第一个环境行动计划(1973—1976 年),明确指出环境政策的目标,是提高生活质量、改善环境和人类的生存条件。提出了环境政策的基本原则,促成了欧共体统一环境政策的形成与发展。

欧共体第二个环境行动计划(1977—1981 年),该计划基本上是上一计划的延续和扩大,重申了第一个行动计划环境政策的目标和基本原则,对防止水和大气污染的措施提供了一定的优先权,对噪声污染也提出了更广泛更具体的措施,加强了共同体环境政策的预防性质,尤其关注对周围环境和自然资源的合理保护和管理。

欧共体第三个环境行动计划(1982—1986 年),对原有的环境政策进行了变革,将环境政策与共同体的其他政策综合起来,考虑环境政策在经济和社会领域的同等重要意义,并且明确强调了加强环境政策预防性特征的重要性。

欧共体第四个环境行动计划(1987—1992 年),发展和细化了第三个行动计划中的环境政策,强调了环境保护与其他政策的综合必要性,并加强了全球合作的必要性。

欧盟第五个环境行动计划(1993—2000 年),以可持续发展为中心,对以往的环境政策作了重大的发展,目标不再是简单的环保,而是在不损害环境和过度消耗自然资源的条件下追求适度的增长。强调这种增长不应破坏经济社会的发展和对环境资源需求之间的平衡。

欧盟第六个环境行动计划(2001—2010 年),命名为"环境 2010——我们的未来、我们的选择",着重保护自然和生物的多样性、环境和健康、可持续的自然资源利用与废物管理为四个优先领域。

欧盟第七个环境行动计划(2011—2020 年),提出了九个优先目标:保护、保持及强化欧盟的自然资本;使欧盟转变为高资源效率、高环境效率且具备竞争力的低碳经济;保护欧盟民众远离环境压力和健康风险;使欧盟环境法的利益最大化;改善环境政策的科学基础;确保针对环境及应对气变政策的投资,保障合理的价格;提高环境整合及政策的一致性;强化欧盟城市发展的可持续性;提高欧盟在地区及国际环保和应对气候变化领域的影响力。

欧盟环境政策的发展脉络呈现两方面转变:一是环境政策重点从环境保护向环境一体化和可持续发展转变;二是环境政策方向从末端治理向一体化产品政策转变。欧盟环境政策主要包括:废弃物、噪声污染、化学品污染、水污染、空气污染治理,以及保护自然和生态环境、预防和治理环境灾害等。

第三,瑞典的可持续发展战略。

瑞典政府不制定带有执行性质的 21 世纪议程,也不制定国家优先项目,而是将精力集中在方针和战略的制定和调整上。在学术界讨论和建议的基础上，瑞典政府于1993年12月着手拟出提案，于1995年4月经过议会辩论通过。这一提案的名称为《瑞典转向可持续发展——执行联合国环境与发展大会决定》，在国际上当作《瑞典21世纪议程》文本。该文本的要点如下：

以《21世纪议程》中阐述的普遍原则作为指导，结合瑞典的具体情况，提出三点基本原则：经济发展与生态循环是一个有机整体；进一步明确各行业，例如交通、能源、农业、制造业等对环境问题应负的责任；地方政府对可持续发展战略目标的实现起着至关重要的作用。

经济的发展必须以生态平衡能力为基础，不能由于发展威胁到人类自身及动物、植物的生存。良好环境的建立是以经济可持续发展为条件的，各层次的计划和决策以及社会各领域的发展都应把经济和环境两个因素结合起来考虑。

环境与经济发展的整体性应体现在税制的改革方面，税收的比例应加重环境的成分，以确保子孙后代有一个良好的生活环境。

特别强调资源的管理、废旧物的循环使用，各种符合生态循环的社会发展模式，都将改变现有的生产和消费形式。

长期规划对环境的保护和实施21世纪议程是至关重要的，尤其是对资源的管理以及土地和水资源的开发使用更为重要。

瑞典的可持续发展行动大致朝两个方向运作：第一个方向是按行业运作，即在林业、交通、能源业、农业、制造业实施可持续发展计划，其中林业可持续发展形成了比较成功的模式；第二个方向是按城市运作，即实施"生态循环城"计划，经过几年来在哥德堡、厄勒布鲁、厄弗托内尔等城市的试点，取得了较成熟的经验。瑞典共有24个省、286个（自治）市，政府要求各市都制定出自己的可持续发展计划，或"生态循环城"计划。

（二）发展中国家的可持续发展战略与政策

以巴西为例，介绍发展中国家的可持续发展战略与政策。

巴西国土面积 851×10^4 km²，具有丰富的自然资源，是拉丁美洲最大的发展中国家。但自从1990年陷入经济危机后，巴西40%的家庭濒临贫困，由于缺医少药、卫生条件差，全国传染病人数很多，社会治安明显恶化，城市污染日益严重，部分地区水土流失直接影响了农业的生产和持续发展。加之贫富悬殊，改革措施难以奏效，社会和经济问题成堆。1992年里约环境与发展大会前后，巴西政府开始较为清醒地认识到制定可持续发展战略已迫在眉睫，并把社会稳定发展与自然供需平衡作为可持续发展战略的基石。其可持续发展战略与政策的内容主要包括：

一是逐步消除贫困。巴西政府对社会组织机构和发展计划均做了相应的改革,使分配向贫困层倾斜,并加强国家管理职能,打破地理界限,缩小地区生活水平的差别。

二是合理利用资源。巴西在能源利用方面规定:不能过分利用自然能源和化石能,而要充分发展新科学,增加生物能,大力进行技术改革,发展节能低耗工业,开发生物技术,处理和深化利用垃圾。

三是建立新的交通体系。发展铁路、海运和内河货物运输,中心大城市的运输燃料以天然气代替石油,凡二万人以上的城市都要制定交通运输发展整体规划,控制基础设施土地的使用,以便合理设置通道。

四是建立生态平衡经济发展区。在亚马孙地区,确定热带雨林的保护和利用政策,并使捕鱼—农业—木材开发有机结合。在半干旱地区,研究和防止土地沙漠化,扩大原始速生林,加速植树造林,合理使用土地,防止土壤盐渍化,建立地下管道滴灌系统。在稀树草原地区,中短期内农业发展继续向这一地区倾斜,发展地区工业和采矿业,扩大保护区,严禁大面积毁林,增加再生能力。在大西洋丛林区,努力保护原始林和再生林,改造土壤,减少水土流失。在南部草原区,确立保护区,研究农牧发展新途径。在沼泽地区,确定 12 个保护区,规定至少保留 20% 的原始森林,除牧场外,在非水淹地区发展多种经营,保证这个地区的水系大循环。

五是发展农业多品种种植和食品多样化。注意调节农村人口的合理分布,合理使用土地,由原来较单一的种植模式(以咖啡、柑橘、小麦为主)过渡到种植多品种农作物,改进耕作和田间管理,扩大遗传种质基地,确保食品多样化并增加出口。

六是开发多样化生物品种。巴西现已设 34 个国家级自然保护区,23 个联邦生物保护区,30 个生态站和 6 个生态特别保护区,总面积 32×10^4 km^2。今后将继续加强自然保护,开发多样生物产品,制定生物技术产品的工业产权法,并使这一立法国际化。

七是强化可持续发展手段。把培养人才、扩大教育面当作社会头等大事,增加科技投入。加强与国际科研机构的人员交流。积极调整产业结构,发展高新技术产业,采取优惠政策,加快 15 个高技术园区的建设。增加环保投资,社会消费集团、公共及私人公司共同承担费用和提供适当资金。

二、可持续发展的规划与行动计划

可持续发展的战略目标的实现,取决于国家的经济与社会发展规划、行动计划的制定与实施。一般来说,规划是较长期的(5—15年),计划是较短期的(1—5年),规划和计划分为国家级、部门级和地方级的不同级别。在各种规划和计划中,有的是直接的可持续发展规划或计划,有的则是在其他规划、计划中包含着可持续发展的精神和内容。1992年联合国环境与发展大会后,许多国家都陆续制定了本国的经济与社会发展计划,以贯彻《21世纪议程》,中国也制定了一系列的规划和计划,以具体实施可持续发展的战略。

(一) 中国国家级的可持续发展规划与计划

一方面是国家的国民经济和社会发展五年规划。其全称为中华人民共和国国民经济和社会发展五年规划纲要,是中国国民经济计划的重要部分,属长期计划。主要是对国家重大建设项目、生产力分布和国民经济重要比例关系等做出规划,为国民经济发展远景规定目标和方向。中国从1953年开始制定"第一个五年计划","十一五"时期起"五年计划"改为"五年规划",至2020年共制定并实施了"十三个五年规划"。"十四五"规划已于2021年制定并开始实施。

《中共中央关于制定国民经济和社会发展第十四个五年规划和二〇三五年远景目标的建议》要求,推动绿色发展,促进人与自然和谐共生,坚持绿水青山就是金山银山理念,坚持尊重自然、顺应自然、保护自然,坚持节约优先、保护优先、自然恢复为主,守住自然生态安全边界。深入实施可持续发展战略,完善生态文明领域统筹协调机制,构建生态文明体系,促进经济社会发展全面绿色转型,建设人与自然和谐共生的现代化。以为主题,专章阐明了"十四五"期间中国可持续发展的战略与行动计划。

一是加快推动绿色低碳发展。强化国土空间规划和用途管控,落实生态保护、基本农田、城镇开发等空间管控边界,减少人类活动对自然空间的占用。强化绿色发展的法律和政策保障,发展绿色金融,支持绿色技术创新,推进清洁生产,发展环保产业,推进重点行业和重要领域绿色化改造。推动能源清洁低碳安全高效利用。发展绿色建筑。开展绿色生活创建活动。降低碳排放强度,支持有条件的地方率先达到碳排放峰值,制定二〇三〇年前碳排放达峰行动方案。

二是持续改善环境质量。增强全社会生态环保意识,深入打好污染防治攻坚战。继续开展污染防治行动,建立地上地下、陆海统筹的生态环境治理制度。强化多污染物协同控制和区域协同治理,加强细颗粒物和臭氧协同控制,基本消除重污染天气。治理城乡生活环境,推进城镇污水管网全覆盖,基本消除城市黑臭水体。推进化肥农药减量化和土壤污染治理,加强白色污染治理。加强危险废物医疗废物收集处理。完成重点地区危险化学品生产企业搬迁改造。重视新污染物治理。全面实行排污许可制,推进排污权、用能权、用水权、碳排放权市场化交易。完善环境保护、节能减排约束性指标管理。完善中央生态环境保护督察制度。积极参与和引领应对气候变化等生态环保国际合作。

三是提升生态系统质量和稳定性。坚持山水林田湖草系统治理,构建以国家公园为主体的自然保护地体系。实施生物多样性保护重大工程。加强外来物种管控。强化河湖长制,加强大江大河和重要湖泊湿地生态保护治理,实施好长江十年禁渔。科学推进荒漠化、石漠化、水土流失综合治理,开展大规模国土绿化行动,推行林长制。推行草原森林河流湖泊休养生息,加强黑土地保护,健全耕地休耕轮作制度。加强全球气候变暖对中国承受力脆弱地区影响的观测,完善自然保护地、生态保护红线监管制度,开展生态系统保护成效监测评估。

四是全面提高资源利用效率。健全自然资源资产产权制度和法律法规,加强自然资源调查评价监测和确权登记,建立生态产品价值实现机制,完善市场化、多元化生态补偿,推进资源总量管理、科学配置、全面节约、循环利用。实施国家节水行动,建立水资源刚性约束制度。提高海洋资源、矿产资源开发保护水平。完善资源价格形成机制。推行垃圾分类和减量化、资源化。加快构建废旧物资循环利用体系。

另一方面是政府的专项规划和行动计划。在环境保护和生态环境建设方面,中国政府先后制定了若干专项规划和行动计划。中国政府在环境保护和生态环境建设方面来先后制定了以下规划和行动计划:《中国环境保护行动计划》《中国生物多样性保护行动计划》《国家环境保护"九五"计划和 2010 年远景目标》《中国跨世纪绿色工程规划(第一期)》《全国主要污染物排放总量控制计划》(1996 年),《全国生态环境建设规划》《国家环境保护"十五"规划》《国家环境保护"十一五"规划》《国家环境保护"十二五"规划》《节能减排"十二五"规划》《全国生态保护"十三五"规划纲要》《打赢蓝天保卫战三年行动计划》等,如表 6.1 所示。

表 6.1　中国国家级可持续发展规划与计划

时期	规划计划名称	时间
八五	中国环境保护行动计划	1991—2000
	中国生物多样性保护行动计划	1994
九五	国家环境保护"九五"计划和 2010 年远景目标	1996
	中国自然保护区发展规划纲要	1996—2010
	中国跨世纪绿色工程规划(第一期)	1996
	全国主要污染物排放总量控制计划	1996
	全国生态环境建设规划	1998

时期	规划计划名称	时间
十五	国家环境保护"十五"规划	2002
	两控区酸雨和二氧化硫污染防治"十五"计划	2002
十一五	"十一五"期间全国主要污染物排放总量控制计划	2006
	国家环境保护"十一五"规划	2007
十二五	国家环境保护"十二五"规划	2011
	全国地下水污染防治规划	2011—2020
	节能减排"十二五"规划	2012
	"十二五"节能环保产业发展规划	2012
	国家重大科技基础设施建设中长期规划(2012—2030年)	2012
	"十二五"全国城镇生活垃圾无害化处理设施建设规划	2012
	"十二五"全国城镇污水处理及再生利用设施建设规划	2012
	"十二五"节能环保产业发展规划	2012
	全国资源型城市可持续发展规划	2013—2020
	大气污染防治行动计划	2013
	循环经济发展战略及近期行动计划	2013
	水污染防治行动计划	2015
十三五	全国生态保护"十三五"规划纲要	2016
	国家环境保护"十三五"科技发展规划纲要	2016
	土壤污染防治行动计划	2016
	国家环境保护标准"十三五"发展规划	2017
	国家环境保护"十三五"环境与健康工作规划	2017
	长江经济带生态环境保护规划	2017
	打赢蓝天保卫战三年行动计划	2018
	农村振兴战略规划	2018—2022
	大运河生态环境保护修复专项规划	2019
十四五	长江三角洲区域生态环境共同保护规划	2021

(二) 中国部门级的可持续发展计划

为了贯彻落实国家的可持续发展规划、计划,中国许多部门都制定了本部门的可持续发展计划,例如:

《中国环境保护21世纪议程》,该议程是当时的国家环境保护局根据联合国环发大会文件《21世纪议程》和《中国21世纪议程》编制的跨世纪的环境保护行动计划,分别从环境政策导向、环境法制建设、环保机构建设、环境宣传教育、自然环境保护、城市和农村环境保护、工业污染防治、环境监测、环境科技、国际环境合作等方面,提出 20 世纪 90 年代及 21 世纪初的目标和行动方案。

《中国林业 21 世纪议程》,该议程是林业部 1995 年编制,是中国林业部门根据《中国 21 世纪议程》编制的林业方面的可持续发展行动计划。《中国海洋21 世纪议程》,该议程是国家海洋局 1996 年编制,是海洋部门为贯彻落实《中国21 世纪议程》制定的跨世纪的可持续发展行动计划。

《中国 21 世纪议程优先项目计划》,该议程是国家计委和国家科委联合推出的有关可持续发展的国际合作指导性计划,是将《中国 21 世纪议程》中的行动方案分解为可操作的项目,总计 128 个项目,涉及 9 个优先领域:综合能力建设、可持续农业、清洁生产与环保产业、清洁能源与交通发展、自然资源保护与利用、环境污染控制、消除贫困与区域开发整治、人口、健康与人居环境、全球变化与生物多样性保护。

此外,其他有关部门也编制了本部门的可持续发展的规划、行动计划等,并且已开始实施。这些规划、计划的制定和执行,对国家经济、社会的可持续发展都起着重要的作用。

(三) 地方政府级的可持续发展规划与计划

中国各省、自治区、直辖市的人民政府以及市(地、州)、县(县级市、区)各级政府也编制了本地区的经济与社会发展规划、计划,过去在这些规划或计划中,许多不符合可持续发展的精神,例如,盲目追求经济效益、过度开采森林,矿产资源、不重视环境保护等。自从 1992 年党中央、国务院提出中国环境与发展十大对策和国务院批准公布《中国 21 世纪行动议程》以来,可持续发展观念日益深入人心,地方各级政府编制的各种经济、社会发展规划、计划中也都贯彻了可持续发展的原则,增加了有关合理利用自然资源,保护生态环境等方面的内容。这些规划、计划在各个地区实施可持续发展战略的行动中,都起到了重要的指导作用。

三、可持续发展的立法与实施

(一) 可持续发展立法与实施的重要性

法律是调整人与人之间关系的行为规范,新修改的《中华人民共和国宪法》指出:中华人民共和国是一个社会主义法治国家,实行依法治国。联合国

《21世纪议程》要求,各国必须发展和执行综合的、有制裁力的和有效的法律和条例,而这些法律和条例必须根据周密的社会、生态、经济和科学的原则。随着中国改革和开放的不断深入,社会主义市场经济体制的建立,社会、政治和经济生活日益走向法制轨道,而且中国已经加入多项有关环境与发展的国际公约,并将继续积极参与有关可持续发展的国际立法,因此需要加速与可持续发展有关的立法和实施。

与可持续发展有关的立法是把可持续发展战略和政策定型化、法制化。与可持续发展有关的立法的实施是把可持续发展战略付诸实现的重要保障。因此,在可持续发展战略和重大行动中,有关立法和法律法规的实施有着十分重大的意义和作用。

(二) 与可持续发展有关的立法

中国已制定了大量与可持续发展有关的法律法规。近十多年,中国逐步加强了与可持续发展有关的立法,追求经济效益、社会效益和环境效益的统一,保障经济和社会的可持续发展。中国制定了大量的经济法律法规,对各种经济社会关系进行调整,并在一定程度上体现了可持续发展的原则和要求。科学技术是可持续发展的重要支柱,中国已制定了《科学技术进步法》《农业科学技术推广法》等法律,依法推动了科学技术在可持续发展中的作用。中国已制定了五部环境法律(环境保护法、海洋环境法、水污染防治法、大气污染防治法、固体废物防治法)、八部资源管理法律(森林法、草原法、土地管理法、矿产资源法、渔业法等)、20多项环境资源管理行政法规、近300项环境标准,初步形成了环境资源保护法律体系的框架。在人口、教育、卫生、文化和社会保障等重要领域内,中国已制定了大量的法律、法规,初步形成了保障社会可持续发展的法律框架。

中国与可持续发展有关的立法,面临新的挑战。一是中国可持续发展领域的法规体系尚待进一步完善,以使环境保护与经济发展相协调的原则得以更充分、更全面的体现;二是为适应社会主义市场经济体制的建立,已有的与可持续发展有关的立法还需要进行调整完善,以便按社会主义市场经济规律完善法律调整手段;三是地方立法还需要进一步加强,以便使全国性的法律、行政法规确定的可持续发展的原则得以在各地区有效的实施;四是随着经济全球化的发展趋势,中国与可持续发展有关的立法以及技术规则和标准的制定,需要尽快与国际立法和惯例接轨。同时,中国加入的有关可持续发展的国际公约,也需要通过国内立法和国家行动计划予以实施。

（三）与可持续发展有关的法律实施

同其他所有的法律一样，与可持续发展有关的法律只有得到实施，才能真正实现其价值。因此，必须把执法与立法置于同等重要的地位。

中国在现行与可持续发展有关法律实施上，已经做了大量工作，有了一定的基础，但仍然存在一些问题：一是现实中存在着有法不依、执法不严、违法不究的问题，有待于不断解决；二是从国家到地方在可持续发展领域的执法保障体系上都有待于加强和完善；三是中国的可持续发展执法手段需要经受社会实践考验，并通过执法反馈立法，使立法不断完善。

在与可持续发展有关的法律实施方面，还需要完善五个方面的工作。一是建立健全可持续发展法律的实施体系和保障支持机制，保证法律法规的贯彻；二是加强与可持续发展有关法律法规的宣传和教育，提高全社会的法律和可持续发展意识；三是加强与可持续发展有关法律的执法队伍建设，提高执法能力；四是促进司法和行政程序与可持续发展有关法律实施的结合，司法机关通过处理违法案件、处理纠纷等，保护公民、法人的合法权益，保障可持续发展战略和行动的实施；五是建立健全可持续发展法律实施执行的监督体制，加强对可持续发展法律实施的监督检查，使执法检查工作规范化、制度化、程序化。

四、可持续发展的宣传与教育

（一）可持续发展宣传教育的重要性

可持续发展宣传教育的根本任务是提高全民族可持续发展的意识和培养可持续发展方面的专业人才。发展观念和意识宜接影响到人们的生产方式、生活方式和思维方式。提高全民族可持续发展意识是实现可持续发展战略目标的重要保障和先决条件，只有提高全民族对资源与环境保护的认识，实现道德、文化、观念、知识、技能等方面的全面转变，树立可持续发展的新观念，自觉参与、共同承担可持续发展的责任和义务，才能处理好经济发展与人口、资源、环境之间的关系，实现经济与生态环境良性循环，实现可持续发展的战略目标。为了完成可持续发展规划和计划中的各项目标，培养具有资源、环境保护与可持续发展的综合决策能力，管理能力和掌握各种先进科学技术的专业人才，同样也是非常重要和不可缺少的。

（二）可持续发展宣传教育中政府的作用和行动

政府在可持续发展宣传教育中的作用和行动,体现在六个方面:一是制定可持续发展宣传教育的规划和年度工作计划;二是制定可持续发展教育条例和各项规章制度;三是加强宣传教育队伍基本建设,提高宣传教育工作人员的文化素质和技能;四是改善各类学校的教学与科研装备和办学条件,保证宣传部门必要的机构、人员、设备和资金投入;五是组织编写各类可持续发展的教材与宣传材料、出版物、影视材料等,完善中、小学教育大纲中可持续发展的教育内容;六是加强对宣传教育人员的培训,建立宣传教育基金,广开筹集资金渠道。

（三）中国可持续发展的宣传与教育

经过多年努力,中国已初步建立了一支可持续发展宣传方面的队伍,形成了从中央到地方的宣传网络,国家环保总局设有专门机构负责全国环境宣传工作的指导和协调,各省市设有宣教处或宣教中心。据统计全国有 23 个省级、100多个地市级宣教机构,共有专职宣教人员 1 000 多人。国家环保总局创办了《中国环境报》《环境保护》等报刊,总发行量数十万份,许多省市还创办了自己的报刊。中国每年在"4·22 地球日""6·5 环境日"等纪念日开展宣传活动,另外采用电视、广播、电影、宣传栏、展览等多种形式进行宣传,收到了良好的效果,大大提高了广大公众的环境意识和可持续发展的意识。

但是,由于中国国民科学文化素质总体上偏低,文盲、半文盲数量较大,由于愚昧无知而导致生态环境破坏的事例时有发生。这就需要进行经常广泛的宣传教育。而近年来开展宣传的经费不足,难以满足日常工作的需要,致使宣传的深度和力度远远不够,缺乏经常性和参与性。因此适当增加宣传资金是十分必要的。

中国的环境教育主要分为四大部分:一是专业教育,即全日制普通高等学校、中等专业学校环境保护类的专业教育,这种多层次人才结构培养体系,基本满足了中国环境保护事业发展对人才的需要;二是岗位培训和专业培训,主要是对在职环保人员的培训,目前环保队伍与环保事业的需求尚有差距,大部分干部未经过岗前培训,许多人存在知识老化现象,急需知识更新;三是正规学校的普及教育,通过高等学校的各个专业、中小学、幼儿园开展环境教育,提高广大青少年和儿童的环境意识;四是社会环境教育,中国重视对全社会的环境教育,许多地区在厂矿企业、农村和街道对企业干部、职工、农民和广大居民开展环境教育,都取得明显的效果。

但是,中国的环境教育尚未形成一套完整的管理制度,教育经费严重不足,教材的数量和质量也不能满足需要,中专、中小学环境教育师资力量不足,大学本科生和研究生的培养与市场经济和环境保护事业的需求尚有差距,岗位培训的力度不够,许多地区环保管理人员和技术人员素质有待提高。因此政府还将加大环境教育和可持续发展教育的投入并加强中国环境教育理论和方法的研究。

第三节　可持续发展的企业行为

一、企业行为在可持续发展中的地位和作用

企业涉及的范围十分广泛,包括从事生产、经营、运输以及服务性活动的各种经济单位。本节所说的主要指从事生产活动的企业。

(一)企业行为在可持续发展中的地位

前已述及,企业是可持续发展行为的主体之一,但在某些情况下,它又可以成为可持续发展行为的对象。企业在可持续发展中的地位十分重要。

一方面,企业是可持续发展行为的主体之一。

企业最主要的特征就是从事经济活动。当企业从事经济活动时就要和资源、环境以及服务对象发生关系。例如,一个钢铁厂在进行生产时,要有原料(铁矿石、焦炭、其他矿石),要消耗大量能源,包括一次能源(煤、燃料油)和二次能源(电能),还要消耗大量的水(作为冷却介质)。在它的生产过程中会向环境排放大量的废水、废气、废渣等污染物。在现代社会中,任何企业都不能孤立地存在,一个钢铁厂至少要与铁矿、煤矿、电厂、水厂、机械设备制造厂、铁路、公路等若干种部门和企业发生紧密联系,而这些企业在从事生产经营活动中也要消耗大量的能源、资源,也会向环境排放相当数量的污染物。因此,企业在向社会提供产品、为社会创造财富的同时,也消耗了自然界的资源,对生态环境造成了破坏和污染。显然,如果企业行为与资源、环境的关系处理得好,就会有利于社会的可持续发展,反之,就不利于可持续发展。企业的产品或服务性活动如果能给服务对象——公众或其他企业带来利益,使服务对象满意,也会对社会可持续发展产生有利影响,反之,如果一个企业的产品质次价高,服务恶劣,使消费者不满意,造成资源和时间上的浪费,就会对社会的可持续发展产生不利的影响。可

以看出,企业的具体行为与可持续发展的关系十分密切,当企业作为行为主体时,资源、环境及企业产品的消费者甚至政府,都是它的行为对象,当主体行为不当时,就会使对象受到侵害,从而不同程度地影响社会的可持续发展。所谓可持续发展的行为,就是正确地处理人与自然(包括资源与环境)的关系,为后代留下继续发展的余地。如果某些企业为了自身暂时的利益,对资源采取疯狂的、掠夺式的开采,并不惜以破坏环境和损害公众健康(包括企业工人和周围地区的公众)为代价,那么,这样的企业行为不但谈不上什么可持续发展甚至可以说是一场灾难。而令人遗憾的是这种灾难在地球上还在不时发生着,至今也没有完全杜绝。

另一方面,企业同时也是可持续发展行为的对象。

在国家实施可持续发展战略和行动计划时,企业就可能成为这种政府行为的对象。这个问题可从以下几方面论述:

一是企业成为国家经济体制改革的对象。随着改革开放的深入,中国由传统的计划经济体制向社会主义市场经济体制转变,经济增长方式从粗放型向集约型转变,在这一转变过程中,将引入市场竞争机制,促进优胜劣汰和资源优化配置。国家计划要以市场为基础,通过制定和实施发展战略、产业政策、区域规划等,引导产业结构优化和合理布局,支持重点项目建设和重大技术开发项目。在改革过程中,必然有一批企业由于适应市场经济需要、技术力量雄厚,得到国家支持,能够进一步发展。也会有一些企业,由于不能适应市场经济要求,可能要进行资产重组、被兼并、转产甚至破产,部分企业职工可能失业。从宏观上,整体上,这样做有利于国家的可持续发展,但对某些企业和这些企业的职工而言,则会遇到暂时的困难。

二是企业要不断进行技术改造。中国有许多老企业,设备和技术已经落后,不但能耗、水耗、单位产品原料消耗远高于国外同类企业,而且污染十分严重。随着知识经济时代的到来,这些企业的设备、技术、工艺都需要进行全面改造,增加新设备、新技术、新工艺,改革和淘汰旧设备、旧工艺,使企业跟上市场经济和知识经济的要求,也就是要不断进行技术改造。因为企业原有一定的厂房、基础,技术改造比新建一个企业从资金和时间上还是合算得多。对企业进行技术改造是国家可持续发展计划的一部分,此时企业也成为可持续发展行为的对象。

三是从环境保护的角度来看,某些企业污染严重,排放大量废水、废气、废渣等污染物,政府和环境保护行政主管部门要依照国家有关法律、法规和政策对企业进行环境管理。其方式可包括:一是征收排污费,当企业向环境排放各种污染物超过国家规定的标准时(向地面水体排放废水不超标也要收排污费),环保部门依法向企业收取排污费;二是罚款、赔款,当企业排放污染物对环境严重污染,给国家财产造成重大损失,给其他单位或个人带来侵害时,对企业进行罚款,并给受害单位或个人赔款;三是限期治理,当企业处于特殊要求的区域或污染十分严重给周围环境造成重大的影响时,由当地人民政府要求企业限期治理,如期满未完成治理任务,可责令其关、停、并、转;四是停业关闭,对那些污染严重而又无法治理的企业,可由政府下令停业关闭。在以上情况下,企业都成为政府可持续发展行为的对象。

(二) 企业行为在可持续发展中的作用

企业行为对国家的经济、社会活动影响很大,在国家的可持续发展中起着十分重要的作用。

第一,企业是资源、能源的主要消耗者。

企业特别是工业企业,在其生产活动中要消耗大量的资源和能源,包括水资源、煤、石油、天然气、各种矿产资源和生物资源等。例如,2020 年,全国规模以上原煤产量完成 38.4×10^8 t,全社会发电量达到了 7.42×10^4 kW·h,全国原油产量 1.95×10^8 t,其中大部分也被企业消耗,粗钢产量达到 10.53×10^8 t,累计生产化肥 $5\,395.8 \times 10^4$ t(折纯),乙烯产量 $2\,160 \times 10^4$ t,汽车 2 522.5 万辆,这些产品又要消耗多少能源、资源!而这些资源大多数是不可再生的(如化石燃料、矿产等)!更何况中国的能源、资源利用率处于较低水平,单位产值能耗是发达国家的 3~4 倍,主要工业产品能量单耗比国外平均高 40%,能源平均利用率只有 30% 左右。中国的能源、资源节约方面有很大潜力,企业应当尽可能降低能耗、物耗、水耗。

第二,企业是社会财富的创造者、积累者。

企业虽然消耗大量的能源、资源,但是它把这些能源、资源转变为产品和服务,提供给社会和广大消费者,为社会创造并积累了大量的财富,改善了人民的生活条件,支持着社会的进步和发展。"十三五"期间,经济实力、科技实力、综合国力跃上新的大台阶,经济运行总体平稳,经济结构持续优化,2020 年国内生产总值突破 100 万亿元,人均可支配收入 12 588 元;脱贫攻坚成果举世瞩目,5 575 万农村贫困人口实现脱贫;粮食年产量连续五年稳定在 13 000 亿斤以上;污染防治力度加大,生态环境明显改善;对外开放持续扩大,共建"一带一路"成果丰硕;人民生活水平显著提高,高等教育进入普及化阶段,城镇新增就业超过 6 000 千万人,建成世界上规模最大的社会保障体系,基本医疗保险覆盖超过 13 亿人,基本养老保险覆盖近 10 亿人,新冠病毒疫情防控取得重大战略成果;文化事业和文化产业繁荣发展;国防和军队建设水平大幅提升,军队组织形态实现重大变革;国家安全全面加强,社会保持和谐稳定。这些成果都要靠企业进行生产活动,提高经济效益来取得。企业创造和积累了大量的财富,向国家上交大量的税收,使国家的综合经济实力增强,国家才有能力来兴办教育、社会福利、减灾防灾、扶贫和生态环境建设等事业,从而保证和促进社会的可持续发展,从这点来看,企业对国家的可持续发展功不可没。

第三,企业行为与生态环境的破坏与保护关系密切。

企业行为与生态环境的关系有两个方面:一方面企业行为可能造成生态破坏和环境污染,另一方面企业行为也可以恢复生态破坏和保护环境。自从工业革命以来,各种工业企业的生产活动就成为环境的主要污染源,工业企业消耗大量的能源、资源,向大气、水体和土壤排放大量的污染物,著名的"八大公害事件"的元凶无一不是工业污染源。煤矿和其他矿山的采掘破坏了土地和森林植被,造成山体滑坡、水土流失、生态失衡。2019年全国污水排放量 554.65×10^8 t,其中工业废水排放量约为 252×10^8 t。黄河、淮河、海河、辽河、京杭运河、太湖、巢湖、滇池等河流、湖泊的水质污染,工业企业排放废水是主要污染原因。由此可见,企业特别是工业企业的行为,确实使这些企业成为生态环境的破坏者和污染者。

随着环境保护事业的发展、国家环境保护法制的健全以及企业管理者环境意识的提高,企业的行为中也增加了环境保护的内容,使企业的角色向生态环境的恢复者和保护者方面转化。许多企业已经承担起污染治理和生态恢复的责任。此外,许多矿山执行了国家关于土地复垦的规定,对被破坏的土地进行了复垦,并植树绿化或变为农田,使被破坏的生态环境逐渐得到恢复。除了企业的直接行为外,中国企业每年还向国家缴纳大量的排污费,作为国家污染治理的专项基金,为环境整治积累了资金。

第四,企业是国家可持续发展战略和行动计划的主要执行者。

国家制定的可持续发展战略和行动计划,许多都是要求企业来执行的。不但经济体制改革、各项经济发展指标的实现要靠企业行为,而且区域环境综合整治、改善环境质量方面的许多任务也要落实到企业上。总之,在国家制定的环境保护的项目计划和可持续发展行动方案中,大部分都需要由企业去完成。

二、企业在可持续发展中的行为方式

从以上对企业行为在可持续发展中的地位和作用的论述中可以将企业在可持续发展中的行为方式概括为以下三种,即消费、生产和保护环境。

（一）企业的消费行为

企业作为一个消费单位其消费的对象可分为两类：第一类是初级产品，即能源和矿产品等，如煤、原油、天然气、铁矿石、有色金属矿石、原木、皮棉等；第二类是次级产品，即由其他企业加工生产出来的产品，如电、钢材、各种机械设备等。或者还可按用途分为生产性消费品和非生产性消费品。再者还可分为一次性消费品（如生产原料、包装物）和耐用消费品（如机械设备、家用电器等）。当然还可分为有形消费（物质消费）和无形消费（如开展文体活动、教育培训等）两种方式。企业的消费行为，对社会经济的发展具有拉动作用。因为一个企业消费的对象往往就是另一个企业生产的产品。消费可以刺激生产，促进产品的数量增加和质量的提高。但消费要适度，即要节约资源。如果采用过度的、资源浪费型的消费就会导致资源枯竭、生态破坏和环境污染，这样的消费是不可持续式的消费。

（二）企业的生产行为

企业的生产行为就是将自然资源转化为人类生产和生活所需要的产品的过程。这一过程也是自然资源或初级产品增值的过程，即创造社会财富的过程。但生产过程的每一个环节，都可能产生废水、废气、固体废物或噪声、热污染、光污染等污染因素或污染物质。企业的生产行为一方面为社会和公众提供了各种可用的产品，增加了社会积累，也带动了科学和技术的发展，对可持续发展是有利的。但另一方面如果不注意开展清洁生活，不注意自然资源的节约和综合利用，不注意污染的防治，生产行为还将造成严重的环境污染和生态破坏，导致社会和企业自身的不可持续发展。

（三）企业的环境保护行为

随着经济、社会的发展，当前企业的生产、消费行为对生态环境的压力越来越大，政府和公众对企业行为的要求和监督也越来越严，这就迫使企业要自觉或不自觉地实施一种新的行为，即保护环境的行为。不少头脑清醒的、对社会负责的企业管理者，已主动地打出了"环保牌"，积极地治理污染。而另外一些眼光短浅，只盯住产值、利润的企业管理者，仍旧不重视环境保护，不去改变工艺和治理污染，甚至弄虚作假，应付环保部门检查。这样做的结果将愈来愈被动，最终连企业自身的生存和发展都会面临危机。总之，不管属于哪种情况，目前各个企业基本上都已程度不同地采取保护环境的行为，这无论对于社会的可持续发展，还是企业自身的发展，都是有利的。

（四）"第四产业"——环保产业的兴起

除了一般企业为解决自身环境问题而实施的环境保护行为外,近年来在世界上已经出现了一种专门从事污染防治,为社会解决环境问题服务的产业——环保产业。这种产业的性质与传统的第一、第二、第三产业有本质的不同,因此我们将其称之为"第四产业"。

根据生态学的原理可知,在生态系统中存在着永不停息的物质循环和能量流动。生态系统由无机环境、生产者、消费者和分解者(还原者)组成。物质循环和能量流动是由生产者、消费者和分解者所组成的营养键来传递和转化,从无机物到有机物再到无机物,最后归还给环境。而在人类经济社会中,由企业的生产、消费行为产生的废物(包括污染物),不论在总量上还是速度上,均已远远超过了自然界的环境容量。即仅靠自然生态系统中的分解者——微生物去分解它们已不可能(有的污染物降解需几百年,有的根本就不可降解)。因此,人类社会中必须有一部分人或企业去专门从事这种"分解者"的工作,即把生产出来或消费剩余的废物回收、治理、转化、再利用。于是,一种新兴的产业——环保产业或"第四产业"就应运而生。环保产业是一个很宽泛的概念,它包括以防治环境污染、改善生态环境、保护自然资源为目的所进行的技术开发、产品生产、技术咨询、信息服务、工程承包等活动。目前世界上和中国从事环保产业的企业方兴未艾,数量越来越多,技术水平也越来越高,为经济建设、环境保护和社会可持续发展做出了重要贡献。由于这一产业出现时间不长,有关的法规、组织协调和市场管理都还不够健全,因此政府应给予更多的关怀、支持,使这一产业得以健康发展。可以预见,这一被称为"朝阳产业""明星产业"的第四产业将具有无限生机和广阔的前景。

三、清洁生产与可持续发展

企业的生产和消费行为造成了环境污染,是由于其传统的生产和消费方式是"不清洁"的,即不可持续的。为了使企业的行为变为无污染的、可持续的,必须寻求一种新的生产方式,这就是所谓的"清洁生产"。在企业中推行清洁生产,目前已成为世界各国实施可持续战略中普遍采用的一项基本策略。《中国21世纪议程》也把推广清洁生产,作为中国可持续发展战略和行动计划的重要组成部分。

（一）清洁生产的基本概念和理论基础

"清洁生产"这一术语,是由联合国环境规划署工业与环境规划中心首先提出的,它对清洁生产下的定义:清洁生产是指将综合预防的环境策略持续地应用于生产过程和产品中,以便减少对人类和环境的风险性。对生产过程而言,清洁生产包括节约原材料和能源,淘汰有毒原材料并在全部排放物和废物离开生产过程以前减少它们的数量和毒性。对产品而言,清洁生产策略旨在减少产品在整个生产周期过程(包括从原料提炼到产品的最终处置)中对人类和环境的影响。清洁生产不包括末端治理技术,如空气污染控制、废水处理、固体废物焚烧或填埋。清洁生产通过应用专门技术,改进工艺技术和改变管理态度来实现。

20 世纪 80 年代末,美国国家环保局提出"废物最小量化"和"污染预防"的概念,指出污染预防是在可能的最大限度内减少生产厂地所产生的废物量。它包括通过源削减、提高能源效率、在生产中重复使用投入的原料以及降低水消耗量来合理利用资源。常用的两种源削减方法是"改变产品和改进工艺",这一概念与"清洁生产"的概念是一致的。

《中国 21 世纪议程》也对清洁生产做出了定义。所谓清洁生产,是指既可满足人们的需要又可合理使用自然资源和能源并保护环境的实用生产方法和措施,其实质是一种物料和能耗最少的人类生产活动的规划和管理,将废物减量化、资源化和无害化,或消灭于生产过程之中。同时,对人体和环境无害的绿色产品的生产,亦将随着可持续发展进程的深入而日益成为今后产品生产的主导方向。

因此,清洁生产是一种新的创造性的思想,是人们思想和观念的一种根本性转变,是人类社会生产方式的根本转变,是环境保护和可持续发展战略由被动反应向主动行为的一种转变。清洁生产从资源节约和环境保护两个方面对工业产品生产从设计开始到产品使用后直至最终处置,给予了全过程的考虑和要求。它不但对生产,而且对服务也要求考虑对环境的影响。清洁生产对工业废物实行费用有效的源消减,一改传统的不顾费用有效的思想和单一末端控制的方法。与末端处理相比,它可提高企业的生产效率和经济效益,从而成为受到企业欢迎或可接受的一种新事物。清洁生产着眼于全球环境的根本保护,为全人类共建一个清洁的地球带来了希望。

马克思早在一百多年前就指出,把生产排泄物减少到最低限度和把一切进入生产中的原料和辅助材料的直接利用提高到最高限度,是社会化大生产的最终必然结果。可以认为,清洁生产是符合马克思这一思想的。清洁生产有着深厚的理论基础,这些理论基础主要是:

一是废物与资源转化理论(物质平衡理论)。在生产过程中,物质流动是遵照总量平衡原理的。就是说,生产过程中废物产生量越多,则原料(资源)的消耗量就越大。而清洁生产要求废物最小量化,也就等于要求原料(资源)得到最有效利用。另外,废物是一个相对的概念。因为某一生产过程中产生的废物,很有可能成为另一种生产过程中的原料(资源)。

二是最优化理论。清洁生产实际上是追求如何在完成特定的生产目标时使物料消耗最少,或使产品产出率最高的问题。这一问题的理论基础是数学上的最优化理论。在很多情况下,可把废物最小量化作为一个目标函数,并在满足一定约束条件下求生产工艺的最优解。由于它将涉及许多原料和产品的物理化学性质、生物过程等的改变,因此这些问题一时还不能用一般的数量公式来求解。

三是社会化大生产理论。马克思主义认为,用最少的劳动消耗,生产出最多的满足社会需要的产品,是社会生产的最高准则。马克思曾预言,机器的改良使那些在原有形式上本来不能利用的物质,获得一种在新的生产中可以利用的形式;科学的进步,特别是化学的进步,发现了那些废物的有用性。当今世界的社会化大生产和科学进步,为清洁生产提供了必要的条件。

(二) 国外清洁生产开展简况

面对环境污染严重、资源短缺的局面,以"预防为主"积极开发和推行"清洁生产",已被发达国家普遍关注和实施。各国根据国情开展清洁生产,方法各异。

1990 年 10 月美国国会通过《联邦污染预防法》,以立法的形式肯定以污染预防取代末端治理为主的污染控制政策,从源头防止污染源的排放、实施预防技术(清洁生产),减少和防止污染源的排放作为全美环境政策的核心,推进(清洁生产)的发展。另外,美国联邦各部门、各州对清洁生产也十分重视。1985 年以前只有一个州有一条含有污染预防内容的法律,到 1991 年已有一半以上的州有了自己的污染预防法,含有污染预防内容的州法律总数已有 50 条之多。美国国家环保局(EPA)1992 年 2 月发布"污染预防战略",确定了对工业界有毒化学品物质的削减量的指标。美国能源部 1990 年发表了"废物削减政策声明"指出,废物削减将成为科研、工艺设计、设备更新、设施运行、反设施污染和停购的基本考虑因素。能源部和其他工业部门合作,开展了研究废物削减的技术项目,这一项目的首要目标是:减少工业废物,提高工业部门的用能效率和生产率。能源部还向与其有关的单位、私人合同承包商和供货商施加影响,推动他们的废物削减活动。美国国防部、邮政局等部门也积极参与污染预防活动。美国国防部拥有军人和文职人员 500 万人,分布在全世界的军事设施超过 1 000 个,是有害废物的重大污染源之一。该部对这些设施进行了污染预防,并鼓励有关私人供货厂商采用污染预防措施。美国邮政局制定了废物削减目标,废物削减的重点是寻找机会,研制备选方案,开展削减废物和回收抛弃物质的可行性研究。

荷兰、丹麦是推进清洁生产的先驱国家。荷兰国会通过的"1991—2010年环境保护全面规划"中 2010 年的污染控制目标要求将污染物排放量降低70%~90%。另外,荷兰还利用税法条款推进清洁生产技术的开发和利用。凡采用革新性污染预防或污染控制技术的企业,其投资可按一年折旧(其他投资的折旧期通常为十年),每年都有一批工业界和政府界的专家对革新性的技术进行评估。目前,清洁生产的概念在荷兰已相当广泛深入,大中型企业基本已依靠自身的力量进行清洁生产的审计等工作,中小型企业则主要以付费方式请专业性的咨询公司进行清洁生产审计。由于荷兰在清洁生产方面的成功,它们编制的一些通用性和行业性的审计手册已被联合国环境署和世界银行译成英文在全世界推广。丹麦于 1991 年 6 月颁布了新的丹麦环境保护法(污染预防法),于 1992年 1 月 1 日起正式执行。这一法案的目标就是促进清洁生产的推行和物料循环利用,减少废物处理中出现的问题。

德国对清洁生产也十分重视,特别是对有机溶剂和有害化学品的回收作了严格的规定。物品回收最初集中在对包装品的回收上,其后逐步扩展到包括汽车、计算机、机床等范围极为广泛的产品。物品回收的要求对德国工业界在设计容易循环使用的产品,以及在生产过程中增设回收和再利用资源等工作以强大的推动。德国许多化学公司都致力于在生产工艺过程中采用少废技术防止和减少污染。

苏联、保加利亚等国对无废工艺亦很重视,20 世纪 80 年代末,苏联颁布的企业法中明确规定把无废生产作为企业的基本方向,并在计划中规定了无废、少废工艺生产的产品产值占整个工业产品总产值的比例。保加利亚 20 世纪 80 年代末即在主要的工业部门实现无废生产,2000 年后整个生产、消费部门都转向无废工艺。

另外,法国环境部还设立了专门机构从事清洁生产工作,每年给清洁生产示范工程补贴 10% 的投资,给科研的资助高达 50%,奖励在采用无废工艺方面做出成绩的企业。瑞士对环境保护要求十分严格。工业企业要想存在和发展,必须做到不污染环境。加拿大开展了"3R"运动。英国则更多地鼓励工业企业建立工业污染集中控制系统。日本为研究开发和采用少废无废工艺技术,将"三废"消除在工艺过程之中,努力实现化学工业工艺过程的"闭路循环系统"。并提出《废物处理法修改法案》和《再资源化促进法案》,可见对该项工作的重视。

联合国和世界银行的各种组织中,也高度重视清洁生产。世界银行大力资助各国清洁生产项目。联合国环境规划署设在巴黎的工业及环境项目活动中心专门从事推广清洁生产,并建立了国际清洁生产信息交换中心。联合国工业发展组织决定在世界上选择性地资助20个国家建立国家级清洁生产中心,第一批先行资助九个国家。联合国工发组织还成立了"国际清洁工艺协会",在工业发展中推行清洁生产政策。

(三)中国的清洁生产

早在20世纪80年代,中国就已开始了有关清洁生产的实践。只是当时使用的名称不同,认识也没有现在这么明确。国务院《关于结合技术改造防治工业污染的几项规定》指出,应采用先进的技术和设备、提高资源、能源利用效率,采用无毒无害的原材料,开发合理的产品,满足环境保护的要求。后在联合国有关组织和世界银行的支持下,中国积极推行清洁生产,并将其列入《21世纪议程》的行动计划中,还利用世界银行环境技术援助贷款进行了"推进中国清洁生产"项目,编制了《企业清洁生产审计手册》和与之配套的《清洁生产培训教材》,形成了具有中国特色的企业清洁生产方法体系。近年来,清洁生产已向全国各省、市和主要工业行业全面推广,在纺织、化工、石化、电镀、制药、酒精、啤酒、建材、钢铁、造纸等几十个行业中进行了清洁生产审计示范,取得了显著的经济效益和环境效益。经过清洁生产审计的企业,在投入很少的情况下,一般可削减废水量10%~20%,污染物排放量削减8%~15%。目前国家和地方环保部门均已成立了"清洁生产中心",制定了清洁生产推广计划,并将清洁生产与"三河、三湖、两区"治理规划、污染物总量控制计划和企业ISO14000认证等工作结合起来,使清洁生产在可持续发展战略中发挥更大作用。

台湾的工业废物最小化是从20世纪80年代后期开始的。台湾"环境保护署"和"经济部"联合推进工业废物最小化计划,建立了以"经济部"部长和"工业发展局"局长为主席的"废物最小化顾问委员会",根据废物产生量及毒性以及采用新技术的能力将全岛工业排序,被排在优先予以技术支持的行业有电镀、纸浆及造纸、金属加工、印染、农用化学品、制革、炼油及石油化工。该计划包括五个方面的内容:技术信息交换、技术支持、财政支持、研究开发和示范及行政管理。

(四)实施清洁生产的方法和步骤

第一,转变观念、加强组织领导。

实施清洁生产的首要问题是更新观念,把"预防"放在首位,并在法规、制度上有所体现。要把末端治理转向全过程污染控制,改变经济发展与环境保护对立的观念。转变观念的重点是各级政府官员和企业领导,要通过学习了解清洁生产目的、意义、实施途径和方法、有关政策法规与运行机制,掌握操作方法并组织实施。

实行清洁生产涉及工业、财税、银行、物资、能源、环保等多个部门,只有各个有关部门相互配合,清洁生产才有可能成为现实。为此,必须加强系统决策,综合协调和统一指挥。政府要制定和指导实施清洁生产计划,制定清洁生产的经济政策与措施,开展环境审计,并在组织示范工程实施的基础上总结推广。

第二,推行企业清洁生产审计。

企业清洁生产审计是对企业现在的和计划进行的生产进行预防污染的分析和评估,对企业生产全过程的每个环节、每道工序可能产生的污染进行定量的监测,找出造成高物耗、高能耗、高污染的原因,然后有的放矢地提出对策、制定方案,防止和减少污染的产生。清洁生产审计是企业推行清洁生产、实行全过程污染控制的前提和核心工作。

企业清洁生产审计的主要内容包括:一是审查产品是否有毒、有污染,工艺设备是否陈旧落后。对有毒、有污染的产品尽可能选择替代产品,尽可能使产品及生产过程无害、无毒和无污染;二是审查使用的原辅材料是否有毒、有害,是否难于转化为产品,产生的"三废"是否难于回收利用等,能否选用无毒、无害、少污染或无污染的原辅材料;三是审查企业管理情况,对企业的工艺、设备、原辅材料消耗、生产调度、环境管理等方面,找出因管理不善而使原辅材料消耗高、能耗高、排污多的原因与责任,从而制定方案,提出解决的方法与措施。

中国的清洁生产审计主要步骤,可划分为七个阶段:一是筹划和组织,主要是进行宣传、发动和准备工作;二是预评估,主要是选择审计重点和制定清洁生产目标;三是评估,主要建立审计重点的物料平衡,并进行废物产生原因分析;四是方案的产生和筛选,主要是针对废弃物产生原因,产生相应的方案并进行筛选,编制企业清洁生产中期审计报告;五是可行性分析,对第四阶段筛选出的清洁生产方案进行可行性分析,从而确定出可实施的清洁生产方案;六是方案实施,实施方案并分析、评价方案的实施效果;七是持续清洁生产,制定计划、措施,在企业中持续推行清洁生产,最后编制企业清洁生产审计报告。

目前,这套方法体系已为国内理论界和企业界接受,各行业、各省市已依据它来指导企业的清洁生产审计。

第三,统一规划,分步实施。

中国的企业数量大,行业多,除一部分新建企业的技术、管理水平较高外,大部分企业的设备、工艺和管理水平与发达国家相比差距均很大,主要产品的单位能耗、物耗、水耗都大大高于世界先进水平。因此,要在短时间内全面实现无废工艺和实施清洁生产是困难的,必须从中国基本国情出发,统一规划,分步实施。清洁生产大体上可分企业、行业(地区)和国家三个层次,目前欧美发达国家实施清洁生产的行动大多还集中在企业层次上。中国的清洁生产起步时间不长,基本上也在企业层次上。因此必须首先集中力量建设一批清洁生产的示范项目和示范工程。通过示范,总结经验,培训人才,逐步建立一套完整的切合中国实际的清洁生产政策、法规、制度、方法,使清洁生产科学化、规范化,然后向行业(地区)层次上推广发展,最终在全国范围内普遍实施,从而建立起有中国特色的清洁生产的新模式。

北京啤酒厂的清洁生产非常具有代表性,企业清洁生产审计是在社会基础经济单元实现可持续发展的重要手段。北京啤酒厂的实践从一个工厂的角度证明,虽然提高中国综合国力的最终和最重要的途径之一是实行大规模的技术改造,但是,大规模地实行无费用、低费用和中费用方案,如调整产品结构、控制原辅料投入和加强厂内管理,同样可以产生巨大的经济和环境效益,而且容易实现,可以为技术改造筹集部分资金。技术改造本身也应走清洁生产路子。北京啤酒厂的技术改造方案,是该厂审计组经精心审计后确定的,体现了经济和环境效益的统一。

第四节　可持续发展的公众行为

一、公众在可持续发展中的地位和作用

1992 年联合国环境与发展会议通过的《里约环境与发展宣言》中指出:人类处于普受关注的可持续发展问题的中心,他们应享有与自然相和谐的方式过健康而富有生产成果的生活的权利,每一个人都应能适当地获得资料,并应有机会参与各项决策进程。各国应通过广泛提供资料来帮助及鼓励公众的认识和参与。该会议通过的《21 世纪议程》中明确指出:要实现可持续发展,基本的先决条件之一是公众的广泛参与。中国发布的《中国 21 世纪议程》中也指出:公众、团体和组织的参与方式和参与程度,将决定可持续发展目标实现的进程。

由此可见,公众在人与自然的和谐发展中处于主体的地位,政府制定的可持续发展战略与计划、企业的可持续发展措施,不但要靠公众去实施,而且要靠公众去监督。公众在可持续发展中具有主要的地位,他们将参与可持续发展的各个领域和每一个过程,并决定着可持续发展的深度和广度。公众在可持续发展中的行为,将促进人类对自然的认识和人类发展观的进步,也将改善人与自然和人与人之间的关系,从而促进社会、经济的发展和人类文明的进步。

公众在可持续发展中的重要作用,是不可缺少的和无法替代的。具体来说,公众在可持续发展过程中可发挥以下作用:一是参与并实施政府制定的可持续发展战略和计划,并以自己的行为使这些战略与计划得以调整;二是参与并实施企业的可持续发展的具体措施,如清洁生产、综合利用等;三是以自己的生产劳动增加社会财富,促进经济发展;四是以自己的文明生活方式促进社会的文明进步,改善人与人之间的关系;五是以善待环境、爱护自然和保护生态环境的行为促进环境的改善和美化,使人与自然的关系更加和谐。

二、公众在可持续发展中的行为方式

(一) 公众行为方式的主动性和被动性

一方面,公众在可持续发展中的行为方式具有主动性。公众可以用自己的行为去爱护自然,保护环境或者违反自然规律破坏生态环境。他们可以选择自己的生活、消费方式,或者节约资源,过节俭生活或者浪费资源,过奢侈生活。

另一方面,公众在可持续发展中的行为方式具有被动性。他们要受到自然环境条件的制约,也要受政府有关法律、法规、政策和企业规章制度的约束,要接受政府、企业的领导或指令,从事生产经营活动,也要受法律、道德的约束,来规范自己的一切活动。如果破坏这些约束,就要受到各种方式的惩罚,如刑事惩罚、行政处分、经济赔偿等。从心理学角度来看,公众的行为方式是互相影响的,许多人具有"从众心理",特别体现在消费方式上。因此,许多的公众行为方式都具有被动性的一面。

(二) 可持续发展中公众的具体行为方式

在可持续发展中,公众的具体行为方式,包括以下几方面:

一是接受可持续发展的思想,提高可持续发展的意识。广大公众首先应接受政府组织的各种可持续发展的宣传、教育,包括学生的在校教育,干部、工人、农民的职业教育,居民的社区教育,各种媒体的宣传等,以树立自己的可持续发展的思想观念,提高自己的意识,并且可以向其他公众进行宣传。当然有一部分公众本身就是从事宣传教育工作的,更应发挥自己的作用。

二是参与可持续发展的生产活动。根据三种生产的理论,公众在可持续发展的生产活动中自然也应包括:在人类自身的人口生产中注意控制人口数量,提高人口素质。在物资生产中合理利用资源,不断提高生产力,工厂里的工人采用清洁生产的方式,农村的农民采用生态农业的模式等。在环境生产中合理地依靠自然力和人力提高资源生产力和环境对污染的消纳力,使物质和能量的流动形成良性循环,不仅为当代人造福,而且为后代人的发展创造条件。

三是积极投入可持续发展的消费活动。公众应摒弃传统的不可发展的消费观,树立可持续发展的消费观,倡导可持续发展的消费方式,包括节约资源、能源,不用或少用一次性商品,积极主动使用绿色食品和生态标志产品(如无磷洗衣粉、无氟冰箱)等,为子孙后代留下可供发展的资源和清洁优美的环境。

四是参与和监督政府和企业可持续发展行为的活动。公众应以各种方式积极参与和监督政府和企业的可持续发展行为,例如,参与可持续发展的立法和政策的制定,参与可持续发展的宣传、教育和管理活动。当然,这些都应以逐步提高公众的"知情权"为前提。政府的一切可持续发展政策、规划等,应告知公众,企业的具体措施,也应让企业内外公众知晓。此外公众还应以各种方式(如参加会议、利用舆论)对政府和企业有关行为进行监督。这对可持续发展的实现是十分重要的。

三、可持续发展中的公众参与

可持续发展的公众参与是指公众接受并宣传可持续发展的思想观念,并参加可持续发展战略的实施。

(一)可持续发展公众参与的特点

公众对可持续发展的参与不同于对一般活动的参与,也不同于对一般环境保护活动的参与。可持续发展的公众参与更深刻,更广泛。它不仅包括公众积极参加实施可持续发展战略的有关行动或有关项目,更重要的是人们要改变自己传统的思想观念,建立可持续发展的世界观,进而用符合可持续发展的方法去改变自己的行为方式。

以往的环境保护中的公众参与往往只停留在珍惜自然、爱护环境上。而可持续发展的公众参与不但要求珍惜资源与环境,还要求在产品的生产与消费和废物的循环利用与处置等过程中合理操作,在追求效率与公平的同时,追求人与自然的和谐。这就涉及人们意识和观念的转变,要争取实现人类在代内和代际的公平福利。这种公平关系意味着穷人和富人都应参与可持续发展进程,并且具有同等的参与权、分配权;意味着当代人和下代人都具有责任和权利,是多代人的共同参与。因此,可持续发展的公众参与是一个长期的、艰难的历程。

综上所述,可把可持续发展的公众参与的特点概括为:一是广泛性,参与主体的广泛和参与领域的广泛程度都高于一般的活动;二是深刻性,不仅行为方式要改变,更重要的是思想意识和观念也要转变;三是公平性,穷人和富人、当代人和后代人在可持续发展中都具有平等的权利和责任。

(二) 参与可持续发展的公众群组

可持续发展涉及的领域是广泛的,参与可持续发展的公众群组也是全方位的,包括每一个参与可持续发展战略的人。公众的活动往往以群组的形式参与,以下几种群组在可持续发展中会起到重要作用,应受到充分重视。

一是妇女群体参与可持续发展。《里约环境与发展宣言》指出,妇女在环境管理和发展方面具有重要作用。因此,她们的充分参与对实现可持续发展至关重要。妇女由于其性别特点以及在人类社会繁衍与发展中的特殊作用,在可持续发展中扮演着重要角色。由于重男轻女传统观念的影响,在许多国家妇女参与政治活动、政府管理、企业管理和就业等方面尚未取得与男子平等的地位。可持续发展的战略要求妇女自身解放,与男子以平等的地位参与可持续发展的各项行动中。国际社会已制定了几项促进妇女充分、平等和有效地参与所有发展活动的行动计划和公约,特别是《内罗毕提高妇女地位前瞻性的战略》强调妇女参与国家和国际生态系统的管理和环境退化的控制,妇女在获得土地和其他资源、受教育、平等就业、参与经济和政治的决策方面,应享有同男子同等的权利。

在发达国家,一些环境保护和保护生物多样性的活动往往是妇女领导和发起的。例如,1962 年美国生物学家卡逊女士就发出过警告,不加选择地使用化学药剂会危及生物多样性和人类健康。"全球 500 佳"荣誉获得者、献身保护加拿大原始森林的考瑞女士,以及曾任挪威首相、联合国世界环境与发展委员会主席的布伦特兰夫人等,都是其中的杰出代表。

中国妇女对保护地球环境和人类未来肩负着重要的责任,她们是实施可持续发展的一支生力军。首届"中国妇女与环境会议"发表了《中国妇女环境宣言》指出,中国妇女有理由关注,也有义务推进中国从传统模式向可持续发展模式的转变。保护环境是全人类的共同事业,也是妇女应尽的义务。有必要对妇女运动的发展战略和妇女解放思想进行变革和充实,以期建立符合人类社会现代文明思想和可持续发展的道德观念、价值标准和行为方式,为当代及后代人的生存和发展创造更加有利的条件。中国妇女在脱贫致富、植树造林、防治荒漠化、发展生态农业、开展环境科学研究、环境教育等方面都做出了突出的贡献。

作为消费者,妇女起着重大的作用。家庭消费中妇女往往起着主导作用,已有成千上万的妇女认识到,在满足人们生活基本需求的基础上,应当提倡适度消费,节约能源和资源。作为人口的生产者,妇女更起着重要的作用。世界人口的超速增长已影响了经济、社会、环境的协调发展。中国已采取了积极有效的人口控制政策,妇女经济地位和文化素质的提高无疑是这一政策得以实现的关键。

更重要的是,妇女应参加可持续发展的决策,参加本地的、国家的、区域的以至国际的有关可持续发展的活动,成为资源、环境的保护者、管理者、社会活动的积极分子。第四次"世界妇女大会"提出有关妇女参与可持续发展的有关建议,如妇女具有平等参与环境与发展的权利,妇女和女孩有权接受可持续发展教育等,标志着这方面的一些进步。

二是青少年和儿童群体参与可持续发展。青少年和儿童占世界人口近60%,他们是世界的未来和希望,他们参与决策与实施是可持续发展战略得以贯彻和延续的重要保证。可持续发展的决策不仅影响青年现在的生活,也影响他们的前途。青年可以为可持续发展带来许多新颖的想法。国际社会已提出了许多行动方案和建议,以确保青年享有可靠而健全的未来,包括较好的环境质量,较高的生活水平和受教育与就业的机会。少年儿童是今后地球的继承者,在许多发展中国家,少年儿童人数占总人口的近一半。发展中国家和工业化国家的儿童都很容易受到生态破坏和环境污染的影响。因此在可持续发展计划中应当充分考虑少年儿童的利益,确保儿童的生存和健康成长,保障儿童接受教育的权利,并积极地创造条件,使少年儿童参与可持续发展的活动。

世界各国都在采取积极的行动,促进青少年和儿童参与可持续发展。美国前副总统戈尔发起一项有益于环境的全球性学习与观察计划,中国加入了该计划,该计划主要是动员各国青少年和儿童通过观察收集当地的环境数据,经电脑处理后进行交换,从而更加清楚地认识全球环境现状及面临的环境危机,提高公众特别是广大青少年和儿童的环境意识。英国成立了一个"救援行动小组",帮助年轻人参与可持续发展,并制定了一个适合于12~17岁的青少年的可持续发展指标体系,用来度量其所在社区在可持续发展方面所取得的进展。该体系正在69个国家600所学校和青年组织中试用。

中国政府积极加强与青少年和儿童的联系与沟通,促进青少年和儿童参与可持续发展。中国成立了"中国青年环境论坛",召开过多次会议,就中国青年与环境保护、青年企业家与环境保护等问题开展讨论。当时的国家环保局组织上百万名中小学生参加了"我需要地球,地球需要我"的环境保护征文比赛,组织了"手拉手"行动,小学生用回收废物的钱援建贫困地区的"希望小学"。各地成立了许多青少年的环保组织,开展了许多有益的活动。如徐州矿务局中学生环保小记者团、武汉大兴路小学红领巾环境观测站等,获得了联合国环境署的"全球 500 佳"荣誉称号。

三是少数民族群体参与可持续发展。在世界上许多国家,都存在着少数民族和民族问题,如果处理不好,不仅影响可持续发展,而且会造成民族冲突,甚至发生战争。某些国家仍然存在着歧视少数民族的问题,少数民族地区往往经济不发达,贫穷落后。

中国共有 55 个少数民族,分布在全国地域辽阔、资源丰富的广大地区,对全国的可持续发展有重大影响。少数民族地区由于历史原因,存在着经济系统整体水平低、贫困面大、资源利用不尽合理的问题,随着经济的发展,少数民族地区也出现了各种生态环境问题。中国政府积极采取措施,促进少数民族和民族地区参与可持续发展,充分尊重和落实民族自治地区的自治权利,保护少数民族对土地等资源的管理权,保护少数民族的知识和文化产权,尊重少数民族的风俗习惯和传统。加强少数民族公民在民族地区经济发展、环境保护、资源利用方面发挥决策的作用,大量培养少数民族干部和科技人员。在全体少数民族公民中普及有关可持续发展的法规和科学知识,增强少数民族群众的环境意识,在民族地区造成一种自觉保护环境、珍惜利用自然资源的风气。帮助少数民族地区制订适当的资源管理和保护方案,确认少数民族的价值、传统知识和资源管理方法,并通过无害于环境的生产方法,促进民族地区无害环境的形成和可持续的发展。

四是工人和工会群体参与可持续发展。工人处于物资生产和环境生产的第一线,他们是环境污染的直接受害者,也是环境保护和可持续发展中的主力军。目前世界上许多国家都十分重视发挥工人和工会组织在可持续发展中的作用。

中国是一个发展中的社会主义国家,经济技术实力还不够强,保护环境的能力还比较弱,工人就业、环境和劳动保护方面存在的问题还比较多。中国工会是世界上拥有会员最多、影响较大的工会组织,全国共有 60 多万个基层组织和一亿多会员,并已建起有效的工作网。它在社会、经济发展中肩负重要的职责,并具有丰富的工作经验,在实现中国的可持续发展中发挥重要作用。一是加强工会组织特别是企业工会组织的建设,健全工会在劳动就业、职业安全卫生、城市职工扶贫、职业教育和培训方面的工作机制,提高工会工作水平;二是组织职工广泛参与国家社会经济发展规划以及各项改革政策、措施的制定和执行,使工人和工会的民主参与规范化、制度化、法律化;三是充分动员职工和基层工会组织积极参与国家环境保护政策、方案的制定和执行,在涉及社区环境、工作环境及职业安全卫生条件改善等问题时,应建立工人和工会的监督机制;四是应采取措施,确保工人能参与工作场所的环境保护和安全卫生工作,参与环境影响评价程序和国家重点工程环境保护设施的"三同时"验收工作;五是应制订方案,积极参加地方社区内的环境和发展活动,并就社区内共同关心的影响环境与发展的有关问题,促进有关方面采取联合行动;六是采取措施增加对工人和工会工作者的教育和培训,提高工人的文化技术素质和工会工作者的业务能力。

五是科技教育界参与可持续发展。可持续发展道路是人类的全新选择,只有依靠科学和技术,才能引导人类在这条道路上前进。科技、教育界是知识分子集中的地方,应运用自身的职业道德和风范,去感召和影响广大民众投身于可持续发展的伟大事业之中。一是加强决策者与科教界专家的联系与合作,研究如何使国家的科技教育活动更能适应可持续发展的需要,制订适当的科技、教育政策和规划,把科技、教育界的参与纳入可持续发展的程序之中;二是增加科技、教育的投入,确保将现有的科技知识最大限度地应用于可持续发展的行动中,并培养下一代可持续发展事业的人才;三是推进国际科技、教育合作与交流,积极向联合国和其他国际组织提出科学和技术建议,促进国际可持续发展的研究;四是建立机制,改进和完善科技成果推广和向生产力转化的途径;五是发挥科技教育工作者的作用,积极向广大公众普及宣传可持续发展知识,加强科技、教育界同工业界、农民的联系,提高工人、农民的科技素质;六是在各类学校中开展可持续发展教育,提高广大青少年和儿童的道德伦理和知识素质,组织青少年和儿童参与可持续发展的行动。

六是非政府的各类社会组织在可持续发展中的作用。从 20 世纪 70 年代起,随着环境保护事业的发展,在世界各国出现了许多以保护环境为宗旨的民间团体或组织,比较有名的是"绿色和平组织"。这些民间团体在保护环境,宣传可持续发展方面起了一定积极的作用。中国的一些非政府组织和民间团体,例如各种学会、研究会、自然之友、地球之友、地球村等,在宣传、教育,开展废物回收,向政府提出积极建议等方面,也做了大量工作,起到了有益的作用,是可持续发展中一支不可忽视的力量。今后应充分重视非政府组织在可持续发展中的作用,开展各种形式的活动,使可持续发展的观念深入人心,成为广大公众的自觉行动。

第七章

中国可持续发展的现状与策略

第一节　中国的现状及面临的压力

改革开放以来,中国的经济社会发展经历了一场根本性的变革,取得了举世瞩目的伟大成就,国家的经济实力、科技实力、综合国力有了显著增强,经济已融入世界经济体系之中,决胜全面建成小康社会取得决定性成就。但是,由于中国的人口多,发展时间短,经济社会发展中还存在许多制约因素,当前和今后一个时期,中国发展环境将面临深刻复杂变化,给可持续发展带来一定的压力。

一、中国人口、社会、经济的现状及压力

（一）中国的人口现状与面临的压力

人口问题始终是中国面临的全局性、长期性、战略性问题。中国人口发展已进入深度转型阶段,人口自身的安全以及人口与经济、社会等外部系统关系的平衡都将面临不可忽视的问题和挑战。

第一,人口规模呈现增幅减少、增速缓慢的新态势,人口与资源环境承载能力始终处于紧平衡状态。第七次全国人口普查数据显示,2020 年全国人口共计14.1 亿,约占全球总人口的 18%,仍然是世界第一人口大国。十年间,人口增加7 205.4 万人,增加 5.38%,年平均增加 0.53%,实现适度生育水平压力较大。我国生育率已较长时期处于更替水平以下。虽然实施全面两孩政策后生育率有望出现短期回升,但受育龄妇女规模缩小、生育意愿持续下降等因素长期累积影响,人口规模在整体上呈现出明显的低速惯性增长特征。本世纪中叶前我国人口总量将保持在 13 亿以上,人口对粮食供给的压力持续存在,人口与水资源短缺的矛盾始终突出,人口与能源消费的平衡关系十分紧张。

第二,人口结构面临着前所未有的新挑战,老龄化加速的不利影响加大。"十三五"时期的全面二孩生育政策调整仅带来少儿比例的小幅回升,但并没有改变人口结构变老的长期发展趋向,老龄人口占比上升,规模大,中国正面临未富先老的现象。我国老龄化速度明显加快,位于全球主要经济体前列。人口老龄化加快会明显加大社会保障和公共服务压力,凸显劳动力有效供给约束,人口红利减弱,持续影响社会活力、创新动力和经济潜在增长率。老龄化规模大、速

度快,增加养老金的支出,加大财政支出压力,家庭发展和社会稳定的隐患不断积聚。家庭小型化和空巢化,使得居家养老压力大、抗风险能力低,养老抚幼、疾病照料、精神慰藉等问题日益突出。

第三,城镇化水平持续提高,但与高质量城镇化内涵有明显距离。随着我国新型工业化、信息化和农业现代化的深入发展和农业转移人口市民化政策落实落地,十年来我国处于城镇化高速发展阶段。我国城镇经济活力正在不断提升,人才资源配置水平提高,城镇吸纳人口迁入包容度加大。新型城镇化进程稳步推进,城镇化建设取得了历史性成就,城镇化率加速上升。但是,我们未达到高质量的城镇化,在新型城镇化战略的引导下,我国城镇化进程仍有进一步提升空间。不过也需要注意的是,由于农村老龄化现象更为突出,未来劳动人口从农村向城镇迁移的增速可能放慢。

第四,国民受教育水平明显提高,但还不是人力资本强国。随着经济社会的快速发展,国家财政大规模投资基础教育及高等教育的积极效应逐渐显现。十年间,我国受教育水平明显提高,为经济社会发展奠定了一定的人力资本基础。当前,中国正在从人力资源大国向人力资本强国转型,需要全面深入地提高人口教育和健康素质,弥补人口红利下行的负面导向,把教育水平的提高转换成红利。

第五,人口空间聚集效应明显,但是人口区域性不平衡问题出现新动向。根据第七次全国人口普查数据,东部地区人口占 39.93%,中部地区占 25.83%,西部地区占 27.12%,东北地区占 6.98%。与 2010 年相比,人口向经济发达区域、城市群进一步集聚。受我国长期处于社会主义发展初期的具体情况影响,我国人口持续向超大城市集聚,人口发展呈现出显著的地区差异,尤其是东部发达地区和重点城市群,城镇化发展不平等、人口分布和公共资源配置不均等问题仍然突出。人口合理有序流动仍面临体制机制障碍。城乡、区域间人口流动仍面临户籍、财政、土地等改革不到位形成的制度性约束,人口集聚与产业集聚不同步、公共服务资源配置与常住人口不衔接、人口城镇化滞后于土地城镇化等问题依然突出。

(二) 中国的经济发展面临的压力

第一,经济体制改革存在的主要问题。

国际环境日趋复杂,不稳定性不确定性明显增加,新冠病毒疫情影响广泛深远,经济全球化遭遇逆流,世界进入动荡变革期,单边主义、保护主义、霸权主义对世界和平与发展构成威胁。

中国发展不平衡不充分问题仍然突出,重点领域关键环节改革任务仍然艰巨,创新能力不适应高质量发展要求,农业基础还不稳固,城乡区域发展差距较大。

中国经济立法的速度较慢,许多有关社会主义市场经济的法律尚未建立起来,适应社会主义市场经济的法律体系尚不健全。健全、统一、开放、有序的市场体系和协调管理机制尚未建立起来,特别是资金、技术、劳动力、信息等生产要素市场还刚刚起步。健全有效的宏观调控体系和协调管理体制还没有建立起来,政府管理经济的职能还需进一步转变,特别是计划、财政、金融等部门。在经济建设中,重经济轻环境的传统观念尚未得到完全转变,正确的经济与资源环境综合核算体系尚未建立起来。传统的国民经济衡量指标(GNP)仍据主导地位。

第二,工业发展中存在的主要问题。

1949 年以来,中国的工业有了长足的发展,20 世纪 90 年代初期与中华人民共和国成立初期相比,工业产值增长了近 100 倍,工业已成为国民经济中的主导力量,不断为中国经济发展提供装备和动力。但是,目前中国工业的整体水平和素质不高,可持续发展的能力不强,主要表现在:一是产业结构不够合理,以能源和矿产品为主要原料的重工业所占比重过大,一些支柱产业投资分散、规模不经济、产业竞争力弱,高技术产业在产业结构中的含量不够高;二是工业企业的区域布局不够合理,部分地区工业过于集中,一些污染严重的企业位于城市上风上水,中西部工业相对落后;三是重复建设、重复生产、重复引进的现象严重,导致资源和生产集中度低,难以形成合理的经济规模,不适应现代化大生产所要求的专业化、协作分工的发展趋势;四是乡镇工业低水平扩张,使资源浪费和污染日趋严重,乡镇工业的污染不仅影响了中国工业的发展,也影响了农村的可持续发展。

第三,中国农村和农业发展面临的主要问题。

农业是中国国民经济的基础,农业与农村的发展是中国可持续发展的根本保证。改革开放以来,农业生产力有了很大发展,农业产业结构有了很大改善,农村贫穷落后的面貌有了较大改变,但是中国农业和农村所面临的问题仍很严峻。一是农业自然资源短缺,人均耕地少,部分地区水资源匮乏,水土流失严重,土地资源受到破坏,耕地逐年减少;二是农村经济欠发达,农民平均收入不高,农村人口增长快,文化水平低,农业剩余劳动力多;三是农业综合生产能力尚低,抵御自然灾害的能力差,农业生产率常有较大的波动;四是农业经济结构不合理,种植业所占比例较大,农业投入效益不高,农业生产成本上升很快;五是农产品商品化程度不够高,农产品市场缺乏规范化的秩序,部分主要产品价格不合理,影响农民积极性。六是农业环境污染日益加重,受污染的耕地近 $2\,000 \times 10^4\ \mathrm{hm}^2$,约占耕地总面积的 1/5。土地退化严重,自然灾害频繁。

(三) 中国社会发展面临的压力

1978年以来,中国的社会有了巨大的发展和进步,教育、文化、卫生和科技事业成绩显著,贫困人口全面脱贫,人民居住条件有了很大改善,社会服务体系逐步健全。但是还存在着许多问题,面临着巨大的压力。

第一,教育和科学技术支持能力建设问题。

发展经济以摆脱贫困,关键要依靠科学技术进步和提高劳动者素质,发展教育是走向可持续发展的根本大计。中华人民共和国成立以来,中国基础教育的成就巨大。近20年来,高等教育与成人教育事业不断发展。科学技术也取得了举世公认的成绩。实施了一系列发展科学技术的计划,不断完善保护知识产权的制度,加强了科研支持和服务系统的建设,深化科研体制改革,高科技企业与开发区不断涌现,促进了市场经济的发展。但存在的问题依然很多:一是国家对教育的投入偏低,教育经费占GNP的比例不仅低于发达国家,甚至低于一些发展中国家(如印度);二是农村教育设施落后,中小学学生,特别是初中学生流失率呈上升趋势;三是教师待遇偏低、队伍不稳定,教师和青年科技人员流失现象严重,部分高科技人才外流,实质上是浪费了中国教育经费的投入;四是教育内容和方法不适应经济、社会可持续发展的需要,"应试教育"与"素质教育"的矛盾仍很突出;五是科研投入低。科研机构改革难度大,机构臃肿、人浮于事现象普遍存在,科学技术成果转化率低;六是基础科学的研究相对落后,未能形成基础研究–应用研究–工程设计的配置合理的科技体系,科学技术对可持续发展的支持能力不强。

第二,人类住区的可持续发展问题。

改革开放促进了城乡建设的发展,改善了城市居民和农民的居住条件和周边环境。但中国人类住区的状况与可持续发展的要求距离还很大。城市数量与城市人口数量增长过快,给城市的居住条件、服务设施带来巨大压力。城市人口密度大,交通设施落后,管理水平低,交通堵塞和不安全以及汽车排气污染已严重影响居民的生活和工作,制约城市经济和社会发展。城市的工业垃圾、建筑垃圾、生活垃圾产生量大,处理处置率低,许多城市陷于垃圾包围之中,严重损害城市环境卫生,恶化住区条件,阻碍城市建设发展。住区物业管理水平低,各种服务设施如学校、幼儿园、医院、商店、邮电、文体娱乐等不能及时配套,居民生活远远达不到方便、舒适、安全的程度。

第三,居民消费、社会服务与社会保障问题。

中华人民共和国成立以来,中国居民消费经历了解决温饱到奔向小康的转变,但总体上看,中国居民的消费取向不尽合理,消费结构单一。扩大内需、刺激消费与经济可持续发展的矛盾亦未得到很好解决。随着市场经济发展,少数高收入阶层的盲目消费、恶性消费、奢侈性消费的增加给社会的可持续发展带来极大的负面影响。近年来中国在社会保障体系方面已有明显的发展,但存在的问题仍很多。诸如:有关法律制度和机构不够健全,人们的保险意识不强,政府和社会团体投入的资金不足,保险业服务质量不高等。近年来由于企业转轨,部分企业效益不好,下岗职工增多及人口老龄化趋势加剧等原因,使这一问题更加突出,也给经济和社会的可持续发展带来极大的压力。

二、中国的自然资源现状与面临的压力

(一)中国自然资源概况与特点

中国是一个资源大国,自然资源种类之广博,门类之齐全,数量之丰富,在世界上名列前茅。中国国土面积仅次于俄罗斯、加拿大,居世界第三位。跨热带、亚热带、暖温带、寒温带多个气候带,气候类型多种多样。河川径流量居世界第六位,水能资源居世界第一位。高等植物有三万多种,生物多样性丰富。矿产资源十分丰富,世界上已利用的 160 多种矿物均有发现,其中 148 种已探明储量。钨、锑、锌、钛、铁、镁、镍、铅、锰及稀土等 20 多种矿产储量居世界前列。拥有 1.8×10^4 km 的海岸线,6 500 多个岛屿,约 300×10^4 km^2 的海洋,各种海洋资源十分丰富。但是,中国的自然资源赋存也存在着明显的弱势,一些重要资源的可持续利用和保护都面临着严重的挑战。

一是自然资源的人均占有水平低。由于中国人口基数大,自然资源的人均占有量大都低于世界平均水平。人均土地面积为世界平均水平的 1/3,水资源为四分之一,森林资源为六分之一,草地资源为 1/3,矿产资源的潜在价值为 1/2。

二是资源的空间分布与生产力分布不协调。中国的一些重要资源,总量虽然丰富,但分布极不平衡。如煤炭资源主要集中在山西、内蒙古、陕西等地区,石油主要集中在黑龙江、山东、辽宁、河北、新疆等地区,水能资源多集中在西南地区,而经济发达的东南沿海地区,却严重缺乏燃料和能源。另外,中国的水资源与耕地资源也是错位分布的。水南多北少,耕地北多而南缺。资源异地输送不仅投资巨大,而且也会影响自然生态环境的平衡与和谐。

三是水资源的时间分布不平衡。受季风气候的影响,中国大部分降水都集中在夏季,尽管不少地区有雨热同季的优势,但往往伴随洪涝灾害,白白流走了宝贵的水土资源,而在需水的季节又得不到雨水的滋润。

四是矿产资源质量高低差别大,低质资源比重大。中国铁矿储量虽位居世

界前列,但绝大多数为贫矿。能源中,煤多而石油和天然气的比例小。

五是资源的利用率不高,浪费现象严重。在传统的经济模式下,以行政方式分配资源的保护和使用,导致资源的使用者不关心资源的保护,难以实现资源优化配置。

(二)能源生产和消费中的问题

能源工业作为国民经济的基础,对于社会、经济的发展和人民生活水平的提高都极为重要。在高速增长的经济环境下,中国能源工业面临着双重压力。中国能源生产和消费中存在的主要问题表现在:

一是能源人均拥有量少。据世界各国能源矿产资源储量估算,中国能源矿产探明可比储量(不包括铀)约占世界总量的11%,位居第三。但人均拥有量仅为世界平均水平的51%。

二是结构不合理。目前中国矿物燃料资源中现代能源矿种——石油和天然气比重仅为2.3%,比世界平均水平低了近19个百分点。

三是空间分布不均衡。以全国能源矿产探明储量的六大区域看,能源资源的80%分布在北方,煤炭主要在华北地区,油气主要集中在西北和东北。由于中国工业生产与能源矿产资源区域分布不相吻合,以及交通运输能力的限制,东部和南部一直处于偏紧状态,形成区域性煤炭供应短缺。近年来随着国内经济持续高速发展,石油需求量需求增长强劲,而此时中国石油产量却进入了缓慢增长时期,其结果是从1993年起中国成为石油制品的净进口国。

四是能源的人均消费量和利用率都很低。2018年中国能源消费总量47.19×10^8 t标准煤,万元GDP能源消耗量0.56 t标准煤,人均生活能源消费量为0.434 t标准煤,在世界上处较低水平。但由于工业技术、设备和管理水平落后、能源价格偏低,能源利用率低,在能源开发和利用上的严重浪费,实际上又带来严重的污染。

五是新能源和可再生能源开发利用不够。目前中国能源结构建立在不可再生的化石燃料基础上,而新能源和可再生能源开发利用都很不够,这必将加速能源资源枯竭,是不可持续的。

(三)水资源开发利用与保护中的问题

一是水资源总量丰富,但人均占有量少。中国水资源总量仅次于巴西、俄罗斯、加拿大、美国和印度尼西亚,居世界第六位。但人均水资源仅有2 500 m³,为世界平均水平的1/4,到世界第88位。

二是水资源的时空分布不均。中国降水量地区差异很大,从东南向西北走向,年均降水量从 1 600~1 800 mm,逐步降到 200 mm 以下。全国水资源总量的 80% 集中在长江流域及以南地区,这一地区耕地只占全国耕地的 36%。北方和西北地区水资源不到总量的 20%,耕地却占总耕地的 64%。大部分地区受季风影响,夏秋多雨,冬春少雨,三分之二的降水以洪水和涝水的形式排入海洋,造成春旱而夏秋涝,水旱灾害交替发生。

三是开发利用情况不平衡,供需矛盾突出。中华人民共和国成立以来,中国兴建了大量蓄水、提水、引水、调水工程,目前已形成供水能力 $5 000 \times 10^8 \, km^3$,接近水资源总量的 20%,其中地表水占 91.2%,地下水占 8.8%。水资源分配上,农业是最大的用水部门,占供水量的 80% 以上,工业用水约占 11%,城市生活用水占 2%。据多年观测,中国南方多雨地区水资源开发利用率低,长江只有 16%、珠江 15%、浙闽诸河不到 4%、西南诸河不到 2%。北方少雨地区地表水开发利用率却较高,如海河 67%、辽河 68%、淮河 73%、黄河 39%、内陆河 32%。地下水的开发利用也是北方高于南方,海河平原浅层地下水利用率已高达 83%,黄河流域为 49%。由于水资源时空分布不平衡,许多地区处于严重缺水状态,据统计,在中国 $1.34 \times 10^8 \, hm^2$ 耕地中,尚有 $5 533 \times 10^4 \, hm^2$ 没有灌溉设施的干旱地,另有 $9 333 \times 10^4 \, hm^2$ 的缺水草场。全国有 8 000 万农村人口缺水,西北农牧区有 4 000 万人和 3 000 万头牲畜饮水困难。中国有 300 多个城市缺水,每天缺水约 $1 600 \times 10^4 \, t$,其中严重缺水的 40 多个城市多分布在京广线、京沪线和沿海经济发达地区。

四是管理水平低,用水浪费严重。中国农业用水量大,但大部分灌区渠道没有防渗措施,许多农田采用传统的浸灌法,漏失率为 40%~50%,实际灌溉有效利用率仅为 20%~40%。由于水价低,重复利用率不高,中国工业和城市生活用水浪费也十分严重,万元产值耗水量比发达国家高许多倍,不仅浪费水资源,同时增大污水排放量,增大水体污染负荷。

五是河湖容量减少,调节功能低。中国是一个多湖国家,长期以来,由于片面强调增加粮食产量,大搞排水造田,致使许多天然湖泊或从地面消失,或水体大幅度降少。号称"千湖之省"的湖北,1949 年有大小湖泊 1 066 个,现在只剩下 326 个。据不完全统计,由于围湖造田,中国的湖面 40 年内减少了 $133.3 \times 10^4 \, hm^2$ 以上,损失淡水资源 $35 \times 10^8 \, m^3$。洞庭湖湖容减少 $11.5 \times 10^8 \, m^3$,鄱阳湖减少 $6.7 \times 10^8 \, m^3$。围湖造田不仅损失了淡水资源,而且削弱了湖泊防洪排涝的调节功能,使水资源和生态平衡遭到严重破坏。

六是过量开采地下水造成地面下沉。由于地下水的开发缺乏规划与管理,致使许多地区超量开采,形成了地下水位降落漏斗。继上海之后,又有十几个城市发生地面下沉,有的城市还出现了地裂缝,京津唐地区沉降面积达 $8 347 \, km^2$,

且沉降范围仍在不断扩展。沿海地区由于地下水过量开采,破坏了淡水与咸水的迁移平衡,引起海水入侵地下淡水水层,使地下水质恶化。

(四)土地资源开发利用与保护中的问题

土地资源是指可供人类利用的土地,包括已经利用和尚未利用的两部分。中国土地总面积为 9.6×10^8 hm²,截至 2017 年年底,全国共有农用地 6.45×10^8 hm²,其中耕地 1.35×10^8 hm²,园地 $1\,421.4 \times 10^4$ hm²,林地 2.53×10^8 hm²,牧草地 2.19×10^8 hm²。建设用地 $3\,957.4 \times 10^4$ hm²。中国是一个多山的国家,山地丘陵占国土面积的 2/3。又是一个人多地少的国家,人均土地面积约 0.9 hm²,人均耕地面积仅 0.11 hm²,只有世界平均水平的 1/3,而且耕地面积还在逐年锐减。在未利用的土地中,难利用的占 87%,主要是戈壁、沙漠和裸露石砾地,仅有的 $3\,300 \times 10^4$ hm² 宜农荒地中能垦为农田的不足 $2\,000 \times 10^4$ hm²,所以中国土地后备资源太少,同时这些可垦地又大都集中在西北边陲或南方丘陵等不便开垦之处。

第一,土地沙漠化问题。所谓沙漠化,是指地上流动沙丘向其边缘可生长植物的土地推进而使沙漠扩大的过程。沙漠化现象是人为活动和干旱的天气条件共同作用的结果,是最严重的荒漠化现象。中国北方的有沙漠面积 140×10^4 km²,以每年 $2\,460$ km² 的速度扩展。沙漠化土地扩展过程主要有两种类型:一是风力作用下沙丘前移入侵,造成沙漠边缘土壤沙化,如塔里木盆地塔克拉玛干沙漠边缘、河西走廊、柴达木盆地以及阿拉善东部一些沙漠边缘地区。二是由于强度土地利用造成对原有脆弱生态环境的破坏。如内蒙古东部的科尔沁草原、察哈尔草原、乌兰察布草原和鄂尔多斯草原的部分地区,都是因过牧过垦,造成从土壤沙化开始,逐步恶化成沙漠的。

第二,水土流失问题。中国是世界上水土流失最为严重的国家之一,最近全国遥感普查结果表明,全国水土流失面积约 179×10^4 hm²,比 20 世纪 50 年代增加 19%,每年流失土壤总量 50×10^8 t,约占世界流失总量的五分之一,损失的养分几乎相当于全国一年的化肥产量。全国水土流失最严重的地区是黄河中游的黄土高原、长江中上游、南方山区和东北山区。黄土高原总面积 54×10^4 km²,水土流失面积 45×10^4 km²,占总面积 83%。黄土高原土壤松散,缺乏有机质,膨胀系数大,抗冲击能力弱,在暴雨下极易造成水土流失。在水土流失的诸因素中,人为因素,如过樵过牧、毁林挖草等占据首位。长江流域 20 世纪 50 年代至今水土流失面积增加了 40%,新增水土流失面积是治理面积的三倍。目前虽然中国政府加大了水土流失的治理力度,但点上治理面上破坏、一边治理一边破坏的现象仍十分严重。

第三,土壤盐渍化问题。中国盐渍化土地主要分布在黄淮海平原、东北平原西部、黄河河套平原,新疆和甘肃等,既有西部内陆地区,也有沿海地带。在黄淮海平原地区,20世纪50年代因引黄灌溉不当,忽视排水及修建平原水库等原因,使冀、鲁、豫三省盐渍土地面积由 $186.6 \times 10^4 \ hm^2$,后经十年治理到70年代中期才缩减为 $181.33 \times 10^4 \ hm^2$。目前,中国盐渍化土地面积估计在 $3\ 300 \times 10^4 \ hm^2$。其中盐渍化耕地约 $700 \times 10^4 \ hm^2$。由于盐渍化土地中易溶盐分含量高,作物生长发育不良,平均单位产量低,多为低产田。

第四,耕地土壤生产力下降。随着人口的增加和经济建设的发展,中国粮食种植面积加大,复种指数高,重用地、轻养地,长期以来作物品种单一,有机肥施用量不足,土壤有机质得不到及时补充,致使地力衰退,土壤生产力下降。

第五,湿地资源的保护问题。湿地是一种特有的土地资源和生境。中国大约有 $2\ 500 \times 10^4 \ hm^2$ 湿地,其中沼泽、滩涂盐沼地分别有 $1\ 100 \times 10^4 \ hm^2$ 和 $210 \times 10^4 \ hm^2$。由于长期不认识湿地的作用,忽视对湿地的保护,围垦、改建滩涂和沼泽,大量捕杀野生动物,致使湿地生态环境呈恶化趋势。近年来情况有所好转,建立了许多专门的湿地保护区,但由于起步较晚,特别是缺乏统一的规划管理,因此湿地被破坏的现象依然十分严重。

(五) 森林资源开发利用与保护中的问题

中国森林土地面积约有 $2.57 \times 10^8 \ hm^2$,但目前森林面积仅为 $1.286 \times 10^8 \ hm^2$,森林覆盖率为13.4%,远远低于世界的平均值(22%),人均平均森林面积还不到世界人均水平的15%。中国森林资源的特点和存在的主要问题如下:

一是树种和森林类型繁多,但分布不均。中国共有乔灌木8 000多种,其中乔木2 000多种,拥有的森林类型有:针叶林、落叶阔叶林、常绿阔叶林、常绿落叶混交林、热带雨林等。中国森林资源主要分布在东北和西南地区,面积占全国的1/2,木材蓄积量占全国的3/4,而西北、内蒙古及人口稠密的华北地区森林面积较小。

二是森林资源结构不合理。主要表现在林种和树龄结构不合理,林种结构中,经济林和防护林面积少,而用材林面积大。树龄结构中成熟林比例较小,目前可利用的木材不足。

三是毁林开荒,破坏生态环境。一些地区片面追求粮食产量,扩大耕地面积,毁林开荒,使生态系统平衡失调,加剧了洪水、风沙灾害,扩大了水土流失面积,并使森林物种减少。

四是森林火灾和病虫害的损害。中国每年发生的大小森林火灾均对森林造成严重损害,特大型火灾林木损失,需要十年左右的时间才能恢复。中国的森林病虫害约有 100 多种,危害面积达 667×10^4 hm^2。

(六) 草地资源开发利用与保护中的问题

草地资源是中国陆地上面积最大的生态系统,对发展畜牧业、保护生物多样性、保持水土和维护生态平衡都有着重大的作用和价值。中国可利用草地面积 3.1×10^8 hm^2,其中人工草地 10.53×10^4 hm^2。按照地区大致可分为东北草原区、蒙、宁、甘草地区、新疆草地区、青藏草地区和南方草山五个区。

中国草地资源的分布和开发利用具有以下特点和问题:一是面积大、分布广、类型多样但经济不发达。大部分草原和草山草地区都居住着少数民族,其中相当一部分是老区和贫困地区;二是草原和草地区大多是黄河、长江、淮河等水系的源头区和中上游区,大多是河流的生态屏障;三是草地资源平均利用面积小于 50%,在牧区草原中约有 $2\,700 \times 10^4$ hm^2 缺水草原和夏季牧场未合理利用,牧区草原生产率仅为发达国家(如美国、澳大利亚)的 5%~10%。四是过牧超载、乱开滥垦,草原破坏严重。草原建设缺乏统一计划管理,投入少,建设速度慢。草原退化、沙化、碱化面积日益发展,生产力不断下降。五是草原土壤营养成分锐减,动植物资源遭严重破坏。

(七) 生物多样性保护问题

生物多样性包括物种多样性、基因信息(遗传)多样性和生态系统多样性,其中物种多样性是生物多样性的基础。

中国幅员辽阔、自然地理条件复杂,生物多样性在全球居第八位,在北半球居第一位。主要特点有:一是生物种类繁多,具有特有种、孑遗种及经济种多的特点。现查明有高等植物 3.28 万种、动物 10.45 万种,其中有许多古老孑遗种;二是驯化物种及野生亲缘种多,中国是世界八大栽培植物起源中心之一,有 237 种栽培物种起源于中国。常见的栽培作物 600 多种,果树品种 1 万多个,畜禽品种 400 多种;三是中国的生态系统多种多样,陆地生态系统有 27 个大类、460 个类型,其中森林有 16 个大类、185 个类型。草地有 4 个大类、56 个类型。荒漠有 7 个大类、79 个类型。湿地和淡水水域有 5 个大类。海洋生态系统有 6 个大类、30 个类型。

中国生物多样性保护面临的主要问题:一是生态系统已遭严重破坏。在长期乱砍滥伐、火灾与病虫害的破坏下,原始森林每年减少 $5\,000$ km^2,草原退化面积达 87×10^4 km^2,湿地、淡水水域和海洋生态系统等也都受到不同程度破坏;二是物种受威胁和灭绝严重。中国动植物种类中已有 15%~20% 受到威胁,高于世界 10%~15% 的水平。一些地区乱捕乱猎野生动物、砍伐珍稀野生植物现象仍很严重，一些稀有的野生动植物濒临灭绝。三是遗传种质资源受威胁、缩小或消失。在单纯追求高产的驱动下，大量引进外来品种，使许多古老、土著品种遭受排挤而减少甚至灭绝。

（八）海洋资源开发利用与保护中的问题

海洋资源是指赋存于海洋环境中可被人类利用的物质和能量以及与海洋开发有关的海洋空间。海洋资源按其属性可分为：海洋生物资源、海洋矿产资源、海水资源、海洋能与海洋空间资源。

中国大陆海岸线长约 1.8×10^4 km，岛屿海岸线长约 1.4×10^4 km，沿海滩涂面积为 2.08×10^4 km^2。海底石油蕴藏量约 451×10^8 t，天然气蕴藏量约 $141\,000 \times 10^8$ m^3，海滨沙矿种类达 60 种以上，探明储量为 15.25×10^8 t。海洋生物资源在二万种以上，浅海滩涂生物约 2 600 种，海域渔场面积广阔，最大持续捕获量和最佳渔业资源可捕量分别为 470×10^4 t 和 300×10^4 t。中国海洋能源资源总蕴藏量约 4.31×10^8 kW。

中国的海洋资源开发利用行业主要有海洋渔业、海洋交通运输业、海盐和盐化工业、海洋油气业、滨海旅游业、滨海矿砂以及海水直接利用等。在海洋资源管理和保护方面，已初步建立了海洋资源管理与保护机制以及相应的法规，自 1990 年以来国务院陆续批准了 13 处国家级海洋自然保护区。

海洋资源开发与保护存在的问题：一是捕获过度、渔业资源锐减。由于缺乏规划管理、捕捞量失控以及海洋环境污染的加剧，使传统的渔业资源衰退，海洋生物丰度锐减，优质品种减少；二是陆源污染物和海上污染物的直接排放已使中国沿岸海域受到不同程度污染。氮、磷等营养物使近海海域富营养化突出，赤潮发生频率上升，直接危害海岸带生态系统。三是海岛周围资源开发利用水平低。中国有海岛 6 000 多个，有人居住的岛屿仅 400 多个，岛屿周围存在许多独特的生物物种，还有丰富的矿产及巨大的潮汐能，但由于海岛的自身活动空间有限、与大陆交通不便，缺乏淡水、能源和人才，致使海岛资源的开发受到制约，影响了海岛经济的发展及居民生活水平的提高。

（九）矿产资源开发利用与保护中的问题

中国在矿产资源总量上属资源大国，已发现的有 162 种，已探明储量的有 148 种，已知的矿化点和矿产地 20 多万处，已建成的国有矿山企业 8 000 多个，但从人均角度看，中国矿产资源探明储量明显不足，在世界上列第 80 位。

中国矿产资源的空间分布不均衡，同时，特定的地质成矿条件决定了中国存在着部分矿种富矿少、贫矿多、共生伴生矿多、某些矿种稀少等问题。例如,中国铁矿品位一般为30%~35%,而国外一般在60%~65%以上。中国钒储量居世界第一,但91%散布在其他矿种中。中国金矿、银矿储量的40%与80%都是伴生矿。中国矿产资源大多分布在交通不便、经济不发达的内陆地区,与沿海经济发达地区距离较远,给资源的开发、利用和运输等造成很大困难,提高了资源开发利用的成本。

中国矿产资源开发利用与保护中的问题:一是对矿产资源勘探、开发缺乏统一规划管理,一些地区非法采矿,乱采乱挖,采富弃贫,造成资源严重浪费;二是矿产资源综合利用水平不高,小型矿山过多,规模效益差。许多矿山往往只采一种矿,而将伴生矿弃之不用,造成损失与浪费;三是不合理开采矿产资源导致生态环境破坏。据统计,中国因大规模矿产采掘产生的废弃物的乱堆滥放造成压占、采空塌陷等毁坏土地面积已达 $200 \times 10^4\ hm^2$,现每年仍以 $2.5 \times 10^4\ hm^2$ 的速度发展。与此同时还带来对大气、水体、土壤的污染,加剧了水土流失和诱发塌陷、滑坡和泥石流等地质灾害的严重后果。

三、中国的环境现状与面临的压力

(一) 大气环境现状与压力

一是大气污染形势依然严峻。当前,中国几乎所有城市都存在雾霾污染问题,北方城市的冬季尤为严重。以可吸入颗粒物(PM_{10})、细颗粒物($PM_{2.5}$)为特征污染物的区域性大气环境问题日益突出,损害人民群众身体健康,影响社会和谐稳定。2018年,扣除沙尘影响,全国338个地级及以上城市中,121个城市环境空气质量达标,占全部城市数的35.8%。217个城市环境空气质量超标,占64.2%。338个城市平均优良天数比例为79.3%。平均超标天数比例为20.7%。$PM_{2.5}$、PM_{10}、O_3、SO_2、NO_2、CO浓度分别为39、71、151、14、29、1.5 mg/m^3。

二是南方酸雨污染日益严重。由于SO_2、NO_x排放量的增加,中国中南、西南许多省份已形成大面积酸雨区,对森林、土壤、农作物和建筑造成危害。2018年,酸雨区面积约 $53 \times 10^4\ km^2$,占国土面积的5.5%,其中较重酸雨区面积占国土面积的0.6%。酸雨污染主要分布在长江以南—云贵高原以东地区,主要包括浙江、上海的大部分地区、福建北部、江西中部、湖南中东部、广东中部和重庆南部。酸雨频率平均为10.5%。出现酸雨的城市比例为37.6%,酸雨频率在25%以上、50%及以上和75%以上的城市比例分别为16.3%、8.3%和3.0%。全国降水pH年均值范围为4.34(重庆大足区)~8.24(新疆喀什市),平均为5.58。酸雨、较重酸雨和重酸雨城市比例分别为 18.9%、4.9% 和 0.4%。降水中主要阳离子为钙离子和铵离子，物质的量浓度比例分别为 26.6% 和 15.0%。主要阴离子为硫酸根，物质的量浓度比例为 19.9%，硝酸根物质的量浓度比例为 9.5%，酸雨类型总体为硫酸型。

三是城市汽车排气污染日趋严重。近年来中国城市中汽车数量猛增，由于车况差、城市道路拥挤、交通管理水平低等原因，汽车排气污染问题日趋严重。有的城市已出现光化学烟雾污染，危害大气环境和人民健康。

四是温室气体排放问题。中国的 CO_2 排放总量居世界第二，但人均排放量不到世界人均水平的一半，不及工业化国家人均水平的六分之一。此外还有甲烷、氧化亚氮等温室气体的排放。中国应为减轻全球温室气体排放作出贡献。

五是耗损臭氧层物质的排放问题。电冰箱、气溶胶、泡沫塑料等生产行业多使用和排放耗损臭氧的物质。目前中国已制定了《中国消耗臭氧层物质逐步淘汰国家方案》，执行《关于消耗臭氧层物质的蒙特利尔议定书》，但在资金和技术上尚有一定困难。

六是大气污染治理困难。由于历史欠账多，资金缺口大，污染物排放量大，许多企业能耗高，管理水平低，缺乏先进的大气污染控制技术等原因，中国大气污染的防治将十分困难，还需寻求新的突破口。

(二) 水环境现状与压力

一是地面水和地下水环境污染严重。中国每年排放废水 416×10^8 t，其中工业废水 227×10^8 t，生活污水 189×10^8 t。废水中主要污染物，化学需氧量排放总量为 $2\ 294.6 \times 10^4$ t，氨氮排放总量为 238.5×10^4 t。污水未经处理直接排入水体，造成全国 1/3 以上的河段受到污染，90% 以上城市水域污染严重，近 50% 的重点城镇水源地不符合饮用水标准，许多城市的地下水受到普遍污染。2018 年，全国地表水监测的 1 935 个水质断面(点位)中，Ⅰ~Ⅲ类比例为 71.0%，劣 Ⅴ类比例为 6.7%。全国 10 168 个国家级地下水水质监测点中，Ⅰ类水质监测点占 1.9%，Ⅱ类占 9.0%，Ⅲ类占 2.9%，Ⅳ类占 70.7%，Ⅴ类占 15.5%。超标指标为锰、铁、浊度、总硬度、溶解性总固体、碘化物、氯化物、"三氮"(亚硝酸盐氮、硝酸盐氮和氨氮)和硫酸盐，个别监测点铅、锌、砷、汞、六价铬和镉等重(类)金属超标。全国 2 833 处浅层地下水监测井水质总体较差。Ⅰ~Ⅲ类水质监测井占 23.9%，Ⅳ类占 29.2%，Ⅴ类占 46.9%。超标指标为锰、铁、总硬度、溶解性总固体、氨氮、氟化物、铝、碘化物、硫酸盐和硝酸盐氮，锰、铁、铝等重金属指标和氟化物、硫酸盐等无机阴离子指标可能受到水文地质化学背景影响。

二是河流、湖泊富营养化现象很严重。目前，太湖、巢湖、滇池等著名的湖泊都受到了污染,黄河、松花江、淮河、海河、辽河等河流受到了不同程度的污染。2018 年,长江、黄河、珠江、松花江、淮河、海河、辽河七大流域和浙闽片河流、西北诸河、西南诸河监测的 1 613 个水质断面中,Ⅰ 类占 5.0%,Ⅱ 类占 43.0%,Ⅲ 类占 26.3%,Ⅳ 类占 14.4%,Ⅴ 类占 4.5%,劣 Ⅴ 类占 6.9%。西北诸河和西南诸河水质为优,长江、珠江流域和浙闽片河流水质良好,黄河、松花江和淮河流域为轻度污染,海河和辽河流域为中度污染。2018 年,544 个重要省界断面中,Ⅰ ～ Ⅲ 类、Ⅳ ～ Ⅴ 类和劣 Ⅴ 类水质断面比例分别为 69.9%、21.1% 和 9.0%。主要污染指标为总磷、化学需氧量、五日生化需氧量和氨氮。

三是水生态系统受到破坏。由于水质恶化,大量围垦,不合理使用农药,化肥以及水土流失等原因,造成水生态系统破坏,淡水生物资源(尤其是渔业资源)受到威胁。

四是水环境污染加重了水资源短缺。水环境受到污染,使许多淡水资源失去或降低了使用功能,使本来就紧张的水资源短缺现象形势更加严峻。本来,污水也是一种资源,但中国污水资源化的程度不高,只有部分污水用作农业灌溉,由此也引发了一系列的问题。

五是海域遭到污染严重。由于陆源污染和海洋石油开采、油船泄漏等原因,中国海洋环境的污染也日趋严重。

(三) 固体废物污染的现状与压力

一是产生量越来越大。中国固体废物产生量很大且呈继续增大的趋势,现在每年工业固体废物产生量 6×10^8 t 以上,城市生活垃圾超过 1×10^8 t,历年堆放的工业固体废物已超过了 60×10^8 t。

二是处理率和综合利用率低。中国固体废物的处理处置率相当低,多数只是简单的堆放。目前工业固体废物的综合利用率只有 40%,城市生活垃圾的处理和利用率则更低。

三是对环境的污染和危害严重。未经处理处置的固体废物严重污染了土壤、地表水和地下水,据不完全统计,全国直接排入地表水体的工业废弃物 $1\,181 \times 10^4$ t,受固体废物污染的农田已超过 2×10^4 hm^2。

四是有害废物处置矛盾突出。有害废物是指固体废物中具有毒性、反应性、腐蚀性、易燃易爆性废物。中国每年有害废物的产生量约 $3\,000 \times 10^4$ t,这不仅是资源的浪费,而且是水、大气和土壤的重要污染来源,如管理不当可能造成中毒、爆炸等事故。当前对有害废物的管理和无害化处置尚缺妥善对策。

五是固体废物的管理与控制薄弱。与水、大气的环境管理水平相比,中国的固体废物管理与污染控制极为薄弱,立法与最小量化管理制度不够完善,国外固体废物通过各种途径越境转移到中国的现象还屡有发生。

（四）土壤污染现状及压力

中国的农用土地资源在工业、城市和农村自身各种污染源的污染下，土壤质量下降，从而直接影响到农作物的产量、品质和人民身体健康。当前土壤污染的主要来源有以下几方面：

一是污水灌溉。中国污水灌溉的面积很大，在20世纪80年代就已达$133 \times 10^4 \ hm^2$以上。中国用于灌溉的污水主要是工业废水和城市生活污水混合型，这种混合型污水中含有多种无机污染物（重金属）和有机污染物，以及生物性污染物——有害病原菌和病毒等。如沈阳张士灌区在20世纪70年代就被检测出土壤、作物中含超量的重金属镉。北京北郊万泉河市政管道排放口处被鉴定出79种有机污染物（多环芳桂、酚类、苯类、三氯乙醛、有机农药等）等。

二是固体废物堆放和入肥。固体废物中的工业废渣、污泥和城市垃圾中含有较多的有机物质和一定的养分，经常作为肥料施入土壤。但这些固体废物中的有毒有害成分，即使经过高温堆放，仍然不能消除。这些固体废物在土壤表面堆放、处理和填埋过程中，通过降水淋溶等作用使土壤受到污染。

三是空气污染物的作用。工业或民用煤燃烧排放废气中含有大量致酸气体，如SO_2、NO_x等。汽车尾气中的NO_x、铅化合物。工业废气中排放的颗粒状物质含有大量的铅、镉、猛、锌和氟化物等。以上这些废气中的污染物可以干沉降或湿沉降（包括酸雨）的形式输入土壤，对土壤性质造成不利影响。

四是农用化学品的作用。2018年中国化肥总施用量在$5\,900 \times 10^4 \ t$左右，居世界首位，平均每公顷土地施用量，在世界各大国中最高，而化肥利用效率在各大国中最低。长期施用氮肥对土壤酸度、有机质均有不利影响，还会使土壤中硝酸盐、亚硝酸盐增加。长期施用磷肥将增加土壤中重金属的含量。

另外，中国还是世界上位居前列的农药生产和使用大国，2018年农药使用总量达$150.36 \times 10^4 \ t$。据对117个商品粮食基地县的调查发现，农药污染的粮食达$81.8 \times 10^4 \ t$，占粮食总量的1.12%。名优特农产品中有机磷农药检出率达100%。农药的大量使用和积累，破坏了农田土壤生态系统，杀死了天敌，使病虫害更加猖獗。

近40年来，中国农用塑料尤其是农膜技术发展很快，农膜使用量和覆盖面积都居世界首位。2018年中国农用塑料薄膜使用量$246.69 \times 10^4 \ t$。由于农膜不易分解，残留于土壤中使土壤耕作管理困难而且破坏了土壤耕层结构，改变了土壤的水肥传导过程，影响作物根系正常伸展和发育。据调查，目前中国地膜残片每公顷土地积累量为0.27~0.4 kg，最多的可高达每公顷0.73 kg。

(五) 环境噪声现状与压力

一是局部有所缓解。从 20 世纪 80 年代中期开始,中国加大环境噪声治理和管理,局部地区环境噪声污染得到了控制,全国有 30 个城市创建了约 500 个"噪声控制区",直接受益人口达数百万,噪声扰民程度有所缓解。

二是总体十分严重。全国区域的环境噪声污染仍十分严重。2017 年,有 323 个地级及以上城市开展区域昼间声环境监测,共监测 55 823 个点位,等效声级平均值为 53.9 dB(A)。19 个城市评价等级为一级,占 5.9%。210 个城市为二级,占 65.0%。90 个城市为三级,占 27.9%。3 个城市为四级,占 0.9%。一个城市为五级,占 0.3%。2017 年,有 324 个地级及以上城市开展道路交通昼间声环境监测,共监测 21 115 个点位,等效声级平均值为 67.1 dB(A)。213 个城市评价等级为一级,占 65.7%。90 个城市为二级,占 27.8%。19 个城市为三级,占 5.9%。一个城市为四级,占 0.3%。一个城市为五级,占 0.3%。目前,全国有 2/3 的城市人口仍在较高的噪声环境下生活和工作,环境噪声的污染在时空上均有扩展的趋势。

四、中国的社会经济发展面临的国际压力

(一) 中国在世界大国格局中的地位

中国是世界上最大的发展中国家,在世界大家庭中,是一个举足轻重的成员。在当前世界向"多极化"发展的趋势下,中国在国际社会中的地位和作用日益显著。

中国实施的可持续发展战略的行动,越来越受到国际社会的关注,特别在以下几个方面将对全球可持续发展的进程产生重大的影响:一是中国人口政策的成功执行,将对全世界人口压力的缓解有举足轻重的影响;二是中国粮食供应的基本满足,将对全世界食物供需平衡和世界市场的稳定,有着极为敏感的作用;三是中国能源和资源的消耗规模和消耗程度,将直接影响全球的物质和能量的流向和流速,从而对世界贸易的活力起到显著的制衡作用;四是中国生态环境质量的优劣,二氧化碳等温室气体的排放量将对全球的气候变化乃至全球生活质量的提高,产生不可忽视的影响;五是中国实现可持续发展战略的目标和行动,必将对世界的经济格局、发展选择、地缘政治、地缘环境和人类文明产生极为巨大的影响。

因此,在中国这样的世界大国实现可持续发展战略的宏伟举措,其意义已

超过国界的限制,它所表达的将是中华民族对世界文明进程的又一伟大贡献。

但是,由于中国人口众多、资源相对不足及经济尚不发达等原因,中国在世界各大国中可持续发展的物质基础和能力还不够强,即存在着许多制约因素。全世界国土面积超过 $750 \times 10^4 \ km^2$ 的国家共有六个,分别是:俄罗斯、加拿大、中国、美国、巴西和澳大利亚。通过对这六个国家的资源地位和基本要素的比较,可为我们分析中国在世界大国可持续发展中的地位提供背景资料。如表 7.1 所示(本表数据源于世界银行《世界发展报告》(1996、1997、1998)、联合国开发计划署《人类发展报告》(1996、1997、1998)、世界观察研究所《世界状况》(1996、1997、1998))。

表 7.1　中国在世界大国发展中的地位

序	要素	俄罗斯	加拿大	中国	美国	巴西	澳大利亚
1	人口密度 /(人·km^{-2})	8.6	3.2	131.0	27.5	19.1	2.4
	✪中国人口密度居第一,在大国中是人口密度最小者的 54.3 倍						
2	具备生产能力土地面积占国土面积 /%	12	8	27	45	28	60
	✪即成熟土地面积的份额,中国居中						
3	人均成熟土地面积 /hm^2	1.39	2.50	0.21	1.64	1.47	25.0
	✪中国人均面积最小,在大国中是人均数量最大者的 6.6%						
4	灌溉面积占耕地面积的份额 /%	4.0	2.0	52.0	11.0	6.0	4.0
	✪中国灌溉面积在大国中的比例最高,是其中最小者的 26 倍						
5	年平均化肥用量 /($kg·hm^{-2}$)	29.0	60.0	261.0	108.0	85.0	32.0
	✪中国的化肥用量在大国中最高,是其中最小者的 9 倍						
6	谷物平均产量 /($t·hm^{-2}$)	1.61	2.57	3.29	5.09	2.26	1.71
	✪中国居中						
7	平均 kg 化肥所产生的谷物数 /kg	55.5	42.8	12.6	47.1	26.6	53.4
	✪中国的化肥使用效率在大国中最低,是其中最高者的 0.23						
8	每年可再生性水资源量 /($10^3 m^3$)	4 498	2 901	2 800	2 478	6 950	343
	✪中国居中						
9	人均水资源(1995)/m^3	30 599	98 462	2 292	9 413	42 975	18 963
	✪中国居末位						
10	每年水的开采量 /km^2	117.0	45.1	460.0	467.3	36.5	14.6
	✪中国居前列						
11	水的开采量占水资源总量 /%	3.0	2.0	16.0	19.0	1.0	4.0
	✪中国的人均水资源量在大国中最小,是其中最大者的 2.3%						
12	生活用水、工业用水、农业用水之比	17/60/23	18/70/12	6/7/87	13/45/42	22/19/59	65/2/33
	✪中国在大国中农业用水比例最大,是其中最小者的 7.3 倍						

序	要素	俄罗斯	加拿大	中国	美国	巴西	澳大利亚
13	森林总面积/(10^4 km^2) ✪中国居倒数第二	754.9	247.2	133.8	209.6	566.0	39.8
14	自然保护区面积/(10^4 km^2) ✪中国居后	70.5	82.4	58.1	130.2	32.2	94.1
15	自然保护区面积占国土面积/% ✪中国居中	4.1	8.3	6.1	13.3	3.8	12.2
16	物种数/(10^4 km^2) ✪注：物种数包括哺乳动物、鸟类、高等植物总和	—	378	3 282	1 802	6 154	1 784
17	受威胁的物种数占全部物种比例/% ✪中国居较优	—	17.9	1.5	11.3	1.1	10.6
18	国家海岸线长度/km ✪中国居后	37 653	90 908	18 000	19 924	7 491	25 760
19	商品能源(1993)/(10^{15} J) ✪中国居中	43 550	9 196	29 679	81 751	3 800	3 917
20	水电潜力/(10^9 W) ✪中国居首位	—	61 488	216 830	37 600	111 690	2 525
21	人均CO_2发射量/t ✪中国居后列	14.1	15.0	2.3	19.1	1.4	15.2
22	1992 年 CO_2 排放总量/10^4 t ✪中国居第二	210 313	40 986	266 798	488 135	21 707	726 794
23	生产水泥CO_2排放占总CO_2排放/% ✪中国居前列	1.61	1.03	5.68	0.72	6.45	0.92
24	人为的CH_4排放(1992)/10^4 t ✪中国居首位	1 700	360	4 700	2 700	990	480
25	来自固废排放CH_4占总CH_4排放份额/% ✪中国居末位	9.41	36.11	1.89	34.07	13.13	12.92
26	出生时预期寿命(1990~1995) ✪中国居中	70.0	77.4	70.9	75.9	66.2	76.9
27	人口的总生育率(1990~1995)/% ✪中国居前	2.1	1.8	2.2	2.1	2.8	1.9
28	食物人均热量供给占需求的份额/% ✪中国居末位	—	122	112	138	114	124

序	要素		俄罗斯	加拿大	中国	美国	巴西	澳大利亚
29	恩格尔系数		—	11.0	61.0	13.0	35.0	13.0
	✪中国最高							
30	安全饮水 城市 人口占总 农村 人口份额 /%		— —	100.0 100.0	87.0 68.0	100.0 100.0	95.0 61.0	100.0 100.0
	✪中国居最后							
31	成年女性识字率 / %		—	98	62	99	80	—
	✪中国最低							
32	女性劳动力占总 劳动力份额 /%		—	40	43	41	28	38
	✪中国最高							
33	总劳动力 / 万人		—	1 234	5 864	11 688	—	771
	✪中国居第一							
34	世界人文发展指 数 HDI（1995）		0.854	0.950	0.594	0.937	0.804	0.929
	✪中国居最后							
35	世界人文发展 指数 HDI 排名 (1995)	✪中国的人文发展指数 HDI 在大国中最低	52	1	111	2	63	11

（二）国际局势对中国的压力

自从苏联解体、冷战结束,世界政治格局发生了重大变化。一方面唯一的超级大国美国欲图在全球发挥更大影响,干预其他国家的事务,继续推行霸权主义和强权政治。另一方面中国等发展中国家在国际社会生活中日益显示其应有作用,欧洲、俄罗斯、日本等也极力显示自己的作用。世界向"多极化"趋势发展,绝大多数的国家与人民要求和平,要求稳定,要求发展,反对霸权主义与强权政治。在这样一个大的国际政治格局下,对中国的可持续发展既有有利的一面,也有相当的压力,具体表现在以下几个方面:

一是"可持续发展"已成为世界各国的共识。从 1972 年斯德哥尔摩联合国环境会议,到 1992 年里约热内卢的联合国环境与发展大会,世界各国从实践中都感受到生态环境破坏对自身发展带来的巨大影响,"保护环境,保护地球"的呼声越来越高,可持续发展的概念已为世界各国所接受,成为世界各国解决环境与发展问题的共识。在环境与发展大会上通过的宣言、协议及在会议前后签署的一系列有关协议,加强了在这些方面的国际合作,应当说这一形势对中国的可持续发展提供了有利的国际条件。

二是和平已成为主流,但局部战争仍未停止。第二次世界大战以后,和平成为世界的主流,但局部的战争从未停止。进入 20 世纪 90 年代后,仍有中东战争、波黑内战、北约对南斯拉夫的轰炸、印巴克什米尔冲突、俄乌冲突等战争发生。日本国内的军国主义阴魂不散,少数势力妄图修改其和平宪法,加强防卫队,竟把中国台湾列入其"周边事态"。在这种形势下,中国作为维护世界和平的重要力量,一方面要发展经济,增强综合实力,另一方面也还要加强国防建设,抵御战争因素。

三是一些外部势力为中国和平统一制造障碍。在"一国两制"思想指导下,中国于 1997 年 7 月 1 日和 1999 年 12 月 20 日先后顺利解决了香港和澳门问题,实现了香港、澳门的回归,在和平统一祖国的道路上迈进了重要的一步。1992 年以来,海峡两岸多次接触,和平统一事业也有重大进展。台湾岛内岛外也有一股"台独"势力在活动,为和平统一制造障碍。美国"2022 财年综合拨款法案",妄图借所谓台湾地区地图问题大搞政治操弄,制造"两个中国"和"一中一台",是对"一个中国"原则的挑战和破坏,是极其危险的政治挑衅。在这种形势下,中国在坚持和平统一原则的同时,不能承诺放弃武力手段解决台湾问题,并应进一步加强两岸各界人士的广泛接触,警惕与抵制"台独"势力的活动。

四是利用"人权"干涉发展中国家主权。多年来一些西方国家打着"人权"的幌子,以"人权高于主权"谬论干预发展中国家的内政,甚至不惜使用武力。我们认为,最大的人权是生存权、发展权,如果没有了生存和发展的权利,侈谈人权还有何意义?他们以保护人权为借口,入侵、袭击其他国家,造成大量难民流亡、财产损失、人员伤亡和生态环境破坏,严重侵害了这些国家的人权。这些都是我们所不能接受并坚决反对的。

(三)国际贸易规则对中国的压力

《二十一世纪议程》开篇提出,一个开放的、公平的、安全的、非歧视性的、可预测的、符合可持续发展目标的,并能使全球生产按照比较优势得到最佳分配的多边贸易制度,对所有的贸易伙伴都是有益的。此外,改善发展中国家出口市场准入的机会,同时采取健全的宏观经济政策和环境政策,将会对环境产生积极的影响,并因而对可持续发展做出重要贡献。在多数情况下,国际贸易对一个国家的经济发展是有刺激和促进作用的,并不是造成环境问题的主要原因。但是,国际贸易在全球范围把需求与供给联系到一起,会直接或间接地对某些国家和地区的环境造成正面或负面的影响。具体地说,国际贸易可能在以下几方面对中国的可持续发展产生影响:

第一,国际贸易规则的不合理结构和不公平性。

现行的国际贸易规则允许某些发达国家利用其各种优势,在不消费或损耗本国自然资源存量的基础上,通过进口其他国家自然资源,即以其他国家不可持续发展为代价,来保证其自身的持续发展。例如一些工业化国家大量进口热带森林产品,鼓励出口国对森林大量砍伐,从而导致木材出口国森林资源存量的降低,影响出口国的可持续发展。这表明现行的国际贸易规则允许环境不公平现象的存在。长期以来,发达国家控制着国际经济,建立了一种不合理的国际经济秩序。在这种经济秩序下,发达国家长期大量廉价地使用发展中国家的自然资源,特别是原料和初级产品。一般来说,发展中国家的初级产品出口都是以自然资源的破坏为代价的。中国在国际贸易中也应提高认识,警惕发达国家对发展中国家不合理,不公平的贸易政策与手段。例如,日本的森林资源十分丰富,但却从中国进口大量一次性筷子,使用后又回收造纸,以保护自己的森林资源。这一事例足以引起我们的深思。

第二,污染工业和有害废物的越境转移。

由于发达国家和发展中国家在经济发达程度和环境标准上的差异,某些工业化国家把在国内无法继续生产的污染型工业转移到环境管理较宽松的发展中国家,造成了这些国家进一步的环境污染和生态破坏。1984年印度发生的"博帕尔事件"就是典型的一例。近年来中国某些地区也出现过进口"洋垃圾"的事件。随着对外开放,许多外商在中国设立生产企业,其中有一些也是污染型的。

第三,以保护环境的名义,设置贸易壁垒。

20世纪80年代以来,环境保护问题开始在国际贸易规则中日益有所体现,这无疑对保护全球与局地环境有积极作用,但也有一些国家利用贸易措施,以保护环境的名义设置贸易壁垒,来保证本国的经济利益。例如,1990年美国通过禁止进口墨西哥金枪鱼法案,根本出发点是为了保证本国渔民获得较大的经济利益,但却限制了墨西哥在东太平洋海域的捕鱼活动。又如一些欧洲国家制定的冰箱和其他制冷系统进口的环境标准削弱了中国出口冰箱的竞争力。

第四,加入世界贸易组织(WTO)对中国可持续发展产生的影响。

世界贸易组织(WTO),是当代最重要的国际经济组织之一,其成员之间的贸易额占世界的绝大多数,被称为"经济联合国"。截至2020年5月,世界贸易组织有164个成员,24个观察员。世界贸易组织为解决全球贸易争端创造了新的机制和程序,包括设置争端解决机制及其上诉机构,确立具有国际法强制执行效力的裁决机制,因此被称为带"牙齿"的国际组织。维护以世界贸易组织为核心的多边贸易体制,对于促进国际贸易及世界经济稳定发展具有重要意义。

20世纪90年代以来,中国一直就关税与贸易总协定(GAIT)与世界贸易组织及有关方面进行谈判,于2001年12月11日正式加入世界贸易组织。在以往的GATT前言中,目标是世界资源的充分利用,而在WTO制定的协议中,表述成根据可持续发展的目的,以最适当的形式利用世界资源。在组织方面,1995年1月新建立的 WTO 第一届总理事会内设置了"贸易与环境委员会",该委员会依据《里约宣言》的原则,对以环境为目标的贸易措施和对贸易有重大影响的环境措施要分别加以监督。无疑,加入 WTO 对中国的经济发展将提供新的机遇,但对中国的与贸易有关的环境措施肯定会提出更高的要求,对一些行业的发展及其环境标准的要求也将更加严格。

(四)国际公约与多边环境协定对中国的压力

中国自 1979 年起先后签署了《濒危野生植物种国际贸易公约》《关于保护臭氧层的维也纳公约》《生物多样性公约》等一系列国际环境公约和议定书,并认真地履行着所承担的责任,采取了一系列的措施。如表 7.2 所示(资料来源于生态环境部网站)。

表 7.2　中国已经缔约或签署的国际环境公约

序号	公约名称	发布日期
一、危险废物的控制		
1	控制危险废物越境转移及其处置巴塞尔公约	1989 年 3 月 22 日
2	《控制危险废物越境转移及其处置巴塞尔公约》修正案	1995 年 9 月 22 日
二、危险化学品国际贸易的事先知情同意程序		
1	关于化学品国际贸易资料交换的伦敦准则	1987 年 6 月 17 日
2	关于在国际贸易中对某些危险化学品和农药采用事先知情同意程序的鹿特丹公约	1998 年 9 月 11 日
三、化学品的安全使用和环境管理		
1	作业场所安全使用化学品公约	1990 年 6 月 25 日
2	化学制品在工作中的使用安全公约	1990 年 6 月 25 日
3	化学制品在工作中的使用安全建议书	1990 年 6 月 25 日
四、臭氧层保护		
1	保护臭氧层维也纳公约	1985 年 3 月 22 日
2	经修正的《关于消耗臭氧层物质的蒙特利尔议定书》	1987 年 9 月 16 日
五、气候变化		
1	联合国气候变化框架公约	1992 年 6 月 11 日
2	《联合国气候变化框架公约》京都议定书	1997 年 12 月 10 日
六、生物多样性保护		
1	生物多样性公约	1992 年 6 月 5 日
2	国际植物新品种保护公约	1978 年 10 月 23 日
3	国际遗传工程和生物技术中心章程	1983 年 9 月 13 日

序号	公约名称	发布日期
七、湿地保护、荒漠化防治		
1	关于特别是作为水禽栖息地的国际重要湿地公约	1971 年 2 月 2 日
2	联合国防治荒漠化公约	1994 年 6 月 7 日
八、物种国际贸易		
1	濒危野生动植物物种国际贸易公约	1973 年 3 月 3 日
2	《濒危野生动植物种国际贸易公约》第二十一条的修正案	1983 年 4 月 30 日
3	1983 年国际热带木材协定	1983 年 11 月 18 日
4	1994 年国际热带木材协定	1994 年 1 月 26 日
九、海洋环境保护		
1	联合国海洋法公约	1982 年 12 月 10 日
2	国际油污损害民事责任公约	1969 年 11 月 29 日
3	国际油污损害民事责任公约的议定书	1976 年 11 月 19 日
4	国际干预公海油污事故公约	1969 年 11 月 29 日
5	干预公海非油类物质污染议定书	1973 年 11 月 2 日
6	国际油污防备、反应和合作公约	1990 年 11 月 30 日
7	防止倾倒废物及其他物质污染海洋公约	1972 年 12 月 29 日
8	关于逐步停止工业废弃物的海上处置问题的决议	1993 年 11 月 12 日
9	关于海上焚烧问题的决议	1993 年 11 月 12 日
10	关于海上处置放射性废物的决议	1993 年 11 月 12 日
11	防止倾倒废物及其他物质污染海洋公约的 1996 年议定书	1996 年 11 月 7 日
12	国际防止船舶造成污染公约	1973 年 11 月 2 日
13	关于 1973 年国际防止船舶造成污染公约的 1978 年议定书	1978 年 2 月 17 日
十、海洋渔业资源保护		
1	国际捕鲸管制公约	1946 年 12 月 2 日
2	养护大西洋金枪鱼国际公约	1966 年 5 月 14 日
3	中白令海狭鳕养护与管理公约	1994 年 2 月 11 日
4	跨界鱼类种群和高度洄游鱼类种群的养护与管理协定	1995 年 12 月 4 日
5	亚洲—太平洋水产养殖中心网协议	1988 年 1 月 8 日
十一、核污染防治		
1	及早通报核事故公约	1986 年 9 月 26 日
2	核事故或辐射紧急援助公约	1986 年 9 月 26 日
3	核安全公约	1994 年 6 月 17 日
4	核材料实物保护公约	1980 年 3 月 3 日

续表

続表

序号	公约名称	发布日期
十二、南极保护		
1	南极条约	1959 年 12 月 1 日
2	关于环境保护的南极条约议定书	1991 年 6 月 23 日
十三、自然和文化遗产保护		
1	保护世界文化和自然遗产公约	1972 年 11 月 23 日
2	关于禁止和防止非法进出口文化财产和非法转让其所有权的方法的公约	1970 年 11 月 17 日
十四、环境权的国际法规定		
1	经济、社会和文化权利国际公约	1966 年 12 月 9 日
2	公民权利和政治权利国际公约	1966 年 12 月 9 日
十五、其他国际条约中关于环境保护的规定		
1	关于各国探索和利用包括月球和其他天体在内外层空间活动的原则条约	1967 年 1 月 27 日
2	外空物体所造成损害之国际责任公约	1972 年 3 月 29 日

以上国际公约和协议,对保护全球生态环境、改善全球气候等方面都有积极的意义,同时也是签约方行为的约束和限制。对于发展中国家来说,由于发展经济、消除贫困是其首要任务,而目前不合理的国际经济秩序加剧了发展中国家的困境,致使许多发展中国家承受着外债、资金不足、失业、贸易壁垒、出口商品价格下降等压力。与此同时,履行有关的国际环境公约,又使发展中国家承担着比发达国家更大的压力。例如,关于减少二氧化碳排放量的问题,由于中国从总量上居世界第二,因此要减少二氧化碳的排放量,中国要付出很大的努力。再如减少损耗是氧气体氯氟烃(CFCs)的排放问题,由于中国的电冰箱工业起步晚,技术相对落后,要改变电冰箱生产工艺,中国的电冰箱产业要承担很大损失,付出很大的代价。此外,在环境标志和国际环境管理体系标准认证(ISO14000 认证)等方面,这也需要中国在制定政策和促进企业提高现代化管理水平上付出很大努力。

第二节　中国可持续发展的战略与政策

人类发展进入新时代以来,联合国制定并颁布了《21世纪议程》《人类千年发展目标》和《变革我们的世界:2030年可持续发展议程》等重要议程,充分体现了当今人类社会发展中出现的新思想。中国政府对此高度重视,一一对应地编制了《中国21世纪议程——中国21世纪人口、环境与发展白皮书》《中国落实千年发展目标情况》和《中国落实2030年可持续发展议程国别方案》,分别提出了各个阶段中国可持续发展的战略与政策,并与时俱进地修订了一系列可持续发展的战略与政策。最新的战略与政策充分体现于《中华人民共和国国民经济和社会发展第"十四个五年规划"和2035年远景目标纲要》文本中。

一、中国的发展环境

(一)决胜全面建成小康社会取得决定性成就

"十三五"时期,全面建成小康社会取得伟大历史性成就,全面深化改革取得重大突破,全面依法治国取得重大进展,全面从严治党取得重大成果,国家治理体系和治理能力现代化加快推进。

"十三五"时期,经济运行总体平稳,经济结构持续优化,国内生产总值突破100万亿元。创新型国家建设成果丰硕。决战脱贫攻坚取得全面胜利,5 575万农村贫困人口实现脱贫,困扰中华民族几千年的绝对贫困问题得到历史性解决,创造了人类减贫史上的奇迹。农业现代化稳步推进,粮食年产量连续稳定在1.3万亿斤以上。一亿农业转移人口和其他常住人口在城镇落户目标顺利实现,区域重大战略扎实推进。污染防治力度加大,主要污染物排放总量减少目标超额完成,资源利用效率显著提升,生态环境明显改善。金融风险处置取得重要阶段性成果。对外开放持续扩大,共建"一带一路"成果丰硕。人民生活水平显著提高,教育公平和质量较大提升,高等教育进入普及化阶段,城镇新增就业超过6 000万人,建成世界上规模最大的社会保障体系,基本医疗保险覆盖超过13亿人,基本养老保险覆盖近10亿人,城镇棚户区住房改造开工超过2 300万套。

新冠病毒疫情防控取得重大战略成果,应对突发事件能力和水平大幅提高。公共文化服务水平不断提高,文化事业和文化产业繁荣发展。国防和军队建设水平大幅提升,军队组织形态实现重大变革。国家安全全面加强,社会保持和谐稳定。

(二)中国发展环境面临深刻复杂变化

"十四五"时期,中国发展仍然处于重要战略机遇期,世界正经历百年未有之大变局,新一轮科技革命和产业变革深入发展,国际力量对比深刻调整,和平与发展仍然是时代主题,人类命运共同体理念深入人心。同时,国际环境日趋复杂,不稳定性不确定性明显增加,新冠病毒疫情影响广泛深远,世界经济陷入低迷期,经济全球化遭遇逆流,全球能源供需版图深刻变革,国际经济政治格局复杂多变,世界进入动荡变革期,单边主义、保护主义、霸权主义对世界和平与发展构成威胁。

中国已转向高质量发展阶段,制度优势显著、治理效能提升、经济长期向好、物质基础雄厚、人力资源丰富、市场空间广阔、发展韧性强劲、社会大局稳定,继续发展具有多方面优势和条件。同时,中国发展不平衡不充分问题仍然突出,重点领域关键环节改革任务仍然艰巨,创新能力不适应高质量发展要求,农业基础还不稳固,城乡区域发展和收入分配差距较大,生态环保任重道远,民生保障存在短板,社会治理还有弱项。

二、中国可持续发展战略

(一)经济可持续发展战略

可持续发展对发达国家和发展中国家是同样必要的战略选择。但对于像中国这样的发展中国家来说,为了满足全体人民对美好生活向往的需要,必须保持较快的增长速度和较高的发展质量,这是满足当前和将来中国人民需要和增强综合国力的唯一途径。

第一,构建高水平社会主义市场经济体制。坚持和完善社会主义基本经济制度,充分发挥市场在资源配置中的决定性作用,更好发挥政府作用,推动有效市场和有为政府更好结合。一是激发各类市场主体活力。加快国有经济布局优化和结构调整,推动国有企业完善中国特色现代企业制度,健全管资本为主的国有资产监管体制。毫不动摇鼓励、支持、引导非公有制经济发展,优化民营企业发展环境,促进民营企业高质量发展。培育更有活力、创造力和竞争力的市场主体;二是建设高标准市场体系。实施高标准市场体系建设行动,健全市场体系基础制度。全面完善产权制度,推进要素市场化配置改革,强化竞争政策基础地位,健全社会信用体系。坚持平等准入、公正监管、开放有序、诚信守法,形成高效规范、公平竞争的国内统一市场;三是建立现代财税金融体制。更好发挥财政在国家治理中的基础和重要支柱作用,健全符合高质量发展要求的财税金融制度。加快建立现代财政制度,完善现代税收制度,深化金融供给侧结构性改革,增强金融服务实体经济能力;四是提升政府经济治理能力。加快转变政府职能,建设职责明确、依法行政的政府治理体系。完善宏观经济治理,构建一流营商环境,推进监管能力现代化,创新和完善宏观调控,提高政府治理效能。

第二,创新驱动塑造发展新优势。坚持创新在我国现代化建设全局中的核心地位,把科技自立自强作为国家发展的战略支撑,面向世界科技前沿、面向经济主战场、面向国家重大需求、面向人民生命健康,深入实施科教兴国战略、人才强国战略、创新驱动发展战略,完善国家创新体系,加快建设科技强国。一是强化国家战略科技力量。制定科技强国行动纲要,健全社会主义市场经济条件下新型举国体制,打好关键核心技术攻坚战。整合优化科技资源配置,加强原创性引领性科技攻关,持之以恒加强基础研究,建设重大科技创新平台,提高创新链整体效能;二是提升企业技术创新能力。完善技术创新市场导向机制,强化企业创新主体地位,促进各类创新要素向企业集聚。激励企业加大研发投入,支持产业共性基础技术研发,完善企业创新服务体系,形成以企业为主体、市场为导向、产学研用深度融合的技术创新体系;三是激发人才创新活力。贯彻尊重劳动、尊重知识、尊重人才、尊重创造方针,深化人才发展体制机制改革。培养造就高水平人才队伍,激励人才更好发挥作用,优化创新创业创造生态,全方位培养、引进、用好人才,充分发挥人才第一资源的作用;四是完善科技创新体制机制。深入推进科技体制改革,完善国家科技治理体系,优化国家科技计划体系和运行机制。深化科技管理体制改革,健全知识产权保护运用体制,积极促进科技开放合作,推动重点领域项目、基地、人才、资金一体化配置。

第三,加快发展现代产业体系。坚持把发展经济着力点放在实体经济上,加快推进制造强国、质量强国建设,促进先进制造业和现代服务业深度融合,强化基础设施支撑引领作用,构建实体经济、科技创新、现代金融、人力资源协同发展的现代产业体系,巩固壮大实体经济根基。一是深入实施制造强国战略。坚持自主可控、安全高效,推进产业基础高级化、产业链现代化,保持制造业比重基本稳定,增强制造业竞争优势。加强产业基础能力建设,提升产业链供应链现代化水平,推动制造业优化升级,实施制造业降本减负行动,推动制造业高质量发展;二是发展壮大战略性新兴产业。着眼于抢占未来产业发展先机,培育先导性和支柱性产业。构筑产业体系新支柱，前瞻谋划未来产业，推动战略性新兴产业融合化、集群化、生态化发展；三是促进服务业繁荣发展。聚焦产业转型升级和居民消费升级需要，扩大服务业有效供给，提高服务效率和服务品质。推动生产性服务业融合化发展，加快生活性服务业品质化发展，深化服务领域改革开放，构建优质高效、结构优化、竞争力强的服务产业新体系；四是建设现代化基础设施体系。统筹推进传统基础设施和新型基础设施建设，加快建设新型基础设施，加快建设交通强国，构建现代能源体系，加强水利基础设施建设，打造系统完备、高效实用、智能绿色、安全可靠的现代化基础设施体系。

第四，形成强大国内市场。坚持扩大内需这个战略基点，加快培育完整内需体系，把实施扩大内需战略同深化供给侧结构性改革有机结合起来，以创新驱动、高质量供给引领和创造新需求，加快构建以国内大循环为主体、国内国际双循环相互促进的新发展格局。一是畅通国内大循环。依托强大国内市场，贯通生产、分配、流通、消费各环节，形成需求牵引供给、供给创造需求的更高水平动态平衡。提升供给体系适配性，促进资源要素顺畅流动，强化流通体系支撑作用，完善促进国内大循环的政策体系，促进国民经济良性循环；二是促进国内国际双循环。立足国内大循环，协同推进强大国内市场和贸易强国建设，形成全球资源要素强大引力场，促进内需和外需、进口和出口、引进外资和对外投资协调发展。推动进出口协同发展，提高国际双向投资水平，加快培育参与国际合作和竞争新优势；三是加快培育完整内需体系。深入实施扩大内需战略，增强消费对经济发展的基础性作用和投资对优化供给结构的关键性作用。全面促进消费，拓展投资空间，建设消费和投资需求旺盛的强大国内市场。

第五，加快数字化发展。迎接数字时代，激活数据要素潜能，推进网络强国建设，加快建设数字经济、数字社会、数字政府，建设数字中国，以数字化转型整体驱动生产方式、生活方式和治理方式变革。一是打造数字经济新优势。充分发挥海量数据和丰富应用场景优势，促进数字技术与实体经济深度融合，赋能传统产业转型升级，催生新产业新业态新模式。加强关键数字技术创新应用，加快推动数字产业化，推进产业数字化转型，壮大经济发展新引擎；二是加快数字社会建设步伐。适应数字技术全面融入社会交往和日常生活新趋势，促进公共服务和社会运行方式创新，构筑全民畅享的数字生活。提供智慧便捷的公共服务，建设智慧城市和数字农村，构筑美好数字生活新图景；三是提高数字政府建设水平。将数字技术广泛应用于政府管理服务，推动政府治理流程再造和模式优化。加强公共数据开放共享，推动政务信息化共建共用，提高数字化政务服务效能，不断提高决策科学性和服务效率；四是营造良好数字生态。坚持放管并重，促进发展与规范管理相统一，构建数字规则体系，营造开放、健康、安全的数字生态。建立健全数据要素市场规则,营造规范有序的政策环境,加强网络安全保护,推动构建网络空间命运共同体。

第六,优化区域经济布局。深入实施区域重大战略、区域协调发展战略、主体功能区战略,健全区域协调发展体制机制,构建高质量发展的区域经济布局和国土空间支撑体系,促进区域协调发展。一是优化国土空间开发保护格局。立足资源环境承载能力,发挥各地区比较优势,促进各类要素合理流动和高效集聚。完善和落实主体功能区制度,开拓高质量发展的重要动力源,提升重要功能性区域的保障能力,推动形成主体功能明显、优势互补、高质量发展的国土空间开发保护新格局;二是深入实施区域重大战略。聚焦实现战略目标和提升引领带动能力,推动区域重大战略取得新的突破性进展。加快推动京津冀协同发展,全面推动长江经济带发展,积极稳妥推进粤港澳大湾区建设,提升长三角一体化发展水平,扎实推进黄河流域生态保护和高质量发展,促进区域间融合互动、融通补充;三是深入实施区域协调发展战略。推进西部大开发形成新格局,推动东北振兴取得新突破,开创中部地区崛起新局面,鼓励东部地区加快推进现代化,支持特殊类型地区发展,健全区域协调发展体制机制,在发展中促进相对平衡;四是积极拓展海洋经济发展空间。坚持陆海统筹、人海和谐、合作共赢,协同推进海洋生态保护、海洋经济发展和海洋权益维护。建设现代海洋产业体系,打造可持续海洋生态环境,深度参与全球海洋治理,加快建设海洋强国。

第七,实行高水平对外开放。坚持实施更大范围、更宽领域、更深层次对外开放,依托我国超大规模市场优势,促进国际合作,实现互利共赢,推动共建"一带一路"行稳致远,推动构建人类命运共同体。一是建设更高水平开放型经济新体制。全面提高对外开放水平,推进贸易和投资自由化便利化,持续深化商品和要素流动型开放。加快推进制度型开放,提升对外开放平台功能,优化区域开放布局,健全开放安全保障体系,稳步拓展规则、规制、管理、标准等制度型开放;二是推动共建"一带一路"高质量发展。坚持共商共建共享原则,秉持绿色、开放、廉洁理念,深化务实合作,加强安全保障。加强发展战略和政策对接,推进基础设施互联互通,深化经贸投资务实合作,架设文明互学互鉴桥梁,促进共同发展;三是积极参与全球治理体系改革和建设。高举和平、发展、合作、共赢旗帜,坚持独立自主的和平外交政策,维护和完善多边经济治理机制,构建高标准自由贸易区网络,积极营造良好外部环境,推动构建新型国际关系,推动全球治理体系朝着更加公正合理的方向发展。

(二) 社会可持续发展战略

新时代中国可持续发展战略,注重谋求社会的可持续发展。继承和发扬中华民族优良的思想文化传统,致力于文化的革新。发扬社会主义制度优越性,不断改善政治和社会环境,保持全社会的安定团结。大力发展教育和文化事业,开展职业培训、职业道德和社会公德教育,提高全民族的思想道德和科学文化水平,培养一代又一代有理想、有道德、有文化、有纪律的新人。提高人口素质和改善人口结构,建立以按劳分配为主体,效率优先、兼顾公平的收入分配制度。改善城乡居民居住环境和提高社会综合服务及医疗卫生水平。通过广泛的宣传、教育,提高全民族的、特别是各级领导人员的可持续发展意识和实施能力,促进广大民众积极参与可持续发展的建设。

第一,提升国家文化软实力。坚持马克思主义在意识形态领域的指导地位,坚定文化自信,坚持以社会主义核心价值观引领文化建设,围绕举旗帜、聚民心、育新人、兴文化、展形象的使命任务,促进满足人民文化需求和增强人民精神力量相统一,推进社会主义文化强国建设。一是提高社会文明程度。加强社会主义精神文明建设,培育和践行社会主义核心价值观。推动理想信念教育常态化制度化,发展中国特色哲学社会科学,传承弘扬中华优秀传统文化,持续提升公民文明素养,推动形成适应新时代要求的思想观念、精神面貌、文明风尚、行为规范;二是提升公共文化服务水平。坚持为人民服务、为社会主义服务的方向,坚持百花齐放、百家争鸣的方针,加强公共文化服务体系建设和体制机制创新,强化中华文化传播推广和文明交流互鉴。加强优秀文化作品创作生产传播,提升中华文化影响力,更好保障人民文化权益;三是健全现代文化产业体系。坚持把社会效益放在首位、社会效益和经济效益相统一,扩大优质文化产品供给,推动文化和旅游融合发展,深化文化体制改革,健全现代文化产业体系和市场体系。

第二,提升国民素质。把提升国民素质放在突出重要位置,构建高质量的教育体系和全方位全周期的健康体系,优化人口结构,拓展人口质量红利,提升人力资本水平和人的全面发展能力。一是建设高质量教育体系。全面贯彻党的教育方针,坚持优先发展教育事业,坚持立德树人,增强学生文明素养、社会责任意识、实践本领。推进基本公共教育均等化,增强职业技术教育适应性,提高高等教育质量,建设高素质专业化教师队伍,深化教育改革,培养德智体美劳全面发展的社会主义建设者和接班人;二是全面推进健康中国建设。把保障人民健康放在优先发展的战略位置,坚持预防为主的方针,深入实施健康中国行动,完善国民健康促进政策,织牢国家公共卫生防护网。构建强大公共卫生体系,深化医药卫生体制改革,健全全民医保制度,推动中医药传承创新,建设体育强国,深入开展爱国卫生运动,为人民提供全方位全生命期健康服务;三是实施积极应对人口老龄化国家战略。制定人口长期发展战略,优化生育政策,以"一老一小"为重点完善人口服务体系。推动实现适度生育水平,健全婴幼儿发展政策,完善养老服务体系,促进人口长期均衡发展。

第三,完善新型城镇化战略。坚持走中国特色新型城镇化道路,深入推进以人为核心的新型城镇化战略,以城市群、都市圈为依托促进大中小城市和小城镇协调联动、特色化发展,使更多人民群众享有更高品质的城市生活,提升城镇化发展质量;一是加快农业转移人口市民化,坚持存量优先、带动增量,统筹推进户籍制度改革和城镇基本公共服务常住人口全覆盖,健全农业转移人口市民化配套政策体系。深化户籍制度改革,健全农业转移人口市民化机制,加快推动农业转移人口全面融入城市;二是完善城镇化空间布局。发展壮大城市群和都市圈,分类引导大中小城市发展方向和建设重点。推动城市群一体化发展,建设现代化都市圈,优化提升超大特大城市中心城区功能,完善大中城市宜居宜业功能,推进以县城为重要载体的城镇化建设,形成疏密有致、分工协作、功能完善的城镇化空间格局;三是全面提升城市品质。加快转变城市发展方式,统筹城市规划建设管理,实施城市更新行动。转变城市发展方式,推进新型城市建设,提高城市治理水平,完善住房市场体系和住房保障体系,推动城市空间结构优化和品质提升。

第四,全面推进农村振兴。全面推进农村乡村化,是中国解决"三农"问题的唯一出路。走中国特色社会主义农村振兴道路,全面实施农村振兴战略,强化以工补农、以城带乡,推动形成工农互促、城乡互补、协调发展、共同繁荣的新型工农城乡关系,加快农业农村现代化。一是提高农业质量效益和竞争力。持续强化农业基础地位,深化农业供给侧结构性改革。增强农业综合生产能力,深化农业结构调整,丰富农村经济业态,强化质量导向,推动农村产业振兴;二是实施农村建设行动。把农村建设摆在社会主义现代化建设的重要位置,优化生产生活生态空间,持续改善村容村貌和人居环境。强化农村建设的规划引领,提升农村基础设施和公共服务水平,改善农村人居环境,建设美丽宜居农村;三是健全城乡融合发展体制机制。建立健全城乡要素平等交换、双向流动政策体系。深化农业农村改革,加强农业农村发展要素保障,促进要素更多向农村流动,增强农业农村发展活力;四是脱贫攻坚成果同农村振兴有效衔接。建立完善农村低收入人口和欠发达地区帮扶机制,保持主要帮扶政策和财政投入力度总体稳定。巩固提升脱贫攻坚成果,提升脱贫地区整体发展水平,接续推进脱贫地区发展。

第五,提升共建共治共享水平。坚持尽力而为、量力而行,健全基本公共服务体系,加强普惠性、基础性、兜底性民生建设,完善共建共治共享的社会治理制度,制定促进共同富裕行动纲要,自觉主动缩小地区、城乡和收入差距,让发展成果更多更公平惠及全体人民,不断增强人民群众获得感、幸福感、安全感,增进民生福祉。一是健全国家公共服务制度体系。加快补齐基本公共服务短板,着力增强非基本公共服务弱项。提高基本公共服务均等化水平,创新公共服务提供方式,完善公共服务政策保障体系,努力提升公共服务质量和水平;二是实施就业优先战略。健全有利于更充分、更高质量就业的促进机制,扩大就业容量,提升就业质量。强化就业优先政策,健全就业公共服务体系,全面提升劳动者就业创业能力,缓解结构性就业矛盾;三是优化收入分配结构。坚持居民收入增长和经济增长基本同步、劳动报酬提高和劳动生产率提高基本同步,持续提高低收入群体收入。拓展居民收入增长渠道,扩大中等收入群体,完善再分配机制,更加积极有为地促进共同富裕;四是健全多层次社会保障体系。坚持应保尽保原则,按照兜底线、织密网、建机制的要求,加快健全覆盖全民、统筹城乡、公平统一、可持续的多层次社会保障体系。改革完善社会保险制度,优化社会救助和慈善制度,健全退役军人工作体系和保障制度;五是保障妇女未成年人和残疾人基本权益。坚持男女平等基本国策,坚持儿童优先发展,提升残疾人关爱服务。促进男女平等和妇女全面发展,提升未成年人关爱服务水平,加强家庭建设,提升残疾人保障和发展能力,切实保障妇女、未成年人、残疾人等群体发展权利和机会;六是构建基层社会治理新格局。健全党组织领导的自治、法治、德治相结合的城乡基层社会治理体系,完善基层民主协商制度。夯实基层社会治理基础,健全社区管理和服务机制,积极引导社会力量参与基层治理,建设人人有责、人人尽责、人人享有的社会治理共同体。

第六,建设更高水平的平安中国。坚持总体国家安全观,实施国家安全战略,维护和塑造国家安全,统筹传统安全和非传统安全,把安全发展贯穿国家发展各领域和全过程,防范和化解影响我国现代化进程的各种风险,筑牢国家安全屏障。一是加强国家安全体系和能力建设。坚持政治安全、人民安全、国家利益至上有机统一,以人民安全为宗旨,以政治安全为根本,以经济安全为基础,以军事、科技、文化、社会安全为保障,不断增强国家安全能力。完善集中统一、高效权威的国家安全领导体制,健全国家安全法治体系、战略体系、政策体系、人才体系和运行机制,完善重要领域国家安全立法、制度、政策。巩固国家安全人民防线,加强国家安全宣传教育,增强全民国家安全意识,建立健全国家安全风险研判、防控协同、防范化解机制。健全国家安全审查和监管制度,加强国家安全执法。坚定维护国家政权安全、制度安全、意识形态安全,全面加强网络安全保障体系和能力建设,切实维护新型领域安全,严密防范和严厉打击敌对势力渗透、破坏、颠覆、分裂活动;二是强化国家经济安全保障。强化经济安全风险预警、防控机制和能力建设,实现重要产业、基础设施、战略资源、重大科技等关键领域安全可控。实施粮食安全战略,实施能源资源安全战略,实施金融安全战略,着力提升粮食、能源、金融等领域安全发展能力;三是全面提高公共安全保障能力。坚持人民至上、生命至上,健全公共安全体制机制,严格落实公共安全责任和管理制度。提高安全生产水平,严格食品药品安全监管,加强生物安全风险防控,完善国家应急管理体系,保障人民生命安全。四是维护社会稳定和安全。正确处理新形势下人民内部矛盾,加强社会治安防控,健全社会矛盾综合治理机制,推进社会治安防控体系现代化,编织全方位、立体化、智能化社会安全网。

(三) 资源与环境可持续发展战略

中国可持续发展建立在资源的可持续利用和良好的生态环境基础上。国家保护整个生命支撑系统和生态系统的完整性,保护生物多样性。解决水土流失和荒漠化等重大生态环境问题。保护自然资源,保持资源的可持续供给能力,避免侵害脆弱的生态系统。发展森林和改善城乡生态环境。预防和控制环境破坏和污染,积极治理和恢复已遭破坏和污染的环境。同时积极参与保护全球环境、生态方面的国际合作活动。

中国坚持绿水青山就是金山银山理念,坚持尊重自然、顺应自然、保护自然,坚持节约优先、保护优先、自然恢复为主,实施可持续发展战略,完善生态文明领域统筹协调机制,构建生态文明体系,推动经济社会发展全面绿色转型,建设美丽中国,促进人与自然和谐共生。一是提升生态系统质量和稳定性。坚持山水林田湖草系统治理,着力提高生态系统自我修复能力和稳定性,守住自然生态安全边界;完善生态安全屏障体系,构建自然保护地体系,健全生态保护补偿机制,促进自然生态系统质量整体改善;二是持续改善环境质量。深入打好污染防治攻坚战,推进精准、科学、依法、系统治污,协同推进减污降碳,不断改善空气、水环境质量,有效管控土壤污染风险。深入开展污染防治行动,全面提升环境基础设施水平,严密防控环境风险,积极应对气候变化,健全现代环境治理体系;三是加快发展方式绿色转型。坚持生态优先、绿色发展。全面提高资源利用效率,构建资源循环利用体系,大力发展绿色经济,构建绿色发展政策体系,推进资源总量管理、科学配置、全面节约、循环利用,协同推进经济高质量发展和生态环境高水平保护。

三、中国绿色发展道路

能源是人类文明进步的基础和动力。

能源攸关国计民生和国家安全,关系人类生存和发展,对于促进经济社会发展、增进人民福祉至关重要。改革开放以来,中国适应经济社会快速发展需要,推进能源全面、协调、可持续发展,成为世界上最大的能源生产消费国和能源利用效率提升最快的国家。中国发展进入新时代,中国的能源发展也进入新时代,开辟了中国特色能源发展新道路。中国坚持创新、协调、绿色、开放、共享的新发展理念,以推动高质量发展为主题,以深化供给侧结构性改革为主线,全面推进能源消费方式变革,构建多元清洁的能源供应体系,实施创新驱动发展战略,不断深化能源体制改革,持续推进能源领域国际合作,中国能源进入高质量发展新阶段。

新时代中国的能源发展,为中国经济社会持续健康发展提供有力支撑,也为维护世界能源安全、应对全球气候变化、促进世界经济增长作出积极贡献。面对气候变化、环境风险挑战、能源资源约束等日益严峻的全球问题,中国树立人类命运共同体理念,促进经济社会发展全面绿色转型,在努力推动本国能源清洁低碳发展的同时,积极参与全球能源治理,与各国一道寻求加快推进全球能源可持续发展新道路,中国将提高国家自主贡献力度,采取更加有力的政策和措施,如期实现 2030 年前碳达峰、2060 年前碳中和的目标。中国将坚定不移走生态优先、绿色低碳的高质量发展道路,为推动构建人类命运共同体作出新的中国贡献!

(一) 中国能源发展现状

中国坚定不移推进能源革命,能源生产和利用方式发生重大变革,能源发展取得历史性成就。

一是能源供应保障能力不断增强。基本形成了煤、油、气、电、核、新能源和可再生能源多轮驱动的能源生产体系。2019 年中国一次能源生产总量达 39.7×10^8 t 标准煤,为世界能源生产第一大国。能源输送能力显著提高,建成天然气主干管道超过 8.7×10^4 km、石油主干管道 5.5×10^4 km、330 kV 及以上输电线路长度 30.2×10^4 km。能源储备体系不断健全。建成九个国家石油储备基地,天然气产供储销体系建设取得初步成效,煤炭生产运输协同保障体系逐步完善,电力安全稳定运行达到世界先进水平,能源综合应急保障能力显著增强。

二是能源节约和消费结构优化成效显著。能源利用效率显著提高。2012 年至 2019 年,以能源消费年均 2.8% 的增长支撑了国民经济年均 7% 的增长。能源消费结构向清洁低碳加快转变。2019 年煤炭消费占能源消费总量比重为 57.7%,比 2012 年降低 10.8%。天然气、水电、核电、风电等清洁能源消费量占能源消费总量比重为 23.4%,比 2012 年提高 8.9%。非化石能源占能源消费总量比重达 15.3%，比 2012 年提高 5.6%。

三是能源科技水平快速提升。已建立完备的水电、核电、风电、太阳能发电等清洁能源装备制造产业链，油气勘探开发技术能力持续提高，开展煤炭绿色高效智能开采技术，建成规模最大、安全可靠、全球领先的电网，供电可靠性位居世界前列。"互联网+"智慧能源、储能、区块链、综合能源服务等一大批能源新技术、新模式、新业态正在蓬勃兴起。

四是能源与生态环境友好性明显改善。煤炭清洁开采和利用水平大幅提升，采煤沉陷区治理、绿色矿山建设取得显著成效。落实修订后的《大气污染防治法》，加大燃煤和其他能源污染防治力度。推动国家大气污染防治重点区域内新建、改建、扩建用煤项目实施煤炭等量或减量替代。能源绿色发展显著推动空气质量改善，二氧化硫、氮氧化物和烟尘排放量大幅下降。能源绿色发展对碳排放强度下降起到重要作用，2019 年碳排放强度比 2005 年下降 48.1%，超过了 2020 年碳排放强度比 2005 年下降 40%~45% 的目标，扭转了二氧化碳排放快速增长的局面。

五是能源治理机制持续完善。进一步放宽能源领域外资市场准入，民间投资持续壮大，投资主体更加多元。发用电计划有序放开、交易机构独立规范运行、电力市场建设深入推进。加快推进油气勘查开采市场放开与矿业权流转、管网运营机制改革、原油进口动态管理等改革，完善油气交易中心建设。推进能源价格市场化，进一步放开竞争性环节价格，初步建立电力、油气网络环节科学定价制度。协同推进能源改革和法治建设，能源法律体系不断完善。覆盖战略、规划、政策、标准、监管、服务的能源治理机制基本形成。

六是能源惠民利民成果丰硕。2016 年至 2019 年，农网改造升级总投资达 8 300 亿元，农村平均停电时间降低至 15 小时左右，农村居民用电条件明显改善。2013 年至 2015 年，实施解决无电人口用电行动计划，2015 年底完成全部人口都用上电的历史性任务。实施光伏扶贫工程等能源扶贫工程建设，优先在贫困地区进行能源开发项目布局，实施能源惠民工程，促进了贫困地区经济发展和贫困人口收入增加。完善天然气利用基础设施建设，扩大天然气供应区域，提高民生用气保障能力。北方地区清洁取暖取得明显进展，改善了城乡居民用能条件和居住环境。截至 2019 年年底，北方地区清洁取暖面积达 116 亿 m^2，比 2016 年增加 51 亿 m^2。

（二）中国能源发展战略

第一，全面推进能源消费方式变革。

坚持节约资源和保护环境的基本国策，坚持节能优先方针，树立节能就是增加资源、减少污染、造福人类的理念,把节能贯穿于经济社会发展全过程和各领域。

一是实行能耗双控制度。实行能源消费总量和强度双控制度,按省、自治区、直辖市行政区域设定能源消费总量和强度控制目标,对各级地方政府进行监督考核。把节能指标纳入生态文明、绿色发展等绩效评价指标体系,引导转变发展理念。对重点用能单位分解能耗双控目标,开展目标责任评价考核,推动重点用能单位加强节能管理。

二是健全节能法律法规和标准体系。修订实施《节约能源法》,建立完善工业、建筑、交通等重点领域和公共机构节能制度,健全节能监察、能源效率标识、固定资产投资项目节能审查、重点用能单位节能管理等配套法律制度。强化标准引领约束作用,健全节能标准体系,实施百项能效标准推进工程,发布实施340多项国家节能标准,其中近200项强制性标准,实现主要高耗能行业和终端用能产品全覆盖。加强节能执法监督,强化事中事后监管,严格执法问责,确保节能法律法规和强制性标准有效落实。

三是完善节能低碳激励政策。实行促进节能的企业所得税、增值税优惠政策。鼓励进口先进节能技术、设备,控制出口耗能高、污染重的产品。健全绿色金融体系,利用能效信贷、绿色债券等支持节能项目。创新完善促进绿色发展的价格机制,实施差别电价、峰谷分时电价、阶梯电价、阶梯气价等,完善环保电价政策,调动市场主体和居民节能的积极性。在浙江等四省市开展用能权有偿使用和交易试点,在北京等七省市开展碳排放权交易试点。大力推行合同能源管理,鼓励节能技术和经营模式创新,发展综合能源服务。加强电力需求侧管理,推行电力需求侧响应的市场化机制,引导节约、有序、合理用电。建立能效"领跑者"制度,推动终端用能产品、高耗能行业、公共机构提升能效水平。

四是提升重点领域能效水平。积极优化产业结构,大力发展低能耗的先进制造业、高新技术产业、现代服务业,推动传统产业智能化、清洁化改造。推动工业绿色循环低碳转型升级,全面实施绿色制造,建立健全节能监察执法和节能诊断服务机制,开展能效对标达标。提升新建建筑节能标准,深化既有建筑节能改造,优化建筑用能结构。构建节能高效的综合交通运输体系,推进交通运输用能清洁化,提高交通运输工具能效水平。全面建设节约型公共机构,促进公共机构为全社会节能工作作出表率。构建市场导向的绿色技术创新体系,促进绿色技术研发、转化与推广。推广国家重点节能低碳技术、工业节能技术装备、交通运输行业重点节能低碳技术等。推动全民节能,引导树立勤俭节约的消费观,倡导简约适度、绿色低碳的生活方式,反对奢侈浪费和不合理消费。

五是推动终端用能清洁化。以京津冀及周边地区、长三角、珠三角、汾渭平原等地区为重点,实施煤炭消费减量替代和散煤综合治理,推广清洁高效燃煤锅炉,推行天然气、电力和可再生能源等替代低效和高污染煤炭的使用。制定财政、价格等支持政策,积极推进北方地区冬季清洁取暖,促进大气环境质量改善。推进终端用能领域以电代煤、以电代油,推广新能源汽车、热泵、电窑炉等新型用能方式。加强天然气基础设施建设与互联互通,在城镇燃气、工业燃料、燃气发电、交通运输等领域推进天然气高效利用。大力推进天然气热电冷联供的供能方式,推进分布式可再生能源发展,推行终端用能领域多能协同和能源综合梯级利用。

第二,建设多元清洁的能源供应体系。

立足基本国情和发展阶段,确立生态优先、绿色发展的导向,坚持在保护中发展、在发展中保护,深化能源供给侧结构性改革,优先发展非化石能源,推进化石能源清洁高效开发利用,健全能源储运调峰体系,促进区域多能互补协调发展。

一是优先发展非化石能源。开发利用非化石能源是推进能源绿色低碳转型的主要途径。中国把非化石能源放在能源发展优先位置,大力推进低碳能源替代高碳能源、可再生能源替代化石能源。推动太阳能多元化利用,全面协调推进风电开发,推进水电绿色发展,安全有序发展核电,因地制宜发展生物质能、地热能和海洋能,全面提升可再生能源利用率。

二是清洁高效开发利用化石能源。根据国内资源禀赋,以资源环境承载力为基础,统筹化石能源开发利用与生态环境保护,有序发展先进产能,加快淘汰落后产能,推进煤炭清洁高效利用,提升油气勘探开发力度,促进增储上产,提高油气自给能力。推进煤炭安全智能绿色开发利用,清洁高效发展火电,提高天然气生产能力,提升石油勘探开发与加工水平。

三是加强能源储运调峰体系建设。统筹发展煤电油气多种能源输运方式,构建互联互通输配网络,打造稳定可靠的储运调峰体系,提升应急保障能力。加强能源输配网络建设,健全能源储备应急体系,完善能源调峰体系。

四是支持农村及贫困地区能源发展。落实乡村振兴战略,提高农村生活用能保障水平,让农村居民有更多实实在在的获得感、幸福感、安全感。加快完善农村能源基础设施,精准实施能源扶贫工程,推进北方农村地区冬季清洁取暖。

第三,发挥科技创新第一动力作用。

抓住全球新一轮科技革命与产业变革的机遇,在能源领域大力实施创新驱动发展战略,增强能源科技创新能力,通过技术进步解决能源资源约束、生态环境保护、应对气候变化等重大问题和挑战。

一是完善能源科技创新政策顶层设计。中国将能源作为国家创新驱动发展战略的重要组成部分,把能源科技创新摆在更加突出的地位。《国家创新驱动发展战略纲要》将安全清洁高效现代能源技术作为重要战略方向和重点领域。制定能源资源科技创新规划和面向 2035 年的能源、资源科技发展战略规划,部署了能源科技创新重大举措和重大任务,努力提升科技创新引领和支撑作用。制定能源技术创新规划和《能源技术革命创新行动计划(2016—2030 年)》,提出能源技术创新的重点方向和技术路线图。深化能源科技体制改革,形成政府引导、市场主导、企业为主体、社会参与、多方协同的能源技术创新体系。加大重要能源领域和新兴能源产业科技创新投入,加强人才队伍建设,提升各类主体创新能力。

二是建设多元化多层次能源科技创新平台。依托骨干企业、科研院所和高校,建成一批高水平能源技术创新平台,有效激发了各类主体的创新活力。布局建设 40 多个国家重点实验室和一批国家工程研究中心,重点围绕煤炭安全绿色智能开采、可再生能源高效利用、储能与分布式能源等技术方向开展相关研究,促进能源科技进步。布局建设 80 余个国家能源研发中心和国家能源重点实验室,围绕煤炭、石油、天然气、火电、核电、可再生能源、能源装备重点领域和关键环节开展研究,覆盖当前能源技术创新的重点领域和前沿方向。大型能源企业适应自身发展和行业需要,不断加强科技能力建设,形成若干专业领域、有影响力的研究机构。地方政府结合本地产业优势,采取多种方式加强科研能力建设。在"大众创业、万众创新"政策支持下,各类社会主体积极开展科技创新,形成了众多能源科技创新型企业。

三是开展能源重大领域协同科技创新。实施重大科技项目和工程,实现能源领域关键技术跨越式发展。聚焦国家重大战略产业化目标,实施油气科技重大专项,重点突破油气地质新理论与高效勘探开发关键技术,开展页岩油、页岩气、天然气水合物等非常规资源经济高效开发技术攻关。实施核电科技重大专项,围绕三代压水堆和四代高温气冷堆技术,开展关键核心技术攻关,持续推进核电自主创新。面向重大共性关键技术,部署开展新能源汽车、智能电网技术与装备、煤矿智能化开采技术与装备、煤炭清洁高效利用与新型节能技术、可再生能源与氢能技术等方面研究。面向国家重大战略任务,重点部署能源高效洁净利用与转化的物理化学基础研究,推动以基础研究带动应用技术突破。

四是依托重大能源工程提升能源技术装备水平。在全球能源绿色低碳转型发展趋势下,加快传统能源技术装备升级换代,加强新兴能源技术装备自主创新,清洁低碳能源技术水平显著提升。依托重大装备制造和重大示范工程,推动关键能源装备技术攻关、试验示范和推广应用。完善能源装备计量、标准、检测和认证体系,提高重大能源装备研发、设计、制造和成套能力。围绕能源安全供应、清洁能源发展和化石能源清洁高效利用三大方向,着力突破能源装备制造关键技术、材料和零部件等瓶颈,推动全产业链技术创新。开展先进能源技术装备的重大能源示范工程建设,提升煤炭清洁智能采掘洗选、深水和非常规油气勘探开发、油气储运和输送、清洁高效燃煤发电、先进核电、可再生能源发电、燃气轮机、储能、先进电网、煤炭深加工等领域装备的技术水平。

五是支持新技术新模式新业态发展。当前,世界正处在新科技革命和产业革命交汇点,新技术突破加速带动产业变革,促进能源新模式新业态不断涌现。大力推动能源技术与现代信息、材料和先进制造技术深度融合,依托"互联网 +"智慧能源建设,探索能源生产和消费新模式。加快智能光伏创新升级,推动光伏发电与农业、渔业、牧业、建筑等融合发展,拓展光伏发电互补应用新空间,形成广泛开发利用新能源的新模式。加速发展绿氢制取、储运和应用等氢能产业链技术装备,促进氢能燃料电池技术链、氢燃料电池汽车产业链发展。支持能源各环节各场景储能应用,着力推进储能与可再生能源互补发展。支持新能源微电网建设,形成发储用一体化局域清洁供能系统。推动综合能源服务新模式,实现终端能源多能互补、协同高效。在试点示范项目引领和带动下,各类能源新技术、新模式、新业态持续涌现,形成能源创新发展的"聚变效应"。

第四,全面深化能源体制改革。

充分发挥市场在能源资源配置中的决定性作用,更好发挥政府作用,深化重点领域和关键环节市场化改革,破除妨碍发展的体制机制障碍,着力解决市场体系不完善等问题,为维护国家能源安全、推进能源高质量发展提供制度保障。

一是构建有效竞争的能源市场。大力培育多元市场主体,打破垄断、放宽准入、鼓励竞争,构建统一开放、竞争有序的能源市场体系,着力清除市场壁垒,提高能源资源配置效率和公平性。培育多元能源市场主体,建设统一开放、竞争有序的能源市场体系。

二是完善主要由市场决定能源价格的机制。按照"管住中间、放开两头"总体思路,稳步放开竞争性领域和竞争性环节价格,促进价格反映市场供求、引导资源配置,严格政府定价成本监审,推进科学合理定价。有序放开竞争性环节价格,科学核定自然垄断环节价格。

三是创新能源科学管理和优化服务。进一步转变政府职能,简政放权、放管结合、优化服务,着力打造服务型政府。发挥能源战略规划和宏观政策导向作用,集中力量办大事。强化能源市场监管,提升监管效能,促进各类市场主体公平竞争。坚持人民至上、生命至上理念,牢牢守住能源安全生产底线,激发市场主体活力,引导资源配置方向,促进市场公平竞争,筑牢安全生产底线。

四是健全能源法治体系。发挥法治固根本、稳预期、利长远的保障作用,坚持能源立法同改革发展相衔接，及时修改和废止不适应改革发展要求的法律法规。坚持法定职责必须为、法无授权不可为，依法全面履行政府职能。完善能源法律体系，推进能源依法治理。

第五，全方位加强能源国际合作。

中国践行绿色发展理念，遵循互利共赢原则开展国际合作，努力实现开放条件下能源安全，扩大能源领域对外开放，推动高质量共建"一带一路"，积极参与全球能源治理，引导应对气候变化国际合作，推动构建人类命运共同体。

一是持续深化能源领域对外开放。中国坚定不移维护全球能源市场稳定，扩大能源领域对外开放。大幅度放宽外商投资准入，打造市场化、法治化、国际化营商环境，促进贸易和投资自由化便利化。全面实行准入前国民待遇加负面清单管理制度，能源领域外商投资准入限制持续减少。全面取消煤炭、油气、电力（除核电外）、新能源等领域外资准入限制。推动广东、湖北、重庆、海南等自由贸易试验区能源产业发展，支持浙江自由贸易试验区油气全产业链开放发展。

二是着力推进共建"一带一路"能源合作。中国秉持共商共建共享原则，坚持开放、绿色、廉洁理念，努力实现高标准、惠民生、可持续的目标，同各国在共建"一带一路"框架下加强能源合作，在实现自身发展的同时更多惠及其他国家和人民，为推动共同发展创造有利条件。推动互利共赢的能源务实合作，建设绿色丝绸之路，加强能源基础设施互联互通，提高全球能源可及性。

三是积极参与全球能源治理。中国坚定支持多边主义，按照互利共赢原则开展双多边能源合作，积极支持国际能源组织和合作机制在全球能源治理中发挥作用，在国际多边合作框架下积极推动全球能源市场稳定与供应安全、能源绿色转型发展，为促进全球能源可持续发展贡献中国智慧、中国力量。融入多边能源治理，倡导区域能源合作。

四是携手应对全球气候变化。中国秉持人类命运共同体理念，与其他国家团结合作，共同应对全球气候变化，积极推动能源绿色低碳转型。加强应对气候变化国际合作，支持发展中国家提升应对气候变化能力。

五是共同促进全球能源可持续发展的中国主张。人类已进入互联互通的时代，维护能源安全、应对全球气候变化已成为全世界面临的重大挑战。当前持续蔓延的新冠肺炎疫情，更加凸显各国利益休戚相关、命运紧密相连。中国倡议国际社会共同努力，促进全球能源可持续发展，应对气候变化挑战，建设清洁美丽世界。协同推进能源绿色低碳转型，促进清洁美丽世界建设。协同巩固能源领域多边合作，加速经济绿色复苏增长。协同畅通国际能源贸易投资，维护全球能源市场稳定。协同促进欠发达地区能源可及性，努力解决能源贫困问题。

第八章
中国可持续发展的实践

第一节　中国城乡野的可持续发展

一、中国当前一定要强调荒野的可持续发展

（一）荒野是一种人迹罕至的自然生态系统

"荒野"（wilderness）一词，在学术史上是一个颇具争议的概念。哲学家梭罗（Henry David Thoreau）提出，荒野是世俗世界的保留地。生态伦理学家利奥波德（Aldo Leopold）提出，荒野是人类从中锤炼出所谓文明的原材料。环境史家海斯（Samuel Hays）认为，荒野是一种客观存在。国际组织一般认为，荒野是在我们的星球上留下的最完整、未被破坏的野生自然区域——那些人类尚没有影响的最后真正的野生环境，在那里从来没有修建过任何田地、房屋、道路、管道或其他工业基础设施。《美国荒野法案》对"荒野"做了明确界定：自然力居主导地位，人到此只是短暂的来访，并不在此居留。荒野区主要受自然力影响，可提供娱乐机会，面积至少有 5 000 英亩（1 英亩 =0.4 hm²），荒野具有科学、历史、教育和观赏价值。在汉语中，荒野多指荒凉空旷而人迹罕至的野外。

实际上，荒野既不"荒"，也不"野"，是一种缺少人类文明印记而纯自然的存在。因此，我们认为，荒野是指在自然生态系统中，人迹罕至、相对独立的自然生态地域，其中包括未受人类文明干扰的野生自然区域，和被人类文明干扰后废弃的新自然区域，以及虽经人类文明改造依然长期自主发展的自然区域。同时，我们认为，荒野可以粗略看成是城市、城镇、乡村之外，人迹罕至的生态区域。

（二）荒野是人类生命共同体的重要组成部分

2002 年，国际保护组织指出，荒野为原生地占 70% 以上、面积大于 1 000 km²、每平方千米土地人数少于五人的地域。根据这个定义，目前世界上有 46% 的土地属于荒野范畴，主要分布在极地、雨林、沙漠和中亚的高原等人迹罕至的区域。中国是荒野景观大国，荒野总面积仅次于俄罗斯、加拿大和澳大利亚，位列世界前列，其中大部分荒野位于中西部，东部地区人居包围荒野，中西部地区荒野包围人居。

人与自然和谐共处，构成人类生命共同体。自然界是一个相互依存的系

统,人和各种生物的生存都要依靠自然生态系统。荒野是复杂、多样的生态系统,生物多样性的重要构成要素和载体。荒野是自然生态系统不可或缺的一环,荒野作为"环境生产力"的最重要的"生产车间",哺育了人类文明,涵养了生物多样性。因此,荒野是人类生命共同体极其重要的组成部分。

以美国学者利奥波德为代表的整体主义价值观,将共同体的完整、稳定和美被视为最高价值。他认为,一个事物,当它倾向于保护生命共同体的完整、稳定和美时,它就是正确的,反之它是错误的。因此,构建人类生命共同体,要正确认识并妥善处理好"城、乡、野"三者之间的关系。在城乡统筹协调发展的同时,注重原始荒野的保护和再野化区域的保护。概言之,在满足人的合理需求的同时,也体现出人对大自然的尊重。

(三)加快构建中国荒野法律保护体系

为保护原始荒野和保护再野化区域,守护人类环境文明的原生根基,应当建立科学全面的荒野保护体系。

在中国生态环境领域,为保护原始荒野和再野化区域,诸多专家、学者提出了自然保护地的概念,为中国荒野保护举起了一面鲜明的旗帜。对于什么是自然保护地?《生物多样性》公约的定义是:一个划定地理界限,为达到特定保护目标而指定或实行管制和管理的地区。世界保护联盟(IUCN)的定义为:一个明确界定的地理空间,通过法律及其他有效方式得到承认和进行管理,用以保护和维护生物多样性、自然及文化资源的土地或海洋。我国《建立国家公园体制总体方案》,将各类以自然特征为主的保护区统一称为自然保护地。由这些定义可见,能够称之为"自然保护地"的,一定是已经采取保护措施的。因此,"自然保护地"概念具有价值判断的属性,"荒野"概念更多具有事实判断的属性。

表面上"荒野"与"自然保护地"像是一枚硬币的两个面,事实上"荒野"与"自然保护地"具有因果关系,"荒野"是"因","自然保护地"是"果",只有"荒野"存在,才要保护"荒野",才要建立"自然保护地"。在此意义上,"荒野"是"自然保护地"的自然属性,"自然保护地"是"荒野"的社会属性。如果简单地将"自然保护地"等同于"荒野",则一部分"荒野"因非"自然保护地"而得不到应有的保护。因此,为实现中国城乡野的可持续发展,应当以"荒野"为保护对象,按照自然生态系统原真性、整体性、系统性、完整性及其内在规律,构建完备的自然保护法律体系,促进中国自然保护的良性发展。

二、中国城市的可持续发展

城市是人类利用和改造自然的产物。城市作为政治、经济、科技、文化和社会信息的中心,作为现代工业和人口集中的地域,在国家经济建设、增强综合国力方面发挥着重要作用。

(一)城市发展的现状和特点

中华人民共和国城市发展的历程可分为三个阶段。从 1949 年到 1960 年,全国城市总数由 136 个增加到 199 个,城镇人口总数由占全国人口总数的 10.6% 提高到 19.7%。从 1961 年到 1978 年,城市发展停滞,尽管全国人口由 6.6 亿增加至 9.6 亿,但城镇人口都徘徊在 17%~19% 之间。改革开放以来,伴随着工业化进程加速,中国城镇化取得了巨大成就,城市数量和规模都有了明显增长。截至 2019 年年末,全国设市城市 657 个,其中直辖市 4 个、地级市 293 个、县级市 360 个。城区面积 200 569.51 km²,其中建成区面积 60 312.45 km²,城市人口密度 2 613.34 人 /km²。城市城区户籍人口 4.03 亿人,暂住人口 0.74 亿人。中国城市发展呈现以下特点:

一是城市人口占总人口的 63.89%。世界上许多发达国家在 20 世纪 80 年代初期已达到高度城市化水平,城镇人口占全国人口的 80%~90%,其中的 70% 左右集中在 20 万人以下的小城市中,仅有约 30% 的人口居住在大中城市。而中国的情况恰恰相反,城市人口仅占总人口的 63.89% 左右,而城市人口的 80% 左右又集中在少数大中城市中,特别是集中在 100 万人口以上的特大城市中(占 40%),只有不到 20% 的城市人口居住在小城市中。

二是城市对全国 GNP 的贡献达 90%。目前,城市中固定资产原值占全国的 70% 以上,工业产值和利税占全国的 90%,社会商品零售总额占全国的 60%。城市在中国经济发展中处于稳定的主导地位。

三是东西部不平衡。目前,中国城市在东、中、西部的分布有明显的差异。东部沿海地带的 12 个省市中(占国土面积的 14.2%),分布着全国 40% 的城市,城市人口占全国城镇人口的 50%,工业总产值占全国 60%。这一地带经济、技术水平高,自我发展与完善能力强,城市化发展速度较快的地区。中部地带 9 省区占国土面积的 29.2%,分布着全国 1/3 的城镇和 1/3 的城市人口,工业产值也占全国的 30% 左右。概括地说,东、中部地区 43.4% 的国土上集中了全国 70% 以上的城镇和 80% 左右的城镇人口,工业总产值占全国的近 90%。而西部 9 省区,占国土面积的 56.6%,却仅分布着全国 20% 的城镇和 20% 的城镇人口,工业总产值只有全国的 10% 多一些。

按城市的规模,城区常住人口 50 万以下的城市为小城市,城区常住人口 50 万以上 100 万以下的城市为中等城市,城区常住人口 100 万以上 500 万以下的城市为大城市,城区常住人口 500 万以上 1 000 万以下的城市为特大城市,城区常住人口 1 000 万以上的城市为超大城市。截至 2019 年年末,中国超大城市 12 个,特大城市 22 个,大城市 47 个,中等城市 100 多个,小城市有 400 多个。

按城市功能和支柱产业的经济类划分,中国城市可分为以下几种类型:政治文教中心城市(如北京和一些省会城市),工商综合城市(如上海、天津等),重工业城市(如鞍山、包头等),轻工业城市(如苏州、丹东等),石油矿业城市(如大庆、克拉玛依、阜新、淮南等),港口城市(如威海、北海、湛江等),风景旅游城市(如桂林、黄山等)。这种分类方法比较粗略,有些城市可能同时兼有两种以上功能,比如既是政治文教中心城市,又是风景旅游城市。

(二) 城市可持续发展的制约因素

可持续发展一词所蕴含的思想,原本来自人类对人与自然的关系日益恶化的趋势所作的反思。通过深刻、痛苦的反思,人们终于认识到人类绝不能再以"大自然的主人"自居,更不应以自然为敌拼命追求对自然的"征服"。也就是说必须尽快改变自己的自然观、生存观和发展观,必须改变自己的生存方式与发展行为。

但在一段时间里,可持续发展被错误地理解为"继续"发展。这种认识上的错误引导得很多人花了很多时间与精力去研究如何将人类当前的"发展"持续下去的理论和方法。

对"城市可持续发展"一词的理解也一样,认识十分混乱。首先,一提"城市可持续发展",反映在人们头脑中的往往还是只剩下一个"城市发展"。而一提"城市发展",人们往往又习惯性地做如下的思考:人口数量增长到多少,市区的用地面积扩展到多少,GNP 或 GDP 增长到多少,特别是第二、第三产业的总产值分别增长到多少,财政、税收增加到多少,城市功能区划是否"先进",道路、住宅、上下水、电力、通信、商业点配置等城市基础设施建设是否令人满意,教育、医院等公共福利设施是否齐全,治安情况是否良好等。诚然,上述这些问题都是需要通过研究、制订规划并逐步实施的。但这些问题并不是"城市可持续发展"所应加以研究和回答的问题。

也就是说,城市可持续发展必须回答体现它的质的规定性的问题。比如:从根本上说,城市是一部分高度组织起来的人群聚居的特定地域,它与周边的农村(分散的居住地)以及其他城市应该如何联系在一起,形成一种结构,以促进人与自然的和谐、协同发展?城市内部应该如何组织,以使居住在城市中的人们生活、生产活动能更加符合人与自然和谐协同的内在需求,以及实际效果?

总之,城市可持续发展问题的实质是:过去的"城市",往往主要体现出处理人与人关系的需要,而今后的城市,又如何在此基础上体现和符合处理人与自然关系的需要。

(三) 城市可持续发展的四大关系

城市不是一个孤立的单元,而是一个开放的系统,是一个区域及国家可持续发展中的重要的链节。因此它与周围、上下及城市内部都有密切的联系,存在着许多关系。可以说城市可持续发展中存在的诸多问题都与这些关系没有得到妥善、正确处理有关。换言之,要实现城市可持续发展,首先必须处理好以下关系:

一是城市内部各要素之间的关系。城市是一个复杂的系统,内部存在着人口、社会、经济、环境等许多种要素,这些要素之间的关系所组成的结构形态和运行状态,对城市可持续发展有重大影响。因此必须协调好城市内部各要素之间的关系。

二是城市与其腹地(农村)之间的关系。城市一般是所在区域的政治、文化或经济中心,它与周边地区有密切的关系,特别是在资源方面,许多能源、原材料甚至生活生产用水,城市居民的生活必需品(粮食、蔬菜等)都要靠周边农村提供。同时,城市的商品也要流向周边地区,它的排泄物(废水、垃圾等)也要靠周边地区消纳。可以说,离开了腹地的支持城市是无法生存的,因此必须正确处理好城市及其支持腹地的关系。

三是城市与城市之间的关系。任何一个城市,其功能都不可能是万能的,它必须与其他城市建立一定的互补关系。因此,城市之间的交通、通信、经济文化协作等关系是城市可持续发展的必要条件,特别是大城市与中小城市、沿海城市与内地城市之间、重工业城市与轻工业城市之间,更需要加强相互间的联系,形成互通有无、优势互补的关系,以促进城市的可持续发展。

四是城市与上下行政单元的关系。城市作为一个行政单元,必然要和上、下级的行政单元发生各种关系。例如一个省辖市,它的上级是省政府,它的下级可能是十几个县(区)政府。正确处理好与上下级行政单元的关系,将直接影响城市的可持续发展。如果与上下级行政单元关系处理不好,就会限制甚至妨碍城市的可持续发展。

（四）提升城镇化发展质量

坚持走中国特色新型城镇化道路,深入推进以人为核心的新型城镇化战略,以城市群、都市圈为依托促进大中小城市和小城镇协调联动、特色化发展,使更多人民群众享有更高品质的城市生活。

第一,加快农业转移人口市民化。坚持存量优先、带动增量,统筹推进户籍制度改革和城镇基本公共服务常住人口全覆盖,健全农业转移人口市民化配套政策体系,加快推动农业转移人口全面融入城市。

一是深化户籍制度改革。放开放宽除个别超大城市外的落户限制,试行以经常居住地登记户口制度。全面取消城区常住人口 300 万以下的城市落户限制,确保外地与本地农业转移人口进城落户标准一视同仁。全面放宽城区常住人口 300 万至 500 万的 I 型大城市落户条件。完善城区常住人口 500 万以上的超大特大城市积分落户政策,精简积分项目,确保社会保险缴纳年限和居住年限分数占主要比例,鼓励取消年度落户名额限制。健全以居住证为载体、与居住年限等条件相挂钩的基本公共服务提供机制,鼓励地方政府提供更多基本公共服务和办事便利,提高居住证持有人城镇义务教育、住房保障等服务的实际享有水平。

二是健全农业转移人口市民化机制。完善财政转移支付与农业转移人口市民化挂钩相关政策,提高均衡性转移支付分配中常住人口折算比例,中央财政市民化奖励资金分配主要依据跨省落户人口数量确定。建立财政性建设资金对吸纳落户较多城市的基础设施投资补助机制,加大中央预算内投资支持力度。调整城镇建设用地年度指标分配依据,建立同吸纳农业转移人口落户数量和提供保障性住房规模挂钩机制。根据人口流动实际调整人口流入流出地区教师、医生等编制定额和基本公共服务设施布局。依法保障进城落户农民农村土地承包权、宅基地使用权、集体收益分配权,建立农村产权流转市场体系,健全农户"三权"市场化退出机制和配套政策。

第二,完善城镇化空间布局。发展壮大城市群和都市圈,分类引导大中小城市发展方向和建设重点,形成疏密有致、分工协作、功能完善的城镇化空间格局。

一是推动城市群一体化发展。以促进城市群发展为抓手,全面形成"两横三纵"城镇化战略格局。优化提升京津冀、长三角、珠三角、成渝、长江中游等城市群,发展壮大山东半岛、粤闽浙沿海、中原、关中平原、北部湾等城市群,培育发展哈长、辽中南、山西中部、黔中、滇中、呼包鄂榆[①]、兰州 – 西宁、宁夏沿黄、天山

---

① 呼包鄂榆地区:包括内蒙古自治区呼和浩特、包头、鄂尔多斯和陕西省榆林的部分地区。是 18 个国家重点开发区域之一。

北坡等城市群。建立健全城市群一体化协调发展机制和成本共担、利益共享机制,统筹推进基础设施协调布局、产业分工协作、公共服务共享、生态共建环境共治。优化城市群内部空间结构,构筑生态和安全屏障,形成多中心、多层级、多节点的网络型城市群。

二是建设现代化都市圈。依托辐射带动能力较强的中心城市,提高1小时通勤圈协同发展水平,培育发展一批同城化程度高的现代化都市圈。以城际铁路和市域(郊)铁路等轨道交通为骨干,打通各类"断头路""瓶颈路",推动市内市外交通有效衔接和轨道交通"四网融合",提高都市圈基础设施连接性贯通性。鼓励都市圈社保和落户积分互认、教育和医疗资源共享,推动科技创新券通兑通用、产业园区和科研平台合作共建。鼓励有条件的都市圈建立统一的规划委员会,实现规划统一编制、统一实施,探索推进土地、人口等统一管理。

三是优化提升超大特大城市中心城区功能。统筹兼顾经济、生活、生态、安全等多元需要,转变超大特大城市开发建设方式,加强超大特大城市治理中的风险防控,促进高质量、可持续发展。有序疏解中心城区一般性制造业、区域性物流基地、专业市场等功能和设施,以及过度集中的医疗和高等教育等公共服务资源,合理降低开发强度和人口密度。增强全球资源配置、科技创新策源、高端产业引领功能,率先形成以现代服务业为主体、先进制造业为支撑的产业结构,提升综合能级与国际竞争力。坚持产城融合,完善郊区新城功能,实现多中心、组团式发展。

四是完善大中城市宜居宜业功能。充分利用综合成本相对较低的优势,主动承接超大特大城市产业转移和功能疏解,夯实实体经济发展基础。立足特色资源和产业基础,确立制造业差异化定位,推动制造业规模化集群化发展,因地制宜建设先进制造业基地、商贸物流中心和区域专业服务中心。优化市政公用设施布局和功能,支持三级医院和高等院校在大中城市布局,增加文化体育资源供给,营造现代时尚的消费场景,提升城市生活品质。

五是推进以县城为重要载体的城镇化建设。加快县城补短板强弱项,推进公共服务、环境卫生、市政公用、产业配套等设施提级扩能,增强综合承载能力和治理能力。支持东部地区基础较好的县城建设,重点支持中西部和东北城镇化地区县城建设,合理支持农产品主产区、重点生态功能区县城建设。健全县城建设投融资机制,更好发挥财政性资金作用,引导金融资本和社会资本加大投入力度。稳步有序推动符合条件的县和镇区常住人口20万以上的特大镇设市。按照区位条件、资源禀赋和发展基础,因地制宜发展小城镇,促进特色小镇规范健康发展。

第三,全面提升城市品质。加快转变城市发展方式,统筹城市规划建设管理,实施城市更新行动,推动城市空间结构优化和品质提升。

一是转变城市发展方式。按照资源环境承载能力合理确定城市规模和空间结构,统筹安排城市建设、产业发展、生态涵养、基础设施和公共服务。推行功能复合、立体开发、公交导向的集约紧凑型发展模式,统筹地上地下空间利用,增加绿化节点和公共开敞空间,新建住宅推广街区制。推行城市设计和风貌管控,落实适用、经济、绿色、美观的新时期建筑方针,加强新建高层建筑管控。加快推进城市更新,改造提升老旧小区、老旧厂区、老旧街区和城中村等存量片区功能,推进老旧楼宇改造,积极扩建新建停车场、充电桩。

二是推进新型城市建设。顺应城市发展新理念新趋势,开展城市现代化试点示范,建设宜居、创新、智慧、绿色、人文、韧性城市。提升城市智慧化水平,推行城市楼宇、公共空间、地下管网等"一张图"数字化管理和城市运行一网统管。科学规划布局城市绿环绿廊绿楔绿道,推进生态修复和功能完善工程,优先发展城市公共交通,建设自行车道、步行道等慢行网络,发展智能建造,推广绿色建材、装配式建筑和钢结构住宅,建设低碳城市。保护和延续城市文脉,杜绝大拆大建,让城市留下记忆、让居民记住乡愁。建设源头减排、蓄排结合、排涝除险、超标应急的城市防洪排涝体系,推动城市内涝治理取得明显成效。增强公共设施应对风暴、干旱和地质灾害的能力,完善公共设施和建筑应急避难功能。加强无障碍环境建设。拓展城市建设资金来源渠道,建立期限匹配、渠道多元、财务可持续的融资机制。

三是提高城市治理水平。坚持党建引领、重心下移、科技赋能,不断提升城市治理科学化精细化智能化水平,推进市域社会治理现代化。改革完善城市管理体制。推广"街乡吹哨、部门报到、接诉即办"等基层管理机制经验,推动资源、管理、服务向街道社区下沉,加快建设现代社区。运用数字技术推动城市管理手段、管理模式、管理理念创新,精准高效满足群众需求。加强物业服务监管,提高物业服务覆盖率、服务质量和标准化水平。

四是完善住房市场体系和住房保障体系。坚持房子是用来住的、不是用来炒的定位,加快建立多主体供给、多渠道保障、租购并举的住房制度,让全体人民住有所居、职住平衡。坚持因地制宜、多策并举,夯实城市政府主体责任,稳定地价、房价和预期。建立住房和土地联动机制,加强房地产金融调控,发挥住房税收调节作用,支持合理自住需求,遏制投资投机性需求。加快培育和发展住房租赁市场,有效盘活存量住房资源,有力有序扩大城市租赁住房供给,完善长租房政策,逐步使租购住房在享受公共服务上具有同等权利。加快住房租赁法规建设,加强租赁市场监管,保障承租人和出租人合法权益。有效增加保障性住房供给,完善住房保障基础性制度和支持政策。以人口流入多、房价高的城市为重点,扩大保障性租赁住房供给,着力解决困难群体和新市民住房问题。单列租赁住房用地计划,探索利用集体建设用地和企事业单位自有闲置土地建设租赁住房,支持将非住宅房屋改建为保障性租赁住房。完善土地出让收入分配机制,加大财税、金融支持力度。因地制宜发展共有产权住房。处理好基本保障和非基本保障的关系,完善住房保障方式,健全保障对象、准入门槛、退出管理等政策。改革完善住房公积金制度,健全缴存、使用、管理和运行机制。

三、中国乡村的可持续发展

中国是一个传统农业的大国,农业生产活动的历史可上溯到一万年前。农村是中国重要的社会区域、经济区域,也是各种自然资源、自然生态系统集中的地方。农业和农村的可持续发展,直接影响着全国人民生活质量的改善和提高,也关系到国民经济发展全局和中国社会主义现代化建设的进程,是中国可持续发展的根本保证。

(一)乡村发展的现状与特点

一是中国农村幅员广阔、人口偏少。同城市相比,中国农村地域广阔,在 $960 \times 10^4 \ km^2$ 的国土面积上,除了城市、大型工矿区和人迹罕至的特殊地带外都是农村。根据第七次全国人口普查数据,中国农村人口占全国人口总数的 36.11%。

二是经济相对落后,农民生活水平不高。中共十一届三中全会前后,中国农村实行了以家庭联产承包责任制为中心的改革,农民生产积极性得到解放,农业生产结构有所改善,乡镇企业迅速发展,农民生活水平有了较大的提高。但从总体上来说,无论同国外相比,还是同国内城市相比,中国农村仍属于经济欠发达地区,与城市的差距仍然很大。

三是中国农村的经济在地域上极不平衡。由于中国地域广阔,各地自然条件、交通条件相差很大,致使农村经济发展的地域不平衡性十分明显。在东部沿海地区,尤其是长江三角洲和珠江三角洲,由于自然条件较好,水资源丰富,光热充足,加上近年来乡镇企业发达,农村经济发展十分迅速,农民生活水平较高。而中、西部地区的不少地方,由于自然条件恶劣,水资源短缺,水土流失严重,农村经济十分落后,农民生活贫困。

四是中国农村生态环境形势严峻。由于中国人口多,经济活动总量大,又处在高速发展阶段,经济规模不断扩大,物质消耗日益上升,严重地存在着过度或不适当开发利用自然资源,人为破坏生态环境,以及工业、城市污染蔓延到农村的情况,使农村生态环境面临耕地不断减少,水土流失、沙漠化,森林、草原资源的破坏,土壤质量下降,化肥、农药过量使用,乡镇企业的污染等许多问题。中国农村生态环境的形势不容乐观。

(二) 乡村可持续发展的制约因素

一是农村人口数量大,素质不高。中国农村人口数量多,虽然实行计划生育后有所控制,但出生率仍高于城市。由于历史的和现实的原因,中国农村人口的文化、科技素质较差,许多地区连初中文化以上的人口比例都不高,文盲、半文盲依然很多。随着农村经济发展,农村劳动力将日益过剩,因此人口素质将是限制农村可持续发展的重要因素。

二是农业自然资源短缺,配置不合理。中国国土面积虽大,但耕地面积少,人均占有耕地不足一公顷,远远低于世界人均耕地水平。耕地质量也较差,土壤的有机质含量水平已降到 1%,远低于欧美国家 2.5%~4% 的水平。水资源的人均水平也远低于世界人均水平。特别是由于受季风气候的强烈影响,降水时空分布不平衡,水土组合错位,对中国农业生产的稳定形成严重威胁。另外,中国南方人口占全国 58%,耕地只有全国的 42%,水资源却占全国的 80%。而北方人口占全国的 42%,耕地占全国的 58%,水资源量却仅占 20%,不少地区尤其是西北地区农业仍需"靠天吃饭"。从全国各地来看,水土匹配状况差异悬殊,水多地少,水少地多的情况比比皆是。此外,气候资源(光、热、降水、无霜期等)和生物资源(森林、草原、动植物)也存在着明显的地区差异。

三是生态环境基础脆翡,抵御自然灾害能力差。中国的生态脆弱区几乎都集中在农村,如城乡交错地带、农牧交错地带、沙漠草原交错地带、水土流失严重地带等。另外,由于人为原因造成的生态系统破坏、退化及农村环境污染还在不断加剧,使得农村生态环境基础日益脆弱,抵抗自然灾害的能力进一步降低。目前,中国已成为世界上遭受自然灾害最严重的国家之一。1949 年以后,中国旱涝灾害面积和损失不断扩大。在一般年景,中国每年因灾少收粮食约 200 亿千克,倒塌房屋 300 多万间,直接经济损失 500 多亿元,大灾年损失更大,1998 年特大洪水损失达 3 000 多亿元。根据对中国自然灾害的综合研究,21 世纪以来中国进入了自然灾害更加频繁的时期,已经历多次大旱、大水、大震等群灾。这是一个值得特别注意的特点。

四是对农业的资金投入少,农业科学技术水平低。国家迄今为止对农业和农村的资金投入仍不充足,使农村的基本建设发展缓慢,许多偏远农村至今交通闭塞,电力通信不通,农田水利设施落后,一些地区还沿用着几千年来传统的耕作方式,大部分农田还处于畜力耕种和手工操作状态。由于农民缺少科学文化知识及农村工作困难,致使先进的农业科学技术得不到传播和推广,与先进国家的差距越来越大,这些都严重制约了中国农业经济和农村的可持续发展。

(三) 全面推进乡村振兴

走中国特色社会主义乡村振兴道路,全面实施乡村振兴战略,强化以工补农、以城带乡,推动形成工农互促、城乡互补、协调发展、共同繁荣的新型工农城乡关系,加快农业农村现代化。

第一,提高农业质量效益和竞争力。持续强化农业基础地位,深化农业供给侧结构性改革,强化质量导向,推动乡村产业振兴。

一是增强农业综合生产能力。夯实粮食生产能力基础,保障粮、棉、油、糖、肉、奶等重要农产品供给安全。坚持最严格的耕地保护制度,强化耕地数量保护和质量提升,严守 18 亿亩 ① 耕地红线,遏制耕地"非农化"、防止"非粮化",规范耕地占补平衡,严禁占优补劣、占水田补旱地。以粮食生产功能区和重要农产品生产保护区为重点,建设国家粮食安全产业带,实施高标准农田建设工程,建成 10.75 亿亩集中连片高标准农田。实施黑土地保护工程,加强东北黑土地保护和地力恢复。推进大中型灌区节水改造和精细化管理,建设节水灌溉骨干工程,同步推进水价综合改革。加强大中型、智能化、复合型农业机械研发应用,农作物耕种收综合机械化率提高到 75%。加强种质资源保护利用和种子库建设,确保种源安全。加强农业良种技术攻关,有序推进生物育种产业化应用,培育具有国际竞争力的种业龙头企业。完善农业科技创新体系,创新农技推广服务方式,建设智慧农业。加强动物防疫和农作物病虫害防治,强化农业气象服务。

二是深化农业结构调整。优化农业生产布局,建设优势农产品产业带和特色农产品优势区。推进粮经饲统筹、农林牧渔协调,优化种植业结构,大力发展现代畜牧业,促进水产生态健康养殖。积极发展设施农业,因地制宜发展林果业。深入推进优质粮食工程。推进农业绿色转型,加强产地环境保护治理,发展节水农业和旱作农业,深入实施农药化肥减量行动,治理农膜污染,提升农膜回收利用率,推进秸秆综合利用和畜禽粪污资源化利用。完善绿色农业标准体系,加强绿色食品、有机农产品和地理标志农产品认证管理。强化全过程农产品质量安全监管,健全追溯体系。建设现代农业产业园区和农业现代化示范区。

---

① 1 亩 =0.066 7 hm²

三是丰富乡村经济业态。发展县域经济,推进农村一二三产业融合发展,延长农业产业链条,发展各具特色的现代乡村富民产业。推动种养加结合和产业链再造,提高农产品加工业和农业生产性服务业发展水平,壮大休闲农业、乡村旅游、民宿经济等特色产业。加强农产品仓储保鲜和冷链物流设施建设,健全农村产权交易、商贸流通、检验检测认证等平台和智能标准厂房等设施,引导农村二、三产业集聚发展。完善利益联结机制,通过"资源变资产、资金变股金、农民变股东",让农民更多分享产业增值收益。

第二,实施乡村建设行动。把乡村建设摆在社会主义现代化建设的重要位置,优化生产生活生态空间,持续改善村容村貌和人居环境,建设美丽宜居乡村。

一是强化乡村建设的规划引领。统筹县域城镇和村庄规划建设,通盘考虑土地利用、产业发展、居民点建设、人居环境整治、生态保护、防灾减灾和历史文化传承。科学编制县域村庄布局规划,因地制宜、分类推进村庄建设,规范开展全域土地综合整治,保护传统村落、民族村寨和乡村风貌,严禁随意撤并村庄搞大社区、违背农民意愿大拆大建。优化布局乡村生活空间,严格保护农业生产空间和乡村生态空间,科学划定养殖业适养、限养、禁养区域。鼓励有条件地区编制实用性村庄规划。

二是提升乡村基础设施和公共服务水平。以县域为基本单元推进城乡融合发展,强化县城综合服务能力和乡镇服务农民功能。健全城乡基础设施统一规划、统一建设、统一管护机制,推动市政公用设施向郊区乡村和规模较大中心镇延伸,完善乡村水、电、路、气、邮政通信、广播电视、物流等基础设施,提升农房建设质量。推进城乡基本公共服务标准统一、制度并轨,增加农村教育、医疗、养老、文化等服务供给,推进县域内教师医生交流轮岗,鼓励社会力量兴办农村公益事业。提高农民科技文化素质,推动乡村人才振兴。

三是改善农村人居环境。开展农村人居环境整治提升行动,稳步解决"垃圾围村"和乡村黑臭水体等突出环境问题。推进农村生活垃圾就地分类和资源化利用,以乡镇政府驻地和中心村为重点梯次推进农村生活污水治理。支持因地制宜推进农村厕所革命。推进农村水系综合整治。深入开展村庄清洁和绿化行动,实现村庄公共空间及庭院房屋、村庄周边干净整洁。

第三,健全城乡融合发展体制机制。建立健全城乡要素平等交换、双向流动政策体系,促进要素更多向乡村流动,增强农业农村发展活力。

一是深化农业农村改革。巩固完善农村基本经营制度,落实第二轮土地承包到期后再延长 30 年政策,完善农村承包地所有权、承包权、经营权分置制度,进一步放活经营权。发展多种形式适度规模经营,加快培育家庭农场、农民合作社等新型农业经营主体,健全农业专业化社会化服务体系,实现小农户和现代农业有机衔接。深化农村宅基地制度改革试点,加快房地一体的宅基地确权颁证,探索宅基地所有权、资格权、使用权分置实现形式。积极探索实施农村集体经营性建设用地入市制度。允许农村集体在农民自愿前提下,依法把有偿收回的闲置宅基地、废弃的集体公益性建设用地转变为集体经营性建设用地入市。建立土地征收公共利益认定机制,缩小土地征收范围。深化农村集体产权制度改革,完善产权权能,将经营性资产量化到集体经济组织成员,发展壮大新型农村集体经济。切实减轻村级组织负担。发挥国家城乡融合发展试验区、农村改革试验区示范带动作用。

二是加强农业农村发展要素保障。健全农业农村投入保障制度,加大中央财政转移支付、土地出让收入、地方政府债券支持农业农村力度。健全农业支持保护制度,完善粮食主产区利益补偿机制,构建新型农业补贴政策体系,完善粮食最低收购价政策。深化供销合作社改革。完善农村用地保障机制,保障设施农业和乡村产业发展合理用地需求。健全农村金融服务体系,完善金融支农激励机制,扩大农村资产抵押担保融资范围,发展农业保险。允许入乡就业创业人员在原籍地或就业创业地落户并享受相关权益,建立科研人员入乡兼职兼薪和离岗创业制度。

第四,实现巩固拓展脱贫攻坚成果同乡村振兴有效衔接。建立完善农村低收入人口和欠发达地区帮扶机制,保持主要帮扶政策和财政投入力度总体稳定,接续推进脱贫地区发展。

一是巩固提升脱贫攻坚成果。严格落实"摘帽不摘责任、摘帽不摘政策、摘帽不摘帮扶、摘帽不摘监管"要求,建立健全巩固拓展脱贫攻坚成果长效机制。健全防止返贫动态监测和精准帮扶机制,对易返贫致贫人口实施常态化监测,建立健全快速发现和响应机制,分层分类及时纳入帮扶政策范围。完善农村社会保障和救助制度,健全农村低收入人口常态化帮扶机制。对脱贫地区继续实施城乡建设用地增减挂钩节余指标省内交易政策、调整完善跨省域交易政策。加强扶贫项目资金资产管理和监督,推动特色产业可持续发展。推广以工代赈方式,带动低收入人口就地就近就业。做好易地扶贫搬迁后续帮扶,加强大型搬迁安置区新型城镇化建设。

二是提升脱贫地区整体发展水平。实施脱贫地区特色种养业提升行动,广泛开展农产品产销对接活动,深化拓展消费帮扶。在西部地区脱贫县中集中支持一批乡村振兴重点帮扶县,从财政、金融、土地、人才、基础设施、公共服务等方面给予集中支持,增强其巩固脱贫成果及内生发展能力。坚持和完善东西部协作和对口支援、中央单位定点帮扶、社会力量参与帮扶等机制,调整优化东西部协作结对帮扶关系和帮扶方式,强化产业合作和劳务协作。

第二节　中国的区域可持续发展

一、中国沿海地区的可持续发展

(一)中国沿海地区的基本情况

中国沿海省、市和自治区有：辽宁、天津、河北、山东、上海、江苏、浙江、福建、广东、广西和海南，北京虽不沿海，但距海较近，且为中国政治文化中心，也将其列入沿海地区。这样，共包括 12 个省级行政区(不包括台湾省和港、澳特别行政区)。中国沿海地区面积 130.12×10⁴ km²，占国土总面积的 13.55%，地区人口约占全国人口总数的 41.24%。中国沿海地区人口稠密，是中国经济、社会、科技、教育比较发达的地区，也是中国对外开放的窗口，在中国可持续发展战略中具有举足轻重的地位。

(二)中国沿海地区可持续发展能力分析

第一，生存资源能力。

生存资源指那些与生存直接相关，并能直接开发利用的资源，包括耕地资源、水资源、矿产资源和气候资源等。

中国沿海地区耕地总面积 45 422 万亩，占全国耕地总面积的 31.7%，人均耕地面积 1.3 亩，远少于全国平均数和中西部地区人均面积(2.1 亩)。北京、上海、浙江、福建人均耕地面积均不足 1 亩，且由于工业化、城市化的加速对耕地的鲸吞蚕食，耕地面积还在不断减少。因此人口与耕地的矛盾十分尖锐。从耕地质量来看，沿海地区一、二等耕地所占比例较高，除河北、广西、海南外，其他省份一、二等耕地所占比例都在 80% 以上。

沿海地区水资源总量约占全国水资源总量的 26.1%，单位面积水资源量为每平方千米 57.04×10⁴ km³，远高于中西部地区每平方千米 24×10⁴ km³。但从整体上看，存在着明显的南多北少的倾向。两广、海南、福建、浙江、上海、江苏单位面积水资源比较丰富，而北京、天津、河北、辽宁、山东单位面积水资源较少，广东每平方千米水量为 102×10⁴ km³，为全国之首。

选取 ≥ 10℃ 的积温、多年平均降雨量、无霜期日数、光合有效辐射量、干燥度指数等为参数计算的各地的气候资源指数，其中海南、广东、广西、福建、浙江等省位居前列,其余省份位居全国中等水平。总的来说,沿海地区气候资源条件较好,但也存在着降雨集中,台风、暴雨等不利的气候因素。

地表的起伏,影响着地表物质的侵蚀、搬运、堆积等过程,它不仅影响着一个地区的生态环境的脆弱程度,也影响着这一地区的农业生产、基础设施修建与维护、交通运输等人类生产、生活活动。中国沿海地区地形较平坦,起伏度较小。以地形起伏度指数来衡量,上海、天津、江苏、北京、山东、辽宁等省(市)指数较高,即起伏度相对较小。

以45种主要矿产工业储量的潜在价值为指标,沿海地区总量为9 135.02亿元,仅占全国的16.6%,其中除河北、辽宁、江苏矿产储量潜在价值较高(超过2 000亿元)外,其他省(市)矿产储量潜在价值均不太高。

第二,经济发展水平。

区域经济发展水平是用以对区域已经达到的发展程度定量描述的指标。区域经济发展水平用人均GDP、人均消费水平和生产能力、实物基础、基础设施、经济强度综合得出。沿海地区除广西外,其余11个省(市)居于国内前11名。

第三,社会支持能力。

可持续发展不仅需要自然的、经济的支持,也需要社会的支持。这里把社会文明程度(由健康水平、教育程度和生活质量组成)、社会安全能力(由生活质量指数、社会公平指数,社会稳定指数和社会保障指数组成)、社会进步动力(由社会效能指数和创造能力指数组成)、区域教育能力(由教育投入、教育质量、教育规模组成)、区域科技综合实力(由科技资源指数、科技产出指数、科技贡献指数组成)和区域管理能力(由政府效率指数、经社调控指数、环境管理指数组成)等作为指标来表述各地区的可持续发展的社会支持能力。总体来说,沿海地区的社会支持能力强于中西部地区,但各省(市)之间也有明显差异,北京、上海、天津三个直辖市的社会文明程度、安全能力、进步动力远远高于其他省(区),广西、海南这三项指标较低。上海、北京、天津、广东、山东、辽宁、江苏的区域教育能力较强;北京、上海、江苏、广东、辽宁、天津的科技综合实力较强;在区域管理能力方面,上海、辽宁、北京位于全国前三名,天津、广东分别位列第六名和第九名,海南由于建省较晚,区域管理能力相对较弱。

第四,生态环境水平。

区域生态水平,以水土流失指数(水土流失率、水土流失强度)、气候变异指数(干燥度指数、受灾率)和地理脆弱指数(地震灾害频率、地形起伏度指数)综合表示区域生态水平,沿海地区总体上要好于中西部地区,其中上海、天津、浙江、北京、海南、江苏、福建较好,河北、广西、辽宁等省略差,如表8.1所示。

表 8.1　沿海地区生态与环境水平

地区	森林覆盖率/%	荒漠化率/%	水土流失率/%	生态水平/%	环境水平/%	抗逆水平/%	环境支持能力/%
北京	14.99	0.54	39.55	41.8	23.3	61.8	42.3
天津	7.47	1.58	4.66	50.9	28.8	73.7	51.1
河北	13.35	34.07	37.20	27.0	48.4	69.6	48.3
辽宁	26.89	7.19	36.98	32.4	30.3	74.3	45.7
上海	2.47	0.00	0.00	94.6	12.3	49.5	52.1
江苏	4.09	0.00	10.20	38.4	51.2	65.9	51.8
浙江	42.99	0.00	24.94	42.6	55.4	74.5	57.5
福建	50.60	0.00	13.69	34.9	62.4	64.0	53.8
山东	10.70	12.21	33.17	33.5	49.5	62.4	48.5
广东	36.78	0.00	7.20	32.9	56.1	76.9	55.3
广西	25.34	0.00	7.56	29.9	60.5	70.9	53.8
海南	31.27	4.26	1.03	40.5	72.0	72.2	61.6

区域环境水平,主要指污染物对大气、水、土壤等环境系统的危害程度,其影响要素主要为:排放密度指数(单位国土面积废气、废水、固体废物排放量)、人均负荷指数(人均废水、废气、固体废物量)和大气污染指数(CO_2、SO_2、烟尘排放量)。沿海地区由于经济比较发达,工业化、城市化水平较高,加上近年来乡镇企业的迅速发展,致使沿海地区污染物排放量和排放密度较大,区域环境水平比中西部地区低,其中上海、北京、天津三个大城市环境指数最低,辽宁是中国重工业基地,污染状况也比较严重。海南的区域环境水平在本区是最好的,其次为福建和广西。

区域抗逆水平,表现为人类保护环境和自然自净能力对生态灾害的抗衡能力,其影响因素有:区域治理指数(废水、废气、固体废物的处理率)和地表保护指数(森林覆盖率、自然保护区)。沿海地区的区域抗逆水平总体上略高于中西部地区,其中海南、广东、广西、浙江、天津的抗逆水平较高,而上海的抗逆水平在本区最低。

区域环境支持能力,将区域生态水平、区域环境水平和区域抗逆水平综合为区域环境支持能力,总体上沿海地区的区域环境支持能力与中部地区相近,而高于西部地区,但支持能力不高。环境支持能力较高的省区有:海南、浙江、广东、广西和福建,北京、河北、辽宁、山东环境支持能力较低。环境支持能力不高说明由于环境污染和生态破坏及抗逆能力不足,致使环境与发展不协调。

（三）中国沿海地区可持续发展的优势与不利因素

通过以上对沿海地区基本情况及可持续发展支持能力的分析,可以明显地看出沿海地区可持续发展的优势与不足:

第一,可持续发展的优势。

一是区位优势和地形优势。沿海地区地处中国东南沿海,距海洋较近,对外贸易、交通便利,利于发展经济。地势相对平坦,地形起伏度小,有利于生产、生活活动和水土保持;二是水资源和气候资源优势。沿海地区相对于中西部地区水资源比较丰富,降雨量较大,气候温暖、光热充足,有利于农业生产;三是经济基础优势。沿海地区经济基础比较雄厚,无论实物基础、基础设施、经济强度、生产能力等都远高于中西部地区,为可持续发展提供了良好的经济基础;四是社会文明优势。沿海地区的社会文明程度、区域教育能力和科技综合实力也都高于中西部地区,这些也是可持续发展的重要支持;五是生态水平优势。沿海地区的区域可持续发展优势总体上好于中西部地区,如表 8.2 所示。

表 8.2　沿海地区社会、教育、科技与管理能力

地区	社会文明程度 /%	社会安全能力 /%	社会进步动力 /%	区域教育能力 /%	科技综合实力 /%	科技实力排序	区域管理能力排序
北京	89.0	83.6	98.06	65.1	82.5	1	3
天津	79.0	66.5	80.14	51.5	37.6	8	6
河北	41.3	55.9	44.96	35.7	24.9	20	13
辽宁	58.1	62.5	61.98	44.7	41.6	6	2
上海	95.3	69.3	94.72	67.9	55.8	2	1
江苏	52.5	66.7	54.99	43.1	44.9	4	11
浙江	53.8	65.4	53.39	36.0	32.7	11	16
福建	39.6	53.7	34.99	40.6	21.5	25	14
山东	46.5	58.7	43.75	44.9	35.4	10	10
广东	52.6	54.2	46.34	53.5	39.1	7	9
广西	32.6	36.5	28.13	30.5	24.8	21	12
海南	37.5	45.2	29.98	36.0	28.3	15	28

第二,可持续发展的不利因素。

一是耕地资源不足。沿海地区人口密度大,人均耕地占有数少,是发展农业的不利因素;二是矿产资源不足。沿海地区矿产资源相对不足,特别是能源短缺,需要从区域外大量运进,增加了生产成本,是经济发展的制约因素;三是

环境状况恶化。由于人口稠密、经济强度高、环境容量小以及环境治理不力等原因,沿海地区的大气污染、水体污染都十分严重,局部地区还在继续恶化,给人民生活、身体健康和经济发展造成不利影响,也是可持续发展的不利因素;四是产业结构不够合理。由于历史原因造成的产业结构不合理状况依然存在,第一、二产业比重较大,第三产业比重较小,新兴的高技术信息产业还未形成规模,由此造成的农村劳动力过剩问题也未得到妥善解决。

(四)中国沿海地区可持续发展的对策与行动

根据对沿海地区基本情况、可持续发展能力、优势与不利因素的分析,为使该地区的社会、经济可持续发展,应采取以下对策与行动:

一是建立可持续发展试验区。改革开放以来,沿海地区利用区位优势,经济发展速度较快,某些特区已成为改革开放的排头兵。在沿海地区,可选择各方面条件较好的城市、农村,建立可持续发展试验区,在试验区内通过制定科学合理的社会、经济发展规划,调整产业结构,处理好发展与环境的关系,加大科技、教育的投入,在可持续发展方面先行一步,创造出可供推广的经验。目前,在有的城市内已开展此项工作,并已初见成效。

二是调整、重建产业结构。沿海地区的产业目前仍以一般加工业和劳动密集型为主,不仅附加值不高,而且造成环境问题。随着知识经济时代的到来以及沿海地区资本的积累,应当进一步向高技术和知识密集型的高附加值产业过渡,提高产品档次,参与国际市场竞争,特别应发展信息产业和环保产业在第一、二、三产业的比重上也应有所调整,加大第三产业的比重。通过产业结构的调整和重建,增强可持续发展的经济实力,提高人口的科技文化素质,缓解环境问题的压力。

三是建立资源节约型的经济体系。针对沿海地区人口密集,土地资源和能源、矿产资源短缺的实际情况,在各个行业中都应当节约和合理使用资源。在农业中要节水、节地、节约肥料,在工业上要节能、节材,在交通运输上要节约运力,在居民生活方式上要提倡适度消费、勤俭节约。只有如此,才能保证经济的可持续发展。

四是加强环境管理与监督。针对沿海地区环境污染严重、环境问题突出的现状,应进一步严格加强环境管理,加大监督力度,在工业企业和乡镇企业开展清洁生产,在城市加强环境综合治理,在农村控制面源污染,同时应建立环境预警和应急处理系统,一旦出现环境突发事件能够发出警报并及时处理。

五是加强农村和小城镇的规划与建设。沿海地区的农村和小城镇近年来发展很快,农民与居民居住、生活条件有了较大改善,但有些地区规划不够合理,配套基础设施(如交通、通信、给排水、供气供暖等设施)不完善,污水处理、垃圾处理设施更跟不上。应当加强对农村和小城镇的规划与建设,使之成为生活舒适、环境优美的居住区。提高农民、小城镇居民的生活质量,保障人民身体健康,有利于广大农村和小城镇的可持续发展。

二、中国中西部地区的可持续发展

(一) 中西部地区的基本情况

中国中部地区包括:山西、内蒙古、吉林、黑龙江、安徽、江西、河南、湖北、湖南 9 个省(自治区),土地面积 284.23×10^4 km²,占国土总面积的 29.59%,人口 42 994 万(1995 年统计数字)。占全国人口(不含台湾省和港、澳特别行政区)的 35.75%。中国西部地区包括:重庆、四川、贵州、云南、西藏、陕西、甘肃、青海、宁夏、新疆等十个省、直辖市、自治区,土地面积 546.19×10^4 km²,占国土总面积的 56.86%,人口 27 670 万人,占全国人口(不含台湾省)的 23.01%。中部和西部地区合称中西部地区,总面积为 830.42×10^4 km²,占全国总面积的 86.45%。总人口 70 664 万人,占全国总人口的 58.76%。与沿海地区相比,中西部地区地域辽阔,人口密度较低,经济、社会、科技、教育等方面欠发达,与邻国有漫长的边界线,在可持续发展战略中具有重要的地位。

(二) 中西部地区可持续发展能力分析

第一,生存资源能力。

一是耕地资源。中西部地区耕地总面积 $6\ 518 \times 10^4$ hm²,占全国耕地总面积的 68.3%,人均耕地面积 0.14 hm²,但各省(区)之间很不平衡,黑龙江和内蒙古人均耕地高达 0.33 hm²,湖南、江西、湖北、贵州、四川、河南等省只有 0.067~0.10 hm²,甘肃、宁夏、新疆、吉林都在 0.2 hm² 以上。但耕地质量总体上不高,青海、宁夏、甘肃、陕西、山西的一、二等地所占比例都不足 50%,四川的一、二等地比例为 50.33%,西藏、贵州的一、二等地为 60% 左右,只有黑龙江、吉林、湖北、湖南耕地的质量较好。

二是水资源。中西部地区水资源总量占全国水资源总量的 73.9%,但单位面积水资源仅为每平方千米 24.2 万 m³,远小于沿海地区每平方千米 57 万 m³,而且分布也极不均衡,江西、湖南、贵州、云南、湖北、四川的水资源比较丰富,单位面积水资源都在每万立方米 50 万 m³ 以上,而宁夏、内蒙古、新疆、甘肃、青海、山西的水资源都十分匮乏,每平方千米不足 10 万 m³,其中宁夏的单位面积水资源仅每平方千米 1.9 万 m³。四川、湖北省丰富的水资源是中国水利电力事业发展的重要基础(如葛洲坝、三峡水利工程),而西北地区及山西、内蒙古的水资源贫乏,则是该区域农业及国民经济发展的严重制约因素。

三是气候资源。从气候资源指数来看,中西部地区也低于沿海地区,其中宁夏、新疆、黑龙江、甘肃、吉林、内蒙古、山西的气候资源指数较低,主要是由于年降雨量少、年积温低。江西、贵州、云南、湖南、四川的气候资源指数较高,其他省(区)处于中等水平。中西部地区是中国自然灾害发生的重点地区,北部诸省份主要灾害是干旱、霜冻、风灾等,南部诸省份主要灾害是洪水、雨涝。

四是地形起伏度。中西部地区的地形起伏度远高于沿海地区,以地形起伏度指数来衡量,只有安徽、黑龙江、吉林、河南处于中等水平(35.98~41.94),内蒙古、江西、湖北、湖南、山西、宁夏、陕西的地形起伏度指数在 20~30 之间,西藏、四川、云南、贵州、青海、新疆、甘肃的地形起伏度指数都在 20 以下,也就是起伏度较大,其中西藏、四川、云南的起伏度最大。地形起伏度大,给当地发展农业、交通及生活都带来很大困难。

五是矿产资源。中西部地区是中国各种矿产资源的主要分布区域,资源种类和储量优势非常明显,且中西部两大区域的优势矿种各不相同,西部以钾盐、石棉、铜、钒、钛、汞、锂、镍、铂族金属等最为突出,已探明储量均占全国 80%以上。中部以煤炭、石油、铝土、稀土、钨、铋、珍珠岩、天然碱、石灰岩等最为突出。中西部地区矿产资源种类齐全,开发潜力大。四川、山西的矿产资源储量潜在价值位于全国之首,超过 1 万亿元,以下为内蒙古、云南、黑龙江、河南、安徽、贵州、陕西、湖南(1 000 亿 ~5 000 亿元)。中部地区矿产储量潜在价值占全国的46.72%,西部地区占全国的 36.65%,中西部地区合计占全国的 83.37%。

第二,经济发展水平。

中西部地区的经济发展水平总体上低于沿海地区,西部地区的经济发展水平最低,中部地区略高于西部地区。以经济发展水平得分排序,吉林、新疆、湖北、山西、安徽、黑龙江、河南分别居全国第 12、13、14、15、16、18、19 位,处于中等水平。宁夏、江西、内蒙古、陕西、湖南、四川、青海、甘肃、云南、西藏、贵州分列第20~30 位,处于下游水平。

第三,社会支持能力。

中西部地区可持续发展的社会支持能力低于沿海地区。从社会文明程度、社会安全能力和社会进步动力三项指标看,黑龙江、吉林、山西、陕西、河南等省较好,西藏、贵州、云南、青海、甘肃等省较差。区域教育能力新疆、吉林、黑龙江、内蒙古、湖北较强,贵州、西藏、青海较差。科技综合实力四川、陕西、湖北较强,分列全国第 3、5、9 位,吉林、安徽、湖南、山西、河南、黑龙江、云南处于中游,列全国 12~19 位,其余省(区)科技实力较差。区域管理能力排序黑龙江、吉林、江西、湖南较好,分列全国第 4、5、7、8 位,湖北、四川、安徽、云南位居中游(15、17、18、19 位),其余省(区)较落后。

第四,生态环境水平。

一是区域生态水平。中西部地区的区域生态水平远低于沿海地区,其中甘肃、山西、宁夏、陕西、四川、青海、内蒙古等省(区)的生态水平较差,云南省的生态水平较高,其余省区的生态水平属中下等。生态水平较差的省(区)主要问题是水土流失率高,荒漠化率高和森林覆盖率低,如表 8.3、表 8.4 所示。

表 8.3 中部地区生态与环境水平

地区	森林覆盖率/%	荒漠化率/%	水土流失率/%	生态水平/%	环境水平/%	抗逆水平/%	环境支持能力/%
山西	8.11	14.20	60.76	14.3	39.7	63.2	39.1
内蒙古	12.14	59.27	15.72	25.7	57.7	60.7	48.0
吉林	33.60	1.37	19.81	35.1	50.6	72.0	52.6
黑龙江	35.55	0.00	11.19	35.7	53.4	73.0	54.0
安徽	16.33	0.00	20.21	36.9	55.3	65.1	52.4
江西	40.35	0.00	24.58	34.6	55.8	61.8	50.7
河南	10.50	0.42	36.27	34.8	57.2	68.3	53.4
湖北	21.26	0.00	39.01	27.8	55.0	67.7	50.2
湖南	32.80	0.00	21.11	38.0	61.3	70.4	56.6

表 8.4 西部地区生态环境水平

地区	森林覆盖率/%	荒漠化率/%	水土流失率/%	生态水平/%	环境水平/%	抗逆水平/%	环境支持能力/%
四川	20.37	1.09	43.65	19.9	59.6	47.2	42.2
贵州	14.75	0.00	43.55	31.4	60.9	51.7	48.0
云南	24.58	0.79	12.85	65.8	22.9	60.7	49.8
西藏	5.84	42.02	0.00	37.2	99.6	50.2	62.3
陕西	24.15	15.96	66.87	16.2	56.3	64.9	45.8
甘肃	4.33	50.62	37.95	13.7	67.9	59.0	45.2
青海	0.35	33.06	3.61	24.8	78.2	41.1	48.0
宁夏	1.54	75.98	69.94	15.3	49.8	50.7	38.6
新疆	0.79	86.07	0.07	36.8	70.9	48.2	52.0

二是区域环境水平。中西部地区由于城市化、工业化水平不高,地域广阔,环境容量大,其环境水平总体上要好于沿海地区,但有部分省(区)的局部环境问题也很严重,不容忽视。西藏自治区的环境水平最好,居全国首位,青海、新

疆、甘肃、湖南、贵州、四川、内蒙古等省(区)的环境水平也较好。山西省的区域环境水平在中西部地区最差,因该省是中国能源、重工业基地,环境污染比较严重。

三是区域抗逆水平。中西部地区的区域抗逆水平总体上低于沿海地区,其中西部地区最差,中部地区略高于西部地区。抗逆水平较低的省(区)有:青海、四川、西藏、宁夏、新疆、贵州,抗逆水平较高的有黑龙江、吉林、湖南等,其余属于中等。

四是区域环境支持能力。中部地区的区域环境支持能力与沿海地区相近,西部地区总体上低于中部地区。环境支持能力最低的是宁夏和山西,宁夏主要问题是气候干旱、森林覆盖率低、荒漠化和水土流失程度高。山西的主要问题是水土流失程度高和环境污染严重。本地区区域环境支持能力最高的是西藏自治区,其余省区均为中下水平。

(三) 中西部地区可持续发展的优势与不利因素

第一,可持续发展的优势。

一是自然资源方面的优势。中西部地区地域广袤,人均占有耕地面积较多。矿产资源丰富,能源和各种矿产的储量及开发潜力都很大。部分地区(湖北、四川、云南、贵州等)水电资源充分,可利用开发的潜力很大。各种生物资源也十分丰富,森林、草原面积大,野生动植物种类繁多。二是人力资源丰富。中西部地区人口密度虽不及沿海地区高,但人口数量占全国近60%,人力资源优势明显。三是环境容量大,环境质量相对较好。中西部地区除少数省(区)外,工业发展程度不高,环境污染相对较轻,且由于环境容量大,环境质量相对较好。

第二,可持续发展的不利因素。

一是地理位置不利,地形起伏度大,中西部地区距离沿海较远,交通不够便利,地形起伏度大,影响经济发展;二是气候条件不利,自然灾害影响大中西部地区气候资源配置不够合理,某些省(区)降雨量少,某些省(区)雨量过于集中,经常出现干旱、洪涝等灾害,影响农业发展;三是生态破坏严重,中西部地区的水土流失、土地沙化、盐碱化、草原退化等现象都很严重,且呈增长趋势,是可持续发展的制约因素;四是经济发展水平相对落后,基础设施较差。中西部地区经济发展水平与沿海地区比较存在明显的梯度差,社会总产值和人均收入水平都低于沿海地区,某些省(区)还存在相当程度的贫困现象。交通、通信等基础设施与沿海地区相比也很薄弱,这些都严重制约着中西部地区社会、经济的发展;五是科技教育落后,人口素质较差,中西部地区除少数省(区)外,科技、教育水平都比较落后,人口的文化程度低,具有较高文化水平的劳动力少,这些都使该地区的人口素质较差,影响了可持续发展,如表 8.5、表 8.6 所示。

表 8.5　中部地区社会、教育、科技与管理能力

地区	社会文明程度 /%	社会安全能力 /%	社会进步动力 /%	教育能力 /%	科技综合实力 /%	科技实力排序	管理能力排序
山西	44.3	51.1	49.90	36.6	27.8	16	26
内蒙古	44.4	48.7	36.69	38.2	17.1	29	23
吉林	58.1	63.3	51.68	44.3	31.3	12	5
黑龙江	58.4	56.3	51.97	45.2	26.5	18	4
安徽	35.9	54.1	32.28	32.9	29.6	13	18
江西	36.0	54.2	31.52	35.8	22.0	24	7
河南	35.0	47.3	38.66	34.3	26.7	17	25
湖北	41.3	50.4	37.75	38.1	35.5	9	15
湖南	38.2	47.6	35.14	35.0	29.1	14	8

表 8.6　西部地区社会、教育、科技与管理能力

地区	社会文明程度 /%	社会安全能力 /%	社会进步动力 /%	教育能力 /%	科技综合实力 /%	科技实力排序	管理能力排序
四川	41.2	46.7	33.02	35.8	45.1	3	17
贵州	23.9	31.2	21.56	27.3	21.0	26	21
云南	17.8	37.7	20.09	33.2	24.9	19	19
西藏	1.7	19.6	14.30	29.8	5.5	30	30
陕西	35.7	40.1	39.72	35.3	44.2	5	24
甘肃	29.9	31.4	27.35	33.1	24.6	22	20
青海	23.1	39.0	26.75	31.0	20.0	27	29
宁夏	33.1	34.7	34.15	34.8	19.3	28	22
新疆	39.9	46.2	34.59	40.9	22.5	23	27

(四) 中西部地区可持续发展的对策与行动

综上所述,中西部地区虽有一定的资源、环境优势,但制约性因素很多,其可持续发展的难度远比沿海地区大,是中国可持续发展应重点攻坚的地区。

第一,开展生态环境建设,实施《全国生态环境建设规划》。

由于中西部地区自然生态环境脆弱且生态环境恶化趋势尚未遏制,成为可持续发展的主要障碍,所以必须大力开展生态环境建设,为可持续发展创造良好的条件。由国家计委组织有关部门制定的《全国生态环境建设规划》已于 1997

年 11 月经国务院批准发布,该规划将全国生态环境建设划分为 8 个类型区域,其中大部分都处于中西部地区:

黄河中上游区包括晋、陕、蒙、甘、宁、青、豫的大部分或部分地区,总面积约 $64 \times 10^4 \text{ km}^2$,生态环境建设的主攻方向是:以小流域为治理单元,以县为基本单位,以修建水平梯田和沟坝地等基本农田为突破口,综合运用工程措施、生物措施治理水土流失。陡坡地退耕还草还林,实行草、灌木、乔木结合,恢复和增加植被。在对黄河危害最大的砒砂岩地区营造沙棘水土保持林,减少粗沙流失。大力发展雨水集流节水灌溉,推广普及旱作农业技术,提高农产品产量,稳定解决温饱问题。积极发展林果业、畜牧业和农副产品加工业,帮助农民脱贫致富。

长江上中游地区包括川、滇、黔、渝、鄂、湘、赣、青、甘、陕、豫的大部或部分地区,总面积 $170 \times 10^4 \text{ km}^2$,水土流失面积 $55 \times 10^4 \text{ km}^2$。生态建设的主攻方向是:以改造坡耕地为中心,开展小流域和山系综合治理,恢复和扩大林草植被,控制水土流失。保护天然林资源,支持重点林区调整结构,停止天然林砍伐,林业工人转向营林管护。营造水土保持林、水源涵养林和人工草地。有计划有步骤地使 25° 以上的陡坡耕地退耕还林还草,25° 以下的坡耕地改修梯田。合理开发利用水土资源、草地资源、农村能源和其他自然资源,禁止滥垦乱伐,过度利用,坚决控制人为的水土流失。

"三北"风沙综合防治区包括东北西部、华北北部、西北大部干旱地区,适宜治理的荒漠化面积 $31 \times 10^4 \text{ km}^2$。主攻方向是:在沙漠边缘地区,采用综合措施,大力增加沙区林草植被,控制荒漠化扩大趋势。以"三北"风沙线为主干,以大中城市、厂矿、工程项目周围为重点,因地制宜兴修各种水利设施,推广旱作节水技术,禁止毁林毁草开荒,采取植物固沙、沙障固沙、引水拉沙造田、建立农田保护网、改良风沙农田、改造沙漠滩地、人工垫土、绿肥改土、普及节能技术和开发可再生资源等有效措施,减轻风沙危害。因地制宜,积极发展沙产业。

东北黑土漫岗区包括黑、吉、辽大部及内蒙古东部地区,总面积近 $100 \times 10^4 \text{ km}^2$,水土流失面积约 $42 \times 10^4 \text{ km}^2$。主攻方向是:停止天然林砍伐,保护天然草地和湿地资源,完善三江平原和松辽平原农田林网,综合治理水土流失,减少缓坡面和耕地冲刷,改进耕作技术,提高农产品单位面积产量。

青藏高原冻融区:该区域面积约 $176 \times 10^4 \text{ km}^2$,其中水力、风力侵蚀面积 $22 \times 10^4 \text{ km}^2$,冻融侵蚀面积 $104 \times 10^4 \text{ km}^2$。生态建设主攻方向是:以保护现有的自然生态系统为主,加强天然草场、长江、黄河源头水源涵养林和原始森林的保护,防止不合理开发。

草原区:中国草原总面积 $4 \times 10^8 \text{ hm}^2$,主要分布在蒙、青、新、川、甘、藏等省区。生态建设的主攻方向是:保护好现有林草植被,大力开展人工种草和改良草场(种),配套建设水利设施和草地防护林网,加强草原鼠虫灾防治,提高草场的载畜能力,禁止草原开荒种地,实行围栏、封育和轮牧,建设"草库仑",搞好草畜产品加工配套。

规划优先实施的重点地区是:黄河中上游区、长江中上游区、风沙区和草原区。

第二,发展科技教育事业、提高人口素质。

针对中西部地区科技教育落后,人口素质差的状况,应加大科技教育投入,向老、少、边、穷地区倾斜,采取各种形式,培养科技教育人才,发展医疗卫生事业,搞好计划生育,做到优生优育,提高人口素质。另一方面,可制定各种优惠政策吸引外来人才建设中西部地区。

第三,合理利用资源,改善产业结构。

以往中西部地区的产业多为资源消耗型的低附加值产业,资源和能源大部分向外输出。部分粗加工产业(如炼油、炼焦、小冶炼)资源浪费与环境污染严重。今后应一方面继续发挥中西部地区资源丰富的优势,加快能源、原材料工业建设和农牧业的开发,另一方面应选择经济发展水平相对高的城市或地区,积极发展知识技术密集型产业和新兴产业。

第四,积极发展交通运输、邮电通信等基础设施建设。

积极推进现有铁路的电气化改造,有计划地新建部分铁路,加快公路、水运和民航业的发展,逐步完善本地区的运输和通信信息网络。

第五,加快中西部地区对外开放步伐。

黑龙江、吉林、内蒙古、新疆、云南、西藏六省(区)位于沿边开放的前沿,构成内陆边陲沟通外部世界的门户和通道,应充分利用这一优势,以发展边境贸易为起点,充分利用多种对外经贸形式,大力发展对外经济关系,吸引国外的资金、技术,改善经济结构,促进对外交流。

第六,抓住机遇,用好政策,解决资金短缺问题。

长期以来,资金短缺一直是困扰中西部经济发展的主要障碍。随着东部沿海地区经济的迅速发展,国家已明确表示 21 世纪将把投资重点转向中西部地区。一是优先在中西部地区安排资源开发和基础设施建设项目,对作为全国基地的中西部资源开发项目,国家实行投资倾斜;二是理顺资源性产品价格,增强中西部地区自我发展能力;三是实行规范的中央财政转移支付制度,逐步增加对中西部地区的财政支持;四是加快中西部地区改革开放的步伐,引导外资更多地投入中西部;五是加大对贫困地区的支持力度,扶持民族地区经济发展;六是加强东部沿海地区与中西部地区的经济联合与技术协作。中西部地区应抓住机遇,用好政策,促进社会与经济的可持续发展。

第三节　中国可持续发展展望

　　通过对前面章节内容的阅读和思考,我们对可持续发展的思想、理论、实现途径和方法以及中国的有关情况有了一个基本的了解和掌握。不难看出,可持续发展思想的明确提出,以及它在人类社会中得到广泛而正确的认同,意味着人类正在由工商文明时代向环境文明新时代前进,人类进入了一个具有伟大历史意义的转折期,我们可以把这个时期称作"环境大革命"的时期。所谓"环境大革命",实际上是人类基本观念的大转变,人类生存方式和行为方式的大改变,它也代表着人类文明的大转折。在这个伟大的文明转折时期,中国会怎样行动和应怎样行动,是每一个中国人都十分关心的大问题。

一、中国可持续发展前景光明

(一)千载难逢的历史机遇

　　当人类社会在由农牧文明向工商文明过渡的历史时期,也即在工业革命时期,中国当时的学术界和政府决策者没有把握住这一机遇,没有及时改变观念,没有及时采取行动调整发展行为,致使中国从世界领先的地位迅速下跌为一个贫困落后的国家,从一个泱泱大国变成一个不断受列强欺侮的殖民地和半殖民地国家。在这二百五十多年里,虽有不少先辈仁人志士为祖国的繁荣富强、为中华民族的伟大复兴浴血奋斗,前赴后继,但都收效甚微。由此可见,能否紧紧地抓住历史的转折时机,正确地调整自己的观念和社会行为,是一个民族能否在世界发展中保持领先地位、不受欺侮的关键。

　　20世纪以来,中国共产党领导全国人民,用无数烈士的鲜血换来了中华人民共和国的成立,彻底消除了中国被列强瓜分的危险,争取到复兴中华民族的条件与可能。中华人民共和国成立以后,又经历过70多年的风雨历程,中国才解决了温饱问题,全部人口脱贫,全面进入小康社会,进入了"发展中国家"的行列。历史的教训是惨痛的、深刻的,我们必须牢记在心。

　　今天,人类社会将从以自然为敌,以征服自然为唯一价值尺度的不可持续发展的时代转向于以自然为友,以与自然和谐、协同发展为价值尺度的新时代。

这对中国人民和中华民族复兴来说,是一个千载难逢的历史机遇,必须牢牢地把握住。因为历史进入弯道的时候,都是落后国家超越领先国家的良机,正如田径场上的长跑运动员,往往都是抓住进入弯道的时机来超过前面的运动员的。

(二) 走中国特色可持续发展之路

展望中国 21 世纪的可持续发展,我们满怀信心。

首先应该看到,中国在历史上基本是一个以农耕为主要生产方式的大陆国家,以物质消费方式为主的生活方式崇尚节俭,以耕作方式为主的生产方式讲求"不违农时",注重与自然的和谐。当然,中国古代的"和谐"还比较原始、比较自发,与可持续发展所要求的"与自然的和谐"不在同一个层次上,但毕竟这种思想是根深蒂固的。

其次应该看到,经过数千年的积淀,中国不但在生活方式、生产方式中处处体现出与自然和谐的思想,而且在传统文化中也浸透着与自然和谐的精神,并且已升华到道德的境界。这是一个无形的然而又具有巨大物质力量的财富。正是这股力量的存在才使中国始终与以征服自然为核心内容的工商文明格格不入,长期落后于工业化程度较高的国家。同样,也正因为存在着这股力量,中国在接受可持续发展的思想与理念时,才会那么自然而亲切。

再次还应看到,中国虽然接受工商文明理念的时间并不长,接受的程度也很低,但我们已吃够了工商文明所造成的恶果。痛定思痛,运用中国传统的反思式思维,终于觉悟到要走"中国特色现代化"的道路,并在 1994 年在全世界范围内率先提出把可持续发展作为国家的基本发展战略,走中国特色可持续发展之路。

基于以上三点,只要一以贯之,锲而不舍,我们当然应该对中国 21 世纪可持续发展的前景充满信心。下面从两个不同的角度来展望中国可持续发展的前景。

二、从"三种生产"和谐运行的角度展望

(一) 人口生产发展展望

人口生产,狭义地说是指人口数量、年龄结构、受教育程度的结构以及职业结构的变化,广义地讲,还应包括人口素质的变化,即包括人群的道德水准和价值取向的变化。

据人口学家预测,到 21 世纪中叶,中国人口总数将达到并稳定在 16 亿左

右。其原因在于中国农业产业化和农村现代化的发展,特别是得力于中国广大农村,尤其是贫困地区,生活水平的提高、计划生育工作的推行,以及社会保障体系的完善有效。当然,在一般情况下,随着人口数量的增加和稳定,人口年龄结构中将不可避免地会出现老龄化现象。据估计,到 2050 年左右,中国 65 岁以上人口在总人口中所占比重将达到 23.1%。

随着经济在城乡之间、不同地区之间差距的逐渐缩小,中国人口的空间分布(区域分布和城乡分布)、职业分布也都将更加均衡、合理。另外,随着可持续发展实践效果的彰显,以人与自然和谐、人与人公平、物质生活和精神生活一致为基本特征的思想将在深层次上更加深入人心,人们的道德水准将空前提高,价值取向将更加富有理性,情、理、法三者的关系将更加和谐一致。

(二) 物资生产发展展望

物资生产活动是一切经济活动的基础,是全部经济活动的中心,是人类最基本的生存活动。在可持续发展思想、原则、理论的引导下,人类的物资生产活动将在更好地满足人类生存的物质需要和更和谐地与自然环境形成良性循环两方面都得到了长足的发展。总的说来就是:从自然中取出的物质性资源将得到最充分地利用。从自然中取用物质性资源时对自然环境系统的结构、状态、功能的负面影响最少。经过人类消费后必须进入自然环境的物质不但无害于环境而且能迅速地参加到自然界的物理、化学和生物循环之中。具体说来,可望在以下几方面取得明显进展:

第一,在农业生产与农村经济方面。

随着改革的深化,以及中共中央和国务院的一系列关于农业、农民、农村的政策的颁布实行,中国农业的基础地位将进一步加强,农民的收入将大幅度地增加,农村现代化的水平和可持续发展能力均将取得令人瞩目的提高。

农业的种植结构将得到合理的调整,农业的区域布局将得到进一步优化,农村的生态环境将得到有力的整治和改善,农业生产的基础设施建设如农田水利建设,农村的交通、通信、电力建设、水土保持和节水工程建设等均将得到明显的提高,从而使得农业生产的科技含量得到大幅度的增加,有机农业、生态农业等“绿色”农业将得到迅速发展。

随着农村金融管理体制的改革、税费制度的改革、户籍制度的改革、乡镇机构的改革和人员的精简,农民的负担将大大减轻,生产积极性被极大地调动,就业空间和增收渠道将进一步拓宽,农民的收入会得到大幅度的提高,生活得到明显改善。

随着城镇化体系的逐步完善,土地经营流转制度和粮食流通体制的改革,大批农业企业将会应运而生,使中国农村的社会生产力获得进一步的解放,可持续发展能力明显增强。

第二,在传统工业方面。

所谓传统工业主要指能源工业、原材料工业、石油和化学工业、汽车与机械工业、轻纺工业、电力工业、建筑和建材工业、交通和通信工业等。随着需求的增长,这些传统工业规模将进一步扩大,产量、产值、品种、性能均将得到迅速的提高。随着科技的进步,这些工业的原材料消耗,或者说是资源利用率将获得进一步提高,经济效益将得到明显增加。

不但如此,随着可持续发展理念的深入和普及,这些工业还将在原材料的替代、生产工艺和技术组合的生态化等许多方面被一系列与环境友好的高新技术所更新和提升。比如无污染的太阳能、风能、潮汐、生物生态能的利用将会更加普及,生产各类产品的能耗、物耗(如水耗)会迅速降低,产品材料的还原再利用和被环境亲和的性能均会有实质性的提高等。

第三,在新兴产业方面。

从可持续发展的视角来看,所谓新兴产业主要指在以往的产业或行业的分类中所不曾出现过的行业和产业。这些行业和产业的出现既是人类社会进步的表现,同时也将推动人类社会的进步。现阶段可以大致看出的新兴产业主要指以下三个方面。

一是高新技术产业,主要指在微电子技术基础上和在基因工程基础上形成的产业。它们的出现标志着人类利用自然的能力的质的提高。

二是废弃物和闲置物再利用产业。这些产业的出现标志着人类利用自然资源的能力在深层次上的提高,标志着人类对自然资源有限性和环境容量有限性有了更加深刻的认识,标志着人类尊重自然、尊重自然的价值上升到一个新的境界。它们的出现将推动着人类科学观的转变,引导着新技术的研发方向,使人类更加理性、更加自律、更加成熟。

三是环境产业。所谓环境产业指提高环境承载力的产业,包括污染治理产业、植树造林种草等生态恢复产业,以及土地复垦、水土保持产业等。这些产业,过去都是被当作社会福利事业由政府来承担,或者作为个人的"善举"来进行。实际上这些产业都是人与自然能否和谐相处协同发展的关键,只有当它们都成为社会经济活动网络中的主要环节时,人与自然的和谐才能从根本上得到保障。

上述这些产业的出现和形成,是中国可持续发展的必须和必然。目前,它们已初露端倪,不久的将来必将会有较大的发展。

（三）环境生产发展展望

前文说到的在新兴产业的发展中,实际上已涉及中国环境生产的发展。完整地说,环境生产贯穿于中国自然环境的整治、恢复、保护、利用的各个环节中,是一个系统的社会行为。随着可持续发展战略的深化,随着对中国特色社会主义认识的深入,中国的环境生产将由不自觉到自觉,由无序到有序,由分割到整体,从而取得质的飞跃。具体说来,可从两大方面来看:

一是对遭受严重污染和破坏的环境的治理和修复。由于人们已越来越深切地感受到破坏了的环境对自身生活和生产活动所造成的危害,故而对治理、修复工作的重要性、迫切性已经有了充分的认识。但治理、修复环境需要时间、人力、物力、财力和技术,因而在这一方面的进展速度将是缓慢的,乐观地估计大约至少还需要 50 年左右。

二是加大力度对尚未受到污染、破坏,或受到轻微污染和破坏的环境进行保护。这是一个涉及面更广,涉及层次更深,解决起来更加艰难、复杂的工作。因为中国的发展在相当长的时间仍需以经济建设为中心,仍旧要大规模地开发、利用自然,势必仍会使自然生态系统发生这样或那样的变化。当我们在认识上(从科学角度)还不能确切地把握这些变化可能造成的生态后果,当我们在技术上还做不到把这些变化控制在无害范围内时,或在特定的历史时期,出于特定需要的考虑,虽然明知某些经济活动可能会对自然环境及其生态系统造成一定的或大或小的伤害时,我们也不得不开展这样的经济、生产活动。因此,在社会经济发展的过程中如何保护、预防自然环境使其免遭严重的污染和破坏,始终是一个必须面对和解决的问题。

对这个问题的正确认识与准确把握并形成解决的机制,是人类社会可持续发展能力有了质的提高的表现。凭借中华民族优秀的传统文化,特别是崇尚、追求与自然环境和谐相处的道德观、价值观,吸取古今中外人与自然协同前进的成功经验和技术,中国完全会在一定的时段内,探索出适用于今天中国国情的途径和方法,并在实践中取得可喜的进展。比如,西部生态环境的保护和建设,就是西部大开发的最根本的出发点和最重要的切入点。在决定实施南水北调工程时,也明确指出要遵循的原则,即先节水后调水、先治污后通水、先环保后用水。

（四）和谐运行程度发展展望

人口生产、物资生产、环境生产三种生产自身运行的可持续性,和三种生产运行之间的和谐性,是判断一个国家或地区可持续发展程度的最基本的判据。前文已分别探讨了人口生产、物资生产和环境生产自身的运行可持续性。下面着重讨论三种生产运行之间的和谐性和协调性。

众所周知，当前所谓的环境问题或环境危机主要是从人类取用自然资源的总量和速度超出了自然界的自然资源生产力，以及人类弃入自然环境的废物的总量、种类、速度超出了自然界的污染消纳力上表现出来的。因此我们也必须从这两个角度入手来探讨三种生产的协调性。或者说我们可以认为，人类从自然界中索取的物质和自然界能提供的物质之间的平衡，以及人类弃入自然界的物资和自然界能消纳的物质之间的平衡，就意味着三种生产运行之间是协调的，和谐运行的程度是高的。

这里，我们先考察人类从自然界取出的物质和自然界能提供的物质之间的平衡关系。为便于考察，我们先把所要考察的对象在时空上进行界定。在时间上，我们截取一个时段，比如说是一年。在空间上，我们规定的是一个与外部不发生物质交换的封闭地区。当然，在实际中，不可能存在这样一个地区，但这并不妨碍我们在讨论时做这样的假设。因为，只要把无物质交换时的情况分析透了，对于任何一个与区域外有物质交换的区域而言，只不过影响物质平衡关系的参数稍微多一些，参数值有所不同而已。

现在设一个封闭的区域在一个时段中（比如一年）所消耗掉的物资总量为 m'，该地区人群从自然界中取出或消耗掉的物质总量为 M，该地区自然界能产出（在不影响自然生态系统功能、结构、状态的前提下）的物质总量为 N。显然，若 $M \leq N$，则该地区一般不会出现环境危机，若 $M > N$，则该地区必然会出现环境问题，甚至会形成环境危机。

由于一个地区在某一时段中有着一定的社会经济水平，包括科技水平和社会组织水平，因此它有一个特定的"物质—物资转换率" $\zeta(t)$。即存在关系：$M \cdot \zeta(t) = m'$。这里 m' 是消耗自然界物质总量 M 时所形成的物资总量，t 代表时段。

显然，如果在这个时段中，该地区人群从自然界中取出的物质总量 M 小于该地区自然界能产出的物质总量 N，同时消耗掉 M 物质量所形成的物资量加又大于人们所需消费的物资总量 m 时，我们可以说该地区的三种生产运行之间的联系是协调的，人与环境的关系是和谐的。反之当然就是不协调的、不和谐的。

当前，问题恰恰在于：一是人们在追求物质享受欲望（短时间难以得到有效遏制）的驱使下，人群消费的物资总量 m 将继续不断地增加。二是人们在追求金钱、财富欲望（短时间内也不可能得到真正的扭转）的驱使下，生产者将千方百计地努力刺激人们消费，使 m 加速地增长。三是沿袭至今且几近"固化"了的衡量经济与科学技术活动的价值尺度（标准），不能有力地推动"物质 – 物资转换率" $\zeta(t)$ 的提高，从而难以在消耗同样多的 M 时取得更多的物资。

在这种情况下,企图减少从自然界取出的物质总量 M,使 $M \leqslant N$ 的可能性是微乎其微的。也就是说,使三种生产运行之间的联系趋于协调、人与环境的关系和谐起来是极其困难的。但是,极其困难并不等于没有希望,可持续发展就是要在这种情况下寻求一条出路。

不难想象,如果人类生产出来的物资能够得到多次(多级)或重复利用的话,那么在人类实际消费的物资总量不减少的情况下,可以大大减少实际消耗掉的物质总量。若设物资多次或重复利用率为 $\eta(t)$,则有 $m'[1+\eta(t)]=m$。这里,m' 为实际消耗的物资总量,m 为人类得到消费的物质总量。

又如果人类能够把废弃到环境中的物资的一部分重新作为资源加工成物资的话,那么在不减少物质实际消耗总量的前提下,又可以进一步减少从自然界中索取的物质总量。我们用废物再资源化率 $\phi(t)$ 表征废物再资源化过程对物质总量 M 的增量贡献率。

综合以上分析,不难看出,M 与 m 之间存在如下关系:

$$M=\frac{m}{\zeta(t) \cdot [1+\phi(t)] \cdot [1+\eta(t)]}$$

显然,要使 M 能逐步小于 N,社会就必须能使 $\zeta(t) \cdot [1+\phi(t)] \cdot [1+\eta(t)]$ 逐步变大。换句话说就是要使三种生产的运行逐步协调,社会就必须能使:"物质 – 物资转换率" $\zeta(t)$ 逐渐增大,"物资重复利用率" $\eta(t)$ 逐渐增大,"废物再资源化率" $\phi(t)$ 逐渐增大。

上述结论是对一个封闭区域(与外部无物质和物资交流)进行分析得出的。对于一个与外部有物质和物资交流的区域而言,结论是大同小异的,只不过 M 可以用 $(M+\Delta M)$ 取代,m' 可以用 $(m+\Delta m')$ 取代。这里,ΔM 是区域内外物质交流的差额,$\Delta m'$ 是区域内外物资交流的差额。

当然,这里的分析还只是原理性和方法性的。若要对某一区域进行实际分析还需把 M 和 m' 等参数和变量具体化。不过,这已超出了本节的内容范围,这里就不做展开了。

从这一角度来展望中国可持续发展的前景,我们对中国的三"率" $[\zeta(t)、\eta(t)、\phi(t)]$ 的大幅度提高充满信心。因为中国当前三"率"的水平还比较低,中国政府当前制定、推行的政策,以及中国传统的文化理念、生活习俗均有利于中国三"率"的提高。因此,我们认为中国三种生产运行之间的协调程度一定会得到迅速的提高,可持续发展的能力一定会得到迅速的增强。

用同样的方法,分析人类弃入环境的废物总量与自然界消纳废物的能力之间的关系,可以得到类似的结论。

三、从"生存方式"转变的角度展望

前文的论述表明,对一个国家或地区,甚至对整个人类社会而言,物质－物资转换率、物资多次利用率、废物再资源化率的提高,是可持续发展程度和能力提高的标志和关键。由于这"三率"的提高,决定于人类社会的生产方式、生活方式和人群组织方式,因此这一分析又从另一个侧面论证了我们在第三讲中的论断:实现可持续发展的关键是转变人类的生存方式。下面我们再从"生存方式"转变的角度来展望中国的可持续发展。

(一)生产方式转变的展望

本文所说的生产方式,原本是指人类将自然资源转化为产品,并将其交付使用的劳动方式。劳动方式决定于劳动目的,或者可以说成是生产方式决定于生产目的。在整个人类社会发展的不同阶段,人们的生产目的有很大的不同,因而其生产方式也呈现出不同的特点,对三种生产运行之间的协调程度和对人与环境之间和谐程度的作用也不同。

在人类社会的早期,生产劳动的目的是维系生命体的简单再生产,即通过劳动制造产品的目的仅仅是为了满足能够活下去的生理需要。因而其生产方式可以抽象地概括为"索取—消费—弃置"这样一个模式。

随着生产力的提高,人类生存需要的多样性的增加,人类社会的生产活动出现了分工。生产劳动制造产品的目的也从单纯为了维系生命体的简单再生产演变为维系生命体简单再生产与交换并重。于是生产方式也就逐步演变为"索取—加工—流通—消费—弃置"这样一种模式。这种生产方式延续了几千年,人类生产出的产品不但能够满足生命体再生产的需要而且有了积余,于是人们形成了财富的概念,而且萌生了对财富的追求。

进入工商文明时代以后,生产活动的目的又从交换进而变成追求物质财富的积累和货币的积累,于是,效率、效益成了生产活动的"天经地义"的根本动力,"索取—加工—流通—消费—弃置"的模式被固化和强化。这种生产方式使三种生产运行之间的关系日益不协调,人与环境之间的关系更加不和谐,资源与环境危机,以及贫富分化加剧的危机导致人类社会发展不可持续。

当今,人类不但感受到发展的危机,而且已明确地认识到发展危机与这种传统生产方式的关系。在我们中国,虽然工业化程度还不高,但由于人口众多,工业化提升速度过快,资源、环境危机已严重地显现出来,因而对可持续发展的向往和追求十分迫切。这是中国生产方式能够得以迅速改变的强大推动力。

结合前文所述可以想见,在可见的未来,中国的生产方式将在可持续发展思想的指引和驱动下,发生一系列重大的改变:

首先,传统生产方式中的从索取到弃置的各个环节中,以减废(降低自然资源消耗)为中心的"清洁生产"将逐步成为企业生产活动的主流模式。

其次,在直到产品的使用价值被耗尽以前的所有环节中,"绿色生产"将逐步成为主导思想和主流模式,使得产品的材料性质在消费过程中和消费结束后进入环境时,不但对环境无害,而且可以无障碍地被环境友好地接纳,重新参与进自然界的物质循环。

再次,作为传统产业概念的更新,废物处置和废物再利用将形成一个新的产业门类。这不但使产业链闭合,构成循环型经济,而且使生产方式的概念得到本质性的扩展。不难看出,这一产业门类一旦形成,将极大地减轻自然资源产出的负荷与环境消纳力的负荷,有利于三种生产运行之间的协调以及人与环境之间的和谐。

(二)生活方式转变的展望

这里所说的生活方式主要指人群的物质消费方式。与生产方式的演变类似,随着人类社会的不断发展,人群的生活方式也不断地发生变化。这种变化当然要受到文化传统、生活习俗、价值理念的影响,但更重要的是它与当时的生产方式和生产水平密切相关。

在古代,人类的生活方式与生产方式混沌一体,密不可分。"索取—消费—弃置"既是生产方式的抽象,也是生活方式的抽象。随后,在农牧文明时代,由于生产力水平较低,人们的收入丰歉不保,故大多数人的消费方式崇尚节俭,勤俭持家、量入为出成为生活方式的主流。一粥一饭,当思来之不易,半丝半缕,恒念物力维艰。

到了工商文明时代,特别是工商文明的后期,生产力空前提高,物质财富极大丰富。随着经济活动中单纯追逐利润倾向的上升,人们的生活方式也被经济法则所俘获,逐渐成为实现利润的途径或手段。因为,消费多才能利润多。于是人们的生活方式被拖进了恶性消费的泥坑,以浪费为荣、以挥霍为胜,一次性消费如雨后春笋,超前消费成为时尚。这是人类社会不可持续发展的又一方面的根源和表现。

在当今和今后,随着生产方式的转变和可持续发展意识的增强,中国人群的生活方式也一定会发生重大的改变。现在,已经显示出可喜的迹象。相信在不久的将来,节俭、清洁消费、绿色消费一定会在中国生根发芽,并蔚然成风。

(三) 组织方式转变的展望

严格说来,组织方式属于上层建筑,它包括与生产方式直接联系在一起的人与人的关系方式,还包括与生产方式没有直接联系的人与人的关系方式,如家庭、社区、宗教、民族等。这里所讨论的组织方式仅限于前者,主要指对生产方式有直接影响的人群组织方式。

在人类社会的早期,相应于采集、渔猎的生产方式,人群的组织方式主要以"部落"的形式存在。到农牧文明时代,耕作或养殖均以家庭为单位,自给自足,人群的组织方式主要是"村落"的形式。

到了工商文明时代,以"社会化"为基本特征的工业生产占据了社会的主导地位,故人群的组织方式主要围绕着产品的生产、流通、分配等环节形成,成为一个以城市为中心的极其复杂多样的巨系统。从人与环境的关系来看,这种组织方式不断地提高着从环境中索取自然资源的效率,不断地提高着把自然资源转化为产品的速度,不断地提高着使用和废弃这些产品的速度。速度、效率成为这种组织方式的基本特征。在这种组织方式的作用下,人与环境的关系越来越紧张,越来越恶化。

今后,随着人们可持续发展意识的增强,随着生产方式和生活方式的逐步转变,人群的组织方式也一定会发生根本性的转变。比如,为了适应清洁生产、清洁消费、绿色生产、绿色消费发展的需要,中国政府的机构设置、运行机制肯定会有较大的变化和调整,公众和各种宣传媒体也一定会以一种新的组织形式聚合起来,去抵制各种不利于人类社会可持续发展的生产活动和生活习惯。从某种意义上可以说,人类社会的进步,将主要体现在人群组织方式的演进上。虽然我们今天还不能明确、具体地设计出人类未来的组织方式,但我们每个人都可以从功能和效果的角度对未来的组织方式有一个轮廓性的猜想。

(四) 协同整合程度的展望

与以往各个发展阶段不同,人类社会进入可持续发展阶段的一大特征就是人类的生产方式、生活方式和组织方式必须协同演变,也必定会是协同演变。

在人类以往的发展史中,一项技术或一种工具的发明往往会对人类社会的进步产生巨大的推动作用。比如,发现了取火技术使人类脱离了猿人时代,随后,石器时代、青铜器时代、铁器时代、蒸汽机时代、原子能时代、信息时代等,接踵而至。时代以工具或技术命名,正好可以佐证科学技术是第一生产力,同时也可注解生产力是生产方式中最活跃、最革命的因素。另外,改朝换代也对人类历史的发展起过巨大的推动作用。关于这一点,似乎不需要去举什么例子。

然而,到了可持续发展时代,为什么就不是以一项技术的发明或一个政权的更迭为契机呢? 这是一个尚没有得到回答但又必须得到回答的问题。今天,我们还不能清晰、明确地回答这个问题。

　　但我们在潜意识里似乎感觉到,在以往的时代中,人类把世界看成是"二元"的,一个"元"是人(类),一个"元"是自然(环境)。人,要么去顺应自然,要么去征服自然,似乎没有第三条道路可以选择。工具、技术的发现增强了人们的信心,于是人们拼命地去发展科学技术,以求能在更大的范围内能更有力地去征服自然。征服自然成了人类努力的目标,也成了衡量人的价值的尺度。

　　实际上,我们今天应该把世界看成是"三元"的,一个"元"是人类社会系统,一个"元"是自然环境系统,这两个系统始终在相互作用,并在相互作用中改变着自己的结构、状态与功能。同时也在相互作用中形成了"人类社会生存方式"的"第三元"。

　　人类社会生存方式这个"第三元"一旦形成,又反过来影响着人类社会和自然环境这两个系统以及它们相互作用的方式与结果。由此可见,人类社会生存方式是一个完整的系统,它所蕴含的生产方式、生活方式和组织方式构成了一个统一的有机整体,其中任何一个方式都不可能发生"单兵独进"式的变化,而只能在相互影响中共同发生变化,其协同整合演变的程度就是可持续发展的程度。

　　从这个角度来展望,中国独有的"合一"的历史文化传统将对中国的可持续发展事业发挥难以估量的作用。中国的可持续发展一定会成为我们这个伟大民族的伟大复兴事业的千载难逢的契机。

第九章

可持续发展的衡量与评价

第一节　国内可持续发展评价体系

一、可持续发展综合国力评价指标体系

（一）指标体系构架

随着社会知识化、科技信息化和经济全球化的不断推进，人类世界将进入可持续发展综合国力激烈竞争的时代。可持续发展综合国力是指一个国家在可持续发展理论指导下具有可持续性的综合国力，是一个国家的经济能力、科技创新能力、社会发展能力、政府调控能力、生态系统服务能力等各方面的综合体现。

中国科学院可持续发展战略研究组，站在可持续发展的高度，用可持续发展的理论去衡量综合国力，使综合国力竞争统一于可持续发展的宏观框架内，从而适应社会、经济、自然协同发展的需要，提出了可持续发展综合国力评价指标体系，旨在推动包括社会效益和生态效益在内的广义综合国力的不断提升，实现国家可持续发展的过程。

可持续发展综合国力的内涵决定了在提升可持续发展综合国力的过程中，科技创新是关键手段，生态系统的可持续性是基础，经济系统的健康发展是条件，社会系统的持续进步是保障。可持续发展综合国力评价指标体系，由经济力、科技力、军事力、社会发展程度、政府调控力、外交力、生态力等七大类85 个具体指标构成。如表 9.1 所示（资料来源于中国科学院可持续发展战略研究组）。

表 9.1　可持续发展综合国力指标体系框架

一级指标	二级指标	三级指标
经济力	人力资源	人口总数、文盲率、婴儿死亡率、平均预期寿命、人口自然增长率
	陆地资源	国土面积、可耕地面积、森林面积
	矿产资源储量	铁矿、铜矿、铝土矿
	能源资源储量	煤炭、原油、天然气保有储量、已探明地下水储量
	经济实力总量	国力生产总值、发电量、钢产量、水泥产量、谷物总产量、棉花总产量、能源消费量、一次能源生产量、资源平衡占 GDP 的比重、每一美元 GDP 所产生工业二氧化碳排放量

一级指标	二级指标	三级指标
经济力	经济实力人均量	人均国内生产总值、人均发电量、人均钢产量、人均水泥产量、人均粮食产量、每万人煤保有储量、人均淡水资源总量、人均商业能源消费量
	经济结构	服务业增加值占 GDP 的比重
	经济速度	国内生产总值发展速度
	贸易构成	贸易占 GDP 的比重、货物和服务出口、货物和服务进口、外贸占世界贸易的比重
	财政金融	国际储备总额、外汇储备与短期债务的比例、上市公司市值占 GDP 比重
科技力	科技成果	万人拥有专利数、科研成果对外转让
	科技队伍	科学家与工程师人数
	科技投入	科技投入占 GNP 的比重
	科技活动	高技术产业占第三产业的比重、通信、计算机服务出口占总出口的比重、高技术产业的劳动生产率、第三产业在 GDP 中所占比重
军事力	军事人员	军队人员数、军队占劳动力的比重
	军事经济	军事支出占 GDP 的比重、军事支出占中央政府支出的比重、武器出口占总出口的比重、民用工业的军事动员能力
	核军事力量	核发射装置数、核弹头数、反导弹系统
社会发展程度	物质生活	每万人拥有医生数、人均卫生保健支出、医疗保健总开支占 GDP 的比重、农村居民人均居住面积、人均生活用电量、获得安全饮用水的人口占总人口比重、社会负担系数、人口性别比、女性劳动力占总劳动力的比重、城市人口增长率、政府教育投入占国民收入的比重、福利开支占政府开支比重
	精神生活	高等教育入学率、中等教育入学率、移动电话拥有率、成人识字率、个人计算机拥有率、电视人口覆盖率、万人上网人数、每万人拥有电话机数
政府调控力	政府对经济干预能力	政府最终支出占 GDP 的比重、中央政府支出占 GNP 的比重、综合问卷调查（对政府的长期行为做评估，如环境政策、科技政策、产业政策和制度创新能力等其他因素）
生态力	生态系统服务价值	海岸带、热带林、温带、北方林、草原、牧场、潮汐带、红林带、沼泽、泛滥平原、湖、河、农田等生态系统
外交力	国际影响	综合问卷调查（对国际组织的参与、重要国家之间的首脑访问与会晤数量，对热点问题的介入能力、参与经济全球化的程度）

（二）指标体系说明

第一类，经济力指标。经济力包括资源力、对内经济活动力和对外经济活动力。资源力是一个国家赖以生存和发展的物质基础和基本条件，包括自然资源、人力资源两个方面。经济活动力是综合国力的基石和核心部分，包括对内经济活动力、对外经济活动力。对内经济活动力是指一个国家在一定时期经济建设和整体经济发展的能力，包括经济发达程度、发展水平、经济发展速度、经济结构、经济体制和生产力布局等。对外经济活动力反映一国经济在国际社会中的地位和在国际间实现资源配置优化的能力。

第二类，科技力指数。科技力反映的是一国科学技术的发展水平及其对其他方面的影响和贡献情况，是未来综合国力竞争中的主要动力。历次科技革命的结果表明，科技革命能够在较短时间内改变国家综合国力的对比关系，促进国际政治格局发生变化。

第三类，军事力指数。军事力是指保卫国家安全和国家利益的防御能力，它是一种以"威慑力量"存在的国力。包括军队的数量、组成、训练、装备、活动能力、军工生产和后备力量等。军事力量也是国家或国家集团的全部物质和精神力量的总和。两军较量既是物质较量，又是精神的较量，军事力量突出地反映在军事威慑和军备竞赛两方面。军事实力是一个国家综合国力的重要组成部分和具体体现，关系到一个国家在国际社会中的地位与作用，也关系到国家主权的独立与和平建设的外部环境保障等。自然资源、生态环境是国防建设最基本的外部环境和物质条件，深刻影响着国防潜力的积聚、国防发展可持续性的获得和国防职能的发挥。

第四类，社会发展程度指数。社会发展程度是指一个国家在一定时期内社会发达水平和发展能力，包括社会保障的发达程度法律的完善程度、教育、科技、文化、卫生等的发达程度、人们的生活质量、生活水平和保健程度等。

第五类，政府调控力指数。政府调控能力是指一个国家对宏观经济的驾驭能力和驾驭技巧，包括经济调控、行政调控和法制法规的调控能力。在一定的科学技术和物质设施条件下，综合国力强弱将主要取决于对各要素的组织与协调，即政府的管理质量。

第六类，外交力指数。外交力是指一个国家在对外活动和国际事务中的影响力，主要表现为在国际事务和外交活动中的地位和作用。根据本国的实力和国情，同时根据对国际形势的判断和掌握，灵活地运用外交策略，不仅可以提高国家的国际影响和国际地位，为国家建设与发展创造安全、有利的外部环境，而且还可以促进和保障比较畅通的对外贸易，进而促进综合国力构成要素中短缺因素的改善和各方面的协调。

第七类,生态力指标。生态力指标是生态动态平衡的指标,表示环境条件的适宜程度。生态力是指生物与环境之间物流、能流和信息流的驱动力,驱动生态系统提供服务价值。生态力包括生态内力和生态外力。生态内力是生物的生理代谢活动能力,它把从环境中吸入的物、能转化为生物本体的物、能,并将部分内在的物、能输出体外,显示了生物本身的活力和生产力。生态外力则是环境综合作用向生物输送物、能的力量。

(三) 指标体系作用

可持续发展综合国力指标体系,是以比较简明的方式,比较全面地向人们提供被评价国家可持续发展综合国力的变化过程,其主要作用有六个方面。

一是对被评价国家进行系统分析和辨识,进而确定被评价国家需要解决的关键问题。事实上,指标体系中的指标所要判断或度量的问题正是被评价国家的主要方面,指标体系通过其总体效应来刻画被评价国家可持续发展综合国力的总体状况。

二是使决策者关注与可持续发展综合国力相关的关键问题和优先发展领域,同时也使决策者掌握这些问题的状态和进展情况。

三是引导政策制定者和决策者在制定各项政策和决策时,能够以可持续发展为目标或按可持续发展的原则办事,使各项政策相互协调,保证不偏离可持续发展的轨道。

四是简化和改进社会各界对可持续发展综合国力的了解,促进社会各界对国家可持续发展综合国力的相关计划和行动的共同理解,并采取比较一致的积极态度和行动。

五是反映可持续发展综合国力的发展情况和相关政策的实施效果,使人们可以随时掌握可持续发展综合国力的发展进程。这些信息的反馈使政策制定者和决策者及时地评估政策的正确性和有效性,进而对政策加以改进或调整。

六是决策者和管理者的调控工具或预警手段之一。通过指标体系序列,决策者和管理者可以预测和掌握国家可持续发展综合国力的发展态势和未来走向,有针对性地进行政策调控或系统结构的调整。

二、中国可持续发展指标体系

中国可持续发展指标体系(China sustainable development indicator system,CSDIS),是由中国国际经济交流中心牵头构建,旨在为中国更好地参与全球治理保护提供决策依据,为国家制定宏观经济政策和战略规划提供决策支持,为健全省市政绩考核制度提供帮助。

(一) 指标体系构架

该指标体系,以主题领域为主要形式,同时考虑领域之间的因果关系,由经济发展、社会民生、资源环境、消耗排放和治理保护五个主题构成。其中,环境与资源描述的是自然存量,包括资源环境的质量和水平。消耗排放是人类的生产和消费活动对自然的消耗和负面影响,是自然存量的减少。治理保护是人类社会为治理和保护大自然所做出的努力,是自然存量的增加。社会民生的增长和资源环境的不断改善又属于人类社会发展的动力。经济的稳定增长是保障社会福利、可持续治理的前提和基础,如表 9.2 所示(资料来源于中国国际经济交流中心)。

表 9.2 中国可持续发展指标体系框架

一级指标(权重)	二级指标	三级指标	指标序号
经济发展 (15 分)	创新驱动	科技进步贡献率 (%)	1
		研究与试验发展经费支出与 GDP 比例(%)	2
		每万人有效发明专利拥有量(件)	3
	结构优化	高技术产业主营业务收入与 GDP 比例(%)	4
		信息产业增加值与 GDP 比例(%)	5
		第三产业增加值占 GDP 比例(%)	6
	稳定增长	GDP 增长率(%)	7
		城镇登记失业率(%)	8
		全员劳动生产率(元 / 人)	9
社会民生 (15 分)	教育文化	国家财政教育经费占 GDP 比重(%)	10
		万人普通本科在校生人数(人)	11
		人均图书藏量(本 / 人)	12
	社会保障	基本社会保障覆盖率(%)	13
		人均社会保障财政支出	14
	卫生健康	人口平均预期寿命(岁)	15
		卫生总费用占 GDP 比重(%)	16
		每万人拥有卫生技术人员数(人)	17
	均等程度	贫困发生率(%)	18
		基尼系数	19

一级指标(权重)	二级指标	三级指标		指标序号
资源环境 (20分)	国土资源	人均碳汇(t)按 CO_2		20
		人均森林面积(hm^2/万人)		21
		人均耕地面积(hm^2/万人)		22
		人均湿地面积(hm^2/万人)		23
	水环境	人均水资源量(m^3/人)		24
		全国河流流域一二三类水质断面占比(%)		25
	大气环境	地级及以上城市空气质量达标天数比例(%)		26
	生物多样性	生物多样性指数		27
消耗排放 (25分)	土地消耗	单位建成区面积二、三产业增加值(万元/km^2)		28
	水消耗	色位工业增加值水耗(m^3/万元)		29
	能源消耗	官位 GDP 能耗(t标煤/万元)		30
	主要污染物排放	单位 GDP 主要污染物排放(t/万元)	单位化学需氧量排放	31
			氨氮	32
			二氧化硫	33
			氮氧化物	34
	工业危废产生量	单位 GDP 危险废物排放(t/万元)		35
	温室气体排放	非化石能源占一次能源比例(%)		36
		碳排放强度(t二氧化碳/万元)		37
治理保护 (25分)	治理投入	生态建设资金投入与 GDP 比(%)		38
		环境保护支出与财政支出比(%)		39
		环境污染治理投资与固定资产投资比(%)		40
	废水利用率	再生水利用率(%)		41
		污水处理率(%)		42
	固体废物处理	工业固体废物综合利用率(%)		43
	危险废物处理	工业危险废物处置率(%)		44
	垃圾处理	生活垃圾无害化处理率(%)		45
	废气处理	废气处理率		46
	减少温室气体排放	碳排放强度年下降率(%)		47
		能源强度年下降率(%)		48

(二) 指标体系说明

第一类，经济发展指标。可持续的经济发展包含三个方面：稳定的经济增长，结构优化升级和创新驱动发展。稳定的经济增长是人类社会发展的根本保障。结构优化升级不但是经济健康发展的需要，本身也是对资源环境利益模式的转变。创新驱动不但要成为经济持续增长的动力源泉，也为人类更加有效、合理、恰当的利益自然资本提供了技术和手段。稳定增长包括 GDP 增长率、城镇登记失业率、全员劳动生产率三个指标。这几个指标也是反映一国或地区经济发展水平及健康程度的重要指标。结构优化方面，主要体现服务业、高技术产业以及消费对经济的拉动作用。创新驱动从研发投入、科技人员数量、高技术产值、专利数量等几个方面来刻画。

第二类，社会民生指标。社会民生包含四类，分别是教育文化、社会保障、卫生健康和均等程度。在社会公平方面，除了传统的基尼系数来测度全面居民的收入差距，还考虑了贫困发生率来测度贫困人口的比重。在教育文化方面主要考虑国家财政经费的投入和每万人普通本科在校生人数，同时，引入人均图书藏量，来刻画大众文化普及程度。社会保障则考虑了基本社会保障覆盖率和社会保障方面的财政支出情况。卫生健康主要反映人口平均预期寿命、卫生支出和卫生人力资源三个方面。

第三类，资源环境指标。该指标主要描述当前自然界的一个状况，包含数量、质量和环境。资源方面，涵盖了主要的可量化评估的资源，包括森林、草原、湿地、土地、矿藏、海洋、水等，同时把自然保护区作为一个重要资源类别纳入。除了传统的自然领地，城市环境作为人类活动的重要场所，也作为环境考察的一个指标。需要说明的是，作为某个国家或者地区，可能没有一些自然资源，比如内陆地区，没有海洋资源，但我们这里将其纳入，是为了更加全面地刻画可持续发展对自然保护的需求，在具体指标体系的应用中，可做一些技术上的处理，来保证不同地区横向比较的公平性。

第四类，消耗排放指标。消耗排放主要反映人的生产和生活活动对资源的消耗、污染物和废弃物排放、温室气体排放等方面。资源的消耗包括对土地、水、能源的消耗。污染物的排放包括了固体废物、废水和废气。生活垃圾作为单独一个指标，主要反映人的消费对环境的影响。温室气体作为人类对自然影响的一个重要部分纳入，包含了非化石能源占一次能源比例、碳排放强度及碳排放总量三个指标。

第五类，治理保护。治理保护是实现人类对自然正影响的主要手段。治理包括资金的投入、主要治理保护目标的设定。在治理投入上，既考虑财政上的环保支出,也要考虑整个社会的环境污染治理投资。在治理保护目标方面,在水、空气、固体废物、生活垃圾、温室气体方面均提出了可考察的指标。

(三) 指标体系特点

一是秉承共同但有区别的责任原则。《里约环境与发展宣言》提出的可持续发展27项原则,其中原则七指出,各国应本着全球伙伴精神,为保存、保护和恢复地球生态系统的健康和完整进行合作。鉴于导致全球,各国富有共同的但是又有差别的责任,发达国家承认,鉴于他们的社会给全球的环境带来的压力,以及他们所掌握的技术和财力资源,他们在追求可持续发展的国际努力中负有责任。这一共同但有区别的责任,作为一项国际环境法基本原则被正式确立。

二是着眼于从效率控制到容量控制。气候变化、环境污染、生态破坏已对人类的健康和经济社会发展提出了严峻的挑战。在中国,由于摆脱贫困、缩小城乡居民收入和区域发展差距的任务繁重,这一挑战就显得更加迫切和明显。要建立起一整套与之配套的指标和绩效考核体系,需要将现行的标准控制向总量、质量和容量控制渐次推进,即标准控制—总量控制—质量控制—容量控制。

三是反映可持续性生产与可持续性消费。在工业化的大部分时间里,基本不考虑资源环境约束和代价的生产和消费,人类进入了全球生态超载状态,人类的生态足迹超出了地球生物承载力。中国也面临着巨大的来自生产端的资源环境压力,随着中国经济内需型转型和持续中高速增长,消费端面临的生态压力将逐步增大。因此,该体系充分考虑可持续性生产和可持续性消费。

四是反映增长和治理两轮驱动。如果没有稳定的经济增长,社会福利水平将难以保障,也没有更多的能力来做生态修复和环境保护的工作。可持续治理与经济增长是相辅相成的,可持续治理是人类对自然的正反馈,是积极的影响,不仅是成本投入,也是增长的重要动力。

五是体现人与自然和谐发展。工业革命以来,随着科学技术水平的不断发展,人类认识自然和改造自然的能力持续提高,享用了巨大的自然的馈赠。但是,对自然的破坏也达到相当严重的程度。可持续发展最终的表现是人类和自然的共同发展。在这样的发展模式下,人类社会福利不断提高,自然环境日益改善,不但传统的生产资本积累不断增加,自然资本也能持续得到投入。人的发展包含了社会福利增加和经济稳定的增长,自然的发展体现在资源的高效利用、生态得到修复、环境得到治理和保护。

六是既立足当下又面向未来。可持续发展是一个长期的过程,不是一时一地的项目,而是全局性、战略性、共同性的巨大工程。CSDIS指标选取,既立足当下,着眼于当前能够做、必须做的事情,同时也放眼未来,考虑一些将来可以做、应当做的事情。同时,一些比较重要、具有代表性的指标,现在的统计口径无法获得,通过努力未来可以获得,也纳入了指标体系。

三、中国国家创新指数指标体系

为了监测和评价创新型国家建设进程,中国科学技术发展战略研究院开展了有关创新型国家评价指标体系的系统研究,创建了"中国国家创新指数指标体系"。该指标体系主要关注中国当期创新能力发展水平的监测分析,并与世界其他主要开展研发活动的国家进行动态排序比较,是一种基于国家竞争力和创新评价等理论方法的系统性综合评价。"十一五"时期,中国创新型国家建设和自主创新发展战略进入了一个新的发展阶段,为了更加科学地评价国家综合创新能力,监测中国创新能力的变化,在已有指标体系的基础上形成了新的国家创新能力评价指标体系。

(一) 指标体系框架

中国国家创新能力评价指标体系,主要用于评价世界主要国家的创新能力,揭示中国创新能力变化的特点和差距。中国建设创新型国家的本质是要使经济社会发展从主要依赖资本投入和资源消耗驱动转到主要依靠创新驱动上来,实现经济发展方式的根本转变。国家创新能力的提升主要通过创新资源的不断投入,知识的持续创造、传播和应用来实现,其绩效体现在经济社会和人民生活的改善上。企业是创新的主体,政府营造的创新环境是必要保障。国家创新能力评价指标体系由创新资源、知识创造、企业创新、创新绩效和创新环境五个一级指标和 33 个二级指标组成,如表 9.3 所示(资料来源于中国科学技术发展战略研究院)。

表 9.3　中国国家创新能力评价指标体系框架

一级指标	二级指标
创新资源	1. 研究与发展经费投入强度
	2. 研发人力投入强度
	3. 科技人力资源培养水平
	4. 信息化发展水平
	5. 研究与发展经费占世界比重

一级指标	二级指标
知识创造	1. 学术部门百万研究与发展经费的科学论文引证数
	2. 万名科学研究人员的科技论文数
	3. 百人互联网用户数
	4. 亿美元经济产出的发明专利申请数
	5. 万名研究人员的发明专利授权数
	6. 科技论文总量占世界比重
	7. 三方专利总量占世界比重
企业创新	1. 企业研究与发展经费与工业增加值的比例
	2. 万名企业研究人员拥有 PCT 专利数
	3. 综合技术自主率
	4. 企业主营业务收入中新产品所占比重
	5. 中高及高技术产业增加值占全部制造业的比重
创新绩效	1. 劳动生产率
	2. 单位能源消耗的经济产出
	3. 人口预期寿命
	4. 高技术产业出口占制造业出口的比重
	5. 知识服务业增加值占 GDP 的比重
	6. 知识密集型产业增加值占世界比重
创新环境	1. 知识产权保护力度
	2. 政府规章对企业负担影响
	3. 宏观经济环境
	4. 当地研究与培训专业服务状况
	5. 反垄断政策效果
	6. 员工收入与效率挂钩程度
	7. 企业创新项目获得风险资本支持的难易程度
	8. 产业集群发展状况
	9. 企业与大学研究与发展协作程度
	10. 政府采购对技术创新的影响

（二）指标体系说明

第一类，创新资源指标。反映一个国家对创新活动的投入力度、创新人才资源的储备状况以及创新资源配置结构。包括五个二级指标：一是研究与发展（R&D）经费投入强度，即国内研究与发展经费总额与国内生产总值（GDP）的比值，反映一国创新资金投入强度；二是研究与发展人力投入强度，即每万人口中

R&D 人员数,反映一国创新人力资源投入强度;三是科技人力资源培养水平,采用高等教育毛入学率即 18~22 岁学龄人口中接受高等教育的比重,反映一个国家科技人力资源的培养与供给能力;四是信息化发展水平,采用世界经济论坛发布的网络就绪指数(NRI),反映一个国家在知识创造与传播扩散方面的基础设施投入能力;五是研究与发展经费占世界的比重,即一国 R&D 经费总额(GERD)占全世界总量的比重,反映一个国家 R&D 活动的规模大小和创新资源投入能力。

第二类,知识创造指标。反映一个国家的科研产出能力、知识传播能力和科技整体实力。包括七个二级指标:一是学术部门百万研究与发展经费的科学论文引证数,即《科学引文索引》(SCI)收录的一国高校和研究机构科学论文的引证数除以其 R&D 总经费得到的百分数,反映一国科技投入产出效率和知识产出质量;二是万名科学研究人员的科技论文数,即一国被 SCI 收录的科技论文总数(五年平均值)除以其科学研究人员总量(五年平均值)得到的百分数,反映科学研究的产出效率;三是百人互联网用户数,即按人口(每百人)平均的互联网用户数,反映了一个国家知识扩散与应用的能力;四是亿美元 GDP 发明专利申请数,即一国发明专利申请数量除以 GDP(以汇率折算的亿美元为单位),反映一国的技术创造活力;五是万名研究人员的发明专利授权数,即按万名 R&D 研究人员平均的国内发明专利授权量,反映一个国家自主创新能力和技术产出效率;六是科技论文总量占世界比重,即 SCI 收录的一国论文总量占全世界总量的比重,反映一个国家的知识创造能力;七是三方专利总量占世界比重,即一国在美国专利和商标局(USPTO)、欧洲专利局(EPO)和日本特许厅(JPO)申请的发明专利总量中所占的比重,用来衡量国家技术创新能力和国际竞争力。

第三类,企业创新指标。主要用来反映企业创新活动的强度、效率和产业技术水平。包括五个二级指标:一是企业研究与发展经费与工业增加值的比例,即一国企业部门研究与发展经费与工业增加值的比值,用来测度企业创新投入强度;二是万名企业研究人员拥有 PCT 专利数,主要反映一国企业创新投入的效率和创新产出的质量及其技术国际竞争力;三是综合技术自主率,即 100×R&D 经费/(R&D 经费 + 技术引进费用)与 100× 国内发明专利授权数/(国内发明专利授权数 + 国外发明专利授权数)的平均值,反映了国家产业技术自给能力;四是企业主营业务收入中新产品所占比重,即企业新产品销售收入除以企业主营业务收入总额的百分数,反映一国企业产品创新能力;五是中高及高技术产业增加值占全部制造业的比重,主要反映了一国制造业企业的整体技术水平和经济产出中知识含量的多少。

第四类,创新绩效指标。反映一个国家开展创新活动所产生的效果和社会经济影响。包括六项指标:一是劳动生产率,采用人均 GDP 即按人口平均的国内生产总值,反映创新活动对经济产出的作用;二是单位能源消耗的经济产出,采用千克标准油能源消耗的 GDP,用来测度技术创新带来的减少资源消耗的效果,也反映一国经济增长的集约化水平;三是人口预期寿命,指假若当前的分年龄死亡率保持不变,同一时期出生的人预期能继续生存的平均年数,反映创新活动带来的人民生活质量改善;四是高技术产业出口占制造业出口的比重,反映一国高技术产品国际竞争力和技术创新活动对改善经济结构的作用;五是知识密集型服务业增加值占 GDP 的比重,即服务业中金融和保险、邮政和电信、商业活动、健康和教育等行业的增加值占 GDP 的比重,反映一国的知识密集型服务业发展水平,用来测度一国的经济产出中的知识含量大小和产业结构升级水平;六是知识密集型产业占世界比重,即高技术产业(制造业)与知识密集型服务业的增加值之和占全世界总量的比重,反映一国企业应用创新成果所形成的产业规模大小与技术水平。

第五类,创新环境指标。主要用来反映一国创新活动所依赖的外部硬件环境和软件环境好坏。包括十个二级指标,选自世界经济论坛《全球竞争报告》中的调查指标:一是知识产权保护力度,知识产权保护(1= 弱和不受法律保护,7= 强或得到法律保护);二是政府规章对企业负担影响,政府发布的行政要求(准许、规定、报告)等给企业带来的负担(1= 负担很重,7= 没有负担);三是宏观经济环境,由中央财政收支、储蓄率、通胀水平、存贷率差、政府债务等指标构成的综合反映宏观经济环境稳定性指数;四是当地研究与培训专业服务状况,专业研究和培训服务(1= 不可获得,7= 可以从本地的世界级机构中获得);五是反垄断政策效果,反垄断政策(1= 不能有效促进竞争,7= 能够有效促进竞争);六是员工收入与效率挂钩程度,员工收入(1= 与员工生产率无关,7= 与员工生产率强烈相关);七是企业创新项目获得风险资本支持的难易程度,企业有风险的创新项目一般可以得到风险投资(1= 错,7= 对);八是产业集群发展状况,国内各地都有发展良好的产业集群(1= 强烈反对,7= 强烈赞成);九是企业与大学研究与发展协作程度,企业与本地大学的研究与发展合作(1= 很少或没有,7= 广泛);十是政府采购对技术创新的影响,政府采购高技术产品的决定(1= 仅仅依赖价格,7= 依据技术性能和创新性)。

中国国家创新能力评价指标数据,主要来源于《中国科技统计年鉴》、OECD 主要科技指标、世界银行发展指标数据库、美国科学工程指标、世界知识产权组织、汤森路透统计数据以及联合国教科文组织统计所数据库等。

四、中国创新指数

为提高自主创新能力、建设创新型国家,国家统计局开始对测算中国创新指数进行积极尝试,并于 2013 年 4 月发布了 2005—2011 年的测算结果。为建立健全创新机制、建设国家创新体系、建立创新调查制度,国家统计局社科文司"中国创新指数(CII)研究课题组"在 2013 年有关研究的基础上编制和测算了 2012 年中国创新指数。中国创新指数的编制和测算,为中国从统计角度反映国家创新能力、进行创新型国家监测、研究创新相关问题提供了新的借鉴和依据。

(一)指数体系框架

中国创新指标体系分成三个层次:第一个层次用以反映中国创新总体发展情况,通过计算创新总指数实现;第二个层次用以反映中国在创新环境、创新投入、创新产出和创新成效等四个领域的发展情况,通过计算分领域指数实现;第三个层次用以反映构成创新能力各方面的具体发展情况,通过上述四个领域所选取的 21 个评价指标实现。如表 9.4 所示(资料来源于中国创新指数(CII)研究课题组)。

表 9.4　中国创新指标体系框架

分领域	指标名称	计量单位	权数
创新环境 (1/4)	1.1 劳动力中大专及以上学历人数	人 / 万人	1/5
	1.2 人均 GDP	元 / 人	1/5
	1.3 理工科毕业生占适龄人口比重	%	1/5
	1.4 科技拨款占财政拨款的比重	%	1/5
	1.5 享受加计扣除减免税企业所占比重	%	1/5
创新投入 (1/4)	2.1 每万人 R&D 人员全时当量	人年 / 万人	1/6
	2.2 R&D 经费占 GDP 比重	%	1/6
	2.3 基础研究人员人均经费	万元 / 人年	1/6
	2.4 企业 R&D 经费占主营业务收入比重	%	1/6
	2.5 有研发机构的企业所占比重	%	1/6
	2.6 开展产学研合作的企业所占比重	%	1/6

分领域	指标名称	计量单位	权数
创新产出 (1/4)	3.1 每万人科技论文数	篇/万人	1/5
	3.2 每万名 R&D 人员专利授权数	件/万人年	1/5
	3.3 发明专利授权数占专利授权数的比重	%	1/5
	3.4 每百家企业商标拥有量	件/百家	1/5
	3.5 每万名科技活动人员技术市场成交额	亿元/万人	1/5
创新成效 (1/4)	4.1 新产品销售收入占主营业务收入的比重	%	1/5
	4.2 高新技术产品出口额占货物出口额的比重	%	1/5
	4.3 单位 GDP 能耗	t(标准煤)/万元	1/5
	4.4 人均主营业务收入	万元/人	1/5
	4.5 科技进步贡献率	%	1/5

（二）指数体系说明

第一类，创新环境领域。该领域主要反映驱动创新能力发展所必备的人力、财力等基础条件的支撑情况，以及政策环境对创新的引导和扶持力度，共设五个评价指标：一是劳动力中大专及以上学历人数，该指标用以反映中国劳动力综合素质情况。劳动力是指年龄在 16 岁及以上，有劳动能力，参加或要求参加社会经济活动的人口；二是人均 GDP，反映一个国家经济实力的最具代表性的指标，可以反映经济增长与创新能力发展之间相互依存、相互促进的关系；三是理工科毕业生占适龄人口比重，该指标反映中国潜在创新人力资源情况。理工科毕业生指本科及以上理工农医类毕业生人数，适龄人口是指中国 20~34 岁人口数；四是科技拨款占财政拨款的比重，政府财政科技拨款对全社会创新投入和创新活动的开展具有带动和导向作用，该指标反映政府对创新的直接投入力度以及对重点、关键和前沿领域的规划和引导作用；五是享受加计扣除减免税企业所占比重，企业研发费用税前加计扣除政策被认为是鼓励企业加大研发投入、开展创新活动的最为直接和有利的扶植政策之一。该指标可以反映政府有关政策的落实情况，进而从一个侧面反映企业创新环境情况。受数据来源限制，该指标的数据口径为大中型工业企业。

第二类，创新投入领域。该领域通过创新的人力财力投入情况、企业创新主体中发挥关键作用的部门（即研发机构）建设情况以及创新主体的合作情况来反映国家创新体系中各主体的作用和关系。由于缺乏创新的人力和财力投入指标且研发是当前中国创新的最重要环节,因此这里的投入指标用研发投入指标代替。该领域共设六个指标:一是每万人 R&D 人员全时当量,指按常住全部人口平均计算的 R&D 人员全时当量。该指标反映自主创新人力的投入规模和强度。R&D 人员包括企业、科研机构、高等学校的 R&D 人员,是全社会各种创新主体的 R&D 人力投入合力。R&D 人员全时当量是指按工作量折合计算的 R&D 人员;二是 R&D 经费占 GDP 比重,该指标又称 R&D 投入强度,是国际上通用的、反映国家或地区科技投入水平的核心指标,也是中国中长期科技发展规划纲要中的重要评价指标;三是基础研究人员人均经费,指按基础研究人员全时当量平均的基础研究经费。基础研究是科学技术发展的根基,其水平在一定程度上可以代表一个国家原始创新能力。本指标体系以该指标来反映国家在加强原始创新能力上所作的努力;四是企业 R&D 经费占主营业务收入比重,企业是创新活动的主体,而工业企业又在企业创新活动中占有主导地位。该指标反映创新活动主体的经费投入情况。受数据来源限制,该指标的数据口径为有 R&D 活动的大中型工业企业;五是有研发机构的企业所占比重,企业办研发机构是企业开展 R&D 活动的专门机构,是企业持续、稳定开展创新活动的重要保障。该指标从一个侧面反映企业持续开展创新活动的能力。受数据来源限制,该指标的数据口径为大中型工业企业;六是开展产学研合作的企业所占比重,该指标是反映产学研合作的重要指标。本指标体系通过产学研合作来反映中国各创新主体间的合作情况。受数据来源限制,该指标的数据口径为大中型工业企业。

第三类,创新产出领域。该领域通过论文、专利、商标、技术成果成交额反映创新中间产出结果。该领域共设五个指标:一是每万人科技论文数,科技论文是指企事业单位立项的由科技项目产生的,并在有正规刊号的刊物上发表的学术论文,科技论文是创新活动中间产出的重要成果形式之一。该指标反映研发活动的产出水平和效率;二是每万名 R&D 人员专利授权数,指按 R&D 人员全时当量平均的专利授权数量。本指标体系中的专利授权数指国内专利授权数,专利授权数是创新活动中间产出的又一重要成果形式。该指标也是反映研发活动的产出水平和效率的重要指标;三是发明专利授权数占专利授权数的比重,发明专利在三种专利中的技术含量最高,能够体现专利的水平,也体现了研发成果的市场价值和竞争力,本指标体系中的发明专利授权数指国内发明专利授权数。该指标是反映专利质量的关键指标;四是每百家企业商标拥有量。商标拥有量指企业拥有的在国内外知识产权部门注册的受知识产权法保护的商标数量。该指标在一定程度上反映企业自主品牌拥有情况和自主品牌的经营能力。受数据来源限制,该指标的数据口径为大中型工业企业;五是每万名科技活动人员技术市场成交额,指按每万名科技活动人员平均的技术市场成交金额。该指标反映技术转移和科技成果转化的总体规模。技术市场成交额指全国技术市场合同成交项目的总金额。

第四类,创新成效领域。该领域通过产品结构调整、产业国际竞争力、节约能源、经济增长等方面,反映创新对经济社会发展的影响。该领域共设五个指标:一是新产品销售收入占主营业务收入的比重。新产品销售收入是反映企业创新成果,即将新产品成功推向市场的指标。该指标用于反映创新对产品结构调整的效果。受数据来源限制,该指标的数据口径为大中型工业企业;二是高新技术产品出口占货物出口额的比重。高技术产业与创新具有互动关系。该指标通过高新技术产品出口的变化情况,反映创新对产业国际竞争力的影响效果。该指标的数据口径为规模以上工业企业;三是单位 GDP 能耗,指每产出万元国内生产总值(GDP)所消耗的以标准煤计算的能源。节约能源是企业技术创新的目的之一,创新是节约能源的途径和保障,对节约能源起决定性的因素。该指标反映创新对降低能耗的效果;四是人均主营业务收入,指一定时期内工业企业主营业务收入与平均用工人数之比,用以反映生产效率。创新是影响生产效率的重要因素,提高生产效率是企业创新的目的之一。该指标反映创新对工业经济发展的促进作用,数据口径为规模以上工业企业;五是科技进步贡献率,指广义技术进步对经济增长的贡献份额,即扣除了资本和劳动之外的其他因素对经济增长的贡献。该指标数据来源于有关部门开展的科技进步贡献率评价的测算结果,是衡量科技竞争实力和科技转化为现实生产力的综合性指标。本指标体系中该指标使用的是报告期及之前四年间的平均水平,用以反映创新对国民经济发展的促进效果。

(三) 指数编制方法

第一,确定指标权重。

在比较国内外赋权方法优劣的基础上,采用"逐级等权法"进行权数的分配,即各领域的权数均为 1/4。在某一领域内,指标对所属领域的权重为 $1/n$(n 为该领域下指标的个数)。因此,指标最终权数为 $1/4n$。

第二,计算指标增速。

通常指标的增速或发展速度是以基期年份指标值作为基准进行比较的。在某一指标体系中,如果按照通常方法计算各指标的增速后再进行加权平均,由于可能存在某些指标增速过高(或过低)的情况,这样就会造成指标增速之间不可比(即增速过高或过低的一些指标的作用掩盖了其他指标的作用),从而造成整个指标体系失真的现象。因此,必须采用对指标体系中各指标增速的范围进行控制的方法。一种较好的方法是将指标增速的基准值设定为该指标的两年平均值,这样计算出来的各指标增速的范围可以控制在[-200,200]的区间内。

本指标体系中,除"万元 GDP 能耗"是逆指标之外,其余 20 个指标都是正指标。逆指标取倒数后再计算指标增速。各指标相邻年份的增长速度计算方法为:

$$V_{it} = \left[\frac{X_{it} - X_{it-1}}{(X_{it} + X_{it-1})/2} \right] \times 100$$

式中,i 为指标序号,t 为年份,$t \geqslant 2006$。由于 $|V_{it}| = \left| \frac{X_{it} - X_{it-1}}{X_{it} + X_{it-1}} \right| \times 200$,而 $|X_{it} - X_{it-1}| \leqslant |X_{it}| + |V_{it-1}|$,对于 $X_{it} > 0$ 和 $X_{it-1} > 0$,有 $|V_{it}| \leqslant 200$。

第三,合成分领域指数和总指数。

一是计算各领域所辖指标的加权增速:

$$C_t = \sum_{i-1}^{k} W_t \times V_{it}$$

式中,W_i 为各指标对其所属领域的权重,k 为该领域内指标的个数,t 为年份,$t \geqslant 2006$。

二是计算定基累计发展各领域分指数:

$$E_{t+1} = E_t \times \left[\frac{200 + C_{t+1}}{200 - C_{t-1}} \right]$$

式中,t 为年份,$t \geqslant 2005$,$E_{2005} = 100$。

计算指标体系中某一个指标的定基发展速度,采用这一方法,结果与通常方法一致,即指标当年的定基发展速度等于该指标上年的定基发展速度与当年发展速度的乘积除以 100,当年的定基发展速度等于指标当年值乘以 100 与基期值之比。这是由于:

$$\frac{E_{t+1}}{E_t} = \frac{200 + C_{t+1}}{200 - C_{t-1}} = \frac{200 + \left[\frac{X_{it+1} - X_{it}}{X_{it+1} + X_{it}} \right] \times 200}{200 - \left[\frac{X_{it+1} - X_{it}}{X_{it+1} + X_{it}} \right] \times 200} = \frac{(X_{it+1} + X_{it}) + (X_{it+1} - X_{it})}{(X_{it+1} + X_{it}) - (X_{it+1} - X_{it})} = \frac{X_{it+1}}{X_{it}}$$

因此,$E_{t+1} = \frac{X_{it+1}}{X_{it}} \times \frac{X_{it}}{X_{it-1}} \times \cdots \times \frac{X_2}{X_1} \times \frac{X_1}{X_0} \times 100 = \frac{X_{it+1}}{X_0} \times 100$。

三是计算定基累计发展总指数:

$$Z_{t+1} = \sum_{i-1}^{4} a_i E_{t+1}$$

式中,t 为年份,a_i 为各领域对总指数的权数。

五、可持续发展衡量方法

（一）基本原理

可持续发展既是一种发展模式，又是人类近期的发展目标，其核心实际上是资源作为一种物质财富和文化作为一种精神财富，在当代人群之间以及在代与代人群之间公平合理的分配，以适应人类整体的发展要求。而要达到这个目标，其重要条件就是在每一时间断面上做到资源、经济、社会与环境之间的协调。此处的"资源"，指当前可供人类利用的自然物质，如大气、水、土壤、森林、矿藏等。"环境"指自然对人类发展的支持能力，包括生态平衡、纳污能力、自净能力等。只有资源、经济、社会与环境这四大系统的运动处于协调状态才能保证社会持续不断地向有序态演化。因此，考察一个社会的发展状况是否符合可持续发展的要求，必须考察这一时刻的社会发展状况是否达到了这四个系统的协调。

可持续发展是一个动态的概念，只要一个社会在每一个时间段内都保持资源、经济、社会与环境的协调，那么这个社会的发展就是符合可持续发展要求的。这样，我们研究的重点就落在了四大系统的状态描述以及相互协调程度的度量上。

人类生存、繁衍与发展的基本方式是从自然界获取资源与能量，经过加工、分配、消费，以满足人类种种的欲望与需求，最后向环境排放废弃物与高熵能量。如果经济系统、社会系统对资源的获取、对废弃物的排放与资源系统、环境系统的再生能力及经济系统、社会系统对其余两个系统的再投入是相适应的，则整个大系统是协调的。如图 9.1 所示。

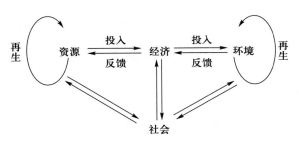

图 9.1　社会发展状态图

下面引入协调度的概念。

设多元发展状态变量 $D(d_{i1}, d_{i2}, \cdots, d_{in})$，映射 $R:D^n \to [0,1]$ 为 D 的 n 元关

系,若 $(d_{i1}, d_{i2}, \cdots, d_{in}) \in D^n, r_{i1,i2,\cdots,in} \in [0,1]$,则称 $r_{i1,i2,\cdots,in} = R(d_{i1}, d_{i2}, \cdots, d_{in})$ 为 $(d_{i1}, d_{i2}, \cdots, d_{in})$ 对 n 元关系 R 的协调度。

对于由四大系统组成的社会发展大系统 $D(d_1, d_2, d_3, d_4)$,如果确定了映射关系 R,则其协调度可以由 $R(d_1, d_2, d_3, d_4) \in [0,1]$ 来表示。

这样,就可以给出衡量一个社会发展是否符合可持续发展目标的大体思路:设持续发展函数 $SD(t)$,在每一个时间断面上的综合发展状态为 $\frac{dSD}{dt}$。若知道了某一时刻的资源 (d_1)、经济 (d_2)、社会 (d_3) 与环境 (d_4) 这四大系统的发展状态与协调度,则由状态 $(d_1, d_2, d_3, d_4) \Rightarrow$ 协调度 $R(d_1, d_2, d_3, d_4) \Rightarrow$ 可持续发展微分 $\frac{dSD}{dt} \Rightarrow$ 可持续发展函数 $SD(t)$。

(二)可持续发展的衡量指标

以上从理论上阐明了衡量可持续发展的方法,即首先描述资源、经济、社会与环境的发展状态,然后通过四大系统的协调度来评估可持续发展的能力。但要给出具体的具有可操作性的衡量手段,则必须通过一系列指标体系才能得以实现。

衡量可持续发展的指标体系可由两大部分组成:描述性指标与评估性指标。描述性指标即分别表示四大系统发展状态的指标,评估性指标即评估相互联系与协调程度的指标。由于每一系统都是由复杂的多元参量组成,因此,可持续发展的描述指标与评估指标构成了一个庞大而复杂的指标体系。这一指标体系将在时间上反映发展速度和趋向,在空间上反映其整体布局和结构,在数量上反映其规模,在层次上反映其功能和水平。它将兼有描述、评价、解释、预警和决策等功能。

下面只能示例性地探讨一下指标的构成。这里暂不考虑社会系统,只考虑资源、经济与环境三大系统。这三大系统分别通过物质流、能量流与信息流相互联系、相互依存,通过太阳能的输入维持着总系统向有序态发展。

为进一步简化,我们将物质流、能量流、信息流归一为价值流单一指标,这样,就可以通过资源系统、经济系统与环境系统的价值来描述三大系统的发展状态。设总系统的价值为 D,三个结构子系统的价值分别由资源总价值(RV)、国民生产总值(GNP)、环境承载力价值(ECV)来表示。

定义价值为客体对主体需求的满足程度。资源总价值指在人类认识水平范围内可供人类利用的自然物质和能量的价值。国民生产总值表征人力物力通过经济行为所产出的可供人类利用的产品和劳务的价值。环境承载力指环境系统对人类社会经济活动的最大支持能力,这一支持能力对人类生存发展要求的满足就是其价值的表现。通过货币可以将 RV,GNP,ECV 统一表征出来。由于当前对 RV,ECV 的货币化表示还有待进一步研究,因而,目前还无法由此描述三大系统的状态以及由此得到其协调程度。

不过我们可以通过间接的方法表征资源系统、经济系统与环境系统的协调程度,将描述性指标和评估指标合二为一,通过三大系统的关联性指标来判断其协调性。

资源的总价值 RV 目前还无法统计,但资源价值的增加量(ΔRV)则相对比较容易得到,即可用人类对资源系统的投入或资源产业的产值来代表。资源产业,就是对资源的再生产,是通过社会投入对自然资源进行保护、恢复、更新、增殖和积累的生产事业,是当前经济产业中原材料产业的前身、整个物资生产过程的始端。相对于第一、二、三产业而言,我们称资源产业为前产业。

环境承载力价值 ECV 目前暂时没有能力量化,但其价值的增加量(ΔECV)可相对容易得到。社会为提高环境承载力所投入的成本即环境承载力增加的价值,也即社会对环境"恢复力"的投入,我们称这种产业为环境产业。与前产业——资源产业相对应,环境产业是后产业。

当前的经济核算体系是建立在以 GNP 指标为核心的基础之上的。由此带来的副作用是——砍树有产值、种树无产值,从而导致资源的盲目开采与浪费以及环境的任意污染与破坏。前者带来国家或区域的资源空心化现象,后者导致治理污染成为被动的政策性行为或人道的善行。

为了消除上述弊端,可以通过一个新的国民生产总值(GNP*)来联系原有的国民生产总值(GNP)与资源总价值(RV)、环境承载力价值(ECV),即 GNP*=GNP+ΔRV+ΔECV。

在此基础上,我们示例性给出了几个衡量可持续发展能力的指标:GNP*、人均 GNP*、单位水资源产出 GNP*、单位能耗产出 GNP*、单位废水排放产出 GNP*、单位废气排放产出 GNP* 等。这些指标是可以用来表征协调程度或可持续发展能力的正效应指标。

假设上述协调程度的正向指标为 SDI,通过指数化手段可以消除其数量级的差别,得到 SDI_i 指数,则其协调程度可以表示为:$\sqrt{\sum (SDI_i)^2}$。

通过不同时间段的协调程度的比较,我们就可以判断出一个国家或地区的发展是否符合可持续发展的战略要求。因此,通过可持续发展的衡量,可以对社会发展方向、发展状态以及发展行为进行判别、评价并加以调控,帮助决策部门正确把握发展的目标、方向和尺度,从而提高人类与自然和谐发展的能力。

第二节　国际可持续发展指标体系

一、国际机构发布的评价指标体系

（一）人类发展指数

联合国开发计划署（UNDP）在《1990 年人文发展报告》中提出了人类发展指数 HDI（human development index），用以衡量联合国各成员国经济社会发展水平，是对传统的 GNP 指标挑战的结果，是世界范围内评估各国发展的重要且通行的指标体系。随着 20 世纪后期发展观念的演变，尤其是以人为本、全面协调可持续发展观念的形成，催生了 HDI。HDI 首次发布以来，被广泛用于测度和比较各国／地区的相对人类发展水平，日益成为世界各地区提高人类发展意识的工具。

人类发展指数，主要衡量一个国家或地区在三个方面的发展成就：健康长寿的生活用出生时预期寿命衡量，知识的获取用平均受教育年限和预期受教育年限衡量，体面的生活水平用人均 GDP 或 GNI（PPP 美元）衡量。HDI 的推出将决策者、媒体和非政府组织的注意力从传统的经济统计转向人的发展，吻合了以人为本的发展理念，因此成为各国／地区衡量综合发展的重要工具。自 1997 年开始，UNDP 联合中国有关机构，每二年至三年发布一份《中国人类发展报告》，并公布中国各省、自治区、直辖市的人类发展指数。HDI 指数在一定程度上突破了以往仅用 GDP 或人均 GDP 等单一指标和实际生活质量指数等综合指标来衡量经济发展的局限，得到广泛的应用。

但是，HDI 因指标选择范围、阈值确定、各一级指标等权重分配等受到的批评或质疑从未停止过。由于 HDI 指数主要涵盖了经济发展和社会发展，对于以代际公平及环境生态为核心的"可持续发展"理念的反映却相对不充分。HDI 的主要贡献者、诺贝尔经济学奖得主阿马蒂亚·森（Amartya Sen）在不同场合反复强调，HDI 的提出是为了引起人们对人类发展问题的关注，基于数据可得性等角度考虑，很难包括影响发展的所有指标，但它是一个可变的动态开放的体系。当前，UNDP 及学术界开始对 HDI 指数进行扩展，比 UNDP 提出了多维贫困指数（MPI）、性别发展指数（GDI）、人文贫困指数（HPI）和人类绿色发展指数等指标，用以进一步表征及考核发展水平。

（二）全球报告倡议

联合国环境规划署(UNEP)与美国非政府组织环境负责任经济联盟(CERES)于 1997 年发起了全球报告倡议组织(GRI)，以提高各类不同组织报告的质量、结构和覆盖面。GRI 被广泛应用于发展绩效的评估，其也是多行业进行发展管理的主要方式。GRI 主要考虑了以下类别项下的 82 个指标系列：经济绩效、环保绩效、社会绩效(劳动力)、社会绩效(人权)、社会绩效(社会)、社会绩效(产品)。尽管 GRI 衡量的是基于三重底线原则的可持续性，但重点强调社会和环境方面。另外值得一提的是，第四版的 GRI 指南在加权体系或方法方面存在不透明的缺陷和漏洞。

（三）营商指数体系

世界银行 2017 年 11 月发布了《2018 年营商环境报告》，该指数对于招商引资及企业的区位选址具有突出的参考价值。营商指数主要基于两个加权的核心指标，一个是"距最优实践差距"，另一个是"营商自由度"。其中，"距最优实践差距"是以同一领域内最佳的管理实践为基准，比较各主体与其的表现差异，进而评测现有的不足及提升的空间。具体而言，营商指数涵盖 10 个营商主题的 41 项指标，包括创业、获准建设、电力供应、资产注册、信用获取、税赋、跨境贸易、合同执行保障等。对此，中国环境保护领域所倡导的环境领跑者制度与营商指数的这一设计具有相似的理念。另外，营商自由度则基于比较的视角评价了不同区域营商的行为空间。基于这一设计，世界银行利用其掌握的全球范围数据库，已对包括美国、俄罗斯、日本、印度、中国、巴西、墨西哥、孟加拉等国的营商环境进行了分析评价，并为企业投资提供了重要参考。如表 9.5 所示(引自世界银行《2018 年营商环境报告》)。

表 9.5　世界银行营商环境评价指标体系

序号	一级指标	二级指标
1.	开办企业	1.1 办理程序(项)
		1.2 办理时间(天)
		1.3 费用(占人均收入比 %)
		1.4 开办有限责任公司所需最低注册资本金(占人均收入比 %)
2.	办理施工许可	2.1 房屋建筑开工前所有手续办理程序(项)
		2.2 房屋建筑开工前所有手续办理时间(天)
		2.3 房屋建筑开工前所有手续办理费用(占人均收入比 %)
		2.4 建筑质量控制指数(0~15)

序号	一级指标	二级指标
3.	获得电力	3.1 办理接入电网手续所需程序(项)
		3.2 办理接入电网手续所需时间(天)
		3.3 办理接入电网手续所需费用(占人均收入比 %)
		3.4 供电稳定性和收费透明度指数(0~8)
4.	产权登记	4.1 产权转移登记所需程序(项)
		4.2 产权转移登记所需时间(天)
		4.3 产权转移登记所需费用(占人均收入比 %)
		4.4 用地管控系统质量指数(0~30)
5.	获得信贷	5.1 动产抵押法律指数(0~12)
		5.2 信用信息系统指数(0~8)
6.	保护少数投资者	6.1 信息披露指数(0~10)
		6.2 董事责任指数(0~10)
		6.3 股东诉讼便利指数(0~10)
		6.4 股东权利保护指数(0~10)
		6.5 所有权和控制权保护指数(0~10)
		6.6 公司透明度指数(0~10)
7.	纳税	7.1 公司纳税次数(次 / 年)
		7.2 公司纳税所需时间(小时 / 年)
		7.3 总税率(占利润比 %)
		7.4 税后实务流程指数(0~100)
		7.4.1 增值税退税申报时间(小时)
		7.4.2 退税到账时间(周)
		7.4.3 企业所得税审计申报时间(小时)
		7.4.4 企业所得税审计完成时间(周)
8.	跨境贸易	8.1 出口报关单审查时间(小时)
		8.2 出口通关时间(小时)
		8.3 出口报关单审查费用(美元)
		8.4 出口通关费用(美元)
		8.5 进口报关单审查时间(小时)
		8.6 进口通关时间(小时)
		8.7 进口报关单审查费用(美元)
		8.8 进口通关费用(美元)
9.	合同执行	9.1 解决商业纠纷的时间(天)
		9.2 解决商业纠纷的成本(占索赔金额比 %)
		9.3 司法程序的质量指数(0~18)
10.	破产办理	10.1 回收率(美分 / 美元)
		10.2 破产法律框架的保护指数(0~16)

（四）可持续性指标板

国际可持续发展研究所（USD）在 1990 年底初拟了可持续性指标板（DS），主要对以下指标进行了定量描述和解析：19 个社会指标（如儿童体重、免疫、犯罪等）、20 个环境指标（例如水、城市空气、森林面积等）、14 个经济指标（例如能源使用、回收、国民生产总值等）以及 8 项制度指标（如互联网、电话、研发支出等）。例如，意大利城市帕多瓦在其 2003 年名为"可持续的帕多瓦 –PadovA21"的《地方二十一世纪议程》中采用了可持续性指标板，生成了与环境保护、经济发展及社会推进相关的 61 个指标。但是，这是证实该工具在城市背景下有用性的唯一实例。与其他一些指标体系不同，可持续性指标板在制定评估方法方面非常明确，但该方法的高度灵活性及局部可适用性使之很难进行不同城市的发展比较。

（五）全球城市指标计划

世界银行的全球城市指标计划（GCIP），旨在提高城市居民的幸福感，推进社会能力建设。在该计划中，由国际专家组进行质的评估，主要关注可持续性的社会方面。该计划分为城市服务和生活质量两个主要类别，共包含 63 个指标。城市服务包含 12 个主题，其中包括教育、金融及能源等。生活质量包括六个主题，即经济、文化、环境、社会公平、技术和创新。GCIP 首次在拉丁美洲和加勒比地区推行方法试点，目前全球有上百个参与城市。GCIP 可灵活适用于多种规模的城市，因此，各城市之间不存在科学可比性。但是，GCIP 没能形成科学合理的加权指标组合，难以为城市绩效提供更为全面的描述及考核。

（六）ISD 可持续发展指标体系

自 1996 年以来，联合国可持续发展委员会（CSD）发布了三个版本的可持续发展指标（ISD），以进一步制定出面向 21 世纪的可持续发展共同愿景。该指标的目标，是支持各国通过各自的努力来制定和实施国家可持续发展指标。ISD 是通过与各国际利益相关者的会议、试点测试、修订和专家审查制定的。最新的版本包括 14 个主题，涵盖了可持续发展的四个支柱——经济、环境、社会和制度，以及 50 个核心指标。各国政府如果希望根据需要和实际情况对指标做出调整，可以使用由联合国创建的一套简单的矩阵来评估可用数据的备用情况。50 个核心指标来源于范围更大的 96 个指标，这 96 个指标可按国家分布对可持续发展进行更加全面、差异化的评估。由于这些指标中有一些正在被广泛使用的核心指标系列，如果针对不同国家对变量框架进行调整，就更容易对框架进行管理。

（七）OECD 可持续发展指数体系

OECD 指数体系，即 OECD 国家的可持续发展指数。2015 年，联合国可持续发展解决方案网络（SDSN）与贝塔斯曼基金会联合发布了经济合作与发展组织（OECD）国家的可持续发展指数，以简化的方式追踪 36 个 OECD 国家实施可持续发展目标的进度、明确需要优先解决的发展问题，描述了不同国家在可持续发展目标方面的实施现状。随后，与英国海外发展研究院等的研究结合，各方联合提出一种评估可持续发展目标记分卡，用以反映不同地区可持续发展趋势，旨在提出其亟待提升和完善的领域。

目前，该指数已在包括美国和中国在内的多个国家有着普遍应用，可基于此形成发展转型的对比分析。美国方面，于 2018 年 6 月发布的研究报告显示，联合国 SDSN 与多个研究机构联合设计了美国可持续发展城市发展指数（U. S. Cities SDG Index），对 100 个美国城市进行了分析考核。该考核主要基于 2015 年发布的联合国可持续发展框架及 17 项全球可持续发展目标，利用联合国的翔实数据及在可持续发展领域的研究基础，对各城市的发展表现进行排名评比，进而为地方的发展转型提供了重要激励。

二、国家和地区性组织发布的评价指标体系

（一）城市代谢框架

欧洲环境局（EEA）开发的城市代谢框架，可对城市基于代谢流的可持续发展，而非其当前的发展状况进行分析。该框架由四个主要维度组成，包括城市流动、城市质量、城市模式和城市动能。从能源消耗人均二氧化碳排放量、水资源强度、人均 GDP、失业率和绿色空间等指标来看，它们已经完整地涵盖了可持续发展的三个基本方面。尤其这个框架强调了城市资源的动态流动，并揭示出它将如何自动地推动系统达到平衡状态。借助该框架，欧洲能够以低成本的方式为其城市的新陈代谢开展持续性的监测。此外，它的量度框架还具备扩展功能，可适用于不同规模的城市。使用这个框架很简单，只需使用现成的数据源即可，但它并不能最全面地反映一个城市的可持续性。此外，其现有数据信息及评价范围只针对欧洲，而尚未覆盖欧洲以外的其他区域。

（二）欧洲绿色之都奖

欧洲委员会于每年颁发的欧洲绿色资本奖涉及 12 项环境和社会指标，包

括地方交通、自然和生物多样性、环境空气质量、水资源管理、能源绩效及综合治理保护等。该框架将重点放在对环境和城市化的影响方面,因而并未平衡三重底线中的其他两个要素。同时,该指标要求符合条件的城市须至少达到 10 万人口。自从斯德哥尔摩在 2010 年获得了首个"绿色之都"奖以来,37 个欧洲城市就一直参与分享最佳实践并引入政策以解决地方及全球性环境问题。这些城市每年发布多份报告,涉及方法、最佳实践及基准,并对参与城市的各指标领域进行比较。

(三)健康城市指数

作为健康城市项目的组成部分,世界卫生组织欧洲健康城市网络建立了"健康城市指数"(HCI),这是一套由 53 个指标组成用于衡量城市健康水平的指数。HCI 指数有助于全球决策者建立有效干预,以提高城市化背景下的社会健康水平。该指数包括空气污染、水质、污水收集等环境指标,死亡率、公共交通及疫苗接种率等社会指标,以及流离失所、失业和贫穷等经济指标。世界卫生组织将选定的指标分为四个主要类别:健康促进、卫生服务、社会关怀和环境改善(包括物质环境、社会环境、经济环境)。然而,HCI 的不足在于其重点强调了可持续发展中的健康部分,而对于发展转型相关的其他方面缺乏关注。

(四)社区评级系统

在美国,社区评估和评级可持续性工具(STAR)已经成为帮助公民领袖将可持续性管理纳入总体规划的框架工具。它以 TBL 框架为指导,包括七个目标区域的 44 个目标:建筑环境,气候与能源,经济与就业,教育、艺术和社区,股本和授权,健康与安全,自然系统。相比而言,STAR 评分方法并无科学基础,但具有显著的透明性优势。由于目前没有对单一可持续性目标的重要性或价值高于任何其他目标的全球统一评分标准,STAR 的各目标领域都是以 100 分为权重。根据其在实现社会可持续发展方面的影响,每个目标有 7 项具体目的,分数从 10 到 20。最终考核的分值是根据支持性 STAR 目的、作为标准的成果优势(如国家标准阈值、标准趋势目标、STAR 设置阈值、地方设置阈值、地方设置趋势或总体趋势)及其资料来源和数据质量(如外部数据集,标准化采集或地方采集)来确定的。STAR 已在美国有普遍的应用,如亚利桑那州的凤凰城、加利福尼亚州的洛杉矶、得克萨斯州的普莱诺等城市在可持续性城市计划中均已采用。

三、非政府组织与企业发布的评价指标体系

（一）可持续性指标

总部设在加拿大的非政府组织可持续城市国际（SCI）的"可持续性指标"可帮助确定可持续发展的动因，并准确评估这些动因在促进全球各城市可持续发展中的表现情况。指标的制定者们广泛借鉴了城市可持续性指标的研究成果，在其基础上选择制定经济、环境和社会方面最常见也是最容易衡量的指标。其多维度指标包括失业率和经济增长、绿色空间、水质和温室气体的减少，以及住房质量、教育和健康。这些核心指标不仅灵活而且易于实施，不论城市规模和位置均可适用。此外，它们还广泛涵盖了一系列可持续性目标。然而，"可持续性指标"赋予健康指标与治理指标的权重很小。

（二）可持续城市指数

可持续城市指数，由英国的可持续发展非政府组织"未来论坛"编制，并根据这一指数对英国 20 个最大城市的可持续性进行排名。该指数通过整合经济、社会和环境因素，可清晰地反映出一个城市的可持续发展状况。"可持续发展指数"涵盖 13 个变量的指标，包括：环境绩效（如空气质量、生态影响、生物多样性）；生活质量（如预期寿命、教育、失业等）；未来保障（如经济、回收利用、食品）。其反映了城市治理保护的动态过程。这些指标是根据 20 个城市数据及翻译的可用性而选择的，借此保持了评分方法的平等性。各组所有指标都被赋予了同等的权重，同时在整个城市排名中各组权重均相同。从英国的发展实践来看，自从使用这些指标以来，大多数城市已有稳定的改进。

（三）绿色城市指数

与其他组织发布的考核体系不同，知名企业西门子集团的绿色城市指数（GCI）同样被用于评估欧洲各城市的环境可持续性。作为各城市评估和比较工作的组成部分，西门子专家组建立了下列八大类别 30 个指标集：交通、能源、治理保护、一氧化碳、水、废物及土地利用、建筑和空气质量。该指标集覆盖城市环境可持续性的主要方面，并重点关注能源和二氧化碳排放量。此外，该指数对指标集进行了结构化设计，以使用公开可用数据。同时，GCI 对每个指标进行标准化处理，以便对各城市进行比较。欧洲绿色城市指数的第一 I 应用项目是在2009 年实施的，对来自 30 个国家的 30 个主要欧洲城市进行评比考核。至 2013

年,该指数对 130 个城市的环境绩效进行了衡量和评级。通过比较,一个主要发现是财富和环境绩效之间存在明显的正相关。但是,GCI 的主要缺陷是未能直接反映一座城市当前的社会和经济状况。

(四) 环境绩效指数

由耶鲁大学、哥伦比亚大学和世界经济论坛联合开发的环境绩效指数 (EPI),以一种量化和数字标记方法对一国政策的环境绩效进行衡量。之前的环境可持续性指数(ESI)包括 265 个指标,主要关注两个首要的环境目标:环境卫生,减少对人类健康的环境压力;生态系统活力,提高生态系统活力,促进有效的自然资源治理。该指数分别计算了六个与环境政策相关的核心类别的分数,即环境卫生、空气质量、水资源、生物多样性和栖息地、生产型自然资源及气候变化。所有指标得分从 0 到 100,指标权重利用主要要素分析进行评估并以加权和的形式进行汇总。加权取决于数据的可用性以及指标影响政策变更的方式。如果特定指标的基本数据可靠性差或与同一问题类别的其他数据相比相关性低,则指标权重低。由于有些国家普遍缺少政策和行动,某些类别内的指标权重在政策问题及目标范围内就会按比例增加。该指数的优势是揭示了城市发展如何改变自然环境,但缺陷在于未能涉及其对社会和经济维度的重大影响问题。

(五) 全球城市实力指数

全球城市实力指数(global power city index,GPCI)是由日本森纪念财团下的都市战略研究所编写与出版的一项城市指标,从 2008 年开始推出,在全球城市研究领域具有很大的影响力。全球城市实力指数作为代表性的城市指标之一受到高度评价,在各种场合被用作城市政策和商业战略的决策参考。全球城市实力指数以全球 48 座城市为对象,从经济、交通、环境、居住、文化交流、研究开发六大领域、26 个指标分组、70 项指标对城市进行综合实力的评价,该指数为得分分数即所有类别绩效之和。最新发布的 GPCI2020 中,前五名城市与去年相同,依次为伦敦、纽约、东京、巴黎和新加坡。

尽管该指数吸收了社会和环境变量,但其主要的关注点在经济方面。与其他使用类似方法的指标体系不同,全球城市实力指数通过提高具备高横向标准偏差的指标权重可以拓宽综合得分的范围并改变排名。为了反映影响全球城市的条件变化,全球城市实力指数不断微调其指标和数据收集方法,包括 2020 年新冠疫情的影响。

第十章

迈向人类文明的新时代

第一节　人类文明演替的走向

一、工商文明已完成了自己的历史使命

工商文明,是人类社会发展的一个文明阶段,其生产方式以规模化生产和规模化销售为基本标志。它的使命,本应该是创造出比农牧文明时代多到不可比拟的物质财富和精神财富,以满足人们对更加幸福生存的追求,但工商文明却将人类引向了毁灭的边缘!

为了适应规模化生产和规模化销售的需要,工商文明时代的人类社会,就像机器一样被组装了起来,高效运转,把组织起来的能量发挥到极致! 强大到能"移山填海",对自然环境的破坏大到无以复加。

在创造物质财富、发挥组织能量的同时,工商文明极其关注科学研究,探索自然的奥秘,探索社会的奥秘,探索人生的奥秘。其本意是把工商文明推向顶峰,但最后发现,自然环境对人类生存的基础作用,其承载能力是十分有限的,同时也发现人类创造力和致命弱点均在于自己的贪欲。

总之,工商文明时代,把一切都推向极致。物质财富的创造力趋于极致,人类社会的组织程度和运转效率趋于极致,对自然、对社会,对人自身的研究和了解也趋于极致。由此可见,工商文明时代仅短短的数百年所成就的一切,都是空前的、无与伦比的。

二、工商文明内在矛盾激化、自身无法消除

前文曾说过,历史上任何一个文明时代的被替代,皆是因为它的内在矛盾已演化成自身无法消除的危机。而且这个危机又是这个文明在克服前一个文明的危机的过程中被"埋伏"下来的,或者说是这个文明所伴生的或者说是固有的。因此人类若想持续生存下去就必须彻底摒弃它!

工商文明,在努力解决农牧文明时代生产力不高的问题时,发现规模化的生产和经营可以解决这一问题,但规模化的生产又必须以规模化的原材料供给为前提,而原材料的源头又都来自自然环境,于是向自然环境的大规模索取就成

为必须,乃至必然。另外,要维持大规模的生产又必须以产品的大规模销售为保证,也就是说要以空前且不断增长的消费能力为保证。于是,鼓励消费、刺激消费,直到形成恶性消费就成为这一文明时代所特有的标志。为适应这一情况,社会的风气,社会的消费观导致物质消费主义和物质享乐主义盛行,又为贫富两极分化提供了社会基础。

由此可见,自然资源的迅速且过度耗竭、贫富两极分化导致社会阶层的固化,奢侈的生活方式,加剧着前两点更加迅速地恶化。这些都是工商文明自己所不能解决的危机。

在这里,我们要特别交待的是,"规模"与"规模化"这两个词语之间的重大差别。社会经济生活的经验告诉我们,当生产活动的规模大了以后,生产的效率会提高,成本会降低。在辅之以有效的成规模的销售后,利润会大大增加。这个经验上升为理论后,成为服务逐利的"经济学"的重要组成部分。

而"规模化"则是一种观念和主张。当"追逐利润"成为唯一的价值取向以后,这一主张就扩展并定格为"规模化"。"规模化"与"工业化",与"工商文明"紧紧地绑在一起。工商文明之所以能对农牧文明摧枯拉朽,依靠的就是生产和销售的规模化。而片面强调"规模化",就一定会严重压制"多样性",严重偏离自然生态系统的多样性特性。本来,"规模化"与"多样性",或"分散型小型化"应相辅相成。因此在社会经济生活中,正确的做法本应该是,该规模就规模,即规模有度;该分散就分散,分散有当;该小型则小型,它们是一个有机整体,不可偏废。事实上,目前世界上最先进的工业国家,大量的中小型企业乃比比皆是,就说明了"多样性"这一真理性的特性是违背不了的。

三、迈向新文明是人类摆脱危机的唯一出路

前面的内容已说明,工商文明将人类社会内在的三大基本矛盾集中激化为工商文明时代的危机,这实质上是人类能不能继续存活下去的问题。如果人类不想随着工商文明时代的消失而从地球上消失的话,就必须寻求摆脱这一危机的出路。

在全世界首先面对这一危机的是西方先期工业化国家,如英国等。这些国家早先凭借自己的规模化生产,高效率地产出了大量工业品,他们把这些产品以商品形式销往其他国家,获得了大量利润,从而使自己持续的规模化生产因拥有足够的资金而得以持续。

但很快他们就发现,仅凭本国的自然资源与环境,以及本国的劳动力,是无法维持自己对规模化生产的更多追求,从而也无法使自己获得更多的利润。相

反,还会使自己面临巨大的资源环境约束。

这时,他们既要摆脱资源环境的约束,又不愿放弃对更高利润的追求。于是就在传统的攻城略地的扩张主义基础上,又增加了一个通过转移生产地的办法,把资源环境的消耗转嫁到别的国家。由于他们控制了商品的经营权,最终利润的绝大部分仍归自己。这一做法是一种"转移、转嫁"策略。它有效地解决了先期工业化国家所遇到的问题,但给接受国则带来了巨大的灾难。因此可以称之为一种新版的扩张主义。

这一转移、转嫁的策略是以后试图也实行工业化的国家大多不能照搬和模仿的。这首先是因为从世界范围来看,接受国越来越少,接受的条件也越来越高,越来越苛刻;其次还因为这要求转移、转嫁国所具备的条件也越来越高。如必须有充足的资本,必须有足够先进的技术,以及足够强的市场控制能力,否则,转移和转嫁只能是一厢情愿,实际上并不能实现。于是,竞争不可避免,进而局部战争也不可避免。

在这种情况下,后期工业化国家,大多会采用追赶型和压缩型的做法,它们也不可避免地、或迟或早地面临先期工业化国家曾经遇到的资源、环境危机,且只会更加严重。

我们以为,这些国家的出路只有一条,那就是"转变",即改变自己的经济发展方式,包括经济运行的目标和结构,生产方式和组成,为此还要改变制度和行为准则,进而改变一系列基本观念和生存方式。

这些改变就意味着文明的转折,即从工商文明演变为一种新的文明,这既是摆脱危机的唯一出路也是文明演替的必然趋势。

第二节　人类文明演替的新动向

进入 21 世纪以来,人类社会中的重大发现和发明如雨后春笋,数不胜数。其中大多都预示着人类社会发展的走向。下面我们列举几件,试图从中看出人类社会和环境社会系统将怎么变,可能会变成什么样。

一、人工智能等新技术突飞猛进

信息,在人类社会生活中的地位与作用是不言而喻的。信息传输的快慢,在人类社会发展中的地位与作用也是不言而喻的。早先,人们靠自己的体能传送信息,著名的马拉松比赛就是为纪念此事的。随后人们利用动物如马来传送信息,圣经中挪亚方舟故事就是人们利用鸽子来传送信息的。再以后,信件、电报、电话等手段陆续出现,于是人们不断发展信息传送的技术。

人类为什么会如此重视信息的传送呢?我们以为,这首先是因为信息传送的快慢与人类的生存半径息息相关。信息传送得越快就意味着人类生存的地理半径越大,而范围越大就意味着人类可以在更大的地理空间内获得生存所必需的资源,以及更大的市场。也就是说,人类生存资料的可获得性就越大、生存空间越大,生存的保障也越大。当然,这也意味着,信息传送得越快,获得财富的可能性也越大。在战争中,信息传送的效率,在很大程度上会决定战争的胜负。这样的实例在人类的历史中举不胜举。

到了现代,信息传送速度对人类社会生活的影响越来越大,也越来越明显,特别是互联网技术、微信技术、5G 和人工智能技术的发展。信息传送速度的提升,本质上是对时间的压缩,是把原本需要花费较长时间才能完成的事,在瞬间完成。比如,生产活动的经营者可以在瞬间即掌握原材料、技术、人才、资金、商品、市场、各地政策等要素在全球范围内的分布情况,从而可以迅速做出判断和选择。又比如,执政者也可以在瞬间即掌握全球各国的政治动态、军事动态和贸易动态,从而可以迅速做出判断和选择。至于文化、科技等各行各业的工作者都可以在瞬间对全球情况和动态了如指掌。因此整个地球变成"地球村"已可从想象变为现实。

随着信息传送技术的飞速发展,降低成本,创造财富、积累财富、转移财富均已极其便捷且不可阻挡。它对财富的分配提出更加严峻的挑战。当然,它对世界各国的纷争也会起着难以估量的作用。于是,人类的生存方式(生活方式、生产方式和组织方式)都将发生令人难以想象的改变。

近几十年来,以机器人为标志的新型制造业有了长足的发展,这类新型制造业可以统称为"人工智能"。"人工智能"源于计算机软件的深度开发,最初是为拓展计算机的应用与功能的完善,它的发展推动了计算机硬件发展。自此,计算机软、硬件开发的深度结合,终于使"人工智能"得到长足发展。"人工智能"最早用于在一些危险行业、危险操作中代替人的劳动和参与,从而可以减少对人的伤害,拓展人类的开发、探索能力,所以这些应用被称为"机器人"。谁知这一开拓竟开发出一个新的领域与行业。

这个行业的前景不可限量,至今还没有人能对"人工智能"的前景作出清晰的估计。我们在这里也只能对此做一些轮廓性的想象。首先,在人类的生活方面,几乎处处都可以看到"人工智能"的影子和作用。比如,人类可以从要花费人们大量时间的家务劳动中解放出来。其次,在人类的生产活动方面,更可以看到"人工智能"的巨大作用与难以估量的潜力。因为它不仅取代了大量人类的体力与体能劳动,甚至还可以完成人类的知识和智力所不能企及的高、精和难的工作。比如,机器人可以登上月球,完成人类所无法完成的工作,可以在太空完成对接等各种高难动作,可以在人类不能到的深海进行探测等,至于完成一般加工工艺,更是不在话下。

当然,这样发展的结果,也一定会使劳动力大量过剩,造成社会就业的恐慌。但,这是新生产方式形成前的社会"阵痛",是不可避免的过程。这就要个人与社会进行变革,以适应这一趋势。也就是说,随着"人工智能"的发展,人类社会的生产方式也必将发生深刻的改变。除了生活方式和生产方式发生改变外,人类社会的组织方式也将随之发生重大的改变。

比如,随着"人工智能"翻译机的出现,世界各国的思想、文化、观念等的交流,也会逐步实现快速、无障碍的沟通,这就使人与人之间更便于相互理解,更加会包容,多样化与协同也更加易于并存。到那时,多边主义与地缘政治将不复成为人类交流、沟通的障碍,互信和互相吸取将成为新的合作方式的引导力量。

试想,目前世界各国有多少矛盾与冲突,源于相互信息沟通的缺乏,各个地区、各个行业乃至个人间也大多因缺乏沟通而互不信任、相互倾轧。而当"人工智能"的发展逐一打破这些屏障以后,人群之间的沟通也将随着资源、商品间的信息相通而达到政策、制度之间的共容。

因此,人类的组织方式和行为方式也一定会发生我们今天无法预言和设想的改变。

二、自然科学新理论不断出现

随着信息技术和人工智能的大发展,自然科学如生命科学和量子力学的不断突破,我们今天根本无法设想未来科技会发展到哪一步。自然科学一直以探索奥秘、发现规律为己任,自牛顿以后,自然科学的探索有意无意地把自己局限在物质层面上,而精神(意识)层面以及精神(意识)与物质的互动层面的探索则变为由社会科学或人文科学去研究的问题。然而,近代量子力学的研究进展却触碰到这一敏感话题,即精神(意识)与物质运动的关系问题。

自古以来,人们一直搞不清楚的问题是,先有物质还是先有精神(意识),到底是谁决定谁? 抑或是两者不分先后但相互平行,互不相干? 量子力学最新的研究进展告诉我们,在一定条件下,物质决定精神;在另外一种条件下,精神决定物质,也就是说这二者是相生相克的,或者说精神(意识)层面的活动一定在物质运动层面上会有所表现。亦即中国古语所说的"无中生有"。说到底即一切的"有"都来自于"无"。

至此,自然科学和人文社会科学将逐步"合二为一",人类的认知将步入一个崭新的新境界。可以想见,人类的世界观和一切基本观念都将发生根本的改变。这一改变乍看起来平淡无奇,或者说跟我们的社会生活和生存关系不大。但实际上,这一发现的影响将极其深刻和深远。

三、新质疑、新观念陆续涌现

从 20 世纪 60 年代开始,人类中一些敏感人士就开始对工商文明以来人类所走过的路进行反思。到 1992 年联合国在巴西召开的里约环发大会集中显示。自此以后人类的反思越来越深刻,彻底否定了工商文明之路。下面我们列举一些反思后的质疑以及出现的一些新观念、新主张。这意味着一个新的文明时代的到来。

我们先从 20 世纪 60 年代说起。1965 年美国海洋生物学家卡逊(Rachel Carson)出版了一本石破天惊的书,书名叫《寂静的春天》。这本书记叙了人类在工商文明时代对大自然破坏的结果,令人不寒而栗! 这本书出版以后,立即遭到工商文明的"卫道士"们的谩骂与攻击,甚至是人身攻击。然而令人没想到的是,自此以后,在全世界掀起了一股环境保护主义运动。各种环保组织风起云涌,直至成立了绿党,直接参与到政治领域的活动。

后来到 1972 年,又出版了一本书叫作《增长的极限》,这本书将环境问题产生的根源聚集到经济领域,认为迄今为止大自然的破坏,源自生产的无节制,导致自然资源的无节制的消耗,因而提出经济增长必须有一个极限。该书认为人类社会的经济活动,特别是生产活动已逼近和超出了自然环境能承受的极限。这一论断与联合国第一次环境保护大会的看法不谋而合。尽管也受到了不少人的攻击,但力度比 1965 年的那一次要小多了。这本书的矛头,实际上直接指向了工商文明时代以来人类的生产方式,当然也间接指向了人类社会的生活方式。因此人类必须在保护环境与控制经济增长之间做出一个合理安排。

1987 年,《我们共同的未来》出版,更是明确指出,人类要想在地球上存活下去,只有一条路,就是大家一起尊重地球环境承载力,走可持续发展之路。在这本书的推动下,联合国于 1992 年在巴西里约热内卢召开了第二次环境保护大会,被称为"环境与发展大会"或"里约会议"。这本书和这次大会对全世界的影响至今仍在,只不过它没有受到攻击,而是受到了比攻击还厉害的"攻击",那就是扭曲。以至直到今天可持续发展的理念,即环境保护与经济增长协同发展的理念在全世界还没有得到真正的实现。

从以上简单的叙述中我们可以看到,短短的二百年左右,工商文明给人类创造了巨大的物质财富,但同时又给人类带来了巨大的灾难。这个灾难是灭顶之灾。可以说,人类若不摆脱工商文明的桎梏,一切所谓的"发展"的努力势必是一场空,最终一定会是"虚空的虚空"。

但人类是不甘于灭亡的,既然看到了(有人看得直接一些,有人看得深远一些)这样的前景,就有越来越多的人对此进行深刻的思考,萌发了许多新观念、新思想,出现了许多新主张,新做法。下面简单列举几个本人的思考供大家参考。

第一,经济活动的根本目的,根本追求是什么? 赢利在其中居于什么地位?

在人类社会中,最重要的活动是建立和不断完善人群间分工合作机制的活动。其中,生产产品和流通产品以满足人类生活和生产所需的活动,只是诸多活动之一,但工商文明的理念释放了人内心深处的魔鬼——贪婪,从而把生产产品和流通产品的活动,即所谓经济活动,抬升为人类社会中最重要的活动,从而把手段变成目标,进而还把生产产品和流通产品活动的目标阉割为"逐利",并把逐利吹捧为人类社会行为的唯一和最高的价值选择和动力来源。为了强化这一点,工商文明还借助于它的所谓"经济学"建立了一整套的理论和法则,来维护这一价值观和价值体系。最终使人类陷入了万劫不复的境地。于是,这才出现了可持续发展思想。

第二,在"逐利"的前提下,工商文明将"规模化"的概念扭曲成"生产资料的规模化"。诚然,有些产业是需要生产资料"规模化"的,比如发电厂、自来水厂等,但并不是所有的产业都需要生产资料的规模化,而且这些需要生产资料规模化的产业,其根本出发点也并不应该是为了"逐利"!

另外,由于生产资料的规模化必然要求原材料的规模化和产品销售的规模化,而这恰恰违背了生产活动的基本目的和基本准则。生产活动的基本目的是满足人群的生活和基本生产活动需要。因此,产品的多样化与供应的便捷才是第一准则。于是,这就一定会要求经济活动的多样化,而这,又因产品的各异性就出现了"经济活动半径"这一客观存在,即不同的产品有不同的"半径",原材料供应的半径和产品销售的半径。因此决不能要求,也不可能要求所有产品的生产都去规模化,甚至全球化。实际上,在全世界范围内经济活动是由大大小小半径不同的经济活动组成,让它们一律向"规模化"和"全球化"看齐,既不正确也不现实。

第三,经济活动追求规模化的必然结果则是在世界范围内出现城市化的滔天巨浪。本来,人类社会进步到一定阶段就会自然而然地出现城市,这样的城市一定会和周边的农村、荒野成为一个天然的整体,相辅相成。可以称为"城、乡、野一体化"。

而在经济规模化冲动的驱使下,无视这种天然"一体化"的重要性,并把它们加以割裂。首先把"荒野"排除在外,把该正确处理的"城、乡、野"关系缩减为"城、乡关系",致使大量自然物种失去栖息地,其次把城市孤立于农村而畸形发展,致使城市成为无源之水,无本之木。事实上,城市存在和正常运行的一切都需由农村供应,诸如水、电、气、食品、劳动力等,而城市的废弃物则全部要由农村去消纳和处理。而城市能提供给农村的则只有高价的工业制品。久而久之,城乡差距越大,矛盾日深。更有甚者,工商文明时代还把"城市化率"作为社会进步的一项重要指标,于是各国都去追求"城市化率",把农村人口大量往城市迁移,农村土地大量被城市扩张所挤占,农田日益荒芜。城里高楼大厦林立,农村不断凋敝。

这样的城乡关系和城、乡、野关系使得人类社会的结构极其脆弱,一旦遇天灾人祸,极易崩溃! 由此可见,这样的城市化,只能带来表面的繁荣和财富的增长,只有利于极少数人拥有财富,而对广大人群的安居乐业没有任何好处。

以上是作者本人对当代人类社会演变的部分思考。类似的,已有许多人从不同的角度、不同的侧面对工商文明时代提出了质疑,发表了不少新见解和新思考。作者以为,不断地进行这样的思考会对人类社会的进步有所裨益。

第三节　人类文明新时代的中国方案

人类社会迈入生态文明新时代,保护生态环境、应对气候变化、实现可持续发展是全球面临的共同挑战。中国作为当今世界最大的发展中国家,用短短几十年的时间,完成了西方发达国家数百年才能完成的任务,缔造了举世瞩目的发展奇迹,通过自身坚持不懈的努力积极应对生态问题,深度参与全球环境治理,发生了历史性变革,取得了历史性成就。同时,中国以"中国贡献""中国理念""中国行动"为人类生态文明新时代提供了"中国智慧"和"中国方案"。

一、习近平生态文明思想

伟大时代孕育伟大理论，伟大思想引领伟大征程。

中共十八大以来，以习近平为核心的党中央高度重视社会主义生态文明建设，坚持把生态文明建设作为统筹推进"五位一体"总体布局和协调推进"四个全面"战略布局的重要内容，坚持节约资源和保护环境的基本国策，坚持绿色发展，把生态文明建设融入经济建设、政治建设、文化建设、社会建设各方面和全过程，加大生态环境保护建设力度，推动生态文明建设在重点突破中实现整体推进。习近平关于社会主义生态文明建设的一系列重要论述，立意高远、内涵丰富、思想深刻，构成了系统完备、逻辑严密、内在统一的科学思想体系，即习近平生态文明思想。

（一）习近平生态文明思想的核心要义

习近平生态文明思想的核心要义表现为"六个坚持"。

一是坚持"人与自然和谐共生"的科学自然观。即坚持节约优先、保护优先、自然恢复为主的方针，像保护眼睛一样保护生态环境，像对待生命一样对待生态环境，让自然生态美景永驻人间，还自然以宁静、和谐、美丽。

二是坚持"绿水青山就是金山银山"的绿色发展观。即贯彻创新、协调、绿色、开放、共享的发展理念，加快形成节约资源和保护环境的空间格局、产业结构、生产方式、生活方式，给自然生态留下休养生息的时间和空间。

三是坚持"良好生态环境是最普惠的民生福祉"的基本民生观。即坚持生态惠民、生态利民、生态为民，重点解决损害群众健康的突出环境问题，不断满足人民日益增长的优美生态环境需要。

四是坚持"山水林田湖草是生命共同体"的整体系统观。即统筹兼顾、整体施策、多措并举，全方位、全地域、全过程开展生态文明建设。

五是坚持"用最严格制度最严密法治保护生态环境"的严密法治观。即加快制度创新，强化制度执行，让制度成为刚性的约束和不可触碰的高压线。

六是坚持"共谋全球生态文明建设"的共赢全球观。即深度参与全球环境治理，形成世界环境保护和可持续发展的解决方案，引导应对气候变化国际合作。

（二）习近平生态文明思想的逻辑

习近平生态文明思想着眼于中华民族伟大复兴战略全局和当今世界百年

未有之大变局,顺应实现中华民族伟大复兴时代要求,贯通历史与现实、关联国际与国内、结合理论与实践,科学回答了为什么建设生态文明、建设什么样的生态文明、怎样建设生态文明等重大理论和实践问题。

习近平生态文明思想具有深厚的历史逻辑,凝聚着中国共产党人在生态文明建设的长期探索中形成的经验积累和智慧结晶,标志着中国共产党对人类文明新时代人与自然和谐共生发展规律的认识达到了新高度,开辟了中国特色社会主义生态文明理论和实践的新境界。

习近平生态文明思想具有严谨的理论逻辑,坚持马克思主义自然观的基本原理、观点和方法,继承了中国古代天人合一、道法自然的优秀传统思想,系统总结了新时代中国特色社会主义生态文明建设实践经验,是马克思主义自然观中国化的新发展、新飞跃。

习近平生态文明思想具有坚实的实践逻辑,从统筹中华民族伟大复兴战略全局和当今世界百年未有之大变局、实现党和国家长治久安的战略高度,将生态文明建设全面融入经济建设、政治建设、文化建设、社会建设各方面和全过程,统筹推进伟大斗争、伟大工程、伟大事业、伟大梦想的伟大实践。

(三) 习近平生态文明思想的重大意义

第一,习近平生态文明思想是马克思主义理论同中国实际相结合的最新成果。习近平生态文明思想坚持马克思主义理论的基本立场、观点和方法,在生态文明理论上实现了一系列重大突破、重大创新、重大发展,为马克思主义理论的不断发展作出了原创性贡献,是马克思主义理论中国化的最新成果,是习近平新时代中国特色社会主义思想的重要组成部分,是习近平新时代中国特色社会主义思想的"生态篇"。

第二,习近平生态文明思想是对中国共产党领导生态文明建设丰富实践和宝贵经验的科学总结。习近平生态文明思想以新的高度、新的视野、新的认识赋予中国特色社会主义生态文明建设事业以新的时代内涵,深刻回答了事关新时代我国社会主义生态文明建设的一系列重大问题,实现了中国特色社会主义生态文明建设理论的历史性飞跃。

第三,习近平生态文明思想是在生态文明建设领域推进国家治理体系和治理能力现代化的根本遵循。习近平生态文明思想贯穿统筹推进"五位一体"总体布局和协调推进"四个全面"战略布局的各个领域,涵盖改革发展稳定、内政外交国防、治党治国治军各个方面,科学指明了在生态文明建设领域推进国家治理现代化的正确道路,为应对重大挑战、抵御重大风险、克服重大阻力、解决重大矛盾,在生态文明建设领域推进国家治理体系和治理能力现代化提供了根本遵循。

第四,习近平生态文明思想是引领美丽中国建设实现高质量发展的思想旗帜。习近平法治思想从全面建设社会主义现代化国家的目标要求出发,立足新发展阶段、贯彻新发展理念、构建新发展格局的实际需要,提出了当前和今后一段时期生态文明建设的目标任务,为实现新时代美丽中国建设高质量发展提供了强有力的思想武器。

总之,在习近平生态文明思想的指导下,中华生态文明建设进入了快车道,天更蓝、山更绿、水更清不断展现在世人面前,为破解生态建设和环境治理问题贡献了中国智慧,为推动人类现代化进程贡献了中国方案。

二、中国生态文明建设的历史成就和"十四五"时期主要任务

(一)中国生态文明建设的历史成就

中国高度重视生态文明建设和生态环境保护。新中国 70 年生态文明建设,既是一部中国特色社会主义生态文明的探索发展史,又是一部与时俱进的生态文明理论与实践的创新史。生态文明建设的探索历程与中华人民共和国成立 70 年来的经济社会发展相伴而生,从"求生存"到"共致富"再到"盼生态",生态文明在中国特色社会主义实践中愈加充实和发展。1972 年派团参加联合国第一次人类环境会议后,1973 年召开第一次全国环境保护会议,将环境保护提上国家重要议事日程。进入改革开放时期,国家将保护环境确立为基本国策,纳入国民经济和社会发展计划,提出预防为主、"谁污染谁治理"和强化环境管理三大环境政策,逐步建立国家、地方环境保护机构,为生态环境保护事业奠定了坚实基础。

1992 年联合国环境与发展大会后,我国接轨国际、立足国情,将可持续发展确立为国家战略,污染防治思路由末端治理向生产全过程控制转变、由浓度控制向浓度与总量控制相结合转变、由分散治理向分散与集中控制相结合转变,生态环境保护事业在可持续发展中不断向前推进。

进入 21 世纪,我国提出树立和落实科学发展观、建设资源节约型环境友好型社会等新思想、新举措,要求从重经济增长轻环境保护转变为保护环境与经济增长并重,从环境保护滞后于经济发展转变为环境保护和经济发展同步,从主要用行政办法保护环境转变为综合运用法律、经济、技术和必要的行政办法解决环境问题,生态环境保护事业在科学发展中不断创新。

党的十八大以来,我国牢固树立尊重自然、顺应自然、保护自然的生态文明理念,坚持节约资源和保护环境的基本国策,坚持节约优先、保护优先、自然恢复为主的方针,把生态文明建设融入经济建设、政治建设、文化建设、社会建设的各方面和全过程,着力树立生态观念、完善生态制度,维护生态安全、优化生态环境,推进绿色发展、循环发展、低碳发展,形成节约资源和保护环境的空间格局、产业结构、生产方式、生活方式。

党的十八大以来,以习近平同志为核心的党中央把生态文明建设作为关系中华民族永续发展的根本大计,大力推动生态文明理论创新、实践创新、制度创新,形成了习近平生态文明思想,引领我国生态文明建设和生态环境保护从认识到实践发生了历史性、转折性、全局性变化。对生态文明建设的规律认识更加深刻,生态文明建设的谋篇布局更加成熟,生态文明建设的体制制度更加完善,生态文明建设的工作成效更加彰显,生态文明建设的国际影响更加深远,我国已成为全球生态文明建设的重要参与者、贡献者、引领者。

(二)"十四五"时期中国生态文明建设的主要任务

"十四五"时期,我国生态文明建设进入了以降碳为重点战略方向、推动减污降碳协同增效、促进经济社会发展全面绿色转型、实现生态环境质量改善由量变到质变的关键时期。"十四五"时期,我国将加快推进生态文明建设、推动绿色低碳循环发展,满足人民日益增长的优美生态环境需要,推动实现更高质量、更有效率、更加公平、更可持续、更为安全的发展,走出一条生产发展、生活富裕、生态良好的文明发展道路。

一是深入打好污染防治攻坚战。集中攻克老百姓身边的突出生态环境问题,让老百姓实实在在感受到生态环境质量改善。坚持精准治污、科学治污、依法治污,保持力度、延伸深度、拓宽广度,持续打好蓝天、碧水、净土保卫战。强化多污染物协同控制和区域协同治理,加强细颗粒物和臭氧协同控制,基本消除重污染天气。统筹水资源、水环境、水生态治理,有效保护居民饮用水安全,坚决治理城市黑臭水体。要推进土壤污染防治,有效管控农用地和建设用地土壤污染风险。实施垃圾分类和减量化、资源化,重视新污染物治理。推动污染治理向乡镇、农村延伸,强化农业面源污染治理,明显改善农村人居环境。

二是提升生态系统质量和稳定性。坚持系统观念,从生态系统整体性出发,推进山水林田湖草沙一体化保护和修复,更加注重综合治理、系统治理、源头治理。要加快构建以国家公园为主体的自然保护地体系,完善自然保护地、生态保护红线监管制度。建立健全生态产品价值实现机制,让保护修复生态环境获得合理回报,让破坏生态环境者付出相应代价。科学推进荒漠化、石漠化、水土流失综合治理,开展大规模国土绿化行动。推行草原、森林、河流、湖泊休养生息,实施好长江十年禁渔,健全耕地休耕轮作制度。实施生物多样性保护重大工程,强化外来物种管控。

三是积极推动全球可持续发展。秉持人类命运共同体理念,积极参与全球环境治理,为全球提供更多公共产品,展现我国负责任大国形象。积极参与全球环境治理。坚持多边主义,加强应对气候变化、海洋污染治理、生物多样性保护等领域国际合作,进一步提升履行国际公约的能力、水平和实效。加强南南合作以及同周边国家的合作,为发展中国家提供力所能及的资金、技术支持,帮助提高环境治理能力,共同打造绿色“一带一路”,推进绿色投资、绿色贸易发展。坚持共同但有区别的责任原则、公平原则和各自能力原则,主动承担同国情、发展阶段和能力相适应的环境治理义务,坚定维护多边主义,坚决维护我国发展利益。

四是提高生态环境治理体系和治理能力现代化水平。推动完善生态文明领域统筹协调机制,健全党委领导、政府主导、企业主体、社会组织和公众共同参与的环境治理体系,构建一体谋划、一体部署、一体推进、一体考核的制度机制。深入推进生态文明体制改革,强化绿色发展法律和政策保障。要完善环境保护、节能减排约束性指标管理,建立健全稳定的财政资金投入机制。全面实行排污许可制,推进排污权、用能权、用水权、碳排放权市场化交易,建立健全风险管控机制。增强全民节约意识、环保意识、生态意识,倡导简约适度、绿色低碳的生活方式,把建设美丽中国转化为全体人民自觉行动。

总之,“十四五”期间,我国将全面贯彻新发展理念,保持战略定力,站在人与自然和谐共生的高度来谋划经济社会发展,坚持节约资源和保护环境的基本国策,坚持节约优先、保护优先、自然恢复为主的方针,形成节约资源和保护环境的空间格局、产业结构、生产方式、生活方式,统筹污染治理、生态保护、应对气候变化,促进生态环境持续改善,努力建设人与自然和谐共生的现代化。

三、应对气候变化的中国方案

中国政府高度重视应对气候变化。在习近平生态文明思想指引下,中国贯彻新发展理念,将应对气候变化摆在国家治理更加突出的位置,不断提高碳排放强度削减幅度,不断强化自主贡献目标,以最大努力提高应对气候变化力度,推动经济社会发展全面绿色转型,建设人与自然和谐共生的现代化。作为负责任的国家,中国积极推动共建公平合理、合作共赢的全球气候治理体系,为应对气候变化贡献中国智慧、中国力量。面对气候变化严峻挑战,中国与国际社会共同努力、并肩前行,助力《巴黎协定》行稳致远,为全球应对气候变化作出更大贡献。

(一)中国应对气候变化新理念

中国把应对气候变化作为推进生态文明建设、实现高质量发展的重要抓手,基于中国实现可持续发展的内在要求和推动构建人类命运共同体的责任担当,形成应对气候变化新理念,以中国智慧为全球气候治理贡献力量。

一是牢固树立共同体意识。坚持共建人类命运共同体,是各国人民的共同期待,也是中国为人类发展提供的新方案;坚持共建人与自然生命共同体,积极应对气候变化,推动形成人与自然和谐共生新格局。

二是贯彻新发展理念。立足新发展阶段,中国秉持创新、协调、绿色、开放、共享的新发展理念,加快构建新发展格局。摒弃损害甚至破坏生态环境的发展模式,顺应当代科技革命和产业变革趋势,抓住绿色转型带来的巨大发展机遇,以创新为驱动,大力推进经济、能源、产业结构转型升级,推动实现绿色复苏发展,让良好生态环境成为经济社会可持续发展的支撑。

三是以人民为中心。坚持人民至上、生命至上,呵护每个人的生命、价值、尊严,充分考虑人民对美好生活的向往、对优良环境的期待、对子孙后代的责任,探索应对气候变化和发展经济、创造就业、消除贫困、保护环境的协同增效,在发展中保障和改善民生,在绿色转型过程中努力实现社会公平正义,增加人民获得感、幸福感、安全感。

四是大力推进碳达峰碳中和。将碳达峰、碳中和纳入经济社会发展全局,坚持系统观念,统筹发展和减排、整体和局部、短期和中长期的关系,以经济社会发展全面绿色转型为引领,以能源绿色低碳发展为关键,加快形成节约资源和保护环境的产业结构、生产方式、生活方式、空间格局,坚定不移走生态优先、绿色低碳的高质量发展道路。

五是减污降碳协同增效。把握污染防治和气候治理的整体性,以结构调整、布局优化为重点,以政策协同、机制创新为手段,推动减污降碳协同增效一体谋划、一体部署、一体推进、一体考核,协同推进环境效益、气候效益、经济效益多赢,走出一条符合国情的温室气体减排道路。

(二)构建人与自然生命共同体

气候变化给人类生存和发展带来严峻挑战。中国政府主张,国际社会要以前所未有的雄心和行动,共商应对气候变化挑战之策,共谋人与自然和谐共生之道,勇于担当、勠力同心,共同构建人与自然生命共同体。

一是坚持人与自然和谐共生。人类应该以自然为根,尊重自然、顺应自然、保护自然。要像保护眼睛一样保护自然和生态环境,推动形成人与自然和谐共生新格局。

二是坚持绿色发展。保护生态环境就是保护生产力,改善生态环境就是发展生产力。要摒弃损害甚至破坏生态环境的发展模式,摒弃以牺牲环境换取一时发展的短视做法。大力推进经济、能源、产业结构转型升级,让良好生态环境成为全球经济社会可持续发展的支撑。

三是坚持系统治理。山水林田湖草沙是不可分割的生态系统。要按照生态系统的内在规律,统筹考虑自然生态各要素,从而达到增强生态系统循环能力、维护生态平衡的目标。

四是坚持以人为本。要探索保护环境和发展经济、创造就业、消除贫困的协同增效,在绿色转型过程中努力实现社会公平正义,增加各国人民获得感、幸福感、安全感。

五是坚持多边主义。要坚持以国际法为基础、以公平正义为要旨、以有效行动为导向,维护以联合国为核心的国际体系,遵循《联合国气候变化框架公约》及其《巴黎协定》的目标和原则。中方欢迎美方重返多边气候治理进程,期待同包括美方在内的国际社会一道,共同为推进全球环境治理而努力。

六是坚持共同但有区别的责任原则。要充分肯定发展中国家应对气候变化所作贡献,照顾其特殊困难和关切。发达国家应该展现更大雄心和行动,同时切实为发展中国家提供资金、技术、能力建设等方面的支持。

气候变化带给人类的挑战是现实的、严峻的、长远的。中国作为全球生态文明建设的参与者、贡献者、引领者,中国坚定践行多边主义,努力推动构建人与自然生命共同体,共同构建公平合理、合作共赢的全球环境治理体系,心往一处想、劲往一处使,努力应对全球气候环境挑战,把一个清洁美丽的世界留给子孙后代。

(三)积极应对气候变化的国家战略

面临着发展经济、改善民生、污染治理、生态保护等一系列艰巨任务,为实现应对气候变化目标,中国迎难而上,积极制定和实施了一系列应对气候变化战略、法规、政策、标准与行动,推动中国应对气候变化实践不断取得新进展。

一是不断提高应对气候变化力度。用30年左右的时间由碳达峰实现碳中和,完成全球最高碳排放强度降幅,需要付出艰苦努力。中国言行一致,采取积极有效措施,落实好碳达峰、碳中和战略部署。中国加强应对气候变化统筹协调,将应对气候变化纳入国民经济社会发展规划,建立应对气候变化目标分解落实机制,不断强化自主贡献目标,加快构建碳达峰、碳中和"1+N"政策体系。

二是坚定走绿色低碳发展道路。积极应对气候变化,将应对气候变化作为实现发展方式转变的重大机遇,积极探索符合中国国情的绿色低碳发展道路。既不会超出资源、能源、环境的极限,又有利于实现碳达峰、碳中和目标,把地球家园呵护好。中国实施减污降碳协同治理,加快形成绿色发展的空间格局,大力发展绿色低碳产业,坚决遏制高耗能高排放项目盲目发展,优化调整能源结构,强化能源节约与能效提升,推动自然资源节约集约利用,积极探索低碳发展新模式。

三是加大温室气体排放控制力度。中国应对气候变化全面融入国家经济社会发展的总战略,采取积极措施,有效控制重点工业行业温室气体排放,推动城乡建设和建筑领域绿色低碳发展,构建绿色低碳交通体系,推动非二氧化碳温室气体减排,统筹推进山水林田湖草沙系统治理,严格落实相关举措,持续提升生态碳汇能力。中国有效控制重点工业行业温室气体排放,推动城乡建设领域绿色低碳发展,构建绿色低碳交通体系,推动非二氧化碳温室气体减排,持续提升生态碳汇能力。

四是充分发挥市场机制作用。全国碳排放权交易市场是利用市场机制控制和减少温室气体排放、推动绿色低碳发展的重大制度创新,也是落实中国二氧化碳排放达峰目标与碳中和愿景的重要政策工具。中国开展碳排放权交易试点工作,持续推进全国碳市场制度体系建设,启动全国碳市场上线交易,建立温室气体自愿减排交易机制。

五是增强适应气候变化能力。中国是全球气候变化的敏感区和影响显著区,中国把主动适应气候变化作为实施积极应对气候变化国家战略的重要内容,推进和实施适应气候变化重大战略,开展重点区域、重点领域适应气候变化行动,强化监测预警和防灾减灾能力,努力提高适应气候变化能力和水平。中国推进和实施适应气候变化重大战略,开展和推进重点领域适应气候变化行动,强化监测预警和防灾减灾能力。

六是持续提升应对气候变化支撑水平。中国高度重视应对气候变化支撑保障能力建设,不断完善温室气体排放统计核算体系,发挥绿色金融重要作用,提升科技创新支撑能力,积极推动应对气候变化技术转移转化。中国完善温室气体排放统计核算体系,加强绿色金融支持,强化科技创新支撑。

总之,无论国际形势如何变化,中国将重信守诺,继续坚定不移坚持多边主义,与各方一道推动《联合国气候变化框架公约》及其《巴黎协定》的全面平衡有效持续实施,脚踏实地落实国家自主贡献目标,强化温室气体排放控制,提升适应气候变化能力水平,为推动构建人类命运共同体作出更大努力和贡献,让人类生活的地球家园更加美好。

(四) 中国应对气候变化发生历史性变化

中国坚持创新、协调、绿色、开放、共享的新发展理念,立足国内、胸怀世界,以中国智慧和中国方案推动经济社会绿色低碳转型发展不断取得新成效,以大国担当为全球应对气候变化作出积极贡献。

一是经济发展与减污降碳协同效应凸显。中国坚定不移走绿色、低碳、可持续发展道路,致力于将绿色发展理念融汇到经济建设的各方面和全过程,绿色已成为经济高质量发展的亮丽底色,在经济社会持续健康发展的同时,碳排放强度显著下降。

二是能源生产和消费革命取得显著成效。中国坚定不移实施能源安全新战略,能源生产和利用方式发生重大变革,能源发展取得历史性成就,为服务高质量发展、打赢脱贫攻坚战和全面建成小康社会提供重要支撑,为应对气候变化、建设清洁美丽世界作出积极贡献。非化石能源快速发展,能耗强度显著降低,能源消费结构向清洁低碳加速转化,能源发展有力支持脱贫攻坚。

三是产业低碳化为绿色发展提供新动能。中国坚持把生态优先、绿色发展的要求落实到产业升级之中,持续推动产业绿色低碳化和绿色低碳产业化,努力走出了一条产业发展和环境保护双赢的生态文明发展新路。产业结构进一步优化,新能源产业蓬勃发展,绿色节能建筑跨越式增长,绿色交通体系日益完善。

四是生态系统碳汇能力明显提高。中国坚持多措并举,有效发挥森林、草原、湿地、海洋、土壤、冻土等的固碳作用,持续巩固提升生态系统碳汇能力。中国是全球森林资源增长最多和人工造林面积最大的国家,成为全球"增绿"的主力军。

五是绿色低碳生活成为新风尚。中国长期开展"全国节能宣传周""全国低碳日""世界环境日"等活动,向社会公众普及气候变化知识,积极在国民教育体系中突出包括气候变化和绿色发展在内的生态文明教育,组织开展面向社会的应对气候变化培训。从"光盘行动"、反对餐饮浪费、节水节纸、节电节能,到环保装修、拒绝过度包装、告别一次性用品,"绿色低碳节俭风"吹进千家万户,简约适度、绿色低碳、文明健康的生活方式成为社会新风尚。

四、碳达峰与碳中和战略

为了不让全球气候走向灾难,21世纪末全球平均气温较工业化前水平不应超过 1.5℃或 2℃。1.5℃和 2℃目标已于 2016 年被写入《巴黎协定》。据联合国政府间气候变化专门委员会（IPCC）的报告，若温升不超过 1.5℃，那么在 2050 年左右全球就要达到碳中和。若不超过 2℃，则 2070 年左右全球要碳中和。21 世纪中叶，碳中和将成为各国制定自主贡献目标的重要参考。在气候雄心峰会上，45 个国家作出了提高国家自主贡献新承诺，24 个国家提出了碳中和目标。由此预计，占全球温室气体排放量 65%、世界经济总量 70% 的国家都将成为"碳中和"的一员，意味着一个以化石能源为主的发展时代结束，一个新的时代开始了，向非化石能源过渡的时代来临，全球追求一个共同的目标，一个共同的价值观——碳中和。

2020 年 9 月 22 日，中国国家主席习近平在第七十五届联合国大会一般性辩论上宣布，中国将提高国家自主贡献力度，采取更加有力的政策和措施，二氧化碳排放力争于 2030 年前达到峰值，努力争取 2060 年前实现碳中和。在此后的气候雄心峰会上，我国宣布了更具体的目标：到 2030 年，单位国内生产总值二氧化碳排放将比 2005 年下降 65% 以上，非化石能源占一次能源消费比重将达到 25% 左右，森林蓄积量将比 2005 年增加 60 亿立方米，风电、太阳能发电总装机容量将达到 12 亿千瓦以上。

实现碳达峰、碳中和，是以习近平同志为核心的党中央统筹国内国际两个大局作出的重大战略决策，是着力解决资源环境约束突出问题、实现中华民族永续发展的必然选择，是构建人类命运共同体的庄严承诺。为完整、准确、全面贯彻新发展理念，处理好发展和减排、整体和局部、短期和中长期的关系，把碳达峰、碳中和纳入经济社会发展全局，以经济社会发展全面绿色转型为引领，以能源绿色低碳发展为关键，加快形成节约资源和保护环境的产业结构、生产方式、生活方式、空间格局，坚定不移走生态优先、绿色低碳的高质量发展道路，确保如期实现碳达峰、碳中和，中共中央、国务院于 2021 年 9 月 22 日印发《关于完整准确全面贯彻新发展理念做好碳达峰碳中和工作的意见》。《意见》提出了碳达峰、碳中和的三大目标和十大战略举措。

（一）碳达峰与碳中和的三大目标

2025 年目标。绿色低碳循环发展的经济体系初步形成，重点行业能源利用效率大幅提升。单位国内生产总值能耗比 2020 年下降 13.5%；单位国内生产总值二氧化碳排放比 2020 年下降 18%；非化石能源消费比重达到 20% 左右；森林覆盖率达到 24.1%，森林蓄积量达到 180 亿立方米，为实现碳达峰、碳中和奠定坚实基础。

2030 年目标。经济社会发展全面绿色转型取得显著成效，重点耗能行业能源利用效率达到国际先进水平。单位国内生产总值能耗大幅下降；单位国内生产总值二氧化碳排放比 2005 年下降 65% 以上；非化石能源消费比重达到 25% 左右，风电、太阳能发电总装机容量达到 12 亿千瓦以上；森林覆盖率达到 25% 左右，森林蓄积量达到 190 亿立方米，二氧化碳排放量达到峰值并实现稳中有降。

2060 年目标。绿色低碳循环发展的经济体系和清洁低碳安全高效的能源体系全面建立，能源利用效率达到国际先进水平，非化石能源消费比重达到 80% 以上，碳中和目标顺利实现，生态文明建设取得丰硕成果，开创人与自然和谐共生新境界。

(二) 实现碳达峰与碳中和目标的战略举措

第一，推进经济社会发展全面绿色转型。

一是强化绿色低碳发展规划引领。将碳达峰、碳中和目标要求全面融入经济社会发展中长期规划，强化国家发展规划、国土空间规划、专项规划、区域规划和地方各级规划的支撑保障。加强各级各类规划间衔接协调，确保各地区各领域落实碳达峰、碳中和的主要目标、发展方向、重大政策、重大工程等协调一致；二是优化绿色低碳发展区域布局。持续优化重大基础设施、重大生产力和公共资源布局，构建有利于碳达峰、碳中和的国土空间开发保护新格局。在京津冀协同发展、长江经济带发展、粤港澳大湾区建设、长三角一体化发展、黄河流域生态保护和高质量发展等区域重大战略实施中，强化绿色低碳发展导向和任务要求；三是加快形成绿色生产生活方式。大力推动节能减排，全面推进清洁生产，加快发展循环经济，加强资源综合利用，不断提升绿色低碳发展水平。扩大绿色低碳产品供给和消费，倡导绿色低碳生活方式。把绿色低碳发展纳入国民教育体系。开展绿色低碳社会行动示范创建。凝聚全社会共识，加快形成全民参与的良好格局。

第二，深度调整产业结构。

一是推动产业结构优化升级。加快推进农业绿色发展，促进农业固碳增效。制定能源、钢铁、有色金属、石化化工、建材、交通、建筑等行业和领域碳达峰实施方案。以节能降碳为导向，修订产业结构调整指导目录。开展钢铁、煤炭去产能"回头看"，巩固去产能成果。加快推进工业领域低碳工艺革新和数字化转型。开展碳达峰试点园区建设，加快商贸流通、信息服务等绿色转型，提升服务业低碳发展水平。

二是坚决遏制高耗能高排放项目盲目发展。新建、扩建钢铁、水泥、平板玻璃、电解铝等高耗能高排放项目严格落实产能等量或减量置换，出台煤电、石化、煤化工等产能控制政策。未纳入国家有关领域产业规划的,一律不得新建改扩建炼油和新建乙烯、对二甲苯、煤制烯烃项目。合理控制煤制油气产能规模。提升高耗能高排放项目能耗准入标准。加强产能过剩分析预警和窗口指导。

三是大力发展绿色低碳产业。加快发展新一代信息技术、生物技术、新能源、新材料、高端装备、新能源汽车、绿色环保以及航空航天、海洋装备等战略性新兴产业。建设绿色制造体系。推动互联网、大数据、人工智能、第五代移动通信(5G)等新兴技术与绿色低碳产业深度融合。

第三,加快构建清洁低碳安全高效能源体系。

一是强化能源消费强度和总量双控。坚持节能优先的能源发展战略,严格控制能耗和二氧化碳排放强度,合理控制能源消费总量,统筹建立二氧化碳排放总量控制制度。做好产业布局、结构调整、节能审查与能耗双控的衔接,对能耗强度下降目标完成形势严峻的地区实行项目缓批限批、能耗等量或减量替代。强化节能监察和执法,加强能耗及二氧化碳排放控制目标分析预警,严格责任落实和评价考核。加强甲烷等非二氧化碳温室气体管控。

二是大幅提升能源利用效率。把节能贯穿于经济社会发展全过程和各领域,持续深化工业、建筑、交通运输、公共机构等重点领域节能,提升数据中心、新型通信等信息化基础设施能效水平。健全能源管理体系,强化重点用能单位节能管理和目标责任。瞄准国际先进水平,加快实施节能降碳改造升级,打造能效"领跑者"。

三是严格控制化石能源消费。加快煤炭减量步伐,"十四五"时期严控煤炭消费增长,"十五五"时期逐步减少。石油消费"十五五"时期进入峰值平台期。统筹煤电发展和保供调峰,严控煤电装机规模,加快现役煤电机组节能升级和灵活性改造。逐步减少直至禁止煤炭散烧。加快推进页岩气、煤层气、致密油气等非常规油气资源规模化开发。强化风险管控,确保能源安全稳定供应和平稳过渡。

四是积极发展非化石能源。实施可再生能源替代行动,大力发展风能、太阳能、生物质能、海洋能、地热能等,不断提高非化石能源消费比重。坚持集中式与分布式并举,优先推动风能、太阳能就地就近开发利用。因地制宜开发水能。积极安全有序发展核电。合理利用生物质能。加快推进抽水蓄能和新型储能规模化应用。统筹推进氢能"制储输用"全链条发展。构建以新能源为主体的新型电力系统,提高电网对高比例可再生能源的消纳和调控能力。

五是深化能源体制机制改革。全面推进电力市场化改革,加快培育发展配售电环节独立市场主体,完善中长期市场、现货市场和辅助服务市场衔接机制,扩大市场化交易规模。推进电网体制改革,明确以消纳可再生能源为主的增量配电网、微电网和分布式电源的市场主体地位。加快形成以储能和调峰能力为基础支撑的新增电力装机发展机制。完善电力等能源品种价格市场化形成机制。从有利于节能的角度深化电价改革，理顺输配电价结构，全面放开竞争性环节电价。推进煤炭、油气等市场化改革，加快完善能源统一市场。

第四，加快推进低碳交通运输体系建设。

一是优化交通运输结构。加快建设综合立体交通网，大力发展多式联运，提高铁路、水路在综合运输中的承运比重，持续降低运输能耗和二氧化碳排放强度。优化客运组织，引导客运企业规模化、集约化经营。加快发展绿色物流，整合运输资源，提高利用效率。

二是推广节能低碳型交通工具。加快发展新能源和清洁能源车船，推广智能交通，推进铁路电气化改造，推动加氢站建设，促进船舶靠港使用岸电常态化。加快构建便利高效、适度超前的充换电网络体系。提高燃油车船能效标准，健全交通运输装备能效标识制度，加快淘汰高耗能高排放老旧车船。

三是积极引导低碳出行。加快城市轨道交通、公交专用道、快速公交系统等大容量公共交通基础设施建设，加强自行车专用道和行人步道等城市慢行系统建设。综合运用法律、经济、技术、行政等多种手段，加大城市交通拥堵治理力度。

第五，提升城乡建设绿色低碳发展质量。

一是推进城乡建设和管理模式低碳转型。在城乡规划建设管理各环节全面落实绿色低碳要求。推动城市组团式发展，建设城市生态和通风廊道，提升城市绿化水平。合理规划城镇建筑面积发展目标，严格管控高能耗公共建筑建设。实施工程建设全过程绿色建造，健全建筑拆除管理制度，杜绝大拆大建。加快推进绿色社区建设。结合实施乡村建设行动，推进县城和农村绿色低碳发展。

二是大力发展节能低碳建筑。持续提高新建建筑节能标准，加快推进超低能耗、近零能耗、低碳建筑规模化发展。大力推进城镇既有建筑和市政基础设施节能改造，提升建筑节能低碳水平。逐步开展建筑能耗限额管理，推行建筑能效测评标识，开展建筑领域低碳发展绩效评估。全面推广绿色低碳建材，推动建筑材料循环利用。发展绿色农房。

三是加快优化建筑用能结构。深化可再生能源建筑应用，加快推动建筑用能电气化和低碳化。开展建筑屋顶光伏行动，大幅提高建筑采暖、生活热水、炊事等电气化普及率。在北方城镇加快推进热电联产集中供暖，加快工业余热供暖规模化发展，积极稳妥推进核电余热供暖，因地制宜推进热泵、燃气、生物质能、地热能等清洁低碳供暖。

第六，加强绿色低碳重大科技攻关和推广应用。

一是强化基础研究和前沿技术布局。制定科技支撑碳达峰、碳中和行动方案，编制碳中和技术发展路线图。采用"揭榜挂帅"机制，开展低碳零碳负碳和储能新材料、新技术、新装备攻关。加强气候变化成因及影响、生态系统碳汇等基础理论和方法研究。推进高效率太阳能电池、可再生能源制氢、可控核聚变、零碳工业流程再造等低碳前沿技术攻关。培育一批节能降碳和新能源技术产品研发国家重点实验室、国家技术创新中心、重大科技创新平台。建设碳达峰、碳中和人才体系，鼓励高等学校增设碳达峰、碳中和相关学科专业。

二是加快先进适用技术研发和推广。深入研究支撑风电、太阳能发电大规模友好并网的智能电网技术。加强电化学、压缩空气等新型储能技术攻关、示范和产业化应用。加强氢能生产、储存、应用关键技术研发、示范和规模化应用。推广园区能源梯级利用等节能低碳技术。推动气凝胶等新型材料研发应用。推进规模化碳捕集利用与封存技术研发、示范和产业化应用。建立完善绿色低碳技术评估、交易体系和科技创新服务平台。

第七，持续巩固提升碳汇能力。

一是巩固生态系统碳汇能力。强化国土空间规划和用途管控，严守生态保护红线，严控生态空间占用，稳定现有森林、草原、湿地、海洋、土壤、冻土、岩溶等固碳作用。严格控制新增建设用地规模，推动城乡存量建设用地盘活利用。严格执行土地使用标准，加强节约集约用地评价，推广节地技术和节地模式。

二是提升生态系统碳汇增量。实施生态保护修复重大工程，开展山水林田湖草沙一体化保护和修复。深入推进大规模国土绿化行动，巩固退耕还林还草成果，实施森林质量精准提升工程，持续增加森林面积和蓄积量。加强草原生态保护修复。强化湿地保护。整体推进海洋生态系统保护和修复，提升红树林、海草床、盐沼等固碳能力。开展耕地质量提升行动，实施国家黑土地保护工程，提升生态农业碳汇。积极推动岩溶碳汇开发利用。

第八，提高对外开放绿色低碳发展水平。

一是加快建立绿色贸易体系。持续优化贸易结构，大力发展高质量、高技术、高附加值绿色产品贸易。完善出口政策，严格管理高耗能高排放产品出口。积极扩大绿色低碳产品、节能环保服务、环境服务等进口。

二是推进绿色"一带一路"建设。加快"一带一路"投资合作绿色转型。支持共建"一带一路"国家开展清洁能源开发利用。大力推动南南合作，帮助发展中国家提高应对气候变化的能力。深化与各国在绿色技术、绿色装备、绿色服务、绿色基础设施建设等方面的交流与合作，积极推动我国新能源等绿色低碳技术和产品走出去，让绿色成为共建"一带一路"的底色。

三是加强国际交流与合作。积极参与应对气候变化国际谈判，坚持我国发展中国家定位,坚持共同但有区别的责任原则、公平原则和各自能力原则,维护我国发展权益。履行《联合国气候变化框架公约》及其《巴黎协定》,发布我国长期温室气体低排放发展战略,积极参与国际规则和标准制定,推动建立公平合理、合作共赢的全球气候治理体系。加强应对气候变化国际交流合作,统筹国内外工作,主动参与全球气候和环境治理。

第九,健全法律法规标准和统计监测体系。

一是健全法律法规。全面清理现行法律法规中与碳达峰、碳中和工作不相适应的内容,加强法律法规间的衔接协调。研究制定碳中和专项法律,抓紧修订节约能源法、电力法、煤炭法、可再生能源法、循环经济促进法等,增强相关法律法规的针对性和有效性。

二是完善标准计量体系。建立健全碳达峰、碳中和标准计量体系。加快节能标准更新升级,抓紧修订一批能耗限额、产品设备能效强制性国家标准和工程建设标准,提升重点产品能耗限额要求,扩大能耗限额标准覆盖范围,完善能源核算、检测认证、评估、审计等配套标准。加快完善地区、行业、企业、产品等碳排放核查核算报告标准,建立统一规范的碳核算体系。制定重点行业和产品温室气体排放标准,完善低碳产品标准标识制度。积极参与相关国际标准制定,加强标准国际衔接。

三是提升统计监测能力。健全电力、钢铁、建筑等行业领域能耗统计监测和计量体系,加强重点用能单位能耗在线监测系统建设。加强二氧化碳排放统计核算能力建设,提升信息化实测水平。依托和拓展自然资源调查监测体系,建立生态系统碳汇监测核算体系,开展森林、草原、湿地、海洋、土壤、冻土、岩溶等碳汇本底调查和碳储量评估,实施生态保护修复碳汇成效监测评估。

第十,完善政策机制。

一是完善投资政策。充分发挥政府投资引导作用,构建与碳达峰、碳中和相适应的投融资体系,严控煤电、钢铁、电解铝、水泥、石化等高碳项目投资,加大对节能环保、新能源、低碳交通运输装备和组织方式、碳捕集利用与封存等项目的支持力度。完善支持社会资本参与政策,激发市场主体绿色低碳投资活力。国有企业要加大绿色低碳投资,积极开展低碳零碳负碳技术研发应用。

二是积极发展绿色金融。有序推进绿色低碳金融产品和服务开发,设立碳减排货币政策工具,将绿色信贷纳入宏观审慎评估框架,引导银行等金融机构为绿色低碳项目提供长期限、低成本资金。鼓励开发性政策性金融机构按照市场化法治化原则为实现碳达峰、碳中和提供长期稳定融资支持。支持符合条件的企业上市融资和再融资用于绿色低碳项目建设运营,扩大绿色债券规模。研究设立国家低碳转型基金。鼓励社会资本设立绿色低碳产业投资基金。建立健绿色金融标准体系。

三是完善财税价格政策。各级财政要加大对绿色低碳产业发展、技术研发等的支持力度。完善政府绿色采购标准,加大绿色低碳产品采购力度。落实环境保护、节能节水、新能源和清洁能源车船税收优惠。研究碳减排相关税收政策。建立健全促进可再生能源规模化发展的价格机制。完善差别化电价、分时电价和居民阶梯电价政策。严禁对高耗能、高排放、资源型行业实施电价优惠。加快推进供热计量改革和按供热量收费。加快形成具有合理约束力的碳价机制。

四是推进市场化机制建设。依托公共资源交易平台,加快建设完善全国碳排放权交易市场,逐步扩大市场覆盖范围,丰富交易品种和交易方式,完善配额分配管理。将碳汇交易纳入全国碳排放权交易市场,建立健全能够体现碳汇价值的生态保护补偿机制。健全企业、金融机构等碳排放报告和信息披露制度。完善用能权有偿使用和交易制度,加快建设全国用能权交易市场。加强电力交易、用能权交易和碳排放权交易的统筹衔接。发展市场化节能方式,推行合同能源管理,推广节能综合服务。

五、构建人类命运共同体

人类只有一个地球,各国共处一个世界。当前国际形势基本特点是世界多极化、经济全球化、文化多样化和社会信息化。粮食安全、资源短缺、气候变化、网络攻击、人口爆炸、环境污染、疾病流行、跨国犯罪等非传统安全问题层出不穷,对国际秩序和人类生存都构成了严峻挑战。不论人们身处何国、信仰何如、是否愿意,实际上已经处在一个命运共同体中。与此同时,一种以应对人类共同挑战为目的的球价值观已开始形成,并逐步获得国际共识。

2011年9月,《中国的和平发展》白皮书最早提出"人类命运共同体"这一概念,强调不同制度、不同类型、不同发展阶段的国家相互依存、利益交融,形成"你中有我、我中有你"的命运共同体,要以命运共同体的新视角,以同舟共济、合作共赢的新理念,寻求多元文明交流互鉴的新局面,寻求人类共同利益和共同价值的新内涵,寻求各国合作应对多样化挑战和实现包容性发展的新道路。2017年10月,中共十九大报告呼吁各国人民同心协力,构建人类命运共同体,建设持久和平、普遍安全、共同繁荣、开放包容、清洁美丽的世界。2018年3月,宪法修正案将构建人类命运共同体确立为全国人民的集体意志和奋斗目标。

（一）人类命运共同体思想的核心要义

人类命运共同体思想，反映了人类社会共同价值追求，符合中国人民和世界人民的根本利益，要求建设持久和平、普遍安全、共同繁荣、开放包容、清洁美丽的世界，要求国际社会要从伙伴关系、安全格局、经济发展、文明交流、生态建设等方面做出努力。

一是坚持对话协商，建设一个持久和平的世界。维护和平是每个国家都应该肩负起来的责任。各国要相互尊重、平等协商，坚决摒弃冷战思维和强权政治。大国要在相互尊重基础上管控矛盾分歧，平等对待小国，不搞唯我独尊、强买强卖的霸道。任何国家都不能随意发动战争，不能破坏国际法治，不能打开潘多拉的盒子，要共同维护比金子还珍贵的和平时光。

二是坚持共建共享，建设一个普遍安全的世界。世上没有绝对安全的世外桃源，一国安全不能建立在别国不安全之上，别国面临的威胁也可能成为本国的挑战。邻居出了问题，不能光想着扎好自家篱笆，而应该去帮一把。要坚持以对话解决争端、以协商化解分歧，统筹应对传统和非传统安全威胁，反对一切形式的恐怖主义。

三是坚持合作共赢，建设一个共同繁荣的世界。经济全球化是历史大势，促成了贸易大繁荣、投资大便利、人员大流动、技术大发展。各国应该坚持你好我好大家好的理念，推进开放、包容、普惠、平衡、共赢的经济全球化，创造全人类共同发展的良好条件，共同推动世界各国发展繁荣，让发展成果惠及世界各国，让人人享有富足安康。

四是坚持交流互鉴，建设一个开放包容的世界。人类文明多样性是世界的基本特征，交流互鉴是文明发展的本质要求。人类只有肤色语言之别，文明只有姹紫嫣红之别，但绝无高低优劣之分。文明之间要对话，不要排斥；要交流，不要取代。人类历史就是一幅不同文明交流、互鉴、融合的宏伟画卷。美人之美，美美与共。不同文明要取长补短、共同进步，让文明交流互鉴成为推动人类社会进步的动力、维护世界和平的纽带。

五是坚持绿色低碳，建设一个清洁美丽的世界。生态文明建设关乎人类未来，建设美丽家园是人类的共同梦想。要牢固树立尊重自然、顺应自然、保护自然的意识，解决好工业文明带来的矛盾，以人与自然和谐相处为目标，实现世界的可持续发展和人的全面发展。倡导绿色、低碳、循环、可持续的生产生活方式，采取行动应对气候变化，构筑尊崇自然、绿色发展的生态体系，保护好人类赖以生存的地球家园。

（二）人类命运共同体思想的重大意义

人类命运共同体思想，深刻回答了"建设一个什么样的世界，怎样建设这个世界"等关乎人类前途命运的重大问题，体现了中国致力于为世界和平与发展作出更大贡献的崇高目标，体现了中国将自身发展与世界发展相统一的全球视野、世界胸怀和大国担当，为世界更好地发展奉献了中国智慧，指明了前进方向。

人类命运共同体思想，着眼解决当今世界面临的现实问题、实现人类社会和平永续发展，以天下大同为目标，秉持合作共赢理念，摒弃丛林法则，不搞强权独霸，超越零和博弈，开辟出合作共赢、共建共享的发展新道路，为人类发展提供了新的选择。

人类命运共同体思想，内涵丰富、体系完整。政治上倡导相互尊重、平等协商，坚决摒弃冷战思维和强权政治，走对话而不对抗、结伴而不结盟的国与国交往新路。安全上倡导坚持以对话解决争端、以协商化解分歧，统筹应对传统和非传统安全威胁，反对一切形式的恐怖主义；经济上倡导同舟共济，促进贸易和投资自由化便利化，推动经济全球化，朝着更加开放、包容、普惠、平衡、共赢的方向发展。文化上倡导尊重世界文明多样性，以文明交流超越文明隔阂、文明互鉴超越文明冲突、文明共存超越文明优越。生态上倡导坚持环境友好，合作应对气候变化，保护好人类赖以生存的地球家园。

人类命运共同体思想，汲取中华优秀传统文化精髓，继承人类社会发展优秀成果，揭示了世界各国相互依存和人类命运紧密相连的客观规律，反映了中外优秀文化和全人类共同价值追求，找到了人类共建美好世界的最大公约数。构建人类命运共同体，不是倡导每个国家必须遵循统一的价值标准，不是推进一种或少数文明的单方主张，也不是谋求在全球范围内建设统一的行为体，更不是一种制度替代另一种制度、一种文明替代另一种文明，而是主张不同社会制度、不同意识形态、不同历史文明、不同发展水平的国家，在国际活动中目标一致、利益共生、权利共享、责任共担，从而促进人类社会整体发展。

总之，用进步代替落后、用福祉消除灾祸、用文明化解野蛮，是历史大趋势，是人类文明进步的道义所在。构建人类命运共同体是一项充满艰辛和曲折的事业，世界各国应团结起来，凝聚起不同民族、不同信仰、不同文化、不同地域人民的共识，共同推动构建人类命运共同体，把世界各国人民对美好生活的向往变成现实。

党的十八大以来，习近平主席深刻把握新时代中国和世界发展大势，提出构建人类命运共同体理念和正确义利观，展现出中国为世界作出更大贡献的胸襟和情怀,也赋予中国国际发展合作新的时代使命。新时代中国开展国际发展合作,既是作为世界上最大发展中国家应承担的国际责任,更是中国坚持正确义利观、践行人类命运共同体理念的必然要求。中国希望全世界共同做大发展蛋糕,特别是希望发展中国家加快发展,共享开放发展的机遇和成果,共同建设持久和平、普遍安全、共同繁荣、开放包容、清洁美丽的世界。

结语
共容·共融·共赢

 任何一个文明时代都有一个形成过程。在这个形成过程中,有些方面会显示出渐进的特点,有些部分则会显示出突变的特点。但不管是平静还是剧烈,都为基本途径所规定。据我现在的思考,其基本原则与路径可以概括为共容、共融与共赢。

一、三方协力

在行为主体层面要做到三方协力,即政府、企业(主要指民营企业)、公众,必须牢固地树立协同的观念。这还包括各国、各地区的政府之间、企业之间、公众之间的交叉协同。

这里所说的协同首先必须要包含"和而不同"的思想。因为不同的主体、视角不同,利益追求,甚至价值观念也不尽相同,因而在任何一件事上,从宏观到微观,看法和主张都会有差异,有矛盾和冲突,所以博弈在所难免,但起终结作用的始终是"协同",博弈其实也是为了协同,否则无须博弈。这时必须要有一个"求同存异"的态度和"共容"的原则思想。

这里所说的"同"在于:首先,大家都主张环境文明取代工商文明是必然的,且是唯一正确的走向与选择。其次,环境文明必须以"生态化"为主导,而不是以不顾环境利益的工业化和城市化为主导。再次,所谓"生态化"为主导,就是"保护环境不仅是为了人类生活舒适、安全,而是对环境的基础地位的承认与尊重,而且要坚信保护环境能为人类更幸福的生存创造出更大、更多,更美好的社会物质财富",以及在此基础上形成的精神和思想财富。"生态化"对物质财富的创造能力最终一定会超过工业化的创造能力。这个共识是"同"的基础,也是"同"的前提。

这里所说的"同"有一个过程。一开始不可能所有各方都会对这三点有共识,有人认同一点,有人认同两点,有人认同三点,还有人会全部不认同。但事实会让人们一点一点地去认同。当然取得共识的时间越短越好,但争论或竞争是无法避免的,有时还会运用一些强制的手段,包括"少数服从多数"的强制手段以及权威们的"霸道"手段。这一主张可以简单地概括为"三方协力"。

二、三创新联动

在行为方法层面要做到三创新联动。

环境文明建设,是人类历史上人类生存方式的一次伟大变革与创新。人类生存方式的创新指组织方式、生产方式和生活方式的创新,同时也指包括财富观在内价值体系的创新。从过程角度看,它则包括技术创新、制度(体制和机制)创新、思想观念和理论的创新。

这一系列的创新不能互相割裂、各行其是,而是要相互配合、相互推动和扶持。遵行"共融"的原则。这一主张可以简单地概括为"三创新联动"。这是主体行为协同的必要选择。

在"三创新联动"中,思想、观念和理论的创新处于首要地位,尽管在时间排序上,它不一定会排在最前面。因为若没有它的引导,制度创新和技术创新都会举步维艰,甚至迷失方向。同样,若没有制度创新的扶持,技术创新也将举步维艰。反之亦然,若没有技术创新为先导,思想观念和理论的创新也寻不到落脚之地。

比如,在产业结构创新上,我们必须清醒地认识到,在工商文明时代的经济学中,产业结构由一产、二产、三产组成。一产代表农牧业和采掘业,即负责向自然环境索取原产品和原材料的产业;二产是把从自然环境中索取到的资源进行加工的产业;三产即是为一产、二产更高效运转服务的产业。

但从环境文明的角度看,在对传统产业进行"生态化"的改造时,与工商文明时代相比,环境文明时代的产业结构必须增加两类新的产业:一是"零次产业",即人类应帮助自然环境提升生产力、承载力和消纳力,帮助自然界产出更多的自然资源的产业;二是"第四产业"或"四次产业",即把生活和生产废弃物无害化和再资源化,把废弃物作为原料再生产出新一轮的物质财富的产业。

显然,只有把产业结构至少分成上述五大门类,制定相应的政策、法规,加以扶持和监管,工商文明的危机才能在环境文明时代的形成过程中慢慢得以缓解和消除,人与自然和谐,人与人和睦的社会才有希望实现,文明的演替才得以完成。

历史的经验表明,这三类创新迟早都会融合为一个整体,称为三创新联动。我们应该自觉地认识到这一点并把握住这一点。

三、三生共赢

在目标层面和行动层面上必须强调和坚持"三生共赢"这一准则。即生态、生活,生产在时间上和空间上都能得到提高和改善,或者说都能得到健康发展。这里的生态是指自然环境,这里的生活是指人群的生活质量和幸福水平,这里的生产是指该地域上的经济活动。

由于人类的生存遍及地球上的各个角落,因此,狭义地说,这里所说的人群是指生活在同一地域上的,不是泛指全人类。当然。如果地球上的各个地域都能奉行这一准则,那么这句话中的人群也可以认为是指全人类。不过,由于地域的不同,人类分居于不同的国家、民族,有不同的生活习俗和经济水平,从而具有不同的"平均生活半径",这一半径与生态系统多样化有相当高的相关性。比如海边的居民、草原上的牧民和以耕种为主的农民,以及流动性较大的商业民族,他们的平均生活半径是不一样的。

以往,"生态""生活""生产"这三个"生",在不同历史时期,都在不同程度上被掌权者所重视,但一旦在对这三者的取舍上发生矛盾的时候,则会忘掉"共赢"的根本性,忘掉发展生产的根本目的,"忘掉了"自然环境的生产力是物质财富产生的基础,不相信或不敢相信保护自然环境一定能持续不断创造物质财富。其实,若保护环境只能在消耗现有的物质财富的前提下实现,或只能在放慢物质财富创造的前提下实现,那么这样的保护环境永远不可能实现,工商文明也不可能被取代,人类与工商文明的一起灭亡只是迟早的事。

因此,这里的关键是必须能找到一个在保障自然环境系统稳定、持续运行前提下不断提升环境生产力、环境承载力和环境消纳力,并获得越来越多、越来越合乎人类生存需要的物质财富的方法和技术。这里,关键在于一个"共"字上。可以说,没有共赢的思想、方法和制度的保证,环境文明就不可能取代工商文明。

这一条可以简单地概括为"三生共赢"准则。这是一个普适性准则,是一个在决策层面、管理层面和技术层面都应遵循的准则,可以称为"黄金准则"。

最后,我们可以信心满满地得到一个结论,即"三方协力、三创新联动、三生共赢——这一共容、共融、共赢黄金准则是建设新文明时代的基本途径,甚至可以说是唯一途径"。

参考文献

［1］ 北京大学中国持续发展研究中心 . 可持续发展之路［M］. 北京：北京大学出版社，1994.

［2］ 叶文虎 . 中国学者论环境与可持续发展［M］. 重庆：重庆出版社，2011.

［3］ 北京三生环境与发展研究院，北京大学中国持续发展研究中心 . 探寻生态文明之路［M］. 北京：电子工业出版社，2014.

［4］ 叶文虎，甘晖 . 文明的演化：基于三种生产四种关系框架的迈向生态文明时代的理论、案例和预见研究［M］. 北京：科学出版社，2019.

［5］ 叶文虎 . 可持续发展的新进展［M］. 北京：科学出版社，2010.

［6］ 叶文虎，张勇 . 环境管理学［M］.3 版 . 北京：高等教育出版社，2013.

［7］ 叶文虎，栾胜基 . 环境质量评价学［M］. 北京：高等教育出版社，1994.

［8］ 马克思，恩格斯 . 马克思恩格斯文集［M］. 北京：人民出版社，2009.

［9］ 姜春云 . 拯救地球生物圈：论人类文明转型［M］. 北京：新华出版社，2012.

［10］ 贾治邦 . 论生态文明［M］. 北京：中国林业出版社，2015.

［11］ 陈建成，于法稳，张元，等 . 生态经济与美丽中国［M］. 北京：社会科学文献出版社，2015.

［12］ 王如松 . 复合生态与循环经济［M］. 北京：气象出版社，2003.

［13］ 赵冼尘 . 循环经济文献综述［M］. 哈尔滨：哈尔滨工业大学出版社，2010.

［14］ 韩玉堂 . 生态产业链系统构建研究［M］. 北京：中国致公出版社，2011.

［15］ 钱俊生 . 可持续发展的理论与实践［M］. 北京：中国环境科学出版社，1999.

［16］ 钱俊生，余谋昌 . 生态哲学［M］. 北京：中共中央党校出版社，2004.

［17］ 刘仁胜 . 生态马克思主义概论［M］. 北京：中央编译出版社，2007.

［18］ 贾卫列，杨永岗，朱明双，等 . 生态文明建设概论［M］. 北京：中央编译出版社，2013.

［19］ 傅治平 . 生态文明建设导论［M］. 北京：国家行政学院出版社，2008.

［20］ 彭文英，刘正恩，李青淼 . 首都圈生态文明建设之路［M］. 北京：中国经济出版社，2014.

［21］ 张春霞，郑晶，廖福霖，等 . 低碳经济与生态文明［M］. 北京：中国林业出版社，2015.

［22］ 中国国际经济交流中心，美国哥伦比亚大学地球研究院，阿里研究院 . 中国可持续发展评价报告（2020）［M］. 北京：社会科学文献出版社，2020.

郑重声明

高等教育出版社依法对本书享有专有出版权。任何未经许可的复制、销售行为均违反《中华人民共和国著作权法》，其行为人将承担相应的民事责任和行政责任；构成犯罪的，将被依法追究刑事责任。为了维护市场秩序，保护读者的合法权益，避免读者误用盗版书造成不良后果，我社将配合行政执法部门和司法机关对违法犯罪的单位和个人进行严厉打击。社会各界人士如发现上述侵权行为，希望及时举报，本社将奖励举报有功人员。

反盗版举报电话　(010)58581999　58582371　58582488

反盗版举报传真　(010)82086060

反盗版举报邮箱　dd@hep.com.cn

通信地址　北京市西城区德外大街 4 号
　　　　　高等教育出版社法律事务与版权管理部

邮政编码　100120

防伪查询说明

用户购书后刮开封底防伪涂层，利用手机微信等软件扫描二维码，会跳转至防伪查询网页，获得所购图书详细信息。也可将防伪二维码下的 20 位密码按从左到右、从上到下的顺序发送短信至 106695881280，免费查询所购图书真伪。

反盗版短信举报

编辑短信"JB，图书名称，出版社，购买地点"发送至 10669588128

防伪客服电话

(010)58582300